폐수처리공학

김동민 · 김선희 · 박철휘 · 배윤선 · 신현곤
이병인 · 이상혁 · 이영신 · 최훈근 · 홍성철

도서출판 동화기술

머리말

우리나라에 환경공학이 학문으로 자리잡은지도 어언 30여년이 훌쩍 지났습니다. 그동안 양적으로나 질적으로 많은 발전을 거듭하여 왔으며 폐수처리분야 또한 이론적으로나 실무적으로 많은 성장을 하여 왔습니다. 우리나라의 폐수처리는 유기물질처리 뿐만 아니라 영양염류의 처리에 대한 적용 및 실용화가 괄목할 만한 성장을 보여 왔으며 앞으로 자원재활용 및 미량유해물질의 처리 등이 새로운 과제로 남아있습니다.

이러한 시점에서 환경공학을 전공하는 학생들과 폐수처리 관련업무에 종사하는 사람들에게 폐수처리에 관한 전반적인 지식과 전문기술을 습득하기 위한 전문교재로서 본서를 발간하게 되었습니다.

본서의 주 내용은 덕산(德山) 김동민(金東玟) 교수님께서 연구하고, 강의하고, 설계하고, 자문한 경험을 토대로 하여 저술한 것을 바탕으로 제자들이 일부분을 보태고, 재편집하였습니다.

전체적으로 보아서 생물학적 처리를 중심으로 하여 폐수처리의 개요와 폐수의 특성파악, 물리·화학적 처리, 생물학적 처리와 고도처리 그리고 슬러지에 대한 이론과 실제기술, 예제들을 적절히 제시하고, 이와 함께 폐수처리에 대한 최신 경향과 추세에 대한 개괄적 설명을 추가하였습니다.

폐수처리에서의 시설부분 외에도 처리 메커니즘을 체계적으로 정리하여 대학교재로서의 가치를 염두에 두었으므로 아무쪼록 본서가 환경공학에 종사하는 학생들과 엔지니어들에게 실질적인 도움이 되기를 바라며 또한 본서의 내용이 보다 충실해질 수 있도록 많은 분들의 지도편달을 바랍니다.

끝으로 본서가 나오기까지 수고해주신 여러분들과 편집 및 발간에 수고해 주신 도서출판 동화기술 정우용 회장님과 직원 여러분들께 감사의 말씀을 전합니다.

공저자 일동

차 례

Chapter 1

폐수처리의 개요

우리나라는 급격한 산업화, 도시화 과정을 거치면서 전국적으로 환경오염이 악화되고 있다. 인구의 증가, 경제·소비활동의 증가, 기술의 발달은 다양한 오염물질을 증가시켰다. 오염물질은 배출성상에 따라 기체상, 액체상, 고체상으로 구분할 수 있는데, 이 중 액상의 오염물질을 하·폐수라고 한다. 하·폐수(wastewater)는 주택, 공공기관, 상업 및 산업시설에서 버리는 액체, 물이 포함된 폐기물과 지하수, 지표수, 우수 등의 혼합물이라 정의될 수 있다.

폐수를 처리하지 않고 그대로 방치하거나 불완전처리하게 되면 폐수 내 유기물질이 분해하여 악취를 발생하거나 병원균이나 중금속 등 유해물질을 포함하게 된다. 따라서 폐수를 발생원으로부터 유해하지 않도록 즉시 제거하여 처분할 필요가 있다. 환경보전을 위해서 폐수 내 오염물질을 어느 정도까지 제거하여야 할 것인가의 문제는 지역적 조건과 경제적인 수준, 처리기술 수준 등에 따라 달라지는데 현재 수처리·처분에 관한 사항은 환경정책기본법, 수질 및 수생태보전에 관한 법 등에 의해 관리·규제되고 있다.

폐수처리공학(Wastewater treatment engineering)은 환경공학의 한 분야로서 물리, 화학, 생물학분야의 이론을 공학적으로 수질오염방지에 종합 응용하는 기술이다. 폐수처리의 궁극적인 목표는 공중보건과 아울러 경제적, 사회적, 정치적 이해관계에 상응하여 환경을 보호하는데 있다.

본 장에서는 폐수처리공학의 역사적 배경과 현황, 폐수처리의 새로운 방향과 관심, 그리고 폐수처리 관계법규 및 최근의 동향에 관하여 개괄해 보도록 한다.

1.1 폐수처리의 역사

폐수처리의 기본이 되는 하수도의 등장은 기원전 3000년으로 거슬러 올라간다. 인더스 문명 유적인 모헨조다로엔 도로 양편에 질서정연하게 남아있는 벽돌로 된 하수도는 각 가정의 수세식 변소에서 배출되는 오물과 생활하수를 모으는 오수관과 빗물을 모으는 우수관이 구분되어 있을 정도로 효율적으로 건설되어 있다. 고대 로마시대에 하수도는 도시건설에 있어 중요 분야였으나, 중세 들어 하수도 건설은 쇠퇴하였다. 역사학자들은 중세에 각종 전염병이 만연했던 것은 하수도 시설 미비와 관련이 있다고 보고 있다.

근대적 하수도는 산업혁명이후 건설되기 시작했다. 산업화, 도시화 과정으로 인구가 도시에 집중하고 경제활동들이 활발히 진행됐지만 도시 위생은 극히 열악했다. 일례로 산업혁명의 발상지였던 영국 맨체스터는 하수도라고는 없이 도로에 오수·오물이 넘쳤다. 1831년 영국을 휩쓴 콜레라는 하수도의 필요성을 제고시켰으며, 그 후 하수도 건설이 활기를 띄었다. 그리고 19세기 후반 Koch와 Pasteur가 세균이론을 발표하면서 공중위생의 새로운 시대가 도래하였다. 그 전에는 오염과 질병의 관계가 거의 이해되지 못하였으며, 또 당시 미생물학은 하수처리에 응용되지 못하였다.

1800년대 후반까지도 전세계적으로 폐수의 처리나 처분이 별로 관심을 끌지 못하였는데, 이는 미처리 폐수를 비교적 광대한 수역에 배출할 수가 있었고, 수질오염이 심각하지 않았으며, 처분할 수 있는 광활한 토지가 있었기 때문이다. 그러나 1900년대 초에 들어서 오염방지 및 보건위생을 위하여 보다 효과적인 폐수처리 수단에 대한 요구가 증대되었다. 특히 오염물질이 집중적으로 다량 발생하는 대도시지역에서는 하·폐수를 처분할 수 있는 충분한 토지를 확보할 수 없었으므로 보다 철저한 처리 방법을 모색하게 되었다.

최초의 생물학적 폐수처리법은 부착성미생물을 이용한 모래여상법으로 1875년 영국의 Franklin에 의해 시작되었다. 그러나 이 공법은 공극이 쉽게 막히는 등 어려움이 많아 1890년 자갈을 이용한 살수여상법(Trickling Filter)과 부패조(Septic Tank), 이후 1907년 독일에서 1차 침전과 화학침전과 임호프조(Imhoff Tank)가 개발되어 오늘날까지 사용되어 오고 있다. 오늘날 일반적으로 사용되고 있는 활성슬러지법(Activated Sludge Process)은 1914년 영국의 Arden과 Lockett에 의해 개발되었고, 미생물 반응론에 입각한 이론적 바탕은 1940년 후반에 Eckenfelder와 Mckinney 등에 의해 정립되었다.

하·폐수처리기술은 이후 지속적으로 발전하여 1960년대부터는 고정화미생물을 이용한 생물반응기가 등장하기 시작했으며, 1970년대부터는 재래식 하·폐수처리공정의 경제성 및 효율의 향상과 독성 및 난분해성 물질의 처리를 위하여 하·폐수처리시스템에 적용되기 시작하였다. 1980년대 들어 부영양화(Eutrophication)에 의한 수질오염이 심각해짐에 따라 질소와 인 등의 영양물질 제거 공정이 개발되기 시작하였다. 2000년대에는 세계적으로 질소, 인 제거가 보편화되었으며 기존시설의 재건설 및 업그레이드를 통한 고도처리가 활발하게 진행되고 있으며, 반응조의 수리학적 특성을 고려하여 설계된 시스템과 고정화시스템에 대한 연구가 활발히 진행 중에 있다. 또한 유전공학을 적용한 난분해성 물질의 제거에 대한 연구가 이루어지고 있다.

한편 하·폐수처리는 하·폐수를 차집하는 하수도와 하수도를 통하여 모아진 하·폐수를 처리하는 것으로 구분할 수 있는데, 이러한 관점에서 볼 때 우리나라의 하·폐수처리의 역사는 매우 오래되었다고 할 수 있다. 하수도의 경우는 1394년(태조 3년) 10월 개성에서 한양으로 환도한 이후부터 발전되었다고 기록되고 있으며, 근대적 의미의 하수도는 1918～1940년 사이에 건설되었고, 1976년 말 청계천하수처리장의 준공(1970～1976)으로 시작되었다.

1.2 폐수처리 현황

일정수준으로 폐수를 처리하기 위해서는 폐수성상 및 기술처리수준 등에 따라 1차 처리, 2차 처리, 고도처리, 슬러지 처리 등을 처리방법으로 선택하게 된다. 주로 물리력을 응용하여 처리하는 방법을 단위조작(unit operation)이라고 하고, 화학적 또는 생물학적 반응에 의하여 오염물질을 제거하는 처리방법을 단위공정(unit process)이라고 한다. 현재의 1차, 2차 및 고도처리는 이들 단위조작과 단위공정을 조합하여 수행된다.

1차 처리(primary treatment)에서는 폐수내의 부유성(floating) 또는 침전성(settleable) 고형물을 제거하기 위하여 스크리닝(screening)과 침전(sedimentation)등의 물리적 방법을 사용한다. 2차 처리(secondary treatment)에서는 생물학적 및 화학적 공정을 사용하여 용존유기물을 제거한다. 고도처리(advanced treatment)에서는 단위조작과 단위공정을 추가로 조합하여 2차 처리에서 거의 제거되지 않는 질소와 인과 같은 기타 성분을 제거한다. 또한 최근 도입되고 있는 토지처리공정(land treatment process)은 물리적, 화학적, 생물학적 처리공정의 조합에 의하여 고도폐수처리와 유사하거나 또는 그 이상의 수질을 얻을 수 있다. 슬러지 처리는 슬러지의 혐기·호기성 소화, 소각, 매립 등의 방법을 적용하고 있다.

우리나라는 1988년 서울올림픽, 1989년 맑은 물 종합관리계획 등으로 하수처리시설정비에 주력하여 2008년 말 현재 전국에 가동 중인 공공하수처리시설은 500m^3/일 이상 403개소, 500m^3/일 미만은 1,991개소이며, 총 인구 중 공공하수처리시설 및 폐수처리종말처리시설을 통해 처리되는 하수처리구역 내 하수처리인구 비율로 산정한 하수도 보급률은 88.6%이다. 2010년 말 기준 전국의 가동 중인 공공하수처리시설(500m^3/일 이상)은 총 470개소로서 이 중 A^{2}O, SBR 등 고도처리공법이 적용된 시설은 401개소로서 85%이다.

한편 공단 또는 공장밀집지역에서 배출되는 다량의 산업폐수를 종말처리하여 오염물질을 저감시키는 산업단지 폐수종말처리시설은 2010년 현재 69개소가 가동 중에 있다. 또한 생활오수와 축사의 축산폐수가 주오염원이던 농어촌 지역에서 소득증대사업의 일환으로 1980년대부터 농공단지가 들어서면서 기존의 농어촌 지역에서 발생되던 오염물질과는 다른 종류의 유기물질 및 난분해성물질을 포함한 다종의 유해물질을 처리하기 위해 2010년 현재 76개의 농공단지폐수처리장이 운영 되고 있다.

1.3 폐수처리의 새로운 방향과 관심

현재 폐수처리의 새로운 방향과 주요 관심은 폐수의 양적 증가와 성상의 다양화, 하수도로 유입되는 산업폐수의 문제, 비점오염원의 영향, 하·폐수처리시설의 혐오시설화, 처리의 효율성과 에너지 절약, 처리수 및 슬러지의 처분 및 재활용 등의 문제를 들 수 있으며, 이를 자세히 살펴보면 다음과 같다.

1. 폐수의 양적증가와 성상의 다양화

20세기 들어와서 합성된 유기화합물의 수는 50만종이 넘고 있으며, 매년 1만종의 새로운 화합물이 추가되고 있다. 이런 많은 화합물질들이 경제·소비생활 과정에서 공공수역으로 배출되면서 수질오염물질도 다양해지고 생활환경은 물론 인체 건강환경도 위협하고 있는 실정이다. 현재 하·폐수 내에서 발견되는 오염물질은 질소, 인 등 부영양화 원인물질 및 페놀 등과 같은 휘발성 유기화합물(Volatile Organic Compounds : VOC)과 휘발성 독성 유기화합물(Volatile Toxic Organic Compounds : VTOC), 중금속 등 다양하며 배출량도 매년 20% 이상씩 급증하고 있다.

또한 새롭고 보다 정밀한 감지 및 분석기기가 개발되고 발전해 옴에 따라 예전에는 감지되지 못하였던 성분들이 새롭게 관심 받고 있다. 로켓연료의 주성분인 *n*-nitrosodimethylamine (NDMA), 용해성이 큰 휘발유 첨가제인 methyl tertiary butyl ether(MTBE), 내분비계교란물질, 살충제, 화학물질, 페놀화합물 등이 그 예이다. 이들 성분이 인간과 환경에 미치는 보다 많은 영향이 분석되고 있다.

따라서 하폐수처리장의 확충과 다양한 오염물질을 적절히 처리할 수 있는 고도의 폐수처리 기술개발의 필요성이 절실히 요구되고 있다.

2. 하수도로 유입되는 산업폐수의 문제

도시하수관거에 폐수를 배출하는 산업체수가 30～40년간 현저히 증가하고 있다는 점이다. 산발적으로 입지한 개별공장에서 하수도로 유입되는 산업폐수는 아주 낮은 농도에서도 그 독성으로 인해 치명적 사고를 유발할 수 있고, 하수처리장에서의 처리·운영에도 많은 문제점을 유발할 수 있기 때문에 별도의 시설을 통해 이들 폐수를 처리하는 시설을 설비하거나 또는 하수관거에 방류하기 전에 발생원에서 배출허용기준에 맞게 처리하도록 요구되고 있다.

산업폐수의 공공하수처리시설 연계처리 하고자 하는 경우 사업자의 환경비용 이중 투자를 방지하고, 환경기초시설의 적정 운영을 위해 사전검토 사항, 절차 방법 등이 결정되어야 한다.

3. 비점오염원의 영향

하·폐수처리시설의 지속적인 건설과 처리기술의 향상으로 가정하수와 공장폐수와 같은 점오염원에서 배출하는 하·폐수의 상당량이 적정 처리되어 방류수 수질기준에 맞게 방류되고 있다. 그러나 여러 나라에서 하·폐수처리에 오랜 역사를 갖고 막대한 투자와 기술개발을 해오고 있음에도 불구하고 공공수역의 수질은 크게 개선되지 않는 문제점이 제기된바 있다. 원인분석에 나선 미국 등 주요 선진국에서는 그 원인이 비점오염원(Nonpoint source pollutant)의 영향에 있다는 것을 발견하고 80년대 말부터 비점오염원 관리에 투자와 노력을 하고 있는 상황이다. 하천수질의 개선을 위해서는 2차 처리 이상의 하·폐수처리 외에 비점오염원 대책이 중요하다고 인식하였기 때문이다.

우리나라 환경부는 「수질환경보전법」(이후 개정 「수질 및 수생태 보전에 관한 법률」)에 의하여 2008년부터 소양호, 도암호, 임하호, 광주광역시 등을 국내 최초로 비점오염관리지역으로 지정하여 특성에 맞는 관리 목표와 관리해야하는 오염물질 등을 제시하는 비점오염원관리대책을 수립하고 있으며 수질오염총량관리를 위한 개발사업 비점오염원 최적관리지침을 수립하고 있다.

하수처리장의 경우 합류식 하수관거 설치 지역에서 발생되는 월류수(Combined Sewer Overflows : CSO)는 심각하게 고민되어야 할 문제로 제시되고 있다.

4. 하·폐수처리시설의 친환경·주민친화적 시설화

하·폐수처리시설이 쾌적한 환경유지에 필요한 공공시설임에도 불구하고 하·폐수처리장에서 발생하는 악취와 황화수소 발생문제 등으로 인해 지역주민들이 원치 않는 혐오시설(NIMBY : Not In My Back Yards)이 되고 있어 이의 처리가 주요 관심사가 되고 있다. 이는 하수관거에서 생성된 황화물(sulfide)이 하수내의 금속염과 반응하여 금속황화물(ferrous sulfide)을 형성하고 황화수소(hydrogen sulfide)로서 대기 중에 방출하기 때문이다. 따라서 하·폐수처리시설에서 발생하는 악취 및 황화수소 문제 등을 저감시키면서 환경친화적인 하·폐수처리장의 건설과 운영이 새로운 과제로 등장하고 있으며 환경개선과 보호를 위한 시설로 지역사회에 도움이 되는 시설, 즉 주민들과 함께 할 수 있는 공간으로 조성될 수 있도록 노력하고 있다.

5. 처리의 효율성과 에너지 절약 및 자립성

하·폐수처리시설의 운영과 관리에는 많은 유지관리비가 소요되며, 많은 에너지가 투입된다. 따라서 시설의 효율성 제고측면에서 처리장의 성능과 에너지 및 자원활용도, 적정유지관리에 관한 세밀한 조사와 개선방안 등이 다각적으로 모색되고 있다. 특히 에너지와 자원절약의 필요성은 이미 잘 알려진 사실이다. 따라서 에너지와 자원을 절약할 수 있는 공정선택 및 에너지분석은 모든 설비계획에서 중요한 부분이 되고 있다. 처리 공정별 위치선정과 처리장내 난방과 동력에 사용되는 에너지 회수를 위한 설비설계를 함으로써 하수처리장에서 사용하는 동력을 최소화하는 경향으로 설계되고 있다.

최근 하·폐수처리장은 에너지 다 소비시설에서 재생산시설로의 패러다임 전환을 꾀하며 시설별로 에너지 자립화를 이루기 위해 소화가스이용, 슬러지처리시설 폐열 회수·이용, 하수열 이용, 소수력발전, 태양광발전 등의 방법이 도입되고 있다. 또한 처리장의 효율적인 유지관리를 위해 가치공학(Value Engineering)이 일반화되고 있고 이의 도입을 통해 상당한 시설·운영비의 절감을 도모하고 있다.

6. 처리수 및 슬러지의 처분 및 재이용

하·폐수처리수는 일반적으로 공공수역에 방류수 수질기준에 맞게 방류하게 된다. 그러나 최근 하천내 유지용수 등의 부족으로 인한 수질오염의 심각성이 제기되면서 처리수를 이용한 유지용수확보 방안 등이 적극적으로 도입되며 막분리 공정을 비롯한 여러 가지 처리기술을 통해 양질의 재이용수 생산을 위해 고민하고 있다. 최근에는 하·폐수처리시설을 물재생센터 또는 수질보전센터 등으로 부르는 경우가 많아지고 있으며 일부 재이용에서 폐수 전량을 재이용할 수 있는 무방류시스템의 도입도 적극 검토되어야 한다.

한편 폐수의 2차 처리와 고도처리는 슬러지 생산량의 증가를 초래하여 슬러지의 처리와 처분이 환경공학자들에게 새로운 도전으로 대두되고 있다. 슬러지내에는 일반적인 폐수성분 뿐만 아니라 중금속이나 휘발성 유기물질 등이 포함되어 있어 보다 개선된 처리방법이 요구되고 있으며, 슬러지 처분에도 많은 제약이 따르고 있다. 현재 슬러지 처분을 위한 방법으로는 토양주입, 매립, 소각, 비료 및 토지개량제로의 재활용, 해양방출 등이 도입되고 있으나 매립 및 토양주입에 대한 규제가 강화되고 있고, 매립지에도 한계가 있으며, 소각처리에 대한 제한규정이 있어 어려운 상황이다. 현재 대부분 비료화를 통해 토지개량제로 재활용하거나 열강화 등을 통해 도로포장재 등 건축자재로 활용되고 있으나 기술·경제·안전성의 문제 등으로 인해 더 많은 연구가 요망되고 있다.

7. 통합운영관리

하·폐수처리장의 운영관리 효율화 및 유지관리비용 저감을 주목적으로 하며, 유역별 수질관리 체계에 부응하는 통합운영관리가 요구되고 있다. 통합운영관리는 시설 전체를 대상으로 하는 하드웨어적 관리뿐만 아니라 소프트웨어적 통합관리로 계획하고, 하·폐수처리시설뿐만 아니라 환경기초시설 전체를 포함하여 추진되어야 한다.

그밖에도 기존 관거 및 처리장의 노후화 문제, 시설의 설계 및 운전 최적화를 위한 컴퓨터 활용, 처리장내 슬러지 처리시설로부터 발생되는 반류수, 환경기초시설의 민영화, 환경적으로 지속가능한 개발에 부응할 수 있는 하·폐수처리 등이 최근 관심 받고 있다. 더 나아가 하수도 우수방지 시스템 강화, 물재생센터의 에너지 자립화율 제고, 하수도 시설 악취저감, 물재생센터의 통합 환경기초시설로의 확장 등에 대한 검토를 통하여 선진형 하수도시설로의 전환이 요구될 전망이다.

1.4 폐수처리관계법규 및 최근의 규제동향

우리나라의 물관련 환경기준은 크게 「수질환경기준」과 「수질규제기준」으로 나눌 수 있는데 「환경정책기본법」에 '수질환경기준'이 있고 규제기준으로는 「수질 및 수생태계 보전에 관한 법률」의 '배출허용기준', '방류수수질기준', 「먹는물 관리법」과 「수도법」의 '먹는물 수질기준' 등이 있다.

1. 수질환경기준

우리나라의 수질환경기준은 크게 하천, 호소, 지하수, 해역으로 나누어져 있다. 이중 하천과 호수에 적용되는 수질환경기준의 경우, 2006년도에 수질등급을 체계적으로 조정하고 수생태계 관리 개념을 도입하였다.

2006년까지 하천·호소에 공통적으로 적용되는 건강항목(9개)과 하천(5개)·호소(7개)에 달리 적용되는 생활환경항목으로 구분하되 생활환경항목은 수질상태에 따라 5등급으로 구분하고, 수역별로 용수이용상황 및 수질상태 등을 고려하여 적용등급을 정하였다.

그러나 BOD와 COD의 이화학적 지표를 중심으로 한 수질평가는 다양해지는 오염물에 대한 대처가 미흡했고 물리 화학적 지표만으로는 인간이나 생태계에 미치는 영향을 충분히 고려하기에는 부족하여 2006년 말 이러한 문제점을 개선한 새로운 수질환경기준이 정해져 현재 적용하고 있다.

하천과 호소에서 사람의 건강보호기준은 Cd, As, CN, Hg, 유기인, PCB, Pb, Cr^{6+}, 음이온계면활성제, 사염화탄소, 1,2-다이클로로에탄, 테트라클로로에틸렌, 다이클로로메탄, 벤젠, 클로로폼, 다이에틸헥실프탈레이트, 안티몬 등 17개 항목으로 구분하고 있으며 생활환경기준은 하천·호소에 각각 7개 등급(Ⅰ～Ⅵ, 매우 좋음～매우 나쁨)으로 하천의 경우 pH, BOD, COD, SS, DO, TP, 대장균군 등 7개 항목, 호소는 pH, COD, SS, DO, TP, TN, Chl-a, 대장균군 등 8개 항목으로 구분하고 있다.

개선된 수질환경기준에는 생물학적 평가기법을 도입하여, 수많은 종류의 화학물질에 대한 개별적인 평가가 어려운 물리·화학 중심의 수질평가의 한계를 극복하고자 하였다.

생물학적 평가방법은 수질상태에 따라 서식하는 어류와 저서생물, 즉, 하천·호소의 하부에서 주로 서식하는 다슬기·가재·지렁이 등을 조사하여 생태계의 건전성을 평가하는 것으로, 선진국에서는 90년대 초반부터 수질오염이 생태계에 미치는 영향을 평가하기 위하여 도입한 기법이다. 수질을 4개 등급으로 구분하였고(표 1-1), 물리화학적인 수질과의 연계성을 우선 고려하면서 하천 생태계의 건전성을 총체적으로 반영할 수 있는지 여부를 감안하여 생물지표종을 선정하였다.

표 1-1 ◦ 수질 및 수생태계 생태별 생물학적 특성이해표

생물등급	생물지표종		서식지 및 생물 특성
	저서(底棲)생물	어류	
매우 좋음 ~ 좋음	옆새우, 가재, 뿔하루살이, 민하루살이, 강도래, 물날도래, 광택날도래, 띠무늬우묵날도래, 바수염날도래	산천어, 금강모치, 열목어, 버들치 등 서식	- 물이 매우 맑으며, 유속은 빠른 편임. - 바닥은 주로 바위와 자갈로 구성됨. - 부착조류가 매우 적음.
좋음 ~ 보통	다슬기, 넓적거머리, 강하루살이, 동양하루살이, 등줄하루살이, 등딱지하루살이, 물삿갓벌레, 큰줄날도래	쉬리, 갈겨니, 은어, 쏘가리 등 서식	- 물이 맑으며, 유속은 약간 빠르거나 보통임. - 바닥은 주로 자갈과 모래로 구성됨. - 부착조류가 약간 있음.
보통 ~ 약간 나쁨	물달팽이, 턱거머리, 물벌레, 밀잠자리	피라미, 끄리, 모래무지, 참붕어 등 서식	- 물이 약간 혼탁하며, 유속은 약간 느린 편임. - 바닥은 주로 잔자갈과 모래로 구성됨. - 부착조류가 녹색을 띠며 많음.
약간 나쁨 ~ 매우 나쁨	왼돌이물달팽이, 실지렁이, 붉은 깔다구, 나방파리, 꽃등에	붕어, 잉어, 미꾸라지, 메기 등 서식	- 물이 매우 혼탁하며, 유속은 느린 편임. - 바닥은 주로 모래와 실트로 구성되며, 대체로 검은색을 띰. - 부착조류가 갈색 혹은 회색을 띠며 매우 많음.

2. 수질규제

수질규제기준은 환경기준을 달성하기 위한 규제수단의 하나이며, 그 대표적인 것으로는 배출허용기준과 방류수 수질기준이 있다. 배출허용기준은 계별 배출업소에 적용하는 규제기준으로서 환경기준과 하천의 자정능력을 감안하여 설정하도록 하고 있다. 수질 및 수생태 보전에 관한 법률 제4조 및 동법 시행규칙 제34조에서 아래 <표 1-2>, <표 1-3>과 같이 배출허용기준을 설정하고 지역별로 4단계(청정, 가, 나, 특례지역)로 구분하고 있으며, BOD, COD, SS의 경우 폐수배출량 2,000m^3/일 이상과 미만으로 구분 설정함으로써 폐수배출허용기준을 지역별, 규모별로 차등 적용하고 있다.

표 1-2 ◦ 폐수배출용기준 생물화학적 산소요구량·화학적 산소요구량·부유물량

대상규모 / 항목 / 지역 구분	1일 폐수배출량 2천m^3 이상			1일 폐수배출량 2천m^3 미만		
	생물화학적 산소요구량 (mg/L)	화학적 산소요구량 (mg/L)	부유 물질량 (mg/L)	생물화학적 산소요구량 (mg/L)	화학적 산소요구량 (mg/L)	부유 물질량 (mg/L)
청정지역	30 이하	40 이하	30 이하	40 이하	50 이하	40 이하
가지역	60 이하	70 이하	60 이하	80 이하	90 이하	80 이하
나지역	80 이하	90 이하	80 이하	120 이하	130 이하	120 이하
특례지역	30 이하	40 이하	30 이하	30 이하	40 이하	30 이하

가. 각 목 및 비고의 지역구분란의 청정지역, 가지역, 나지역 및 특례지역은 다음과 같다.
  1) 청정지역 : 「환경정책기본법 시행령」 별표 1 제3호에 따른 수질 및 수생태계 환경기준(이하 "수질 및 수생태계 환경기준"이라 한다) 매우 좋음(Ⅰa)등급 정도의 수질을 보전하여야 한다고 인정되는 수역의 수질에 영향을 미치는 지역으로서 환경부장관이 정하여 고시하는 지역
  2) 가지역 : 수질 및 수생태계 환경기준 좋음(Ⅰb), 약간 좋음(Ⅱ)등급 정도의 수질을 보전하여야 한다고 인정되는 수역의 수질에 영향을 미치는 지역으로서 환경부장관이 정하여 고시하는 지역
  3) 나지역 : 수질 및 수생태계 환경기준 보통(Ⅲ), 약간 나쁨(Ⅳ), 나쁨(Ⅴ) 등급 정도의 수질을 보전하여야 한다고 인정되는 수역의 수질에 영향을 미치는 지역으로서 환경부장관이 정하여 고시하는 지역
  4) 특례지역 : 환경부장관이 법 제49조제3항에 따른 공동처리구역으로 지정하는 지역 및 시장·군수가 「산업입지 및 개발에 관한 법률」 제8조에 따라 지정하는 농공단지

나. 「자연공원법」 제2조제1호에 따른 자연공원의 공원구역 및 「수도법」 제7조에 따라 지정·공고된 상수원보호구역은 제2호에 따른 항목별 배출허용기준을 적용할 때에는 청정지역으로 본다.

다. 정상가동 중인 공공하수처리시설에 배수설비를 연결하여 처리하고 있는 폐수배출시설에 제2호에 따른 항목별 배출허용기준(같은 호 나목의 항목은 해당 공공하수처리시설에서 처리하는 수질오염물질 항목만 해당한다)을 적용할 때에는 나지역의 기준을 적용한다.

표 1-3 ◦ 폐수배출용용기준 페놀류 등 수질오염물질 규제항목(2011년 1월 1일부터 적용되는 기준)

항 목
수온이온농도, 노말헥산추출물질함유량, 페놀류함유량, 사이안함유량, 크롬함유량, 용해성철함유량, 아연함유량, 구리(동)함유량, 카드뮴함유량, 수은함유량, 유기인함유량, 비소함유량, 납함유량, 6가크롬함유량, 용해성망간함유량, 플루오르(불소)함유량, PCB함유량, 총 대장균군, 색도(도), 온도(℃), 총 질소, 총 인, 트라이클로로에틸렌, 테트라클로로에틸렌, 음이온계면활성제, 벤젠, 다이클로로메탄, 생태독성, 셀레늄함유량, 사염화탄소, 1,1-다이클로로에틸렌, 1,2-다이클로로에탄, 클로로폼, 니켈, 바륨, 1,4-다이옥산, 다이에틸헥실프탈레이트(DEHP), 염화비닐, 아크릴로나이트릴, 브로모폼

폐수배출허용기준이 개별배출시설에 적용되는 규제기준이라면 방류수 수질기준은 공공하수처리시설·분뇨처리시설 및 개인하수처리시설에 적용되는 기준이다.

표 1-4 • 공공하수처리시설의 방류수수질기준

구 분		생물화학적 산소요구량 (BOD) (mg/L)	화학적 산소요구량 (COD) (mg/L)	부유물질 (SS) (mg/L)	총 질소 (T-N) (mg/L)	총 인 (T-P) (mg/L)	총 대장균군수 (개/mL)	생태 독성 (TU)
1일 하수처리용량 $500m^3$ 이상	Ⅰ지역	5 이하	20 이하	10 이하	20 이하	0.2 이하	1,000 이하	1 이하
	Ⅱ지역	5 이하	20 이하	10 이하	20 이하	0.3 이하	3,000 이하	
	Ⅲ지역	10 이하	40 이하	10 이하	20 이하	0.5 이하		
	Ⅳ지역	10 이하	40 이하	10 이하	20 이하	2 이하		
1일 하수처리용량 $500m^3$ 미만 $50m^3$ 이상		10 이하	40 이하	10 이하	20 이하	2 이하		
1일 하수처리용량 $50m^3$ 미만		10 이하	40 이하	10 이하	40 이하	4 이하		

표 1-5 • 분뇨처리시설의 방류수수질기준

구분 \ 항목	생물화학적 산소요구량 (mg/L)	화학적 산소요구량 (mg/L)	부유물질 (mg/L)	총 대장균수 (개수/mL)	기 타 (mg/L)
분뇨처리시설	30 이하	50 이하	30 이하	3,000 이하	총 질소 : 60 이하 총 인 : 8 이하

표 1-6 • 개인하수처리시설의 방류수수질기준

구 분	1일 처리용량	지 역	항 목	방류수수질기준
오수처리시설	$50m^3$ 미만	수변구역	생물화학적 산소요구량(mg/L)	10 이하
			부유물질(mg/L)	10 이하
		특정지역 및 기타지역	생물화학적 산소요구량(mg/L)	20 이하
			부유물질(mg/L)	20 이하
	$50m^3$ 이상	모든 지역	생물화학적 산소요구량(mg/L)	10 이하
			부유물질(mg/L)	10 이하
			총 질소(mg/L)	20 이하
			총 인(mg/L)	2 이하
			총 대장균군수(개/mL)	3,000 이하
정화조	11인용 이상	수변구역 및 특정지역	생물화학적 산소요구량 제거율(%)	65 이상
			생물화학적 산소요구량(mg/L)	100 이하
		기타지역	생물화학적 산소요구량 제거율(%)	50 이상

참고문헌

1. 김동민, 김수생, 폐수처리, 산업공해연구소, 1980.
2. 신항식, "신기술을 이용한 폐하수처리의 최근 동향", 한국과학기술원 토목공학과, 제5차 환경공학분야 산학협동공개강좌, 1990.8.6～9.
3. 환경부, '10년도 공공하수처리시설 운영관리 실태 분석결과, 2011. 7.
4. 환경부, 수질오염총량관리를 위한 개발사업 비점오염원 최적관리지침, 2010. 6.
   산업폐수의 공공하수처리시설 연계처리 지침, 2011. 7.
5. 환경부, 하수도시설기준, 2011.
6. 환경부, 환경백서, 2011.
7. Grady Jr., C.P.L., "Application of Biotechnology in Waste Treatment", Proceeding, 4th WPCF/JSWA Joing Technical Seminar on Sewage Treatment Technology, Japan, 1990.
8. Ichiro, Chibata & Lemuel B., Wingard, Jr., "Immobilized Microbial Cells", Academic Press, New York, 1983.
9. Metcalf & Eddy, Inc. : Wastewater Engineering : Treatment, Disposal, Reuse, McGraw-Hill, New York, 1979.
10. Metcalf & Eddy, Inc. : Wastewater Engineering : Collection and Pumping of Wastewater, McGraw-Hill, New York, 1981.
11. Metcalf & Eddy, Inc. : Wastewater Engineering : Treatment and Reuse, McGraw-Hill, New York, 2004.

Chapter 2

폐수의 특성

폐수처리의 설계와 운전을 위하여 우선 폐수의 특성을 파악하는 일이 무엇보다도 중요하다.

일반적으로 폐수의 특성은 물리적(physical), 화학적(chemical), 그리고 생물학적(biological)으로 구분하여 파악할 수 있다.

<표 2-1>은 폐수 중에 포함될 수 있는 주요 물리적 성질과 화학적, 생물학적 성분 및 발생원들(sources)을 나타낸 것이다.

표 2-1 ● 폐수의 특성과 발생원

특 성	발생원
물리적 성상(physical properties)	
색(color)	생활 및 공장폐수, 유기물의 자연부패
냄새(odor)	폐수의 분해
고형물(solids)	상수, 생활하수 및 공장폐수, 토양침식, 유입수/침투수
온도(temperature)	생활하수 및 공장폐수
화학적 성분(chemical constituents)	
유기물(organic)	
탄수화물(carbohydrates)	생활하수 및 공장폐수
유지류(fats, oils and grease)	생활하수 및 공장폐수
살충제(pesticide)	농업폐수
단백질(protein)	생활, 상업 및 공장폐수
독성물질(toxics)	생활, 상업 및 공장폐수
계면 활성제(surfactants)	생활, 상업 및 공장폐수
휘발성 유기화합물(volatile organic compounds)	생활, 상업 및 공장폐수
기타(others)	유기물의 자연부패
무기물(inorganic)	
알칼리도(alkalinity)	생활폐수, 상수, 지하수 침투
염화물(salts)	생활폐수, 상수, 지하수 침투
중금속(heavy metals)	공장폐수
질소(nitrogen)	생활 및 농업폐수
pH	생활, 상업 및 공장폐수
인(phosphorus)	생활, 상업 및 공장폐수 : 자연적인 유출
독성물질(toxics)	생활, 상업 및 공장폐수
황(sulfate)	상수 : 생활, 상업 및 공장폐수
기체(gases)	
황화수소(H_2S)	생활하수의 분해
메탄(CH_4)	생활하수의 분해
산소(O_2)	상수, 지표수 침투

특 성	발생원
생물학적 성분(biological constituents)	
동물(animals)	개방수역과 처리시설
식물(plants)	개방수역과 처리시설
원생생물(protista)	
Eubacteria	생활하수, 지표수 침투, 처리시설
Archaebacteria	생활하수, 지표수 침투, 처리시설
바이러스(virus)	생활하수

2.1 폐수의 물리적 특성

폐수의 물리적 특성은 주로 외관상으로 보이는 것으로서 온도, 색, 냄새, 그리고 고형물 등이 포함된다.

1. 온도(temperature)

일반적으로 폐수의 온도는 일반 수계나 상수의 온도보다 높다. 가정이나 산업 활동 중에 더운 물이 첨가되기 때문이다. 또한 물의 비열은 대기의 비열보다 매우 크므로 폐수의 온도는 대부분 대기온도보다 높은 편이다.

폐수의 물리적 특성 중의 하나로서 수온은 수생생물, 화학반응 및 반응속도, 물의 이용 등에 중요한 영향을 끼치게 된다. 가령, 수온이 올라가면, 유입 수역의 물고기의 종류가 달라질 수도 있다. 더구나 더운 물에는 찬물에서보다 산소가 덜 용해된다. 수온이 올라가면 생화학 반응속도는 증가하는데 지표수 중의 산소의 양은 감소하게 되므로, 특히 여름에는 수중의 용존산소농도의 심각한 고갈 현상을 일으키게 된다. 수역에 더운 물이 다량 배출되면, 이러한 영향은 더욱 커질 것이다. 또한 수온이 급변하면 수생생물의 사멸률이 커진다. 더구나 비정상적으로 고열이 되면, 원하지 않는 수생식물이나 곰팡이류(fungus)가 빠르게 증식될 수 있다.

2. 색(color)

가정에서 배출된 하수는 보통 밝은 회색이다. 하지만 하수가 하수관거 내에서 이동시간이 길어짐에 따라 보다 혐기성 상태로 되고, 하수의 색은 회색에서 검회색, 그리고 마침내 검은색으로 변하게 된다. 하수의 색이 검게 되었을 때 일반적으로 하수가 부패되었다고 말한다. 산업폐수가 생활하수에 유입되면 하수의 색이 변한다. 대부분의 경우 폐수의 회색, 검회색, 검은색은 금속성 황화물의 형성에 기인한다. 황화물 형태의 이것은 혐기성 상태에서 폐수내 금속과 반응하여 생성된 것이다.

3. 냄새(odors)

폐수에서 발생되는 냄새는 폐수 내에 유입된 물질의 분해 시 야기되는 기체로 인한 것이다. 냄새는 인체에 미치는 유해성보다도 낮은 농도에서도 사람의 정신적 스트레스를 초래하는 감각공해로서, 식욕저하와 호흡곤란 및 멀미와 구토를 야기시킨다.

폐수 내에 냄새를 유발하는 화합물과 냄새유발의 한계농도는 <표 2-2>와 같다.

표 2-2 ∘ 폐수 내 냄새를 유발하는 화합물

냄새를 유발하는 화합물	화학식	특 징	냄새한계(ppmV*)	
			검지	인식
아민류(Amines)	CH_3NH_2, $(CH_3)_3H$	생선냄새	4.7	-
암모니아	NH_3	암모니아냄새	17	37
다이아민류(Diamines)	$NH_2(CH_2)_4NH_2$, $NH_2(CH_2)_5NH_2$	부패된 고기냄새	-	-
황화수소	H_2S	썩은 달걀냄새	0.00021	0.00047
머캅탄류(Mercaptans)			0.0005	0.001
(예, 메틸과 에틸)	CH_3SH, CH_3CH_2SH	부패된 채소냄새	0.0003	0.001
머캅탄류(Mercaptans)			-	-
(예, T＝부틸과 크로틸)	$(CH_3)_3CSH$, $CH_3(CH_2)_3SH$	스컹크냄새	0.001	0.001
유기황화물	$(CH_3)_2S$, $(C_6H_5)_2S$	썩은 채소냄새	0.0001	0.0021
스카톨(Skatole)	C_9H_9N	배설물냄새	0.001	0.019

* ppmV : parts per million by volume

4. 고형물(solids)

폐수 중의 고형물은 보통 현탁고형물(Suspended solids, 약칭 SS)이다. 이것은 폐수에 혼합되어 있는 입자군을 가리키며, 수면에 떠 있거나, 여과지를 통과한 용해성 입자들은 제외한다. 여러 고형물 분율간의 상호관계는 <그림 2-1>에 나타나 있다. 폐수 중의 총 고형물(total solids, TS)은 105℃에서 1시간 동안 증발시켰을 때 남는 모든 물질이다.

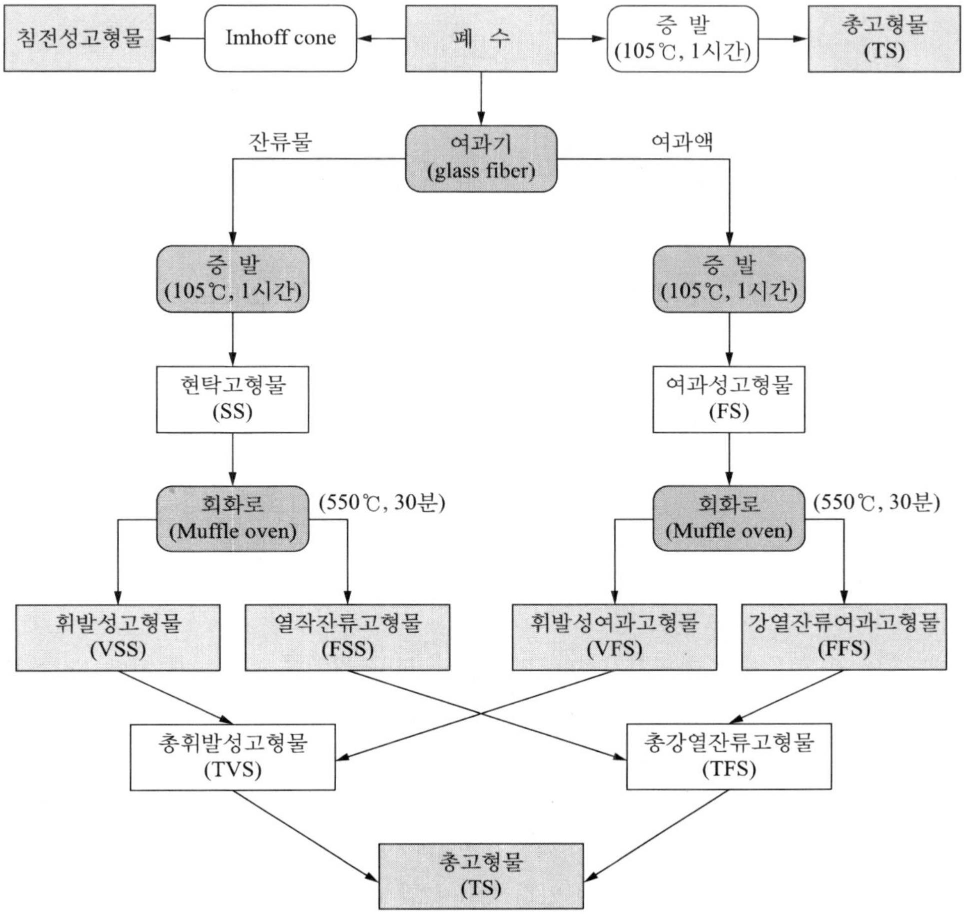

TS : total solids(총 고형물)
FS : filtrable solids(여과성고형물)
SS : suspended solids(부유고형물)
VFS : volatile filtrable solids(휘발성 여과고형물)
VSS : volatile suspended solids(휘발성 부유고형물)
FFS : fixed filtrable solids(강열잔류 여과고형물)
FSS : fixed suspended solids(강열잔류 부유고형물)
TFS : total fixed solids(총 강열잔류고형물)
TVS : total volatile solids(총 휘발성고형물)

그림 2-1 ◦ 고형물의 상호관계

총 고형물은 일정량의 폐수를 2μm의 공극크기를 갖는 유리섬유 여과지로 여과하여 통과한 여과액(filtrate)과 남는 잔류물을 합한 것이다.

여과성고형물 중에는 콜로이드 및 용존고형물(dissolved solids)이 포함된다. 콜로이드는 지름이 0.001～1μm 범위인 입자상 물질이며, 용존고형물은 수용액으로 존재하는 무기물 및 유기물과 이온으로 이루어진다. 콜로이드 부분은 침전시켜서 분리할 수 없으며, 생물학적 산화나 응집(coagulation)을 거친 뒤에 침전에 의하여 제거한다.

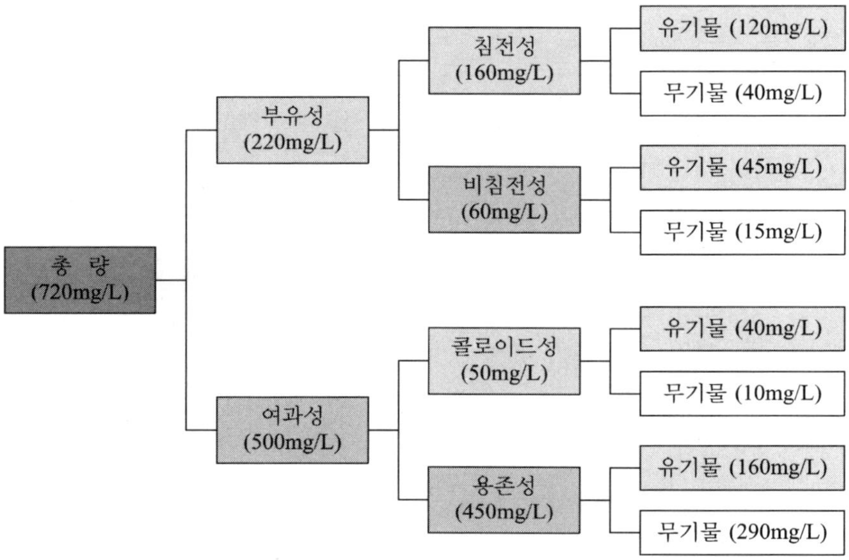

그림 2-2 ∘ 폐수중의 고형물의 분류

고형물은 550±50℃에서 가열시킨 후 휘발성(volatility) 유무를 판별하게 된다. 이 온도에서 유기물은 산화되어 기체로 날아가고, 무기물은 재가 되어 남게 된다. 따라서 "휘발성 부유고형물(volatile suspended solids)"과 "강열잔류 부유고형물(fixed suspended solids)"은 부유고형물 중에 각각 유기물질과 무기물질(광물질)에 해당된다. 550±50℃에서 분해되는 무기염에는 탄산마그네슘이 있는데 이것은 350℃에서 산화마그네슘과 이산화탄소로 분해된다. 무기염의 주성분이 되는 탄산칼슘은 825℃의 온도까지 안정하다. 휘발성 고형물 분석치는 주로, 폐수슬러지의 생물학적 안정성의 척도로 응용된다. 전형적인 폐수의 고형물 함유량을 분류하면 대략 <그림 2-2>와 같다.

2.2 폐수의 화학적 특성

1. 유기물질

가정폐수와 산업장으로부터 배출되는 유기물 성분은 보통 탄소, 수소, 산소 그리고 경우에 따라 질소로 구성되어 있다. 하·폐수내 유기물질은 단백질(40～60%), 탄수화물(25～50%), 지질(8～12%)로 되어있으며 이들 물질은 각 분해단계에서 많은 화학영양계 미생물의 기질로 사용된다.

하·폐수 중의 유기물 함유량을 정량화하기 위한 여러 가지 방법이 개발되었다. 현재 실험실에서 폐수내의 유기물질을 측정하기 위하여 흔히 사용되는 방법으로 ① 생화학적 산소요구량(biochemical oxygen demand, BOD) ② 화학적 산소요구량(chemical oxygen demand, COD) ③ 총 유기탄소량(total organic carbon, TOC)이 있는데 이는 유기물의 화학식으로부터 계산이 가능하다.

$10^{-12} \sim 10^{-13}$mg/L 범위를 갖는 미량 유기물은 gas chromatography 및 mass spectroscopy와 같은 방법으로 측정할 수 있다. 과거 20년 동안 미량 유기물의 검출방법이 크게 향상되어, 10^{-9}mg/L 범위로 미량 유기물의 검출도 거의 보편화되었다.

살충제는 탄소 - 클로로폼 추출법에 의해서 가능하다. 활성탄 칼럼에 통과시켜 물로부터 오염물질을 활성탄에 흡착시킨 후 클로로폼을 사용하여 활성탄소로부터 오염물질을 추출해 내는 방법이다. 클로로폼을 증발시켜 오염물질의 양을 측정할 수 있다. 불과 ppb 단위로 측정할 수 있을 정도로 미량인 살충제와 제초제의 경우도 gas chromatography로 측정이 가능하다.

(1) 생화학적 산소요구량

생화학적 산소요구량은 영어로 biochemical oxygen demand(BOD)라고 하며, 폐수 중의 유기물질을 화학유기영양계의 미생물이 호기성 상태에서 분해할 때 소요되는 용존산소의 양을 나타낸다. 유입폐수 중의 유기물질은 여러 성분의 혼합체인데 그 생물분해 가능성이 다양하다. 섬유소, lignin 등의 다당류와 불용성유지, 그리고 많은 합성화합물질은 대체로 난분해성이며, 포도당 같은 단당류는 이분해성, 즉 쉽게 분해된다.

BOD 시험은 총 유기물질농도 중에서 생물분해가능한 성분농도를 측정한다. 이것은 유기물질이 세균의 물질대사에 의하여 에너지원으로 사용되고, 세포로 합성되고, 다시 산화되는 과정에서 호흡용으로 섭취된 산소량을 측정하는 방법이다. BOD는 유기물질로 인한 수질오염도, 생물학적 폐수처리대상물질의 농도, 호기성 처리시의 산소소요량, 폐수처리효율 등을 나타내는 파라미터로 이용된다.

오늘날 일반적으로 인정되고 있는 BOD 측정법은 5일간 20℃에서 시험수를 배양하는 방법으로서 그 결과를 BOD_5 또는 BOD로 표시하며, 시험법의 골자가 아래와 같다.

① 시험수의 희석 : BOD_5가 6mg/L 미만이 되도록 시험수를 희석한다. 희석수는 사전에 충분히 포기되고, 또 영양물질이 혼합된 것이라야 한다.

② 식종 : 적합한 세균이 혼합되어 있지 않는 시험수에는 식종수를 통하여, 적응된 세균을 2mL/L의 비율로 식종한다.

③ 시험수와 식종된 희석수를 각각 300mL BOD병에 넣고 봉한다. 별도로 시험수와 희석수의 용존산소농도를 즉시 측정한다.

④ 시험수와 식종된 희석수를 20℃에서 5일간 배양한 후, 각각 잔류용존산소농도를 측정한다.

⑤ 아래와 같이 BOD농도를 계산한다.

$$BOD = D\left[(DO_{t=0} - DO_{t=5})_{sample} - (DO_{t=0} - DO_{t=5})_{blank} \right] \tag{2.1}$$

BOD_5 : 5일 BOD농도, mg/L

DO : 용존산소농도, mg/L

D : 희석비율

산소요구가 완전히 없어질 때까지 시험수를 배양하려면 가정하수의 경우는 20일 정도까지 끌며, 산업폐수의 경우도 대개 상당히 긴 일수를 요한다. 그렇게 하여 얻을 결과를 최종 BOD라고 하며, BOD_L로 나타낸다. BOD_5는 시험일수를 단축하는 이점이 있지만, 뒤에 설명하는 것과 같은 폐단이 있다.

1) BOD 반응

생활하수의 BOD 반응은 대개 <그림 2-3>과 같이 진행된다. 이 그림에서 세로좌표는 사용된 산소의 누가농도를 나타낸다. 적응이 끝난 세균은 초기에는 주로 세포합성을 위하여 산소를 소비하지만, 시일이 경과함에 따라서 세포의 존속, 내호흡, 자기분해 등을 위한 에너지를 얻기 위하여 산소를 소비하게 된다. 또한 초기에는 이분해성 탄소계 물질로부터 분해되고, 후기에 갈수록 난분해성 물질이 분해된다. 따라서, 후기에 가면 단백질의 가수분해와 탈아미노기반응이 끝나면서 암모니아가 분해돼 나오고, 질산화세균도 충분한 수로 증식되어 활동하게 되므로 새로이 산소요구량이 증가된다. 따라서 BOD 반응말기에는 질산화세균이 우세하게 존재한다.

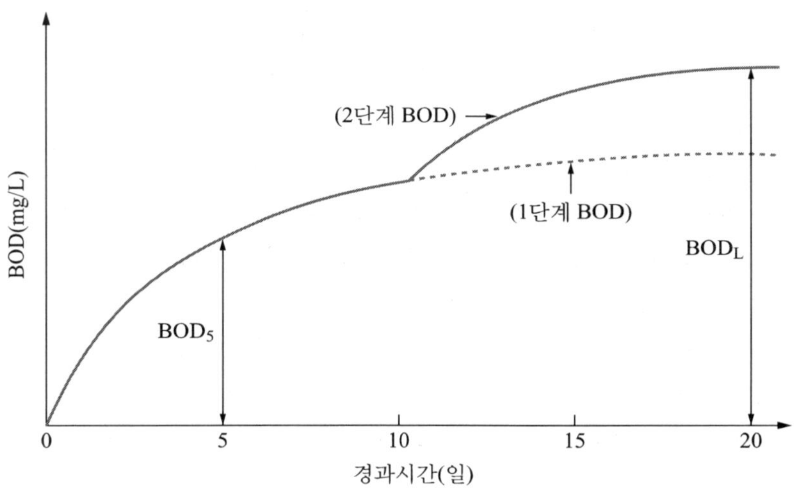

그림 2-3 ∘ BOD 반응곡선

<그림 2-4>는 시일경과에 따른 유기물질농도, 사용된 BOD, 미생물농도 등의 변화를 같은 시간척도로 나타낸 것이다. 세균증식곡선상의 증식정지기는 화학반응에서 물질전환 끝점에 해당되므로, BOD 반응에서 그 후의 산소요구량은 세포의 존속, 내호흡 및 자기분해와 질산화, 그리고 세포를 잡아먹는 포식생물의 활동 때문에 생긴다.

BOD 반응에 관한 뒤의 식 (2.3)은 질산화반응을 제외한 것이지만, 앞의 BOD 반응 과정 중에서 어디까지 해당되는지는 분명하지 않다. 대체로 세균의 지체기가 끝난 후부터 유기물질이 세포로 전환되는 것이 끝날 때까지만 해당되는 것으로 보는 것이 옳겠지만 이 BOD 반응식은 그 정도로 정밀한 것이 못된다.

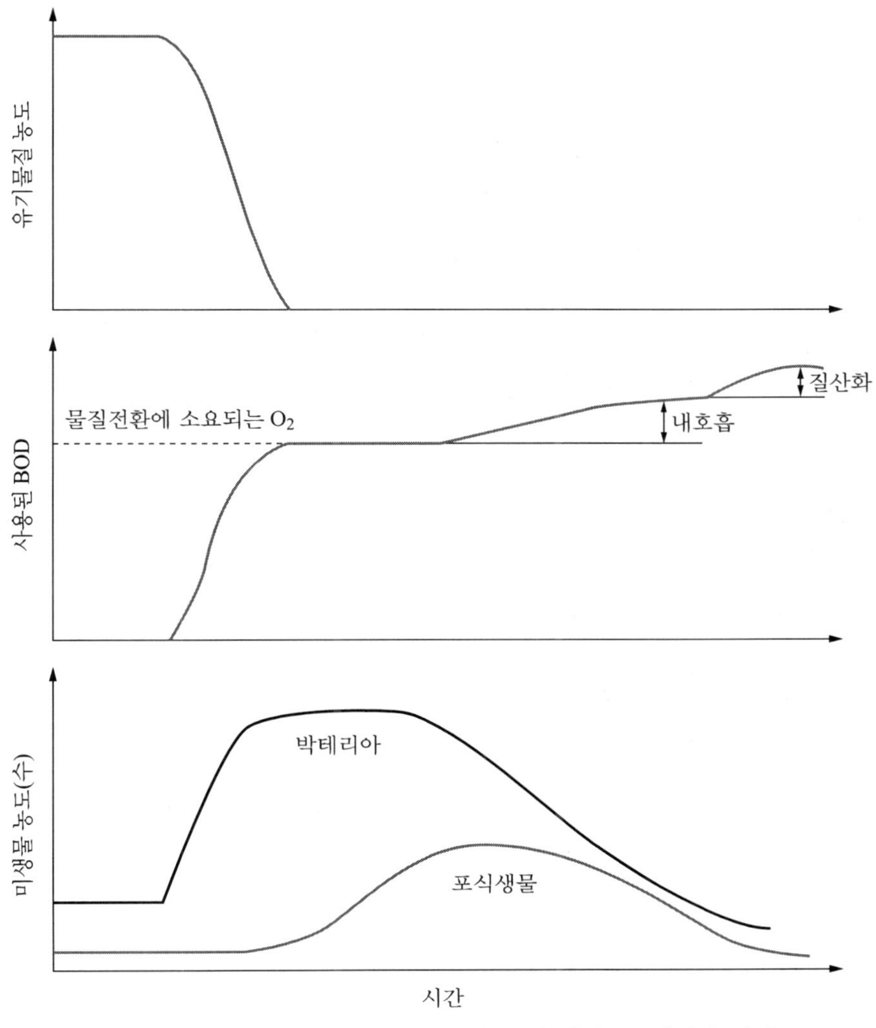

그림 2-4 ∘ 유기물질감소, BOD 사용 및 미생물증식간의 관계

일반적으로 탄소물질의 산화에 소비된 산소량과 질소물질의 산화된 소비된 산소량은 구분하여 파악한다. 그리고 전자만을 BOD로 취급하고, 후자를 nitrogeneous oxygen demand(NOD)라고 부르는 경향이 있다. 질산화반응은 생가정하수의 경우, 대개 10일 후에 시작되어 그 후 상당기간에 걸쳐서 진행한다. 질산화에 의한 산소요구량은 아래 식에 의하여 약산되기도 한다.

$$\text{NOD} = 4.6(\text{Ammonia N} + \text{organic N}) \tag{2.2}$$

유기폐수의 생물분해반응은 여러 중간과정이 있고 각 성분물질의 분해속도와 분해기간이 다르고, 반응주역인 미생물의 질량과 활성이 일정하지 않으므로, 그것을 정확한 수학식으로 나타낼 수는 없다. 그럼에도 불구하고 BOD 반응은 경험에 입각하여 아래와 같이 1차 반응으로 간주된다.

$$\frac{dL}{dt} = -KL_t \tag{2.3}$$

여기서, L_t : t일 후에 잔류하는 1단계 BOD, ML^{-3}

K : BOD 반응속도상수, T^{-1}

$t=0$일 때 $L_t = L$을 가정하여 위 식을 적분하면

$$L_t = Le^{-K_t} \tag{2.4}$$

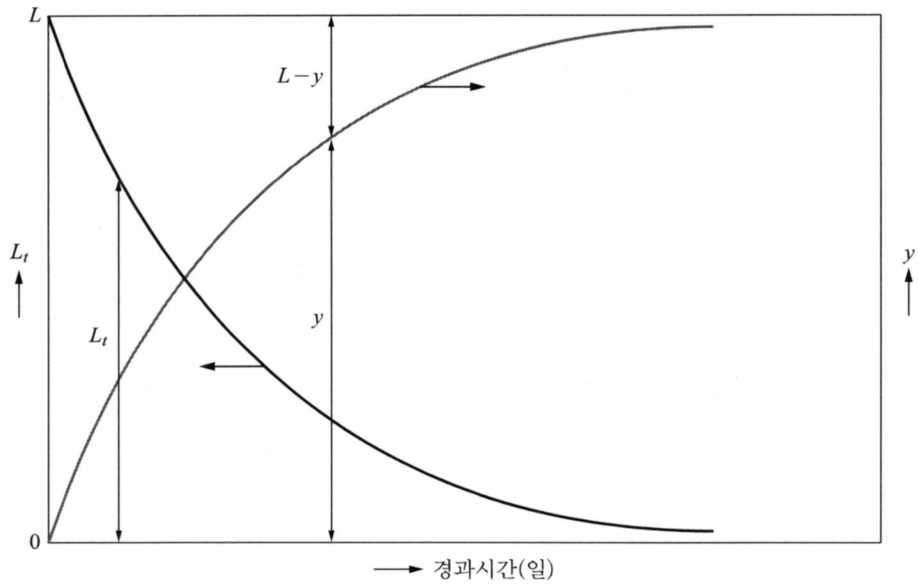

그림 2-5 ◦ L, L_t, y의 관계

위 식의 e를 상용대수의 밑수로 바꾸면,

$$L_t = L(10^{-kt}) \tag{2.5}$$

잔류 BOD가 아니고, 사용된 BOD를 나타낼 때에는

$$y = L - L_t = L(1-10^{-kt}) \tag{2.6}$$

여기서, y : 사용된 BOD, ML^{-3}
L : 1단계 최종 BOD, ML^{-3}

예제 2-1 어떤 폐수의 BOD_5 농도가 200mg/L이다. $k = 0.17 day^{-1}$를 가정하고 이 폐수의 1단계 최종 BOD농도를 결정하라.

답

$y_5 = L - L_5 = L(1-10^{-5k})$
$L = y_5/(1-10^{-5k}) = 200/(1-10^{-(5)(0.17)})$

BOD 반응속도상수의 값은 기질, 온도, 세균 등에 따라서 다르다. 그리고 특히 혼합배양의 경우, 기질과 세균의 조건을 정밀하게 반복하는 것이 어려우므로, 특정 BOD 시험에서 얻은 k값을 다른 BOD 반응에 적용하는 데에는 무리가 있다. 그러나 생활하수의 경우에는 흔히 $k = 0.10 day^{-1}$, 그리고 $BOD_5 = 0.68 BOD_L$의 값이 사용되고 있다. <그림 2-6>에서 보듯이 BOD_L의 값이 일정하더라도, k값이 다르면 BOD_5의 값도 달라진다. 공정시험법에 의한 BOD 측정온도는 20℃이지만, 이외의 온도에서 BOD를 측정했을 때에는, 아래의 van't Hoff-Arrhenius식에 의하여 k값을 수정할 수 있다.

$$k_r = k_{20}\theta^{T-20} \tag{2.7}$$

여기서, k_r : T온도에서의 BOD 반응속도상수, T^{-1}
θ : 4～20℃에서 1.135이고, 20～30℃에서 1.056

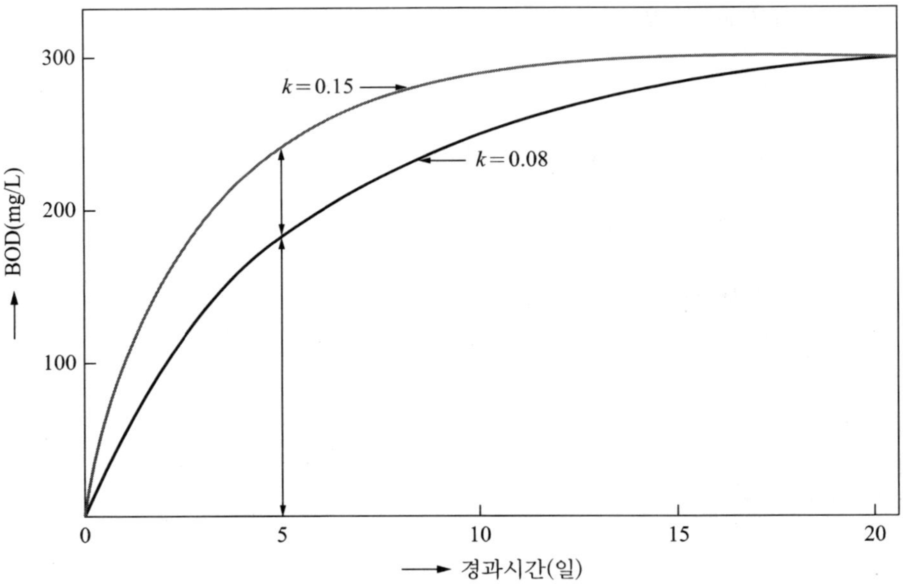

그림 2-6 • BOD 반응속도상수 k의 영향

2) BOD 반응속도상수의 결정

한 시험수에 대한 경과일별 BOD농도를 알면, 그로부터 k와 L값을 수학적으로 구할 수 있다. 즉, Moment 방법, 최소자승법, Thomas 방법 등에 의하여 구할 수 있는데 그중에서 최소자승법과 근사적인 Thomas 방법을 아래에 소개한다.

(a) 최소자승법

이것은 측정된 자료에 의하여 도표에 점을 찍고 선을 긋되, 실측점과 선과의 모든 편차의 제곱의 합이 최소가 되도록 함으로써, 실측자료에 가장 잘 맞는 선의 방정식을 결정하는 통계기법이다.

BOD 측정자료 중에서 n번째의 측정결과에 대하여, 식 (2.6)으로부터

$$\left(\frac{dy}{dt}\right)_n = K(L-y_n) \tag{2.8}$$

여기서, n : 자료번호

위에서 dy/dt는 선의 기울기이다. 편차를 R이라고 하면, 모든 측정결과에 대하여

$$R = K(L-y) - \frac{dy}{dt} \tag{2.9}$$

$dy/dt = y'$라 하고 위식을 다시 쓰면,

$$R = KL - Ky - y' \tag{2.10}$$

$KL = a$, $K = -b$라고 하면,

$$R = a + by - y' \tag{2.11}$$

편차의 제곱의 합이 최소가 되려면

$$\frac{\partial}{\partial a}\sum R^2 = \sum 2R\frac{\partial R}{\partial a} = 0 \tag{2.12}$$

$$\frac{\partial}{\partial b}\sum R^2 = \sum 2R\frac{\partial R}{\partial b} = 0 \tag{2.13}$$

R을 식 (2.10)대로 대치하여 다시 쓰면

$$na + b\sum y - \sum y' = 0 \tag{2.14}$$

$$a\sum y + b\sum y^2 - \sum yy' = 0 \tag{2.15}$$

여기서, n : 측정 자료수

$$K = -b(\text{밑수 } e)$$

$$L = -a/b$$

(b) Thomas법

이것은, 다음 두급수의 유사성을 근거로 하여 고안한 방법이다.

$$(1 - 10^{-kt}) = 2.3kt\left[1 - \frac{2.3kt}{2} + \frac{(2.3kt)^2}{6} - \frac{(2.3kt)^3}{24} + \cdots\cdots\right] \tag{2.16}$$

$$2.3kt\left[1 + \frac{2.3kt}{6}\right]^{-3} = 2.3kt\left[1 - \frac{2.3kt}{2} + \frac{(2.3kt)^2}{6} - \frac{(2.3kt)^3}{21.6} + \cdots\cdots\right] \tag{2.17}$$

식 (2.6), 식 (2.16), 식 (2.30) 등의 식으로부터 Y의 근사치를 구하면

$$Y = L(2.3kt)\left[1 + \frac{2.3kt}{6}\right]^{-3} \tag{2.18}$$

위 식을 다시 쓰면

$$\left(\frac{t}{y}\right)^{1/3} = (2.3kL)^{-1/3} + \frac{(2.3kt)^{2/3}}{6L^{1/3}}t \tag{2.19}$$

위는 아래와 같은 형태의 직선방정식이다. 즉,

$$z = a + bt \tag{2.20}$$

$$z = (t/y)^{1/3}$$

$$a = (2.3kL)^{-1/3}$$

$$b = \frac{(2.3kL)^{2/3}}{6L^{1/3}}$$

BOD 측정자료에 의하여 $(t/y)^{1/3}$을 세로좌표로, 그리고 t를 가로좌표로 하여 점을 찍고 선을 그으면,

$$k = \frac{6b}{2.3a} = 2.61\frac{b}{a} \tag{2.21}$$

$$L = \frac{1}{2.3ka^3} \tag{2.22}$$

BOD 측정자료는 질산화가 시작되기 전인, 10일 이전까지의 측정결과를 이용하는 것이 오차를 줄이기 위하여 바람직하다.

예제 2-2 다음의 BOD 측정자료에 의하여 BOD 반응속도상수와 1단계 최종 BOD농도를 결정하라.

경과일수	1	2	3	5	7	9
BOD(mg/L)	47	85	112	149	171	183

답

(1) 최소제곱법

BOD 자료를 갖고 아래와 같은 계산표를 만든다. 단, y'값은 아래와 같이 계산한다.

$$y' = \frac{dy}{dt} = \frac{y_{n+1} - y_{n-1}}{2\Delta t}$$

식 (2.14), 식 (2.15)으로부터

$$5a + 564b - 121 = 0$$

$$564a + 73420b - 10959.2 = 0$$

그러므로

$$a = 55.155,\ b = -0.274$$

$$K = 0.274,\ k = 0.4343K \simeq 0.12\text{day}^{-1}$$

$$L = -(55.155/-0.274) \simeq 201\text{mg/L}$$

경과일수	y	y^2	y'	yy'
1	74	2209	42.5	1997.5
2	85	7225	32.5	2762.5
3	112	12544	22.75	2548.0
5	149	22201	14.75	2197.7
7	171	29241	8.5	1453.5
합계	564	73420	121	10959.2

(2) Thomas 방법

$(t/y)^{1/3}$값을 계산하면 아래의 표와 같다.

경과일수	1	2	3	5	7	9
y(mg/L)	47	85	112	149	171	183
$(t/y)^{1/3}$	0.277	0.286	0.229	0.322	0.344	0.366

계산표에 의해서 $(t/y)^{1/3}$을 세로좌표로, 그리고 경과일을 가로좌표로 하여 아래와 같이 선을 그은 후, 절편 a와 b를 구한다.

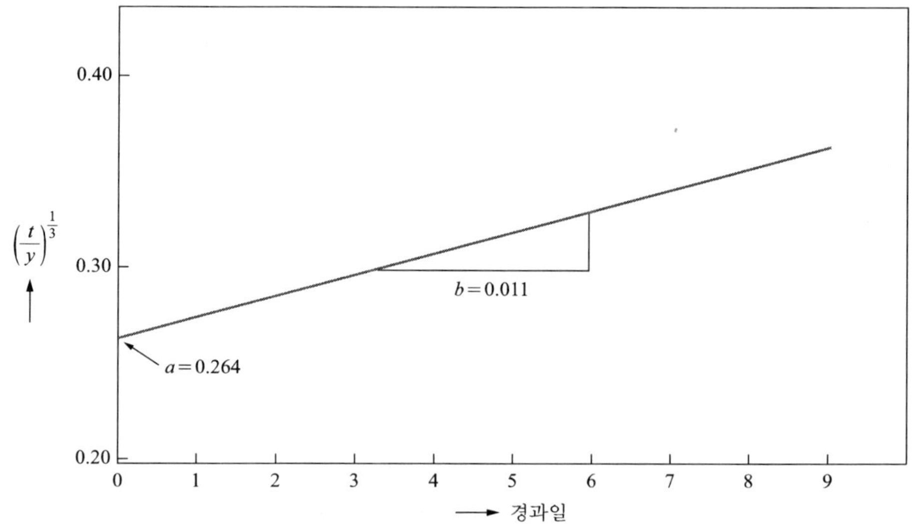

그림 2-7 ∙ Thomas 방법에 의하여 k와 L값을 결정하기 위한 도표

$$a = 0.264, \qquad b = 0.011$$

$$k = 2.61\frac{b}{a} = \frac{(2.61)(0.011)}{(0.264)} \simeq 0.11\text{day}^{-1}$$

식 (2.21), 식 (2.22)으로부터

$$L = \frac{1}{2.3ka^3} = \left[(2.3)(0.11)(0.264)^3\right]^{-1} \simeq 211\text{mg/L}$$

3) BOD 반응의 화학양론

유기물질이 화학유기영양계의 세균에게 생물분해되어 에너지로서 사용되고 세포로 합성되는 것은 화학양론적으로 볼 때, 일종의 물질전환이다. 이때에는 사용된 산소와 분해된 유기물질 및 합성된 세포물질만이 관심의 대상이 된다.

단순한 기질을 용존상태로 순수배양하면서 BOD반응을 관찰하면 <그림 2-8>에서 보듯이 최종단계에서 BOD 증가율이 갑자기 둔화되면서 고원을 이룬다. 이 고원값에 도달할 때까지의 BOD가 물질전환에 사용된 산소량이다.

<표 2-3>은 단위기질량당 산소요구량을 나타낸 것이다. 이러한 산소요구량의 충족은 생물분해가능한 기질의 소진을 뜻하며, 이때 세포로의 물질전환이 끝난 것으로 간주된다. 고원 BOD값과 배양기질과의 사이에는 어느 수준까지 선형계수가 성립되는 것으로 알려져 있다. 즉, 배양기질의 농도증가에 따라서 고원 BOD값도 증가된다. 그리고 10～35℃ 범위의 배양온도에서 이러한 BOD 전환이 영향을 받지 않는 것으로 보고되고 있다.

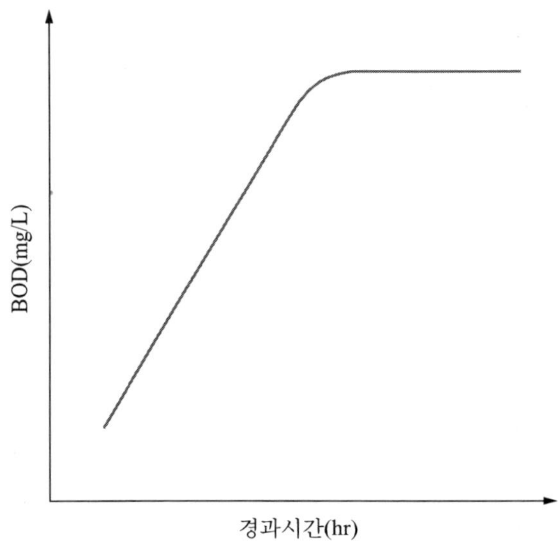

그림 2-8 • BOD 반응의 진행

표 2-3 • 유기질 기질의 BOD 전환율

기 질	전환율 (mg O_2/mg 기질)
글루탐산	0.38
소르비톨	0.39
포도당	0.42
과당	0.42
아세트산나트륨	0.58

아래는 포도당의 호기성 분해와 세포물질의 성분을 나타낸 화학양론식인데, 이때의 단위기질량당 산소요구량은 위 표의 0.42mg O_2/mg과 비슷하다. 그리고 단위기질당 세포생산량은 이 경우에 0.44g/g이다.

$$24C_6H_{12}O_6 + 59O_2 + 17NH_3 \rightarrow 17C_5H_7O_2N + 59CO_2 + 110H_2O \qquad (2.23)$$

<그림 2-8>은 단순한 단일용존기질을 순수배양시켰을 때 얻을 수 있는 결과로서, 고원값까지는 영차반응이다. 그러나 일반폐수는 이와는 달리 고형물도 있고 분해단계와 분해속도가 다른 여러 부합물질의 혼합배양이므로 그 종합적 BOD반응은 결코 영차가 될 수 없다. 그러한 종합반응은 각종 단일반응을 합한 형태가 되는데, 생활하수의 경우에는 대체로 1차 반응의 형태를 갖는다.

4) BOD 파라미터의 결함

BOD 파라미터에는 다음과 같은 결함이 있다. ① 이 파라미터에는 배양기간 내에 생물분해가 능한 유기물질만이 포함되어 있다. ② BOD병에 들어 있는 미생물의 질과 농도에 따라서 BOD 반응이 다르게 나타날 수 있으므로 활성이 있고 순화(acclimated)된 높은 농도의 식종 박테리아가 필요하다. ③ 독성물질이 BOD 반응에 영향을 미칠 수 있어 전처리가 필요하며 질산화 박테리아의 영향을 감소시켜야 한다. ④ 고형물이 섞인 폐수에 대해서는 화학양론을 적용할 수 없어 시료내 용해성 물질이 이용된 후 특히 양론적 타당성을 갖지 못한다. BOD_5의 경우에는 BOD_L 보다도 이러한 결함이 더 두드러진다. ⑤ 무엇보다 상대적으로 긴 시험시간도 문제점으로 지적된다. 5일의 배양기간은 당시 영국의 하천오염대책을 위한 사정에 맞도록 1913년에 결정된 것인데, 이론적으로 사용되기에는 너무 취약하다. 세균의 적응상태, 활성, 농도 등은 정밀하게 반복되기 어려우며, 5일간의 반응시험결과를 갖고 최종 반응결과를 정확하게 예측하기는 어렵다. 그리고 이 실험결과는 질산화반응을 억제하더라도 BOD병 안에 있는 포식미생물의 활동에 따라 달라질 수 있다. BOD_5 시험결과는 평균치에 대하여 18.5% 정도의 표준편차를 나타내는 것으로 알려져 있다.

이러한 결함에도 불구하고 BOD 파라미터가 사용되는 까닭은 생물학적 폐수처리와 자연수역의 유기물질분해반응은 그 자체가 BOD 반응이기 때문이다. 그리고 이론적으로 사용되기에는 BOD_5보다도 BOD_L이 적합하다.

(2) 화학적 산소요구량

화학적 산소요구량은 영어로 chemical oxygen demand(COD)라고 하며, 폐수 중의 유기물질을 화학적으로 분해하고 산화하는데 소요되는 산소량을 나타낸다. 이때 산화제로 사용되는 시약에는 과망간산칼륨($KMnO_4$)과 중크롬산칼륨($K_2Cr_2O_7$)의 두 가지가 있다. COD는 3시간 이내에 분석시험이 끝나므로 측정시간이 짧게 소요되고, 중크롬산칼륨법의 경우 유기물질이 거의 다 분해, 산화되는 등의 장점이 있다. 그러나 난분해성 유기물질의 함량과 이분해성 유기물질의 분해속도를 파악할 수 없는 등의 단점이 있다.

1) 과망간산칼륨방법(COD_{Mn})

과망간살칼륨에 의한 유기물 질산화반응의 일반식은 아래와 같다.

$$C_nH_aO_b + cMnO_4 + 4dH \xrightarrow[\text{촉매}]{\text{열}} nCO_2 + \frac{a+4d}{2}H_2O + cMnO_2 \tag{2.24}$$

이 방법에서는 시료를 산성으로 하여 과망간산칼륨을 과량 넣고, 30분간 가열반응시킨 다음, 소모된 과망간산칼륨량으로부터 산소량을 계산한다. 계산된 산소량은 mg/L로 나타낸다. 이것은 1983년 우리나라 환경청에 의하여 공정시험법으로 제정되었다. 그러나 과망간산칼륨은 산화력이 약하므로, 이 방법으로 측정된 유기물질의 COD_{Mn}값은 대체로 BOD_5값보다 낮다. 이론적으로는 아래 설명하는 중크롬산칼륨에 의한 COD_{Cr}값이 사용된다.

2) 중크롬산칼륨방법(COD_{Cr})

중크롬산칼륨에 의한 유기물 질산화반응의 일반식은 아래와 같다.

$$C_nH_aO_b + c\,Cr_2O_7^{2-} + 8c\,H \xrightarrow[\text{촉매}]{\text{열}} nCO_2 + \left(\frac{a+8c}{2}\right)H_2O + 2c\,Cr^{3+} \tag{2.25}$$

이 방법에서는 시료를 산성으로 하여 중크롬산칼륨을 과량으로 넣고 2시간 가열반응시킨 다음, 소비된 중크롬산칼륨량으로부터 산소량을 계산한다. 계산된 산소량은 mg/L로 나타낸다. 중크롬산칼륨은 강력한 산화제이므로 폐수 중의 유기물질을 거의 다 산화한다. 따라서 생물분해가 능한 유기물질의 경우 COD_{Cr}의 값은 BOD_L값과 같다. 이러한 이유 때문에 COD_{Cr}는 보다 이론적인 용도에 사용된다. 이 책에서는 앞으로 COD_{Cr}만을 다룰 것이므로, 이제부터 거론되는 COD는 COD_{Cr}이다.

중크롬산칼륨은 함량, 지쇄형지방족, 치환된 벤젠고리 등을 완전산화하지만, 직쇄형의 지방산, 알코올, 아미노산 등을 부분적으로만 산화하며, 벤젠, 톨루엔, 피리딘 등은 산화하지 못한다. 또한 황화물, 아황산염, 싸이오황산, 아질산, 제일철이온 등의 무기물도 산화하므로 분석 시에 이들 물질의 반응을 억제하지 않을 경우 COD값에 오차가 생길 수 있다. COD_{Cr} 시험결과는 10.8% 정도의 변동계수를 나타낸다.

3) COD 측정에 의한 총 생물학적 산소요구량(TBOD)의 분석

최종 BOD, 세포생산량, 산소요구량 등은 총 생물학적 산소요구량(TBOD) 시험에 의하여 실험적으로 구할 수 있다. 이 방법은 어떤 용해성 시험폐수에 대하여 생물학적 물질전환의 진척에 따른 COD차를 구하는 것인데 시험의 주요 내용은 다음과 같다.

① 시험폐수에 순응된 박테리아 세포를 구하여 잘 씻는다.
② 이 세포의 COD값과 질량농도를 결정하다.
③ 이 시험폐수의 COD값을 결정한다.
④ 세포와 시험폐수를 미리 정한 용적 비율대로 실린더에 넣고 잘 혼합한다.
⑤ 이 혼합시험수를 포기한다.
⑥ 일정한 시간간격을 두고 혼합시험수와 여과액의 COD 및 고형물 농도를 시험하고 기록한다.
⑦ 실린더 내에서 증발손실된 물만큼 수시로 증류수를 보충하여 일정용적을 유지한다.

위의 실험에 의하여 <그림 2-9>를 그릴 수 있다. 이 그림에서 섭취된 산소량(O_2 uptake)이 물질전환에 사용된 산소량이다. 최초 여과액과 최종 여과액간의 COD값 차가 BOD_L값에 해당된다.

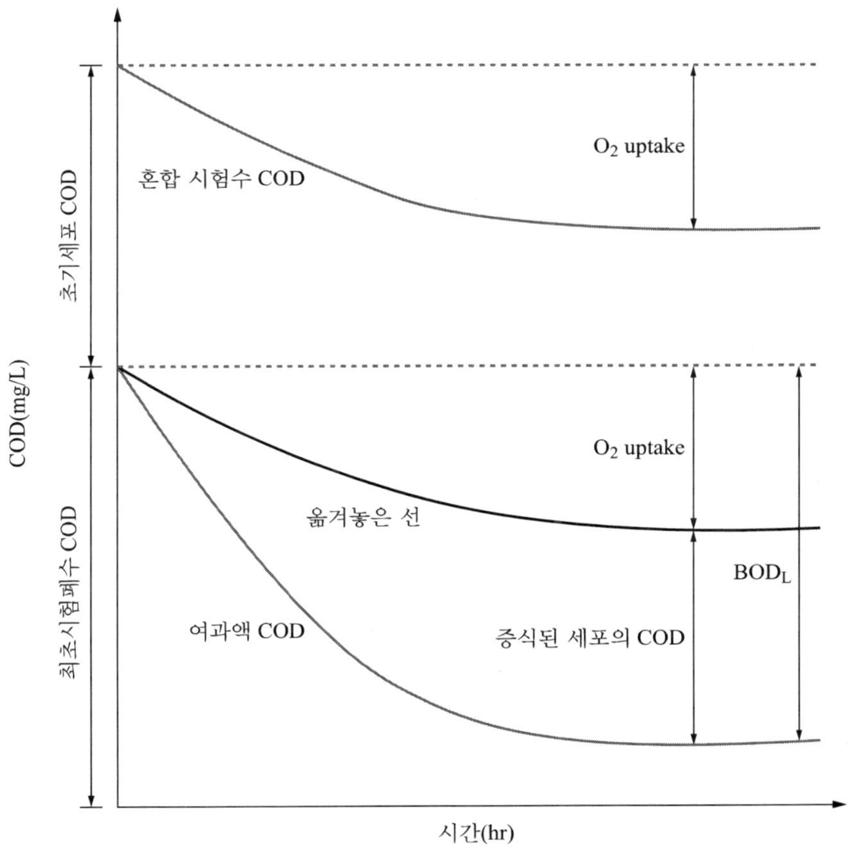

그림 2-9 • TBOD 시험결과

최종 여과액의 COD값은 생물분해 불가능한 유기물질로서 처음부터 그러했거나 또는 생물학적 물질전환과정에서 그렇게 된 것이다. BOD_L에서 섭취산소량을 뺀 것이 새로 증식된 세포를 산화시키는데 요구되는 산소량이다. 만약 시험폐수 중에 비용해성 고형물이 포함되는 경우 세포와 그러한 고형물을 구별할 수 없으므로 시험결과에 오차가 생길 수도 있다.

예제 2-3 어떤 폐수의 TBOD 시험결과가 다음과 같다. 폐수 COD=864mg/L, 세포 COD=452mg/L 이 두 가지 각 1L씩을 합하여 시험한 결과는 아래와 같다. 이때, BOD_L, 유출수의 잔류 COD, 산소요구량을 결정하라.

시간(분)	0	5	10	20	30	40	50	60	80	100	130	150
혼합시험수 COD(mg/L)	659	638	619	572	530	493	455	426	384	362	360	358
여과액 COD(mg/L)	431	391	358	293	233	191	132	102	58	25	24	23

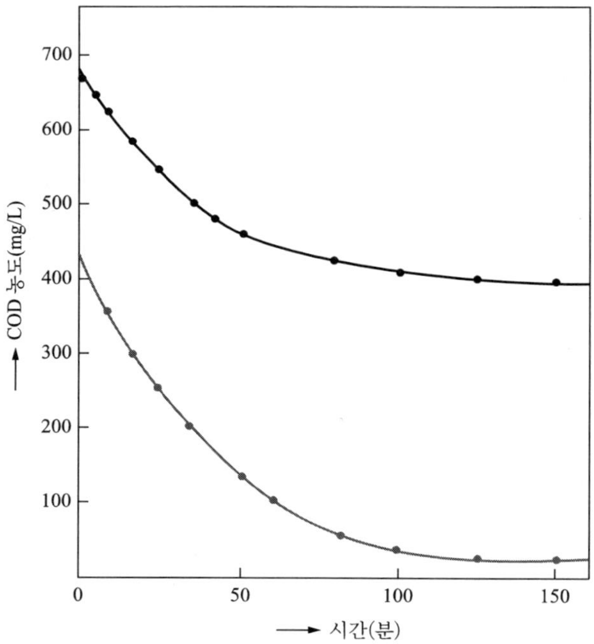

그림 2-10 • 예제의 TBOD 시험결과

답

혼합시험수와 그 여과액의 COD 시험결과를 곡선으로 나타낸 것이 <그림 2-10>이다.
희석계수가 2이므로 총 BOD는

$$BOD_L = 2(431 - 23) = 816\text{mg/L}$$

폐수처리 후의 잔류 COD농도는 잔류 COD = 864 − 816 = 48mg/L
물질전환에 필요한 산소요구량은 2(659 − 358) = 602mg/L

4) COD 측정의 세분화

최근 새로운 생물학적 처리방법, 특히 생물학적 영양염류 제거 방법의 개발이 활발히 이루어지면서 COD를 세분화하는 것이 더욱 중요해지고 있는데 기본적으로 입자성과 용해성 COD로 구분할 수 있다. 생물학적 처리에서 입자성 또는 용해성 성분은 미생물에 의한 처리성을 기준으로 더욱 세분화되는데 ① 쉽게 생분해되는 용해성 COD, ② 생분해가 느린 콜로이드성과 입자성 COD, ③ 생물학적으로 분해되지 않는 용해성 COD, ④ 생물학적으로 분해되지 않는 콜로이드성과 입자성 COD이다. 여기서 쉽게 생분해되는 용해성 COD는 휘발성지방산(VFAs)과 단사슬 VFAs로 발효되어지는 복잡한 COD로 보다 세분화될 수 있다. 그러나 입자성과 용해성을 구분하는 표준화된 정의는 없는 것으로 여과지를 사용하여 대상 시료를 분류한다면 필터의 공극크기에 따라 그 분포가 변하게 된다.

(3) 총 유기질탄소량 및 총 산소요구량

총 유기질탄소량(TOC)과 총 산소요구량(TOD)의 농도는 기기에 의하여 짧은 시간 내에 분석되므로 분석시험에 걸리는 시간을 단축할 수 있는 이점이 있다.

1) 총 유기질탄소량(TOC)

이 방법은 시험수 중에 있는 총 용존탄소를 연소시킨 후 발생된 CO_2가스를 정량하고 그로부터 시험수 중의 총 탄소량을 결정한다. 시험수는 연소관에 주입되어 일정유량의 운반기체 속에서 950℃로 가열되는데, 이 때 유기물질은 CO_2와 수증기로 전환된다. 수증기는 물로 냉각되어 제거되고 CO_2는 연속류분석실로 이송되어 적외선으로 분석되고 그 량이 다음의 기록계에 기록된다. 미리 작성된 표준곡선에 의하여 시험수 중의 탄소량이 판독된다. 시험수를 미리 산처리하고 포기하여 무기질탄소와 휘발성물질을 제거함으로써 방해물질을 없애고 시험오차를 극소화한다.

이 기기분석방법은 최근에 인기도가 증가하고 있지만, 정량된 TOC가 시험수의 실제농도보다 약간 적게 나타나는 경향이 있다. 시험수 주입량이 매우 적으므로 그 속의 고형물 유무가 시험오차를 유발할 수 있다. 따라서 TOC 측정은 원칙적으로 여과된 용존탄소만을 정량하도록 되어 있으나, 최근에는 어느 정도의 고형물이 함유된 시험수도 측정할 수 있는 기기가 개발되고 있다.

2) 총 산소요구량(TOD)

이 방법은 질소운반기체 속의 산소변동을 측정함으로써 시험수의 산소요구량을 직접 정량한다. 이 운반기체는 백금촉매연소실에 유송되어 시료와 함께 연소되는데, 이때 산화 가능한 시료성분은 안정된 산화물로 전환된다. 그리고 소비된 산소량은 전해질검출기에 의하여 분석되고, 시험수의 산소요구량 농도가 결정된다.

TOD에는 유기물질뿐만 아니라 무기물질의 산소요구량도 포함된다. 기기 내에서 산화되는 무기물질은 탄소, 수소, 3가질소, 황화이온, 아황산이온 등이다. 이러한 이유 등 때문에 TOD 파라미터는 생물학적 폐수처리에서는 잘 이용되지 않는다.

(4) BOD, COD, ThOD, TOC간의 상관관계

1) ThOD와 COD 및 BOD와의 관계

이론적인 화학적 산소요구량(ThOD) 값은 화학양론적으로 계산할 수 있다. 즉, 아래와 같은 포도당 산화의 경우는 1g 포도당 산화에 1.066g 산소가 소요된다.

$$C_6H_{12}O_6 + 6O_2 \rightarrow 6CO_2 + 6H_2O \quad (2.26)$$

포도당은 중크롬산칼륨에 의해 완전히 산화되고, 또 완전히 생물분해되므로 아래와 같은 관계가 성립된다.

$$\mathrm{ThOD} \simeq \mathrm{COD} \simeq \mathrm{BOD_L} \quad (2.27)$$

그러나 대개의 폐수는 화학적으로 완전산화되기 어렵고 또 생물분해 안 되는 성분을 함유하고 있으므로 그 산소요구량이 아래와 같이 된다.

$$\mathrm{ThOD} > \mathrm{COD} > \mathrm{BOD_L} \quad (2.28)$$

2) COD와 BOD의 관계

폐수의 난분해성 유기물질 구성비율을 파악하고 생물학적 폐수처리가 적당한지를 판단하기 위하여 흔히 BOD_L농도와 COD농도를 비교한다. 폐수는 BOD_L/COD값이 1에 접근할수록 생분해성이 많고 따라서 생물처리하기에 적당하다는 뜻이 된다. 반대로 그 값이 0.5보다 적을수록 생물처리하기에는 부적당하고 0.3 미만이면 독성성분이 있거나 폐수의 안정화를 위해 순응된 미생물이 필요하다.

흔히 특정폐수에 관한 BOD와 COD간의 상관계수를 통계적으로 결정하고 그 값과 COD농도에 의하여 BOD농도를 추정한다. 이렇게 함으로써 오래 걸리는 BOD 측정 대신 짧은 COD 측정만하여 분석시험이 요하는 시간을 절약할 수 있다. 그러나 이때 주의해야 할 것은 폐수의 특성이 달라질 때마다 상관계수를 새로 결정해야 한다는 것이다.

또 한 가지 주의할 것은 생물학적 처리가 진행됨에 따라서 BOD_L/COD 비율이 작아진다는 것이다. <그림 2-11>에서 보듯이 폭기조 체류시간이 진행됨에 따라서 생물분해 가능한 성분은 제거되지만 생물분해 불가능한 유기성분은 그대로 잔류하므로 BOD_L/COD 비율이 작어진다. 따라서 이러할 경우에는 <표 2-4>에 나타낸 바와 같이 미처리수, 1차 침전 후 유출수(폭기조의 유입수)와 최종처리수에 대하여 각각 별도의 상관계수를 적용해야 한다.

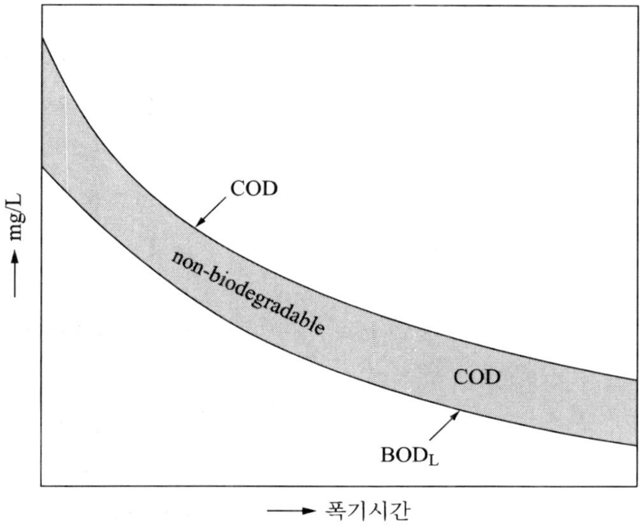

그림 2-11 • 폭기시간 경과에 따른 BOD_L/COD 비율의 변화

표 2-4 • 하수 특성에 따른 BOD_L/COD 비율

하수 종류	BOD/COD
미처리	0.3 ~ 0.8
1차 침전 후(폭기조 유입수)	0.4 ~ 0.6
최종처리수	0.1 ~ 0.2a (aCBOD/COD)

3) TOC와 BOD 및 COD와의 관계

앞서 언급된 바와 같이 하·폐수처리장의 운전 또는 처리효율을 결정함에 있어 BOD 측정을 하는 것은 매우 긴 시간이 소요되므로 BOD, COD, TOC간의 상관관계를 정하고, 그 후로는 COD나 TOC만을 측정하여 그 결과치로서 BOD를 추정하는 일이 흔히 있다. 이때 고려할 사항은 아래와 같다.

① 많은 공장폐수의 경우, 제일철이온, 질소물질, 황화물, 아황산염, 기타 산화가능한 무기물질들의 산소소비량이 COD에 포함되기 쉽다. 그런데 TOC에는 그러한 무기물질의 산소소비량이 포함되지 않는다.

② BOD나 COD 측정치에는 난분해성 유기물질과 중크롬산칼륨으로 산화되지 않는 유기물질의 산소요구량이 포함되지 않는다. 그러나 TOC에는 포함된다.

③ BOD 분석은 식종세균의 순화, 희석, 온도, pH, 독성물질 등의 영향을 받지만 COD와 TOC 분석은 그렇지 않다.

이러한 고려사항을 참작하며 <표 2-5>를 참고해야 한다. 한 폐수의 COD/TOC 비율이 시간적으로 변화하기도 하는데 이는 폐수의 구성성분이 일정하지 않음을 뜻한다. BOD와 TOC간의 상관관계는 가정폐수의 경우에는 비교적 잘 성립되지만, 공장폐수의 경우에는 그렇지 못하다. 그 원인은 앞에서 설명한 영향변수에 있다.

생물학적 폐수처리과정에서 COD/TOC 및 BOD_5/TOC 비율이 <표 2-6>에 나타낸 바와 같이 적어지는데 그 원인은 다음과 같다.

① 처리과정에서 무기질환원물질이 산화된다.

② 처리과정에서 유기물질의 일부가 CO_2까지 분해되지 않고 중간생성물질로 전환된다. 이때 COD 값은 적어지지만 TOC 값은 적어지지 않는다.

③ BOD 반응속도상수 k의 값은 생폐수의 경우 $0.15 day^{-1}$보다도 높지만 처리수의 경우는 $0.10 day^{-1}$ 이하로 낮다. 그리고 BOD_5/BOD_L 및 BOD_5/COD값은 k에 의존하며 영향을 받는다.

④ 처리수의 COD에는 난분해성 유기물질이 그대로 잔존하고 있고, 그 구성비율이 상대적으로 높아지는 까닭에 BOD_5/COD값이 적어진다.

표 2-5 • COD와 TOC의 물질별 비율

물 질	ThOD/TOC	COD/TOC
Acetone	3.56	2.44
Ethanol	4.00	3.35
Phenol	3.12	2.96
Benzene	3.34	0.84
Pyridine	3.33	-
Salicylic Acid	2.86	2.83
Methanol	4.00	3.89
Benzoic Acid	2.86	2.90
Sucrose	2.67	2.44

표 2-6 • 생물학적 처리로 인한 COD/TOC 및 BOD_5/TOC의 변화

폐 수	COD/TOC		BOD_5/TOC	
	생폐수	처리수	생폐수	처리수
가정폐수	4.15	2.20	1.62	0.47
화학공장폐수	3.54	2.29	-	-
정유공장폐수	5.40	2.15	2.75	0.43
석유화학공장폐수	2.70	1.85	-	-

<표 2-7>은 일부 유기화합물의 이론적인 화학적 산소요구량(ThOD)에 대한 COD와 BOD_5의 비율을 나타낸 것이며, <그림 2-12>는 동일폐수에 대한 유기질탄소량과 각종산소요구량을 정량적으로 비교한 것이다.

결론적으로 COD, TOC 등은 매우 편리한 파라미터 이지만, 그것과 BOD와의 일정한 상관관계는 폐수의 수질이 일정할 때에만 성립됨을 알 수 있다. 그리고 한 폐수에 대한 BOD, COD, TOC 분석치의 비교는 그 폐수의 성분을 판단하는데 큰 도움이 된다.

표 2-7 • 일부 유기화합물의 ThOD에 대한 COD와 BOD_5 비율

화합물	ThOD	COD	COD/ThOD	BOD_5	BOD_5/ThOD
지방족 :					
Methanol	1.50	1.05	70	1.12	75
Ethanol	2.08	2.11	100	1.58	76
Ethylene glycol	1.26	1.21	96	0.36	26
Isopropanol	2.39	2.12	89	0.16	7
Maleic acid	0.83	0.80	96	0.64	77
Acetone	2.20	2.07	94	0.81	37
Methyl ethyl ketone	2.44	2.20	90	1.81	74
Ethyl acetate	1.82	1.54	85	1.24	68
Oxalic acid	0.18	0.18	100	0.16	89
평균치			91		56
방향족 :					
Toluene	3.13	1.41	45	0.86	28
Benzaldehyde	2.42	1.98	80	1.62	67
Benzoic acid	1.96	1.95	100	1.45	74
Hydroquinone	1.89	1.83	100	1.00	53
O-Cresol	2.52	2.38	95	1.76	70
평균치			84		58
질소계 유기물질 :					
Monoethanolamine	2.49	1.27	51	0.83	34
Acrylonitrile	3.17	1.39	44	-	0
Aniline	3.18	2.34	74	1.42	44
평균치			58		26
난분해성 물질 :					
Tertiary-butanol	2.59	2.18	84	0	0
Diethylene glycol	1.53	1.06	70	0.15	10
Pyridine	3.13	0.05	2	0.06	2
평균치			52		4

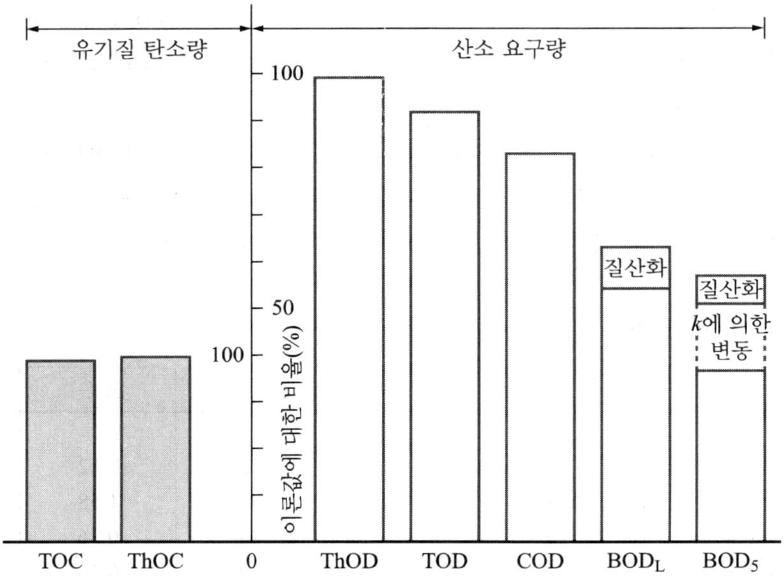

그림 2-12 • 유기질탄소량 및 산소요구량 파라미터의 대체적인 비율

2. 무기물질

폐수와 자연수 중의 무기물질 중에는 수질상 중요한 것들이 있다. 암석이나 광물질이 용해되면 무기물질의 농도가 증가한다. 또 특정 공장폐수를 제외하고는 하수처리 과정 중에 무기물질을 제거하는 일은 드물다. 무기물질의 농도는 자연증발 때문에도 증가하게 된다. 이는 지표수의 일부가 증발될 때 무기물질이 그대로 남기 때문이다. 물의 이용에 크게 영향을 미치는 주요 무기물질에 대해 살펴보면 다음과 같다.

(1) pH

수소이온농도는 수질의 주요지표이다. 대부분의 생물생존에 적절한 pH범위는 아주 좁아서 pH가 적절하지 못한 폐수는 생물학적으로 처리하기 어렵다. 처리수의 수소이온농도를 조정하여 방출하지 않으면 자연수에 영향을 미치게 된다.

수소이온농도는 물 분자의 해리정도와 밀접한 관계가 있다. 물은 다음과 같이 수소이온과 수산화이온으로 해리된다.

$$H_2O \leftrightarrow H^+ + OH^- \tag{2.29}$$

여기서 law of mass action을 적용하면,

$$\frac{[H^+][OH^-]}{[H_2O]} = K \tag{2.30}$$

여기서 괄호는 그 성분의 농도(mol/L)를 나타낸다. 묽은 수용액 중의 물의 농도는 거의 일정하므로, 그 값을 평형상수 K에 포함시켜 나타내면,

$$[H^+][OH^-] = K_W \tag{2.31}$$

K_W를 물의 이온화상수(ionization constant) 또는 이온적(ion product)이라 한다. 25℃에서의 값은 약 1×10^{-14}이다. 식 (2.31)을 사용하면 수소이온농도를 알 때 수산화이온의 농도를 계산하거나 또는 그 반대의 계산을 할 수 있다.

수소이온농도는 일반적으로 pH로 나타내는데 이는 다음과 같이 수소이온농도의 －로그(log)로 정의되는 것이다.

$$pH = -\log[H^+] \tag{2.32}$$

한편, 수산화이온농도의 －로그를 pOH라 하는데 식 (2.31)에서 25℃일 때의 pH와 pOH의 관계는 다음과 같다.

$$pH + pOH = 14 \tag{2.33}$$

수용액의 pH는 pH미터로 쉽게 측정할 수 있다. 또한 pH에 따라 색이 변하는 지시약과 pH시험지도 이용된다. 이때 pH는 용액의 색 혹은 시험지의 색을 표준색과 비교하여 결정할 수 있다.

(2) 염화물(Chloride)

중요한 또 하나의 수질지표로서 염화물 농도를 들 수 있다. 자연수 중의 염화물은 염화물 함유 암석이나 암석의 용출에 기인하거나, 해안지역에서는 염수침입(saltwater intrusion)의 결과이다. 지표수에 방출되는 농업용수, 산업폐수 및 생활하수 등도 염화물의 발생원이 된다.

인분 중에는 약 6g/인·d의 염화물이 첨가되어 있다. 전통적인 폐수처리 방법에서는 염화물을 별로 제거하지 않으므로 염화물의 농도가 정상 농도보다 높다는 것은 그 곳으로 처리된 유출수가 방류되고 있음을 나타낸다. 염수 근처 하수거로 침투되는 지하수도 역시 황산염과 염화물의 발생원이다.

(3) 알칼리도(Alkalinity)

폐수의 알칼리도는 칼슘, 마그네슘, 나트륨, 칼륨 또는 암모니아의 산화물, 탄산염 및 중탄산염 등 때문이다. 이 중에서 일반적인 것은 칼슘중탄산염 및 마그네슘중탄산염이다. 붕소염, 실리

카염 및 인산염 비슷한 화합물은 알칼리도를 유발한다. 폐수의 알칼리도는 산의 첨가에 의해 pH의 변화를 저지하는데 도움을 준다. 폐수는 상수, 지하수, 생활용수로 사용 중 첨가되는 물질 등으로 인한 알칼리도 때문에 대개 알칼리성이다. 알칼리도는 표준산용액으로 적정하여 측정하며 그 결과는 $CaCO_3$로 환산하여 나타낸다. 폐수를 화학적으로 처리하거나, 생물학적으로 영양염류를 제거하거나, 물리적인 방법으로 암모니아를 제거하고자 할 때에는 폐수의 알칼리도가 중요하다.

(4) 질소(Nitrogen)

질소와 인은 원생생물(prorista)과 식물의 성장에 필수적인 것으로서 영양염류(nutrient)라 한다. 생물의 성장에는 철과 같은 다른 미량 원소도 필요하지만 질소와 인은 대개의 경우 가장 중요한 영양소가 된다.

질소는 단백질 합성의 필수 원소이므로 폐수의 생물학적 처리 가능성을 평가하고자 할 때 질소에 관한 자료가 필요하다. 질소의 양이 불충분하면 첨가하여야 한다. 수역에서의 조류의 성장을 조절하려면 폐수 중의 질소를 제거하거나 감소시킨 후 처리수를 배출하여야 할 것이다.

질소의 형태 총 질소는 유기질소, 암모니아, 질산염, 아질산염으로 구성된다. 유기질소는 킬달방법(Kjeldahl method)에 의해서 측정된다. 수용액의 시료는 암모니아를 제거하기 위해 먼저 끓이고 다음에 소화시킨다. 소화되는 동안 유기질소는 암모니아로 전환된다. 총 킬달질소는 암모니아가 소화되는 단계 전에 날려 보내지 않는 것을 제외하고는 유기질소와 같은 방법으로 측정된다. 따라서 킬달질소는 유기질소와 암모니아성 질소의 합이다.

수용액 중의 암모니아성 질소는 pH에 따라서 암모늄이온이나 암모니아로 존재한다. 이 평형관계는 다음과 같다.

$$NH_3 + H_3O \rightleftarrows NH_4^+ + OH^- \tag{2.34}$$

pH가 7 이상이면 이 평형은 왼쪽으로 이동하며 그 이하이면 암모늄이온이 대부분이다. 암모니아는 시료의 온도를 높여서 수증기와 함께 기화시키고 이 암모니아가 들어있는 증기를 응축시킨 다음 비색법, 적정법 혹은 특별한 이온 전극법으로 측정된다.

비색법으로 측정되는 아질산성 질소는 상대적으로 불안정하고 쉽게 질산염 형태로 산화된다. 이는 오염 정도를 나타낼 수 있는데 하수 중에는 1mg/L, 지표수나 지하수 중에는 0.1mg/L가 넘는 일이 드물다. 비록 현재 낮은 농도에 있을지라도 아질산성 질소는 폐수나 수질오염 연구에 매우 중요하다. 왜냐하면 아질산염은 대다수의 물고기와 다른 수중생물에 유독하다. 하수 유출수에 있는 아질산염은 염소에 의해서 산화되고 염소 요구량과 소독 비용을 증가시킨다.

질산성 질소는 폐수 중의 질소 중에서 고도로 산화된 형태이다. 2차 처리수를 지하수에 재충전(recharge)하고자 하는 질산염 농도가 중요하다. 질산성 질소의 농도 역시 일반적으로 비색법으로 측정한다.

(5) 인(Phosphorus)

인 역시 조류나 생물의 성장에 필수적이다. 수체내에 유해한 조류가 급성장하는 수화현상(algal bloom)을 야기시키기 때문에 생활하수, 산업폐수 및 지표유출에 의하여 지표수에 유입되는 인 화합물의 양을 규제하는 문제가 관심의 대상이 되고 있다. 도시하수 중의 인 함유량은 약 4~15mg P/L 정도이다.

인의 형태는 주로 정인산(orthophosphate), 폴리인산염 및 유기 인산염 등이다. PO_4^{3-}, HPO_4^{2-}, $H_2PO_4^-$, H_3PO_4 등의 정인산은 그대로 생물의 신진대사에 이용된다. 폴리인산염은 2개 이상의 인 원자와 산소 원자 그리고 경우에 따라서는 수소원자가 같이 결합된 복잡한 분자인데, 수용액 중에서 가수분해 되어 ortho형으로 되돌아가지만 이 가수분해 반응은 아주 느리다. 유기물 중의 인의 양은 대부분의 생활하수에서는 그 비중이 크지 않지만, 산업폐수나 폐수슬러지에서는 중요한 성분이 된다.

정인산은 인산염과 결합하여 발색 착화합물을 만드는 몰리브덴산암모늄과 같은 물질을 가하여 직접 측정한다. 같은 방법으로 폴리인산염이나 유기인산염을 측정하려면 이들을 미리 정인산염으로 변화시켜야 한다.

(6) 황(Sulfur)

황산이온은 대부분의 용수 중에서 자연적으로 존재하며 폐수 중에도 들어있다. 황은 단백질 합성에 필요하므로 단백질이 분해되면 다시 방출한다. 황산염은 혐기성 조건에서 미생물의 작용으로 황화물로 환원되며 수소이온과 결합하여 황화수소(H_2S)로 될 수 있다.

$$\text{유기물} + SO_4^{2-} \xrightarrow{\text{박테리아}} S^{2-} + H_2O + CO_2 \tag{2.35}$$

$$S^{2-} + 2H^+ \rightarrow H_2S \tag{2.36}$$

황화수소는 하수관거내 폐수로 대기 중에 배출되어 관거의 상부에 축적되는 경향이 있다. 이 황화수소는 다시 생물학적으로 산화되어 황산이 되는데 황산은 하수관거를 부식시킨다.

황산염은 슬러지소화조에서 황화물로 환원되는데 황화물 함유량이 200mg/L를 넘게 되면 생물학적 처리과정에 지장이 있을 수 있다. 그러나 다행하게도 이러한 농도는 드물다. 황화수소 가스는 폐수가스($CH_4 + CO_2$)와 섞여서 방출되는데 가스관을 부식시킨다. 또 가스엔진에서 연소시키면 그 생성물이 엔진을 손상시키고 특히 이슬점 이하로 냉각하였을 때 배기가스 폐열 회수 설비에 심각한 부식을 일으킬 수 있다.

(7) 독성 무기화합물(Toxic Inorganic Compounds)

양이온 중에는 독성 때문에 폐수의 처리와 처분에서 중요한 것들이 있다. 이 화합물 중 상당수는 특정 유기물질들이다. 구리, 납, 은, 크롬, 비소 및 불소 등은 정도는 다르지만 미생물에 대하여 독성을 나타내므로 하수처리장 설계에 고려하여야 한다. 이러한 이온이 폐수처리장에 어느 정도 이상 도입되면 미생물들이 사멸하여 처리가 정지된다. 슬러지소화조의 경우 구리는 100mg/L 이상, 크롬과 니켈은 500mg/L 이상, 나트륨은 보다 높은 농도에서 독성을 나타낸다. 기타 칼륨 및 암모늄 이온은 4,000mg/L에서 독성이 있다. 칼슘이온은 독성을 나타낼 정도의 농도에 이르기 전에 소화슬러지 중의 알칼리도 성분과 결합하여 침전하게 된다.

사이안 및 크롬산염 등 독성이 있는 음이온도 산업폐수 중에 들어있다. 이런 것들은 주로 금속도금폐수 중에 들어 있는데 현장에서 전처리하여 제거함으로써 도시하수와 혼합되지 않도록 하여야 한다. 또 다른 독성 음이온인 플루오르 화합물은 흔히 전자제품 제조시설의 폐수에서 발견된다. 산업폐수에 들어 있는 유기물질 중에도 독성이 있는 것들이 있다.

(8) 중금속(Heavy Metals)

니켈(Ni), 망간(Mn), 납(Pb), 크롬(Cr), 카드뮴(Cd), 아연(Zn), 구리(Cu), 철(Fe) 및 수은(Hg) 등의 금속은 대부분 물의 중요한 구성성분이다. 이들 중 상당수는 특정 유해물질이다. 이들 중에는 생물의 성장에 필요한 금속도 있으며 충분한 양이 들어있지 않으면 조류의 성장이 제한을 받기도 한다. 그러나 그 양이 어느 한계 이상이 되면 독성을 나타내므로 규제되어야 한다. 따라서 수시로 그 농도를 측정하여 조절하여야 한다. 이러한 물질의 측정은 폴라로그래피(polarography)나 원자흡광광도계(atomic absorption spectrophotometry) 등의 분석기기를 이용하면 아주 낮은 농도까지 측정할 수 있다.

(9) 기체(Gases)

미처리 하수 중에는 질소, 산소, 이산화탄소, 황화수소, 암모니아 및 메탄 등의 기체가 들어있다. 앞의 세 기체는 대기성분으로 공기와 접하는 물에는 어디나 들어있다. 뒤의 세 기체는 하수 중에서 유기물질의 분해로 생기는 것이다. 미처리 하수 중에는 들어있지 않지만 이 외에도 염소와 오존(살균 및 냄새제거), 황과 질소산화물(연소과정) 등이 있다. 대개의 경우 미처리 폐수 중의 암모니아는 암모늄이온의 형태이다.

(10) 용존산소(Dissolved Oxygen)

용존산소는 호기성 미생물의 호흡을 비롯하여 모든 호기성 생물에게 필요한 것이다. 그러나 산소는 물에 조금 밖에 녹지 않는다. 용액 중에 존재할 수 있는 산소(다른 기체도 마찬가지이다)

의 양은 ① 기체의 용해도, ② 기체의 대기 중 분압, ③ 온도 및 ④ 물의 성분(염, 부유고형물 등)에 따라 달라진다.

산소를 소비하는 생화학반응은 온도가 증가하면 빨라지므로 여름에 용존산소의 농도가 더욱 문제가 된다. 여름에는 대개 강물의 유량이 작아서 이용할 수 있는 산소의 전체 양 역시 적어지므로 더 문제가 어려워진다. 악취발생을 막으려면 하수 중에 용존산소가 있어야 한다.

(11) 황화수소(Hydrogen Sulfide)

이미 언급한 것과 같이 황화수소는 황이 들어있는 유기물의 분해나 아황산염과 황산염의 환원으로 생성된다. 산소가 충분히 공급되면 황화수소는 생성되지 않는다. 이 기체는 무색의 인화성 화합물로서 썩은 달걀 냄새가 난다. 폐수와 슬러지의 흑변(blackening)은 대개 황화수소 때문인데 이것은 철과 결합하여 황화철(FeS)을 만든다. 동시에 여러 가지 금속성 황화물 또한 형성된다. 냄새의 관점에서는 황화수소가 가장 중요한 것이지만 역시 혐기성 소화 중에 생성되는 휘발성 화합물인 인돌(indole) 및 스카톨(skatole), 머캅탄(mercaptan) 등은 황화수소보다 더한 악취의 원인이 된다.

(12) 메탄(Methane)

메탄가스는 하수 중 유기물질의 혐기성 분해에서 생성되는 중요한 부산물이다. 메탄은 무색, 무취이며, 발열량이 큰 가연성 탄화수소이다. 미처리된 하수 중에는 별로 들어있지 않은데 이는 산소가 조금만 있어도 메탄 생성 미생물에게 독성을 나타내기 때문이다. 하층 퇴적물의 혐기성 분해가 일어나는 때에는 메탄이 생성되기도 한다. 메탄은 가열성이므로 폭발의 위험도가 높다. 메탄이 모이기 쉬운 맨홀과 하수관거 접합부 등에는 사람이 들어가서 작업을 하기 전과 작업 중에 적절한 송풍기로 계속 환기하여 주어야 한다. 메탄가스가 생성되는 하수처리장에서는 폭발 위험을 알리는 경고판을 설치하고, 이 기체가 모이는 구조물 안이나 근처에서 작업하는 사람은 안전에 유의하여야 할 것이다.

2.3 폐수의 생물학적 특성

지표수 및 하수 중의 미생물은 진핵생물(eucaryotes) 및 진정세균(eubacteria), 고세균(archaebacteria)으로 구분한다. <표 2-8>에서 보는 바와 같이 대부분 박테리아는 진정세균으로서 분류된다. 진핵생물 내에 포함되는 원생생물에는 조류(algae), 곰팡이류(fungi) 및 원생동물(protozoa)이 포함된다. 식물은 종자식물 및 양치류(fern), 이끼류(moss)로 분류되며, 다세포 진핵생물로 분류된다. 무척추동물(invertebrate)과 척추동물(vertebrate) 등 다세포 진핵동물로 분류한다. 바이러스(virus) 역시 하수 중에서 발견되는데 이는 감염된 숙주에 따라서 분류한다.

표 2-8 • 미생물의 분류

군	세포구조	성 질	구성균
진핵생물 (Eucaryotes)	진핵성 (Eucaryotic) : 핵막이 있는	세포와 조직의 광범위한 분화를 갖는 다세포성 조직의 분화가 거의 이루어지지 않는 단세포성	식물(종자식물, 양치류, 이끼류) 동물(척추동물, 무척추동물) 원생생물(조류, 균류, 원생동물)
진정세균 (Eubacteria)	원핵성 (Procaryotic) : 핵막이 없는	진핵생물과 유사한 세포화학	대부분의 세균
고세균 (Archaebacteria)	원핵성	독특한 세포화학	메탄 생성균, 호염성세균, 호염산성세균

1. 박테리아(Bacteria)

박테리아는 단세포 원핵성 진정세균(procatyotic eubactera)이다. 대부분 박테리아는 형상에 의해 구형(spheroid), 막대형(rod), 굽은 막대형(curved rod) 혹은 나선형(spiral) 및 사상형(filamentous)으로 구분한다.

구형박테리아는 구균(cocci, 단수 coccus)으로 알려져 있으며 직경이 약 1～3μm이다. 막대모양의 박테리아는 간균(bacilli, 단수 bacillus)으로 알려져 있으며 크기가 아주 다양하여 너비는(혹은 직경) 0.3～0.5μm 정도이고 길이는 1.0～10.0μm 범위이다. Escherichia coli는 사람의 배설물에서 흔히 발견되는 미생물이며, 너비는 0.5μm 정도이고 길이는 2μm이다. 굽은 막대모양의 박테리아는 비브리오(vibrio)로 알려져 있고 너비는 0.6～1.0μm, 길이는 2～6μm 정도이다. 나선형 박테리아는 spirilla(단수 spirillum)으로 알려져 있는데 길이가 50μm인 것도 있다. 사상형 형태는 이름이 다양하며 길이가 100μm 혹은 그 이상으로 나타날 수 있다.

박테리아는 유기물의 분해와 안정화에 기본적인 역할을 하기 때문에 자연계 및 하수처리장에서 서식하는 박테리아의 특징, 기능, 물질대사 및 세포의 합성을 이해하는 일이 중요하다.

많은 종류의 무해한 박테리아가 사람의 장에 살고 있고 일상적으로 변에 섞여 배출된다. 병원성 박테리아는 감염된 사람의 변에 존재하므로 하수에는 여러 종류의 비병원성과 병원성 박테리아가 다양한 농도 범위로 존재한다. 하수에서 발견되는 가장 일반적인 병원성 박테리아는 가장 일반적인 병원성 박테리아는 Salmonella 종이다. Salmonella 그룹은 사람과 동물에 병을 유발하는 여러 종을 포함하고 Salmonella typhi에 의해 발생하는 발열장티푸스는 가장 심각하다.

Salmonella와 관계된 가장 GMS한 병은 salmonellosis로 알려진 식중독이다.

2. 곰팡이류(Fungi)

곰팡이류는 호기성, 다세포, 비광합성, 화학종속영양, 진핵 원생생물이다. 곰팡이류는 사체유기물로부터 먹이를 얻는 기생생물이다. 박테리아와 함께 곰팡이는 생물권 내에 탄소의 분해를 감당하는 주된 미생물이다. 생태학적으로 곰팡이류는 박테리아에 비해 두 가지 장점을 가지고 있는데 습기가 적은 지역과 낮은 pH 환경에서도 성장할 수 있다.

3. 조류(Algae)

조류는 성장 조건이 적합할 경우에 급히 증식하여 호수 및 하천에 bloom을 형성하기 때문에 큰 문제거리이다. 수화현상(algal blooms)은 부영양화 호수나 생화학적 성장에 필요한 화합물이 너무 많아 유입된 호소의 특징이다. 하수처리장의 처리수에는 영양염류의 농도가 높기 때문에 호수나 하천에 유입되는 경우 부영양화(eutrophication)를 촉진시키게 된다.

조류는 종종 맛과 냄새를 유발하기 때문에 상수원으로서의 가치에 영향을 미친다. 조류는 또한 물고기 및 기타 각종 수생식물이 성장하는 지표수의 수질을 변하게 할 수 있다.

4. 원생동물(protozoa)

원생동물은 세포벽이 없는 단세포 진핵 미생물이다. 원생동물의 일부는 혐기성 미생물로 알려져 있지만 대부분은 호기성이나 임의성을 띤 혐기성 화학종속영양생물이다. 원생동물은 박테리아에 비해 적어도 10배 이상 크고 종종 박테리아를 에너지원으로 섭취한다. 따라서 원생동물은 생물학적 하수처리공정에서 박테리아와 입자성 유기물을 감소시킬 수 있어 생물학적 하수처리공정의 운전과 하천의 정화에 필수적이다. 하수처리 과정상 중요한 원생동물은 아메바, flagellates, free swimming ciliates 및 stalked ciliates 등이다. 상당수의 원생동물은 병원성으로 Cryptosporidium parvum, Cyclospora와 Giardia lamblia는 면역력이 약한 어린이, 노인, 항암치료 환자의 면역체계, 그리고 AIDS 환자 등에 미치는 영향이 크기 때문에 매우 큰 관심을 끌고 있다.

식물과 동물 윤충류(rotifers)와 연충류(worm) 및 갑각류(crustaceans) 등을 이용하면 하천과 호수의 상태를 평가할 수 있고, 처리된 방류수의 독성 여부를 판단할 수 있으며, 2차 처리과정의 처리효율을 파악할 수 있다.

윤충류는 호기성 종속영양동물의 진핵세포이며 분산되었거나 응집된 박테리아와 작은 유기물 입자를 섭취하고 윤충류의 존재는 호기성 생물학적 정화공정이 효율적임을 나타낸다.

5. 바이러스(Viruses)

바이러스는 절대기생성으로 단백질이 입혀진 DNA 혹은 RNA이 복합체이며, 새로운 화합물을 합성시킬 수 있는 능력을 가지고 있지 않다. 대신에 이것들은 숙주세포에 침입하여 숙주체내에 기생하면서 증식하며, 숙주세포가 그 기능을 상실하면 숙주세포에서 빠져나와 또 다른 세포에 기생하여 번식한다.

인간에 의해서 배설된 바이러스는 공중 보건에 중요한 위험이 될 수 있다. 연구에 의하면, 예를 들어 1만에서 10만 명을 전염시킬 수 있는 간염바이러스 양이 이 병을 앓고 있는 환자의 대변 1g에서 방출된다는 것이 발견되었다. 어떤 바이러스는 20℃의 물이나 폐수에서 41일 동안 생존하거나 하천수에서 6일 동안 생존할 수 있다고 알려져 있다.

6. 병원성 미생물(Pathogenic Organisms)

하수에서 발견되는 병원성 생물은 병이 전염된 사람 혹은 보균자에 의해서 배출될 수 있다. 하수에서 발견되는 주된 병원성 미생물은 박테리아, 원생동물, 기생충(helminths), 바이러스와 같이 크게 4가지 종류로 분류된다. 하수에서 발견되는 주요 병원성 생물과 이와 관련한 질병과 증상이 <표 2-9>에 나타나 있다. 사람에 의한 박테리아성 병원성 생물은 장티푸스, 파라티푸스, 이질, 설사 및 콜레라 같은 장계통의 병을 유발한다. 이런 미생물은 전염성이 높기 때문에 위생시설이 빈약한 지역 특히 적도 부근에서는 매년 수천명이 이로 인하여 사망하고 있다. 약 45억명의 사람이 기생체에 감염되었거나 감염된 적이 있는 것으로 추산되고 있다.

표 2-9 ◦ 생활 하수내 병원성 미생물

생 물	병	증 상
Bacteria		
Escherichia coli(enteropathogenic)	위장염	설사
Legionella pneumophila	Legionellosis	급성호흡질환
Leptospira(150 spp.)	렙토스피라증	황달, 발열(바일씨병)
Salmonella typhi	장티푸스	고열, 설사, 작은 창자의 궤양
Salmonella(1700 spp.)	살모넬라증(식중독)	식중독
Shigella(4 spp.)	세균성 적리	세균성 이질
Vibrio cholerae	콜레라	심한 천식, 설사 탈수
Yersinia enterolitica	Yersinosis	설사

생 물	병	증 상
Viruses		
Adenovirus(31 types)	호흡질환	
Enteroviruses(67 types, e.g., polio, echo, and Coxsackie viruses)	위장염, 심장이상 뇌막염	
Hepatitis A	전염성 간염	황달, 발열
Norwalk agent	위장염	구토
Reovirus	위장염	
Rotavirus	위장염	
Protozoa		
Balantidium coli	발란타듐병	설사, 이질
Cryptosporidium	Cryptosporidiosis	설사
Entamoena histolytica	아메바증 (아메바적리)	출혈을 동반한 지속적 설사 간장과 작은창자의 종양
Giardia lamblia	람블편모충증	약내지 강 설사, 메스꺼움 소화불량
Helminths		
Ascaris lumbricoides	회충증	회충 체내 침입
Enterobius vericularis	요충증	요충(기생충)
Fasciola hepatica	간충증	디스토마
Hymenolepis nana	촌충감염증	난장이 촌충
Taenia saginata	촌충증	소내의 기생 촌충
T. solium	촌충증	돼지내의 기생 촌충
Trichuris trichiura	편충증	편충

7. 지표 미생물의 이용(Use of Indicator Organisms)

오염된 물과 하수에는 병원성 미생물의 개체수가 매우 적기 때문에 분리 추출하기가 어렵다. 따라서 비교적 개체수가 많이 발견되고 실험이 용이한 대장균(coliform organisms)을 흔히 지표 미생물로서 사용한다. 사람의 내장계통에는 대장균으로 알려진 셀 수 없는 막대형의 박테리아가 있다. 사람은 하루에 1천억에서 4천억의 대장균을 다른 종류의 박테리아와 함께 배출한다. 따라서 대장균의 존재는 병원성 미생물이 존재할 수 있다는 지표이며, 대장균의 부재는 병을 일으키는 미생물이 거의 존재하지 않는다는 의미이다.

대장균은 Escherichia와 Aerobacter 속이다. 지표 미생물로서 대장균의 이용은 Escherichia와 Aerobacter가 토양 속에서 성장할 수 있다는 사실도 고려되어야 한다. 따라서 대장균의 존재가 반드시 사람의 배설물에 의해 오염되었다는 의미는 아니다. 그러나 확실히 Escherichia coli (E.coli)는 그 근원이 전부 배설물에 의한 것이다. 토양에 서식하는 대장균을 배제하고 E.coli만을 측정하기는 어려우므로 전체 대장균을 대소변의 유입여부를 판단하기 위한 지표(indicator of fecal pollution)로서 사용된다.

분변에 의한 오염지표로 제안된 미생물들이 <표 2-10>에 요약되어있다. 물의 여러 가지 용도별로 물의 접합성 판단에 사용되어 온 지표 생물을 <표 2-11>에 나타나 있다.

표 2-10 • 분변 오염의 지표로 사용되는 특정 미생물

지표 미생물	특 성
총 대장균 Total coliform bacteria	35±0.5℃에서 (적당한 배지에서 24±2시간에서 48±3시간에 독특한 콜로니를 생산) 가스 생성을 하며 락토스를 발효시킬 수 있는 그람-음성 간균의 일종. 정의를 적합하게 할 수 없는 균주(strain)가 있다. 총 대장균은 장내균과에서 4개의 속을 갖는다. 이것이 Escherichia, Klebisella, Citrobactor, Enterbacter 이다. 이것 중에서 Escherichia 속(E.coli 종)이 배설물 오염에서 가장 대표적으로 나타난다.
분변성 대장균 Fecal coliform bacteria	분변성 대장균군은 좀 높은 배양온도(44.5±0.2℃, 24±2시간)에서 가스(혹은 콜로니)를 생성시킬 수 있는 능력이 있다.
협막간균 Klebisella	총 대장균은 Klebisella 속을 갖는다. 온도에 잘 견디는 Klebisella는 분변성 대장균에 또한 포함된다. 이 균은 35±0.5℃, 24±2시간에서 배양된다.
Bacteroides	혐기성 미생물로 인간 종 지표로 제안되어왔다.
E.coli	E.coli는 대장균군의 하나이고 다른 대장균속보다 배설물발생원과 밀접한 관계가 있다.
분변성 연쇄상구균 Fecal streptococci	이 군은 최근 배설물 오염원(사람이나 가축)을 결정하기 위해 분변성 대장균과 함께 사용되어 왔다. 그러나 기존 분석방법으로는 분변성 연쇄상구균을 쉽게 구분할 수 없어 지표 미생물로서 사용하기에는 문제가 있다.
Clostridium perfringens	포자를 형성하는 혐기성에 견디는 박테리아, 염소소독이 수행되거나 오염이 과거에 일어난 지역에서 지표로 이용된다.
P.aeruginosa와 A.hydrophila	이 미생물은 하수 내에 많이 존재한다. 수생생물로서 간주될 수 있고, 배설물 오염이 없는 경우에도 물 속에서 발견할 수 있다.

표 2-11 ◦ 물의 사용목적에 따른 지표 미생물

물 사용	지표 미생물
상수	총 대장균(Total coliform)
담수위락	분변성 대장균(Fecal coliform) E.coli 소화선구균(Enterococci)
염수위락	총 대장균 분변성 대장균 소화선구균
갑각류와 성장지역	총 대장균 분변성 대장균
농업관개 (재생된 물에 대해)	총 대장균
폐수 유출수 소독	총 대장균 분변성 대장균 MS2 coliphage

참고문헌

1. 金東珉, 「合成洗劑와 水質汚染」, 『한국의 과학』, 第5卷 第11號(1973).
2. Doetsch, R.N. and Cook, T.M., Introduction to Bacteria and Their Ecology, University Park Press, Baltimore(1973).
3. Painter, H.A., "A Review of Literature on inorganic Nitrogen Metabolism in Microorganisms", Water Research, 4 : 39(1970).
4. Alexander, M., Introductiona to Soil Microbiology, John Wiley(1961).
5. Gaudy, A.F. Jr. and Gaudy, E.T., Microbiology for Environment of Phosphorus Water Pollution, Ann Arbor Science(1975), p.40.
7. 環境廳 發行, 「環境汚染公定 試驗法」(1983).
8. American Public Health Association, et al., Standard Methods for the Examination of Water and Wastewater, 16th ed.(1985).
9. Schroepfer, G.J., et al., "The Research Program on the Mississippi River in the vicinity of Minneapolis and St., Paul." Advances in Water Pollution Research, vol. 1, Pergamon(1964).
10. Metcalf & Eddy, Inc. : Wastewater Engineering : Treatment and Reuse, McGraw-Hill, New York, 2004 11. Moor, E. W., et al. "Simplified Methods for Analysis of BOD data", Sewage and Industrial Water, vol. 22(195) p.1343.
12. Thomas, H.A. Jr., "Graphical Determination of BOD curve constants", Water and Sewage Works, vol. 97(1950) p.123
13. Neville, A.M. and Kennedy, J.B., Statistica Methods, Intertext Books, London(1970) p.171.
14. Busch, A.W., "BOD Progressin in Soluble substrates", Sewage and Industrial Wastes, vol. 30(1958) p.1336.
15. Busch, A.W. and Myrick, H.N., "BOD Progressiom in Soluble SubstratesⅢ-Short term BOD and Bio-oxidation Solids Production", Water Pollution Control Federation, vol. 33(1961) p.879.
16. Schroeder, E.D., "Improtance of the BOD Plateau", Water Resources, vol 2(1968) p.803.
17. Flegal, T.M. and Schreeder, E.D., "Tenperature Effects on BOD Stoichimetry and Oxygen Uptake Rate", Water Pollu Control Fed., vol. 49(1976) p.2700.
18. McGrowan, G., et al., "Determination of Dissolved Oxygen Absorbtion in 5-days", Royal Commission on Sewage Disposal, 8th Report, H.M.S.O., London(1913).

Chapter 3

폐수의 물리적 처리

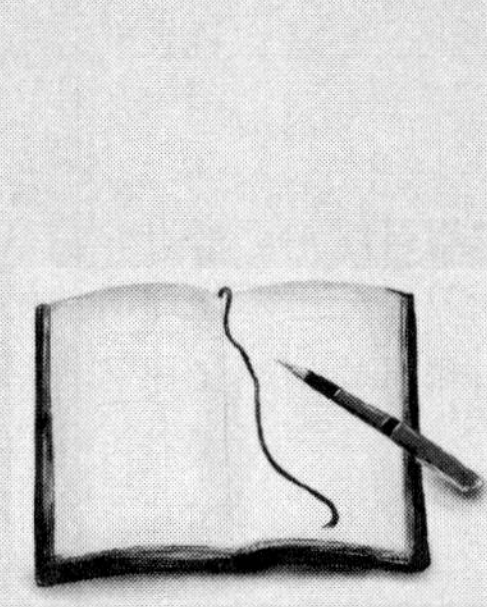

하수처리에 사용되는 공정으로 물리적 힘에 의하거나 물리적 수단을 사용하여 변화시키는 것을 물리적 처리 또는 물리적 단위조작이라고 한다. 물리적 처리는 물리적 현상을 지속적으로 관찰함으로서 유래된 방법으로 가장 먼저 사용되기 시작한 처리방법이다. 오늘날 물리적 처리는 대부분의 폐수처리공정에서 주요 부분을 차지하고 있다. 가장 보편적으로 사용되는 물리적 처리법은 스크린, 침사, 침전, 부상, 막분리를 이용한 방법이 있으며 처리법은 아니나 물리적 단위조작에 포함되는 것은 혼합, 유량측정, 유량조정 등이 있다.

3.1 스크린

1. 스크린의 원리

하수처리장에서 스크린이란 대기 일정한 간격을 가진 장치로서 처리를 방해하는 조대물질, 협잡물(나뭇잎, 플라스틱, 종이조각 등) 모래 등을 미리 제거하기 위한 장치이다. 초기의 스크린은 경사진 디스크나 드럼 형태로서 구멍 뚫은 청동이나 구리판의 재질을 사용하였고 1차 처리에서 침전조 대신 사용되었다. 차후 스크린은 1차 처리에서부터 생물학적 공정에 나오는 잔류고형물의 제거에까지 사용되었다. 폐수의 특성에 따라 스크린이 없는 경우도 있을 수 있다.

표 3-1 • 하수처리에 사용되는 스크린의 설명

스크린 장치의 종류	스크린		표 면	적용처
	크기별 분류	크기의 범위, in[a]	스크린 재질	
바랙	조대	0.6~1.5	강철, 스테인리스 강철	전처리
스크린				
경사(고정식)	중간	0.01~0.1	스테인리스 강철, 철망 스크린	1차 처리
경사(회전식)	조대	0.03×0.09×2	청동 또는 구리판	전처리
드럼식(회전식)	조대	0.1~0.2	스테인리스 강철, 철망 스크린	전처리
	중간	0.01~0.1	스테인리스 강철, 철망 스크린	1차 처리
	미세	6~35μm	스테인리스 강철, 폴리에스터, 스크린포	2차 처리 후에 남은 부유물질의 제거
회전원판	중간	0.01~0.4	스테인리스 강철	1차 처리
	미세	0.001~0.03	스테인리스 강철	1차 처리
원심력	미세	0.002~0.02	스테인리스 강철, 폴리에스터나 다른 스크린포	침전조를 이용한 1차, 2차 처리, 2차 처리 후에 남은 부유물질 제거

[a] 별도로 표시가 되지 않았을 경우
mm×0.03937 = in.

스크린의 주요 역할은 유입되는 하수 중에서 (1) 연계된 장치를 손상시킬 수 있거나 (2) 전체적인 처리공정에서 신뢰성 및 효율성을 감소시키거나 (3) 공정내 연결관로를 오염시킬 수 있는 조대 고형물을 제거하는 것이다.

스크린 장치설치 전에 반드시 고려해야 하는 사항으로 스크린 위에 걸린 협잡물의 수거, 운반, 처분과정과 함께 (1) 협잡물의 성상에 따른 제거 정도 (2) 협잡물 내에 함유된 병원성 유기물 및 오염물질로 인하여 해충유입이 운전자에게 미치는 위해도 및 안전도 (3) 악취발생정도 (4) 수거, 이동, 처분 등의 과정을 통하여 제거되는 유기물(세척과정을 통한) 및 수분함량의 감소(압축과정을 통한) 등에 필요한 조건들 그리고 (5) 처분 방안 등이 포함된다.

2. 스크린의 종류

하수처리장의 단위조작으로서 제일 먼저 나오는 장치가 스크린이다. 스크린은 스크린 규격에 따라 조목(coarse)스크린과 세목(fine)스크린, 청소하는 방법에 따라 수동식 스크린과 기계식 스크린으로 나눈다. 또한 설치형식에 따라 바랙(bar rack)과 이동식 미세스크린(격자식)이 있다.

(1) 바랙(bar rack)

바랙은 강철봉을 수직으로 2.5～7cm의 일정간격으로 두어 큰 찌꺼기가 유입하는 것을 방지한다. 또한 유속이 1m/sec 이하가 되도록 충분한 간격을 유지해야 한다.

(2) 미세스크린, 격자식(Fine screens, gating)

미세스크린은 약 1cm 크기의 격자를 갖도록 하여 작은 크기의 협잡물이 유입하는 것을 방해한다.

스크린의 종류별 주요 형태는 <그림 3-1>과 <그림 3-2>에 나타나 있다.

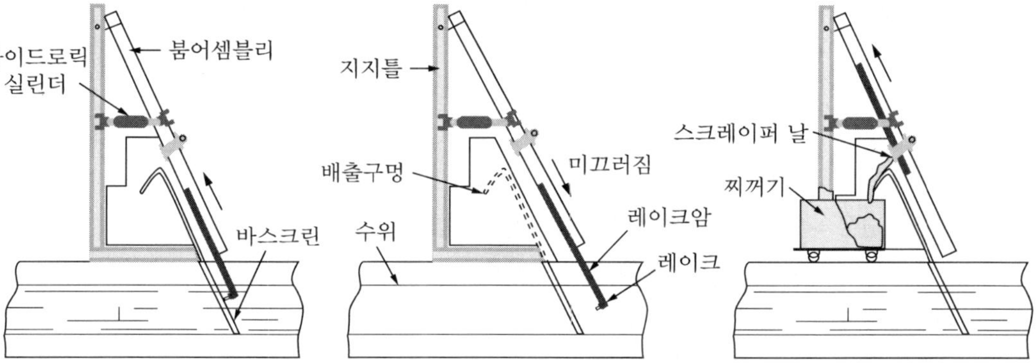

그림 3-1 • 하수처리에 사용되는 일반적인 기계청소식 바랙(Franklin Miller사 제공)

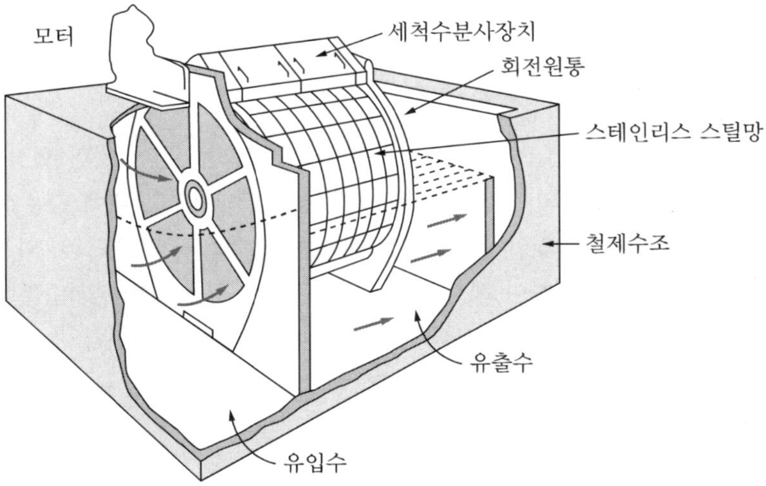

그림 3-2 ∘ Micro-strainer구조

3. 스크린의 설계

스크린의 설계 시 고려사항은 스크린 통과시 일어나는 손실수도를 계산한 것이다. 하수처리 공정에서는 수동식 스크린과 기계식 스크린을 하나씩 설치하는데 이것은 기계식 스크린이 가동되지 않을 때에 대비하기 위한 것이다. 수동식 스크린은 봉 간격이 2~5cm, 수평각 30~75°로 설치하나, 통상 수평각 30~45°로 한다. 기계식 스크린은 봉의 간격이 1~4cm, 수평각 45~90°로 설치하나 통상 60°로 한다.

스크린 장치 내에 고형물의 침전을 방지하기 위해 접근 유속은 최소 0.45m/sec를 유지하고 봉 사이를 통과하는 유속은 최소흐름이 0.6m/sec, 최대 흐름이 1.0m/sec를 초과해서는 안 된다.

스크린에 걸린 물질은 용기 속에 모아서 위생매립 또는 소각 등으로 처리한다. 스크린 설계 시 고려사항은 스크린 통과 시 일어나는 손실수두이다.

바랙(bar rack) 수두손실은 다음 식으로 나타낸다.

$$h_L = \frac{1}{0.7}\frac{V^2 - v^2}{2g} \tag{3.1}$$

여기서, h_L : 손실수두(m)

0.7 : 난류와 와류에 의한 손실을 고려한 경험계수

V : bar rack 사이의 구멍에서의 통과유속(m/sec)

v : 상류로부터의 접근유속(m/sec)

g : 중력가속도(m/sec^2)

또한 미세스크린의 손실수두는 오리피스 공식에 의해 계산할 수 있다.

$$h_L = \frac{1}{c \cdot (2g)} \left(\frac{Q}{A} \right)^2 \tag{3.2}$$

여기서, h_L : 손실수두(m)

c : 스크린의 통과계수(대표적인 $c = 0.60$)

g : 중력가속도(m/sec^2)

Q : 스크린의 통과유량

A : 스크린의 물에 잠긴 부분의 유효면적(m^2)

3.2 침사지

1. 침사지의 원리

침사지는 오수 중의 여러 가지 부유물과 토사(무기물질)를 제거하기 위한 장치로 중요하며, 주로 비중이 큰 침전가능 무기물을 제거한다. 방류수역의 오염방지와 펌프 기계류의 마모를 방지하고 처리시설내 퇴적을 방지하여 처리공정을 원활히 하기 위하여 필요하다. 이것은 스크린 등과 함께 하나의 중요한 예비처리시설이며, 1차 처리시설 앞에 설치한다.

독립입자의 침강이론이 주가 되며 침사지에서는 가능한 유기물은 침전하지 않도록 수평유속(또는 체류시간)의 최소제한을 두게 된다. 이는 침전물에 유기물을 다량 포함하는 경우 grit의 최종 처분이 어려워지기 때문이다.

오수침사지의 제사작업은 비위생적이므로 인력작업은 피하고 가능한 한 기계식 침사설비를 설치한다. 우수 침사지의 제사설비는 우수 시에는 단시간에 다량의 토사가 유입하는 경우가 있으므로 침사지내의 제사설비가 과부하되지 않도록 유의한다.

2. 침사지의 종류

침사지는 장방형이나 정방형 구조의 수평류식, 포기식, 와류식 등 세 가지 종류가 있다. 수평류식에서는 흐름이 수평방향으로 침사지를 통과하고 그때의 직선속도는 침사지의 치수, 유입수 분배 수문, 유출구의 위어단면 등에 의하여 조절된다. 포기식은 나선형의 속도를 만들어주는 나선형 흐름 폭기조로 구성되고 조의 치수와 장치에 공급되는 공기의 양에 의해 조절된다. 와류식은 와류흐름을 만들도록 흐름의 접선방향으로 들어오는 원통형 탱크로 구성되어 있어 원심력과 중력에 의해 분리시킨다.

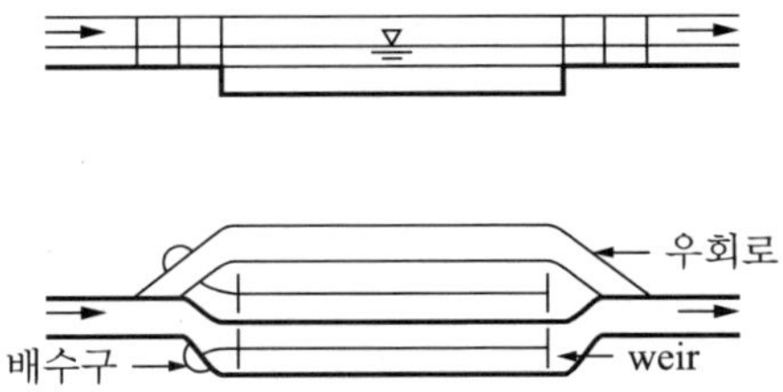

(a) 바닥에 배수로를 설치한 장방형 침사지

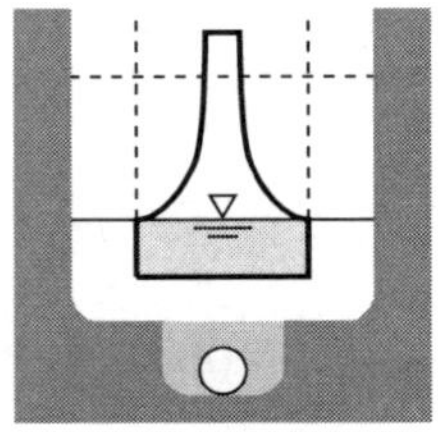

(b) 유출에 설치하는 proportional weir

그림 3-3 ◦ 장방형 침사지

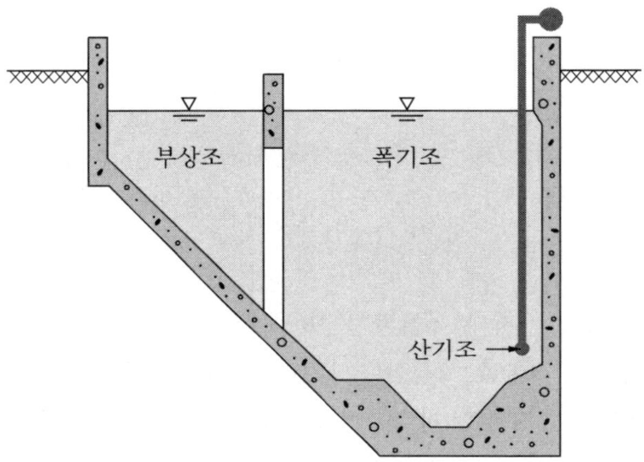

그림 3-4 ◦ 부상용 칸막이가 있는 폭기식 침사지의 단면

3. 침사지의 설계

(1) 수평류식 장방형 침사지의 설계

수평속도 0.2～0.4m/sec로서 비례위어(proportional weir) 또는 침사지의 끝부분에 있는 parshall flume으로 조절한다. 최대유량일 때 월류율(overflow rate)은 보통 1,830～2,000$m^3/m^2 \cdot$day이다.

(2) 폭기식 침사지

회전속도로 토사는 침전시키고 부유고형물은 부유상태로 유지시키면서 적절히 운전하기 위해 공기유량 조절밸브가 설치된다. 소규모 처리장에서는 1개의 침사지를 이용하고, 중 대규모 처리장에서는 적어도 2개 이상의 침사지를 사용한다. 최대 유량에서의 체류시간은 1～3분이며 보통 3분 정도이다. 침전된 모래는 air lift, 스크류 컨베이어 체인과 바케스 컨베이어 등으로 제거한다.

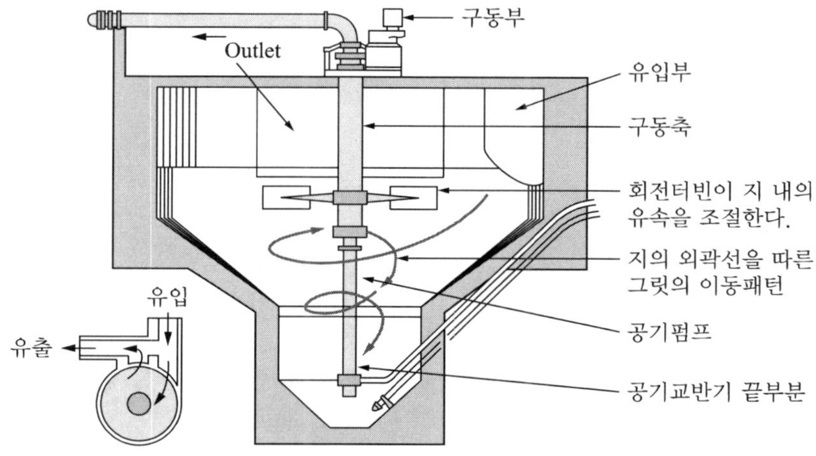

(a)

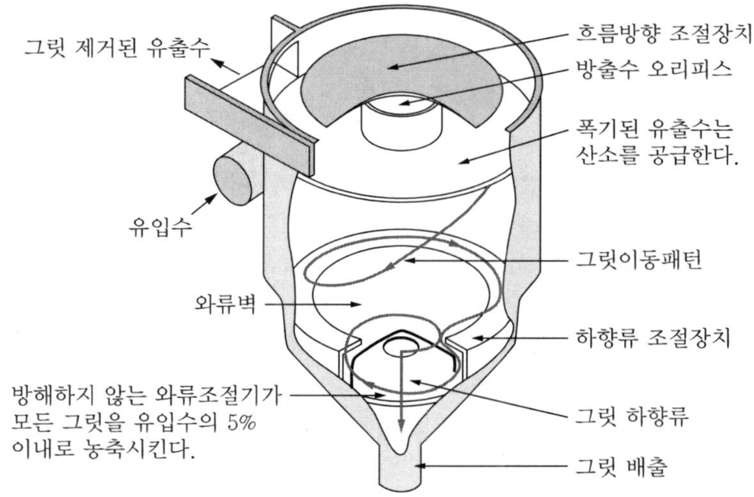

(b)

그림 3-5 ◦ 와류형 침사지 (a) Pista형(Smith & Loveless) (b) 찻잔형(Eutek 제공)

(3) 와류형 침사지

<그림 3-5>에 나타낸 바와 같이 (a)와 같은 방식에서는 하수는 접선방향으로 유입되고 유출되며 (b)와 같은 장치는 유입부의 상부로부터 접선방향으로 들어오는 유량에 의해 와류가 발생되어 회전운동을 하는 장치의 상부 중앙으로 빠져나가게 된다. 평균 유량 시 체류시간은 보통 20~30sec이며 상부 침사지의 직경은 보통 1.2~7.2m, 하류 침사지의 경우 0.9~1.8단위이며 높이는 대개 2.7~4.8m이다.

3.3 침전

1. 침전의 원리

폐수처리에서 침전방법은 침사지, 1차 침전지, 2차 침전지, 응집 및 화학침전, 슬러지농축조 등에 적용된다. 침전의 목표는 맑은 상징수와 슬러지를 얻는 것인데, 제거대상 입자의 수리적 거동과 관련하여 침강을 아래의 네 가지 형태로 구분한다.

(1) **독립침강** : 이 경우 입자들은 이웃입자들의 영향을 받지 않고, 자유롭게 그리고 일정한 속도로 침강한다.

(2) **플록침강** : 가라앉은 입자들이 서로 접촉하면서 통합된 플록을 형성한다. 이 경우 플록의 침강속도는 독립입자로 있을 때보다 커진다.

(3) **계면침강** : 간섭침강이라고도 한다. 플록의 농도가 어느 수준에 도달하면 입자간에 견제하는 힘이 생기고 이웃 입자들의 침강이 간섭을 받게 된다. 이 경우 플록군은 서로의 위치를 지키면서 슬러지의 블랭킷을 형성하고 상징수와의 경계면을 지키면서 가라앉는다. 대표적인 예로서 활성슬러지의 침전을 들 수 있다.

(4) **압축침강** : 이 현상은 가라앉은 입자군이 바닥에 도달하고 쌓일 때 생긴다. 이때 입자군의 무게 때문에 갇혀 있던 물들이 위로 빠져 나간다.

위의 각 침강형태를 순서적으로 제1, 제2, 제3, 제4형 침강이라고도 부른다. 폐수처리에서 제1형 침강이론이 적용되는 것은 침사지뿐이며 그 외의 침전지에서는 두 가지 형태이상의 침강이 위 순서대로 겹친다.

레이놀드수가 0.5 이하일 때($RN < 0.5$), 독립침강하는 입자의 속도는 아래와 같은 Stokes의 식으로 표현된다. 즉,

$$v_s = \frac{g}{18}(\rho_s - \rho_w)\frac{d^2}{\mu} \tag{3.3}$$

여기서, v_s : 입자의 침강속도, cm/sec

g : 중력가속도, m/sec^2

ρ_s : 입자의 밀도 g/cm^3

ρ_w : 물의 밀도 g/cm^3

d : 입자의 직경, cm

μ : 물의 점성계수, g질량/cm · sec

또한 유입수가 총 흐름을 하는 이상적 장방형침전지에서 입자가 수표면으로 바닥까지 침강하는데 요하는 시간은

$$t = D/V_s = L/V_h$$

여기서, t : 입자의 침강시간겸 물의 침전지 체류시간
D : 침전지의 수심, m
L : 침전지의 길이, m
V_s : 입자의 침강속도, m/hr
V_h : 물의 수평유속, m/hr

$$V_h = Q/DW$$

여기서, Q : 유입수의 유량, m^3/hr
W : 침전지의 폭, m
D : 침전지의 수심, m

그러므로,

$$V_s = Q/LW = Q/A \tag{3.4}$$

위에서 A는 침전지의 표면적이다. Q/A는 수면부하율($m^3/m^2 \cdot hr$)로서, 침전지의 설계와 운전에 사용되는 중요한 파라미터이다. 독립침강하는 입자군중에서 그 침강속도가 유입폐수의 수면부하율보다 큰 것들($V_s > Q/A$)은 100% 제거되며, 그렇지 못한 것들은 침강속도의 크기에 따라서 부분적으로 제거된다.

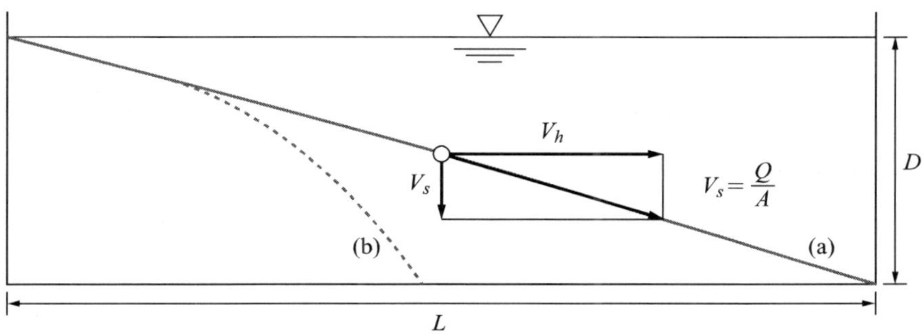

그림 3-6 • 독립침강하는 입자의 침강경로(a)와 플록침강하는 입자의 침강경로(b)

2. 침전의 종류

침전지의 종류는 장방형 또는 원형침전지가 있으며, 제거 목표에 따라 1차 침전지와 2차 침전지, 응집침전지로 구별된다.

(1) 1차 침전지

모래를 제외한 폐수의 입자군은 크기, 밀도, 표면특성 등이 다양한 현탁고형물로서 서로 다른 침강속도와 난류 등의 영향 때문에 접촉하면서 합착플록을 이루며, 하강하면서 침강속도가 증가된다. 그리고 침전지의 수심이 깊을수록 그러한 합착기회는 커진다. 따라서 플록침강하는 입자군을 제거대상으로 하는 침전지에서는 수면적 A뿐만 아니라 수심 D와 체류시간 t도 매우 중요하다. 플록침강이론은 생폐수로부터 현탁고형물을 제거하는 1차 침전지에 주로 적용된다.

도시폐수를 처리하는 1차 침전지에 대한 기준은 <표 3-2>와 같다.

표 3-2 • 침전지의 설계파라미터

	수면부하율 Q/A($m^3/m^2 \cdot hr$)		체류시간 t(hr)		수평유속 V_h(mm/sec)		월류부하율 10^{-3}($m^3/m \cdot sec$)	
	건기유량	우천유량	건기유량	우천유량	건기유량	우천유량	건기유량	우천유량
보통침사지	1.0～1.5	≦4.5	1.5～2.0	≧0.5	≦10	30	≦10	20
1차 침전지								
(a) 활성슬러지	1.5～2.0	≦6.0	1.0～2.0	≧0.3	≦10	30	≦10	20
(b) 살수여상	1.0～1.5	≦4.5	1.5～2.5	≧0.5	≦10	30	≦10	20
2차 침전지								
(a) 활성슬러지	≦0.7	≦1.4	≧3.0	≧1.5	≦10	15	≦5	10
(b) 살수여상	1.0～1.5	≦4.5	2.0～2.5	≧1.0	≦10	20	≦10	20

(2) 2차 침전지

2차 침전지의 활성슬러지처럼 플록 형성 특성이 강한 고형물이 고농도로 있는 경우에는 제2형부터 제4형에 이르는 침강형태가 순서적으로 진행된다. 그러한 침전지의 수면부하율은 슬러지블랭킷과 상징수와의 경계면이 가라앉기 시작하는 침강속도보다 작아야 한다($V_s > Q/A$). 그리고 플록을 크게 하고 압축시키기 위해서는 침전지의 수심과 체류시간이 충분히 커야 한다.

침전지의 설계와 운전에서 중요한 다른 한 가지는 지내의 수평유속을 소류유속보다 작게 하는 것이다. 소류유속은 바닥에 침전된 입자들을 씻어내 보낼 수 있는 유속이다. 특정입자에 대한 소류의 유속은 아래와 같이 표현된다.

$$V_h = 8a/f \cdot g(\rho_s - 1)d^{1/2}$$

여기서, a : 입자의 종류에 따르는 계수, 모래입자는 0.04, 점착성입자는 0.06 이상

f : weisbach 마찰계수, 0.02～0.03

(3) 경사판침전지

폐수처리에 있어서 경사판 침전장치는 활성슬러지의 2차 침전, 그리고 살수여과상 유출수 및 응집된 폐수의 침전에 사용하면 효과적이다. 그러나 경사판 침전장치는 1차 침전지에는 적당하지 못한데 이는 경사판 내에 미생물이 성장하기 때문이다. 경사판 내에 기존 최종침전지의 용량을 증가시키는데 유용하다. 또 침전관 내에 침전된 슬러지는 module로부터 침전조 바닥으로 떨어져 다른 슬러지와 함께 제거된다.

월류율은 $163m^3/m^2 \cdot day$ 정도이며, 재래식 침전조에 비해 약 5배 정도 크다.

3. 침전지의 설계

(1) 1차 침전지

1차 침전지는 스크린과 침전지 다음에 생폐수로부터 침강성 고형물을 제거하기 위하여 설치되며, 적절하게 설계될 경우 총 현탁물의 50～65%와 BOD의 25～40%를 제거할 수 있다. 생폐수가 갖는 고형물군의 이질적 특성 때문에 1차 침전지에서 관찰되는 침강현상은 제1 및 제2형 침강이다. 따라서 중요한 설계파라미터는 수면부하율, 수심 및 체류시간이다. 일반적으로 적용되는 수면부하율과 체류시간은 <표 3-2>와 같고 유효수심은 2～4m이다. 수평유속은 소류유속보다 작아야 하며, 위어의 총 길이를 길게 함으로써 그것을 넘어가는 유출수의 월류부하율 또는 월류속도가 느려지도록 해야 한다.

침전지는 일반적으로 <그림 3-7>과 같이 수평류의 장방형이나 원형으로 설계되지만 작은 것은 Dortmund형으로 설계함으로써 건설비와 운영비를 절약할 수 있다. 침전지는 청소와 고장수리에 대비하여 2지 이상을 설치한다.

침전지의 효율은 ① 유입구에서의 높은 유속에너지 ② 유입구, 지 내부, 유출구에서 생기는 난류 ③ 수표면에 작용하는 바람 ④ 유입수와 지 내부와의 수온 차이에서 생기는 밀도류 등의 역영향을 받아서 감소되기 쉽다. 이러한 영향 인자들은 침전지 내에 정체 공간, 단류, 순환 등을 일으키고 평균체류시간을 단축시킬 수 있다.

추적자 시험결과에 따르면 공칭체류시간에 대한 평균체류시간의 비율(t/t_d)은 원형지의 경우 55～65% 이하이고 장방형지의 경우 효율이 75～85% 이하이다. 따라서 용적이 같을 때, 장방형지의 효율이 원형지보다 높다는 것을 알 수 있다.

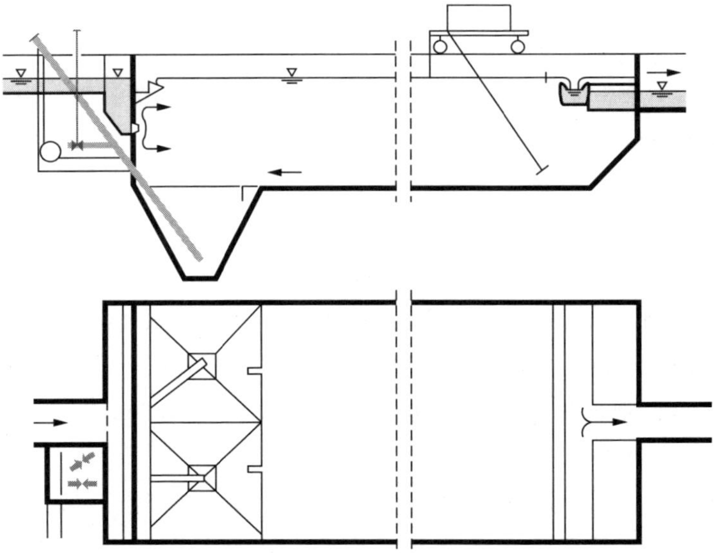

(a) 수평류 장방형 침전지의 종단면도와 평면도

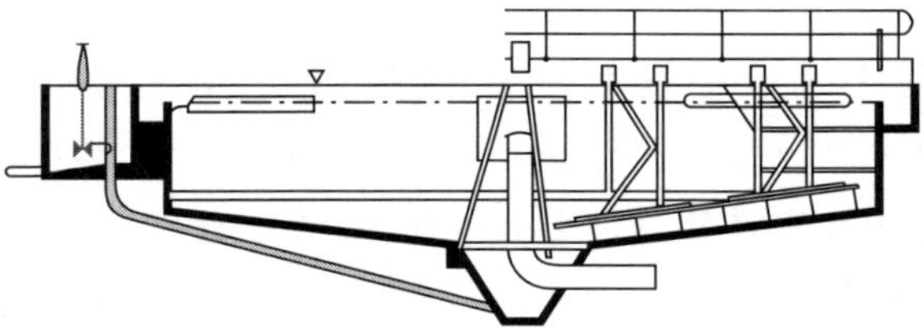

(b) 수평류 원형 침전지의 종단면도

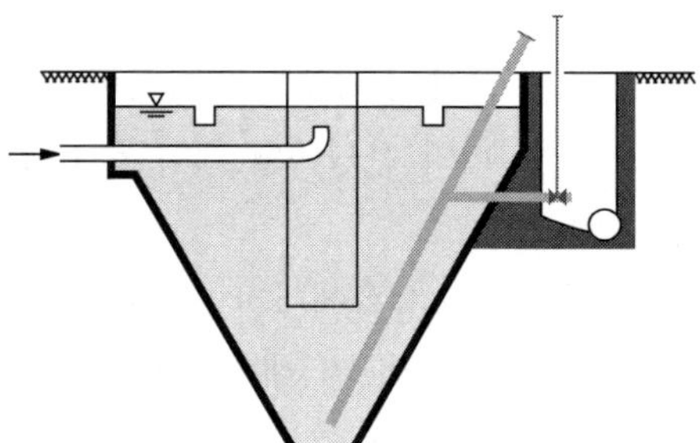

(c) Dortmund 침전지의 종단면도

그림 3-7 • 1차 침전지의 유형

장방형지는 일반적으로 넓이 4～10m, 길이 20～60m, 넓이 대 길이 1 : 4～1 : 8 그리고 유효수심 1.8～2.5m 정도로 설계한다. 장방형지는 여러 개를 틈 없이 배열할 수 있고, 폭기조와도 쉽게 연결할 수 있으므로 원형지에 비하여 택지면적을 절약할 수 있다. 원형지는 일반적으로 직경이 20～50m이며, 폐수가 중앙유입구로부터 둘레쪽으로 방사하도록 설계된다. 직경이 50m를 넘으면 자유수면적이 너무 커져서 바람의 역영향이 두드러질 우려가 있다.

침전지의 유입구와 유출구, 슬러지호퍼, 슬러지제거기 및 기타의 부대설비에 관해서는 하수도 시설기준을 참고하기 바란다.

(2) 2차 침전지

2차 침전지는 후침전지라고도 하며, 활성슬러지 반응조, 살수여상, 회전원판 등 생물학적 반응장치의 뒤에 설치되고, 비중차에 의하여 물로부터 세포물질을 분리하기 위한 목적으로 사용된다. 이때 처리된 물은 상징수로서 월류시키며, 침전된 세균물질은 현탁증식 방법의 경우 일부분을 생물학적 반응조로 반송시키고 남은 부분을 잉여슬러지로서 인출하여 처리 및 처분한다.

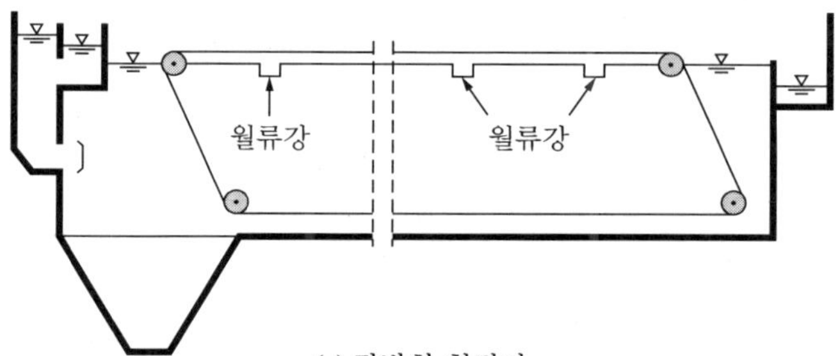

(a) 장방형 침전지

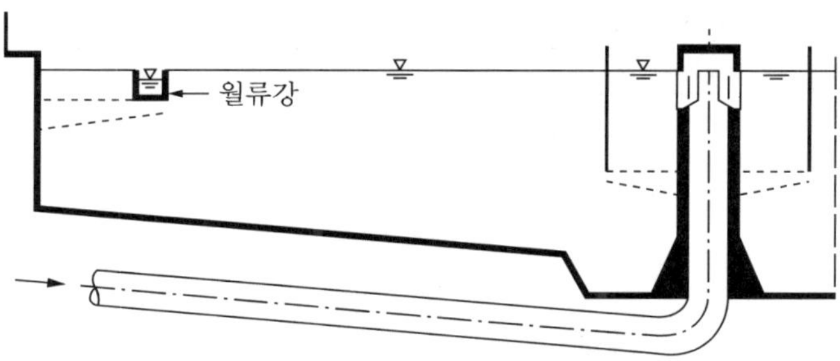

(b) 원형 침전지

그림 3-8 • 2차 침전지의 월류강 위치와 기타의 구조

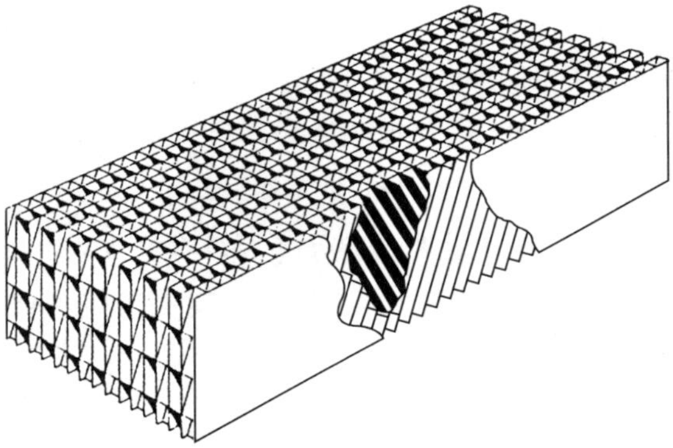

(a) 경사판 모식도

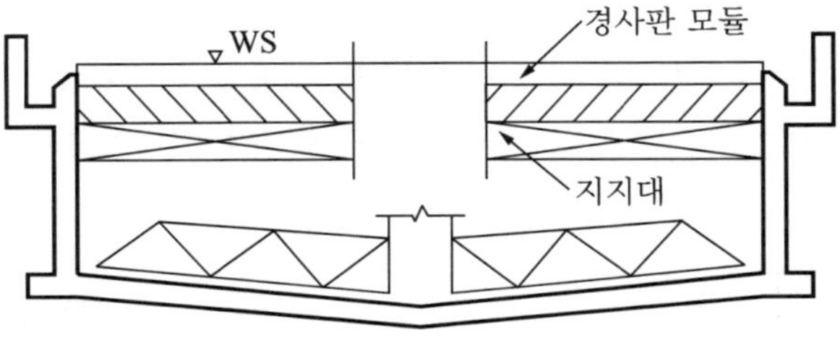

(b) 원형 침전지의 경사판 침전장치

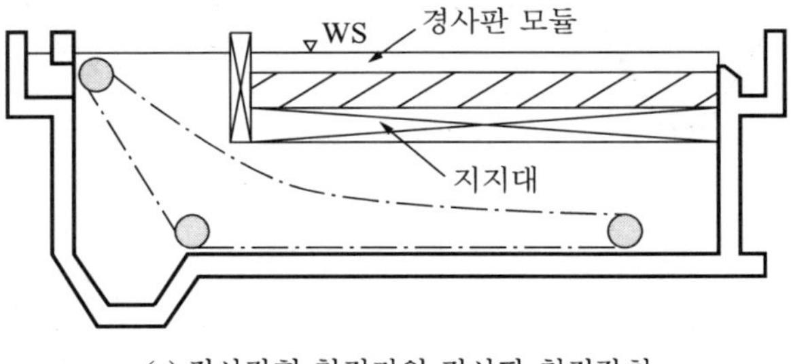

(c) 직사각형 침전지의 경사판 침전장치

그림 3-9 • 경사판 침전장치

활성슬러지프로세스의 후침전지에서 관찰되는 침강형태는 <그림 3-10>에서 보듯이 제2형부터 제4형에 이르는 침강형태를 다 포함한다.

2차 침전지의 주요설계파라미터는 수면부하율과 체류시간 그리고 슬러지(고형물)부하율이다. 슬러지부하율이란

$$SL = QX(SVI)/A \tag{3.5}$$

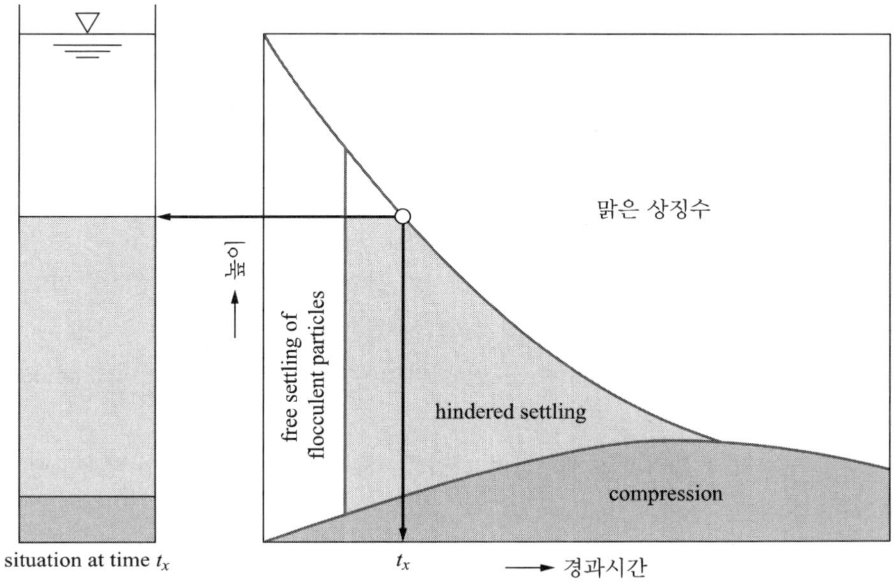

그림 3-10 • 활성슬러지의 침강형태

여기서, SL : 슬러지부하율(m^3 슬러지/m^2 수면적 hr)

Q : 혼합액유입량(m^3/hr)

X : 폭기조의 MLSS농도(kg/m^3)

(SVI) : 슬러지용적지표(L/kg 슬러지)

A : 침전지의 수면적(m^2)

고형물 부하율은 95～145kg/m^2·day로 하는 것이 적합하다.

폭기조로부터 유입되는 MLSS는 2차 침전지에서 슬러지블랭킷을 형성하면서 하강하고 바닥의 슬러지유출구쪽으로 흐르게 된다. 그런데 이러한 밀도류는 상징수 흐름을 불리하게 만들므로 최초침전지와는 달리 월류구를 장방형의 끝이나 원형의 둘레로부터 안쪽으로 상당한 간격을 두어 설치한다(그림 3-8 참조). 원형지의 유입구는 원상을 수면 밑으로 침적시켜서 유입수가 아래쪽으로 굴절하도록 한다. 원형지의 바닥구배는 1 : 8 정도로 한다.

2차 침전지에는 슬러지저장 호퍼를 두지 않으며 반송슬러지 등은 연속적으로 흐르도록 설계된다. 슬러지제거는 1차 침전지에서처럼 장방향에 있어서는 체인스크레이퍼 등으로 그리고 원형지에 있어서는 브리지스크레이퍼에 의하여 수행된다.

3.4 부상분리

1. 부상분리의 원리

부상분리법은 공기방울을 물속에서 발생시켜 고체 또는 액체입자를 분리하는 단위조작이다. 발생된 공기방울은 제거대상물질을 표면에 부착시켜 물위에 뜨게 된다. 액체보다 밀도가 가벼운 기름 종류의 제거 시 사용될 수 있다. 부상분리의 장점은 침전속도가 낮거나 가벼운 입자를 짧은 시간 내에 완전히 제거할 수 있으며, 표면에 떠오른 부상물질들은 스키머(skimmer)에 의해 제거할 수 있다.

또한 농축된 생물학적 슬러지를 제거하며 산업폐수처리 시 2차 유출수의 부유고형물을 제거하는데도 사용된다.

2. 부상분리의 종류

(1) 용존 공기부상법

처리수 혹은 폐수를 압력탱크에서 공기를 과포화시켜 개방 부상조(open flotation tank)로 보내어 대기압까지 감소시키는 방법이다. 감압에 의해 공기가 미세한 방울로 되어 입자상물질과 접촉하여 수면위로 부상하게 된다.

소규모 시설에서는 <그림 3-11(a)>와 같이 전체 유량에 공기를 주입하여 가압 탱크에 체류시킨 후 부상조로 보내 처리한다.

대규모 시설에서는 <그림 3-11(b)>와 같이 전체 유출수의 일부(30～50%)를 반송시켜 처리한다.

(2) 공기부상법

산기기나 임펠러를 이용하여 물속에 공기를 직접 주입함으로써 입자를 수표면에 부상시키는 방법이다. 짧은 시간동안 폭기하는 것으로는 고형물의 효과적 분리가 어렵고 고농도의 grease를 포함한 폐수에 적당한 처리방법이다.

(3) 진공부상법

폐수를 직접 폭기시키거나 폐수의 유입측으로 공기를 들어가게 하여 하수를 포화시킨 후 진공탱크에 주입하며, 압력강하로 기포가 발생한다. 이들 기포는 물 표면으로 상승하면서 폐수 중의 부유물을 부상시키는 방법이다. 화학 응집조를 부상조 앞에 설치함으로써 효율을 증대할 수 있다.

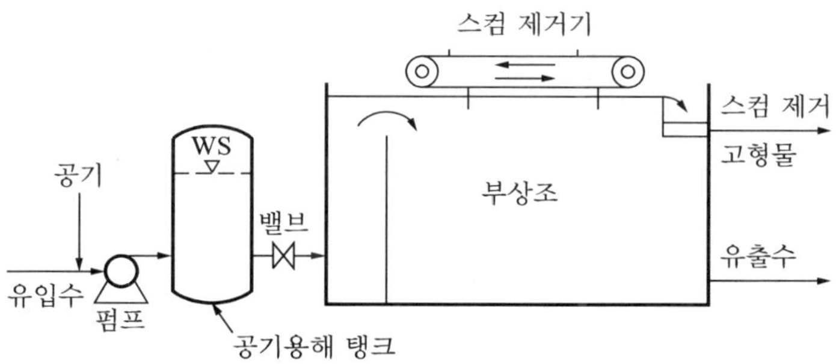

(a) 비순환형 부상조

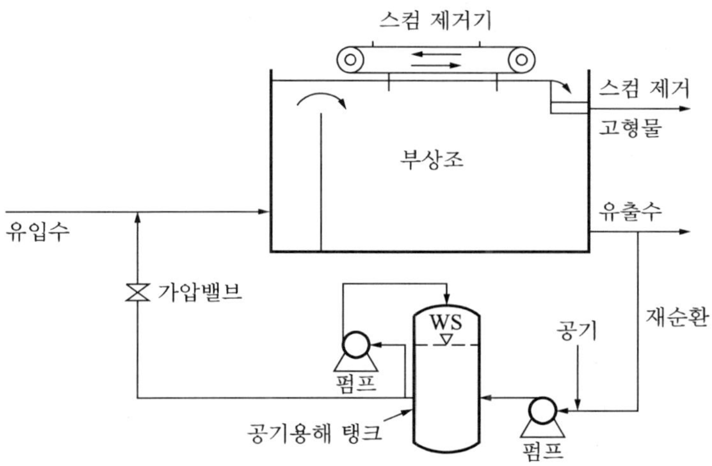

(b) 순환형 부상조

그림 3-11 ◦ 용존 공기부상조 개요도

3. 부상분리의 설계

부상분리의 필요설계 인자를 결정하기 위해서는 실험실이나 pilot plant에서 실험을 선행하여야만 한다. 이러한 실험절차는 Eckenfelder와 Ford에 의해 개발되었는데, 부상실험장치(그림 3-12)를 이용하여 입자물질의 농도, 주입공기량, 입자부상속도, 고형물 농도 등을 조사 후 공기와 고형물의 비, 즉, A/S비를 구함으로써 설계인자를 구할 수 있다.

$$\frac{A}{S} = \frac{1.3a_s(f \cdot p - 1)}{S_s} \tag{3.6}$$

여기서, A/S : 공기와 고형물의 비, mg/mg

a_s : 공기의 용해도, mL/L

f : 주어진 압력에서 용존공기의 분율, 통상 0.5～0.8

p : 대기의 절대압력, k·Pa

S_s : 부유고형물(SS)의 농도, mg/L

일부만 가압 순환하는 방식에서 관계식은 다음과 같이 수정하여 사용한다.

$$\frac{A}{S} = \frac{1.3a_s(f \cdot p - 1)R}{S_s Q} \tag{3.7}$$

여기서, R : 가압 순환하는 유량, m^3/day

Q : 전체 혼합유량, m^3/day

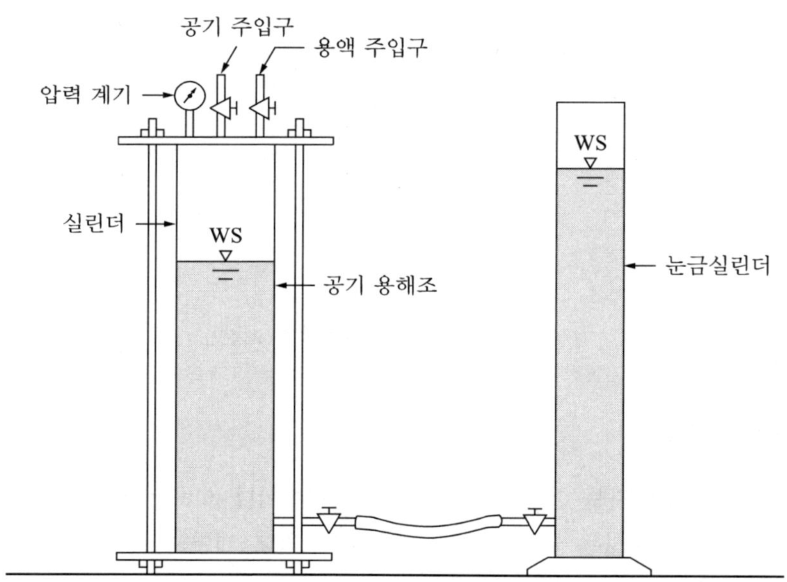

그림 3-12 • 부상 실험장치의 개요도

3.5 막여과

1. 막여과의 원리

폐수나 산업폐수에 포함된 여러 가지 물질로부터 어떤 물질을 선택적으로 분리하는데 여과막의 사용이 가능하다. 일반적인 여과는 입자성과 콜로이드성 물질을 액체로부터 분리하는 공정이라면 막을 통한 여과공정은 입자크기가 용존물질까지(0.0001～1.0μm)로 확장되어 하·폐수 중에 존재하는 처리대상물질(유기·무기 오염물질, 미생물 등)을 거의 완벽하게 분리하여 제거할 수 있다. 또한 이 모든 성분들이 동시에 제거 가능한 것도 큰 장점이다. 이들 혼합물은 막에 의해 용액과 용매로 분리되는데 이들 분리되는 현상이 원활히 이루어지기 위해서는 각 혼합물들의 투과성이 서로 달라야만 한다.

또한 막공법은 모듈화 되어 있어 다른 물리화학적 또는 생물학적 처리공정과 쉽게 조합되어 효과적인 혼성시스템(hybrid system)을 구성할 수 있으며 시스템의 확장이 용이하고 집적화(compact)되어 있는 많은 장점을 지닌 분리기술이다. 반면, 막의 수명문제와 양질의 처리수를 얻기 위해 부수적으로 발생되는 농축수, 고가의 초기설치비는 극복해야할 문제들이다.

따라서 막공법은 양질의 음용수 및 공업용수의 생산, 하·폐수의 고도처리 및 재이용, 무방류시스템과 관련된 기술개발 및 실용화가 활발히 진행 중이며 향후 주목 받게 될 하·폐수처리 분야의 핵심기술로 자리 잡고 있다.

2. 막여과 방식

막여과는 <그림 3-13>에 나타낸바와 같이 크게 두 가지 방식으로 나뉘는데 흐름 방향이 막에 대하여 수직으로 향하게 되는 전량여과방식(direct or dead-end)과 흐름이 막에 대하여 접선방향으로 즉, 흐름이 막 표면을 따라 흐르는 십자흐름여과방식(cross-flow)이 있다. 전량여과방식은 배제된 고형입자들이 block을 형성하여 투과속도(flux)가 현저하게 줄어들 수 있다. 십자흐름여과방식은 막 투과 유속에 비해 상당히 높은 유속으로 원수를 유입시키기 때문에 펌프가 대형화되는 단점이 있으나 유체의 전단력에 막 면에의 입자 축적을 감소시켜 안정한 투과 수량을 얻을 수 있고 막 수명을 연장시킬 수 있다.

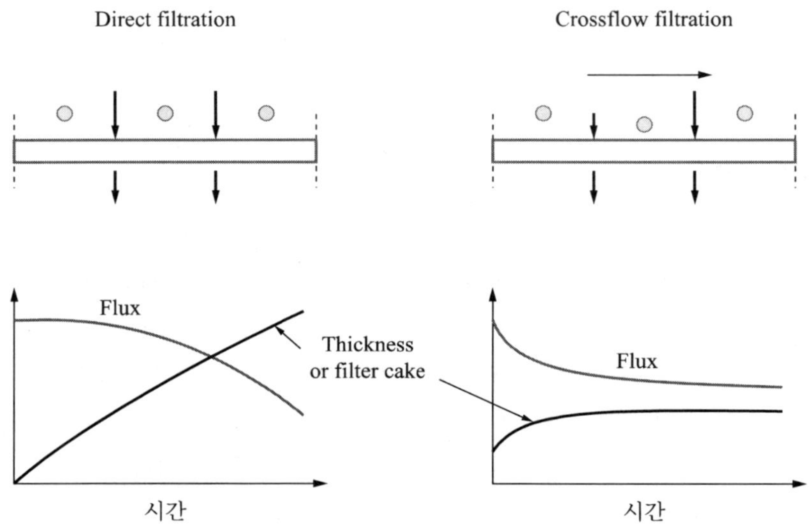

(a) 전량여과방식 (b) 십자흐름여과방식

그림 3-13 • 막여과 방식

3. 막여과의 종류

막여과에는 ① 정밀여과(microfiltration; MF) ② 한외여과(ultrafiltration; UF) ③ 나노여과(nanofiltration; NF) ④ 역삼투(reverse osmosis; RO) ⑤ 투석(dialysis) ⑥ 전기투석(eletrodialysis; ED)이 있으며 막의 재질, 구동력, 분리 메커니즘, 분리크기 등 여러 가지 방법으로 분류할 수 있다. <그림 3-14>에 일반적인 하수에서 발견되는 물질들의 크기와 분리 크기에 의한 막여과 공정의 분류를 나타내었다.

(1) 정밀여과(microfiltration; MF)

정밀여과는 50nm 이상의 공극을 갖는 막을 이용하며, 약 0.08～2.0μm 범위의 입자를 제거한다. 일반적으로 부유입자와 콜로이드성 물질 등 거대분자를 제거하여 탁도를 감소시키는 것뿐만 아니라 박테리아, 응집된 물질 등을 제거하는데 이용된다.

(2) 한외여과(ultrafiltration; UF)

한외여과는 용존물질 또는 콜로이드물질을 제거하기 위해 다공성 막을 이용하여 가압 운전하는 시설로서 보통 콜로이드 물질과 분자량 5,000 이상인 고분자의 제거에 이용된다. 한외여과막 공경의 크기는 보통 0.001～0.02μm이다. 한외여과는 물로부터 기름제거와 유색 콜로이드로부터의 탁도 제거에 이용된다.

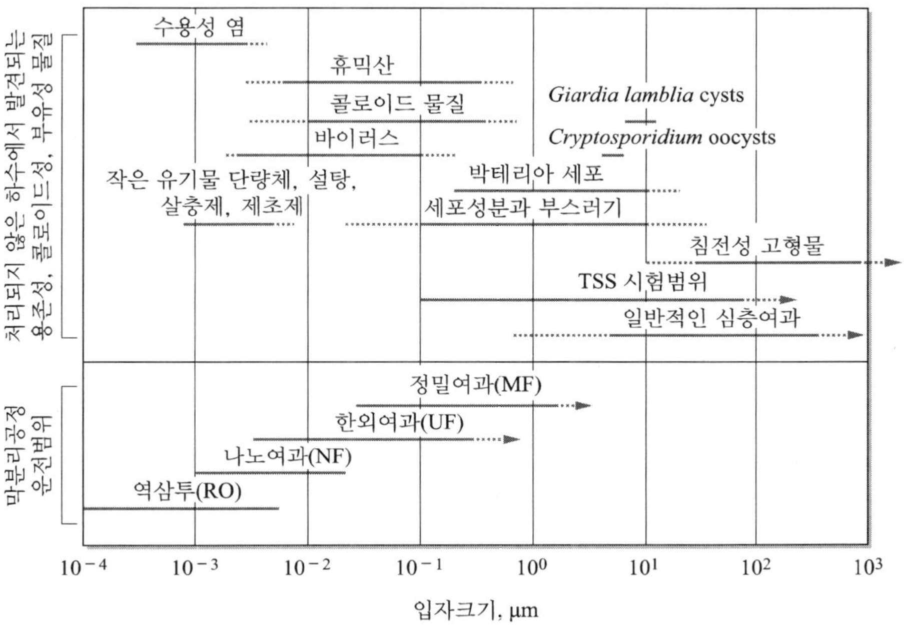

그림 3-14 ◦ 막여과 종류와 분리입경

특히 한외여과막(UF)나 정밀여과막(MF)은 낮은 운전압력에서도 비용측면에서 경제성이 있는 것으로 평가되며 체거름(sieving)에 의해 대부분의 입자성 물질이 제거된다.

(3) 나노여과(nanofiltration; NF)

나노여과는 일반적으로 용질의 제거원리나 메커니즘은 역삼투와 유사하며 단지 역삼투보다 낮은 압력에서 운전되며 한외여과보다 낮은 분획 분자량과 역삼투보다 낮은 이온 배제율을 갖는데, 주로 칼슘, 마그네슘, 철 망간 등의 다가이온이나 소독부산물 생성물의 전구물질이 되는 미량 유기물의 제거를 위하여 고안된 공정이다. 해수로부터 염을 제거하는데 이용되거나 합성유기물질의 제거능이 매우 뛰어나다. 나노여과는 소독 부산물 전구물질을 제거 및 물의 연수화 공정에서 화학적 침전 대신 가장 흔하게 사용되고 있으며 저분자 유기물질을 제거하는데 이용된다. 제거 메커니즘은 체거름 및 확산, 배제에 의해 이루어지며 용존성 유기물질이 주로 제거된다.

(4) 역삼투(reverse osmosis; RO)

이 방법은 수중의 모든 용질을 원하는 수준으로 제거할 수 있다. 딸서 모든 용존 무기물질뿐만 아니라 용존 유기물질도 제거된다. 역삼투여과(RO)는 용액의 용매는 통과시키고 저분자량의 용질이나 염은 배제하도록 만들어진 막을 이용하여 분리하는 가압공정으로 주로 염도가 높은 바닷물로부터 담수를 생산하기 위하여 개발된 방법이다. 이 방법의 원리는 <그림 3-15>와 같다. 즉 한쪽으로만 통과가 허용되는 반투과성을 사이에 두고 용질의 농도가 높은 용액과 희박한 물을 용기의 양쪽에 넣었을 때, 용질의 농도가 희박한 쪽의 물 분자만이 용질농도가 높은 쪽으로 삼투해 들어간다. 이러한 물 분자의 삼투이동은 평형 상태에 도달할 때까지 계속되는데 그 때 양쪽의 차이(ΔH)가 삼투압력이다. 삼투압력은 용질의 농도차이와 온도의 함수이다. 반대로, 그러한 삼투압력보다 더 높은 압력(F)을 농도가 높은 쪽에 가하면, 그쪽의 물 분자만이 반투과막을 통과하여 용질 농도가 희박한 쪽으로 삼투해 들어가는데 이때의 입력이 역삼투압력이다.

삼투압과 농도와의 관계에는 다음 식이 성립한다.

$$\Pi = \Delta CRT$$

여기서, Π : 삼투압(Pa)

ΔC : 농도차(mol/m^3)

R : 기체상수(8.314J/mol/K)

T : 절대온도(K)

이때 같은 농도차라도 분자량이 작을수록 가해지는 압력이 커지는데 이것으로부터 역삼투법이 보다 큰 압력이 소요됨을 알 수 있다. 역삼투시설 실제 운전시 청정수를 얻기 위해서는 삼투압보다 더 큰 압력이 요구되는데 적어도 삼투압의 2배 정도를 공급해야 한다.

나노여과나 역삼투막은 막 표면을 오염시킬 수 있어 화학적 응집침전, 사여과, 활성탄 흡착 등의 전처리 공정을 단독 또는 함께 사용하여 양질의 유입수를 확보하여 효과적으로 운전하도록 한다.

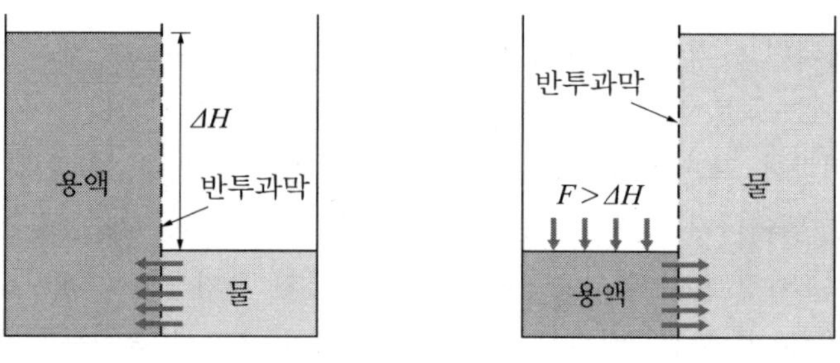

(a) 삼투압력 (b) 역삼투압력

그림 3-15 • 삼투압력과 역삼투압력

(5) 투석(dialysis)

투석은 선택적 투과법을 통해 용액 중에 있는 다른 이온 혹은 분자의 크기가 다른 용질을 분리하는 것이다. 투석은 용질의 물질전달을 유발시키는 추진력(driving force)을 필요로 하는데 막을 기준으로 한 투석은 용질의 기준차에 의한다.

회분식 투석조(batch dialysis cell)에 있어서 투석되는 용액은 반투막에 의해 용매로부터 분리된다.

막 공극크기보다 작은 이온이나 분자는 막을 통과하고 그보다 큰 이온이나 분자들은 막을 통과하지 못한다.

회분식 투석조에서 주어진 기간에 막을 통과하는 용질의 물질전달은 다음과 같다.

$$M = K \cdot A \cdot \Delta C$$

여기서, M : 단위시간당 이동한 질량, g/hr

K : 물질전달계수, $g/(hr\text{-}cm^2)(g/cm^3)$

A : 투과면적, cm^2

ΔC : 막을 통과하는 용질의 농도차, g/cm^3

(6) 전기투석(Electrodialysis)

이 방법은 원래 바닷물로부터 염도를 제거하기 위하여 개발된 것이다. 전기투석장치는 <그림 3-16>에서 보듯이 이온교환수지로 제작된 여러 개의 격막과 격실 그리고 양극판과 음극판으로 구성되어 있다. 격막에는 양이온 막과 음이온 막의 두 가지가 있다. 양이온 막은 자체 내에 고정된 양이온을 갖고 있으면서 음이온만 양쪽으로 통과시키고 양이온은 물리친다. 마찬가지로 음이온 막은 양이온만 음극쪽으로 통과시키면서 음이온은 물리친다. 이러한 음양이온의 반대쪽 이동은 두 끝의 격실로부터 유출되고 이온이 제거된 단수는 그 사이의 두 격실로부터 유출된다.

유입수 중의 고형물, 콜로이드, 용존 유기물질 등이 격막을 더럽히고 막히게 하며, 전기 흐름에 대한 저항을 크게 하여 결국 전기누석의 효율을 감소시킨다. 또한 화학적 응결 물질도 막 표면에 부착하여 투석효율을 감소시킨다. 고로 유입수는 필요한 정도에 따라서 화학적 응집침전, 사여과, 활성탄 흡착 등의 전처리를 하고 전기투석장치는 정기적으로 세척한다. 염도가 농축되는 격실은 매우 정교하지만 오수에는 약하다.

유입수는 연속류 또는 회분식으로 처리되며 장치는 직렬 또는 병렬로 배치된다. 염도제거율은 ① 수온, ② 적용하는 전류의 양, ③ 이온의 종류와 농도, ④ 격막의 투석 허용도, ⑤ 유입수의 더러운 정도, ⑥ 적용되는 유량, ⑦ 장치의 배열과 처리단계의 수 등에 따라 다르다.

전기투석공정을 하·폐수 고도처리에 적용할 때 나타나는 문제점은 막 표면에서 낮은 용해도를 지닌 염들의 화학적 침전과 처리장 유출수 내의 잔류 콜로이드성 유기물질에 의한 막의 막힘이다. 막의 막힘을 줄이기 위해 화학적 침전이나 다층여과 후 활성탄 전처리가 필요할 수도 있다.

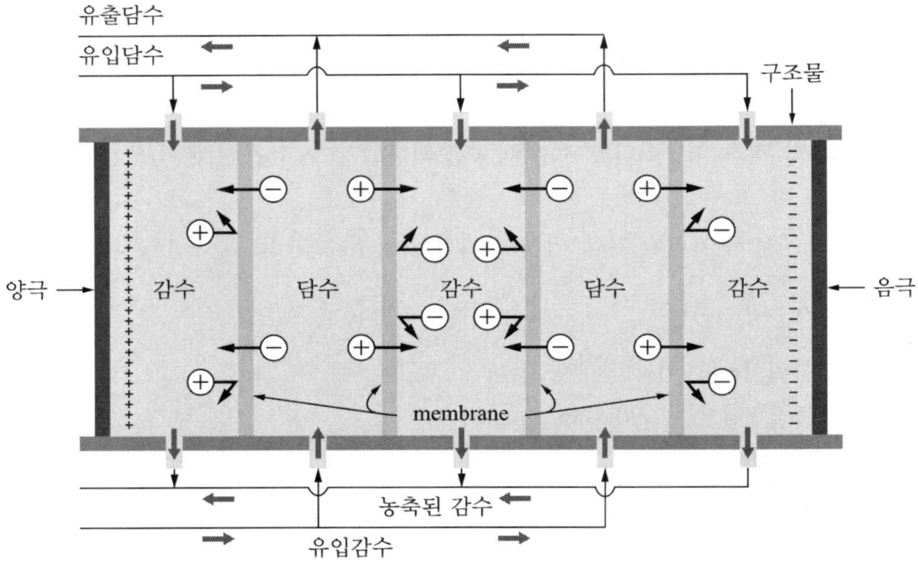

그림 3-16 • 전기투석법에 의한 염수의 담수화

4. 막모듈의 형식

막모듈이란 막을 장착시키는 구조를 말한다. 이는 구조에 따라 4가지로 구분한다.

(1) 평판형(plate and frame type)

평면상의 막을 여러 장 겹쳐서 조이는 형이며 구조가 간단하고 조립되어 있어 분해하여 보수하기 용이하다. 한외여과용에 주로 사용되고 대상 원액은 슬러리에서 고분자용액까지 비교적 폭이 넓다. 원수유로의 폭을 매우 좁게 하는 것으로 유속을 크게 하여 막면에 겔층이 부착하는 것을 방지한다. 물리적 세척은 불가능하고 약품세척을 실시하여야 한다.

(2) 관형(tubular)

원통형으로 만들어진 막을 같은 원통형의 통수성을 갖는 내압지지체의 내측 또는 외측에 장착하고 있다. 단관식과 복수개로 구성된 다관식 모듈이 있다. 공급액의 유로폭이 크기 때문에 전처리는 조대입자를 제거하는 것만으로 충분하다. 공급액의 유속을 크게 하기 쉽고 막면에 스케일 부착이 적다. 세척이 용이하며 물리적 세척법을 적용할 수 있다. 약품세척도 수시로 병용한다. 막교환은 용이하지만 막면적당 장치용량이 크고 설비용적도 커진다. 통상 고속으로 운전하기 때문에 여과량당 소모동력이 크다.

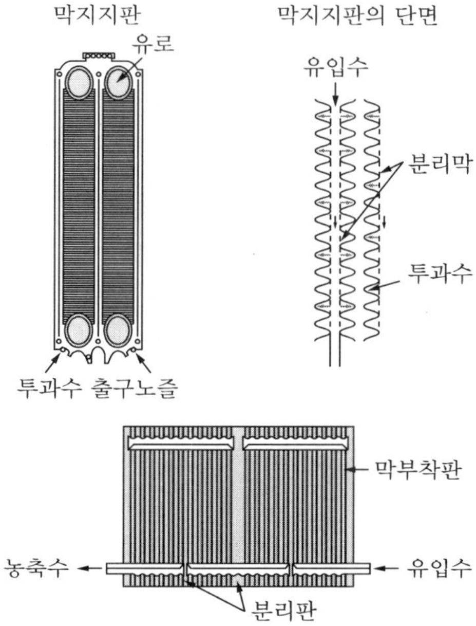

그림 3-17 • 평판형 모듈

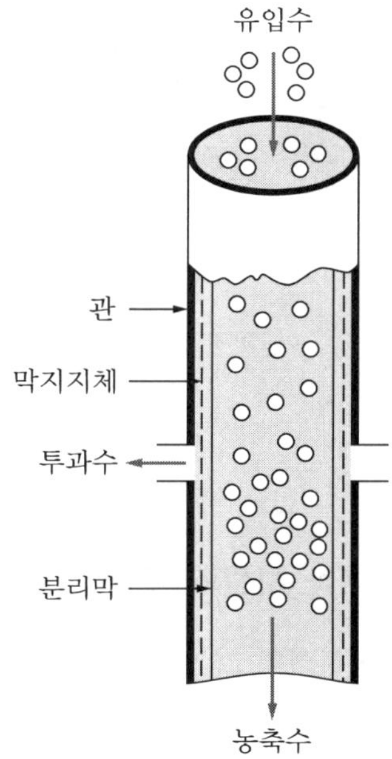

그림 3-18 • 관형 모듈

(3) 나선형(spiral wound)

나선형(소용돌이상)은 막지지체, 스페이서, 투과액 채수관 등으로 이루어진다. 2장의 평막사이에 통수성 지지물질을 끼워 넣고 막의 외측에는 망상의 스페이서를 겹치고 막의 세변을 접착제로 봉하여 투과액 체수관을 중심으로 말아 넣은 것이다. 원수는 스페이서 내부로 들어가고 막을 통과한 액은 지지체부에서 투과액 채수관을 통과하여 배출된다. 나선형 모듈은 모듈당 막면적이 크고 투과속도도 빠르기 때문에 장치의 집적화(compact)가 가능하다. 스페이서는 활류촉진효과를 갖고 있기 때문에 막으로의 공급량이 적어도 막면에서의 유속이 커지고 염분이 막 표면부근에 농축되어 염분제거율이 저하되는 농도 분극현상을 방지할 수 있다. 따라서 소비동력이 적게 드는 에너지절약형이다. 반면 유로 단면이 작기 때문에 유로단면이 작기 때문에 유로폐쇄를 방지하기 위한 전처리를 필요로 한다.

(4) 중공사형(Hollow-fiber)

내면적 중 한 면 또는 외측면이 0.1～1μm 정도의 활성막면으로 되어 있는 중공사 여러 개를 하나의 모듈에 수납하고 있다. 다른 형식과는 달리 지지체를 사용하지 않고 자기 지지구조로 되어있어 막자체에 어느 정도의 기계적 강도가 요구된다. 원수가 중공사의 외측과 내측에 공급되는 두 가지 형이 있다. 단위용적당 유효면적이 크고, 보다 낮은 압력으로 처리능력을 달성할 수 있어 소비 동력이 적다. 출구측에서 압입하는 역세척과 약품세척을 실시한다.

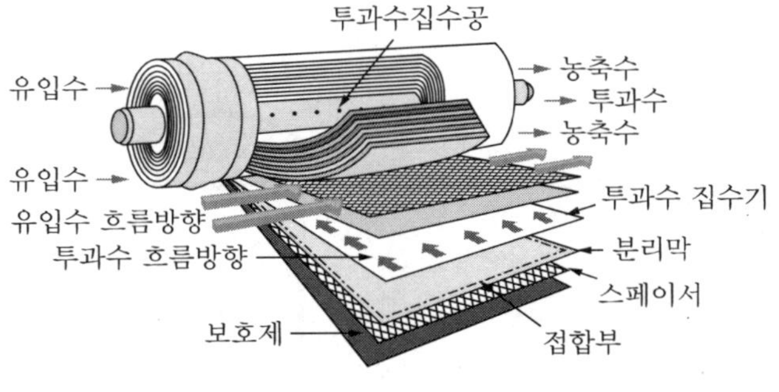

그림 3-19 • 나선형 모듈

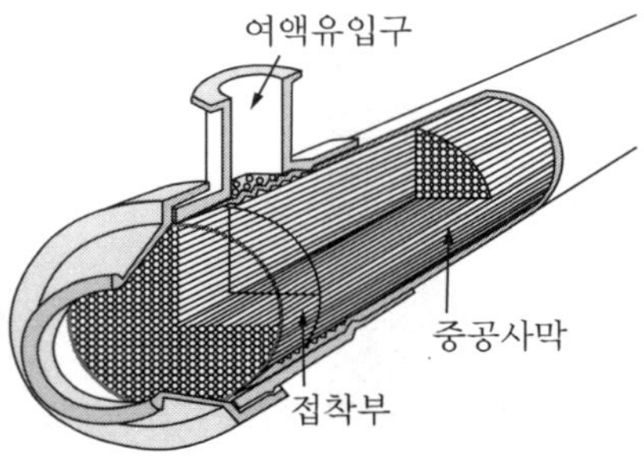

그림 3-20 • 중공사형 모듈

5. 막여과 시설의 구성

막여과 시설의 기본 흐름을 <그림 3-21>에 나타내었다. 원수는 펌프로 가압되어 모듈로 보내지고 투과수와 농축수로 분리된다. 농축수는 순환해서 유입수와 혼합하여 재투과시키는 경우도 있다. 또한, 유입수는 응집침전, 모래여과 등으로 전처리하는 경우가 많다. 실용적으로는 단일막으로 처리하는 경우는 적고, 여러 단에서 투과수를 통수하는 것이 보통이다. 모듈 배열에 있어서 <그림 3-22>의 그림에 나타낸 바와 같이 직렬 또는 병렬로 여러 단을 연결하여 처리한다.

6. 막의 막힘 및 오염

막의 막힘(fouling) 및 오염 현상은 크게 3가지의 형태로 발생할 수 있다. (1) 막 표면에 유입수 성분의 축적, (2) 유입수의 화학작용에 의한 침전물 형성, (3) 막과 반응할 수 있는 화학물질 또는 막에 군체를 형성할 수 있는 생물체 존재에 기인한 막의 손상 등이다.

막을 통과하지 못한 용질이 막면 부근에 체류함으로써 막 표면 부근의 용질농도가 높아져 처음에 용해되었던 물질이 석출되어 scale을 형성하기도 하고 원수 중 현탁물질이나 콜로이드를 다량 함유한 경우 gel층을 형성하기도 하는데 이는 주로 RO와 UF 등에서 일어나는 오염현상이다.

또한 공경이 큰 정밀여과의 경우 막오염으로 gel층을 형성하는 물질이 막 공극 내부까지 들어가 막이 막히는 세공막힘 현상도 발생할 수 있다.

일반적으로 막 막힘의 제어방법에는 (1) 유입수내 고형물과 박테리아를 줄이기 위한 전처리, (2) 막의 유지관리에 있어서 분리성능과 투과성을 적합한 상태로 항상 유지할 수 있도록 수시로 막의 역세척을 수행하는 방법 (3) 막 표면에 부착된 금속산화물, 수산화물, 탄산염스케일 등의 무기성분을 용해시키기 위함이나 유기성분을 박리 제거시키기 위하여 약품을 통한 화학적 세척과 같은 3가지 방법이 있다.

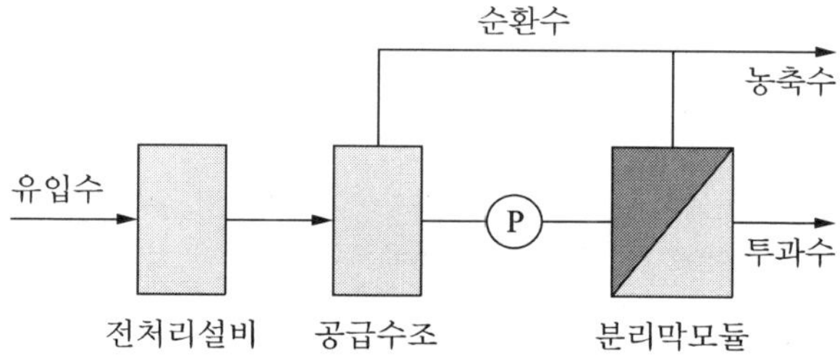

그림 3-21 ◦ 막공정 시설의 기본 모식도

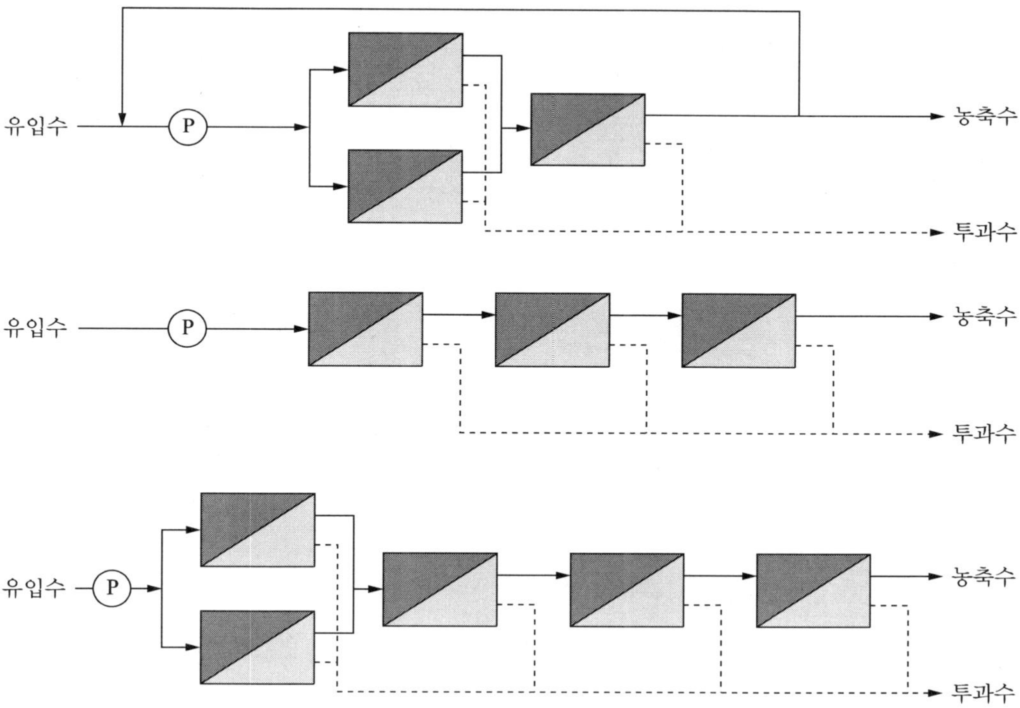

그림 3-22 ◦ 모듈 배열의 예

참고문헌

1. 김동민, 폐수처리, 청문각, 1995, p.277-284, p.460-462.
2. 성낙창 외 2인, 하폐수처리, 동화기술, 1996.
3. 환경부, 폐수종말처리시설의 설계, 1995.
4. Archeivala, Wastewater Treatment for Pollution control, McGraw-Hill, 1986.
5. Hammer, Water and Wastewater technology, Prentice-hall, 1986.
6. Moore, Environmental control system, McGraw-Hill, 1993.
7. Pandyey, Environmental engineering, McGraw-Hill, 1989.
8. Tillman, Primary Treatment at wastewater tretment Plants, Lewis, 1992.
9. Metcalf and eddy, Wastewater Enginnering Treatment Disposal Reuse, McGraw-Hill, 1991.
10. Metcalf & Eddy, Inc. : Wastewater Engineering : Treatment and Reuse, McGraw-Hill, New York, 2004.
11. Missimer, Water Supply Development for Membrane water Treatment Facillitics, Lewis, 1994.
12. Vigneswaran, Water Treatment Processes, CRC, 1995.

Chapter 4

폐수의 화학적 처리

화학적 처리는 하수, 용수 및 산업폐수처리에 광범위하게 사용되고 있다. 화학적 처리에는 응집침전, 흡착, 소독, 산화 및 환원, 중화, 이온교환 등의 다양한 공정이 있으며, 화학적 처리공정은 물리적 및 생물학적 처리공정에 비하여 상대적으로 대부분 인공적인 첨가공정으로 용해물이 증가되어 재사용 시 문제가 발생될 수 있으며, 슬러지 발생량이 증가하며, 에너지 소모가 많아, 비용이 많이 들기 때문에 공정 선정 시 세심한 주의를 요하게 된다.

4.1 응집침전(Chemical precipitation)

1. 개요

응집침전은 약품을 주입하여 수중의 용존물질 또는 부유고형물질을 제거하는 공정이다. 응집침전은 흔히 ① 약품 주입에 의한 응집(coagulation) 단계 ② 생성된 미세한 플록(floc)의 응결(flocculation) 단계, ③ 형성된 큰 플록의 침전단계로 나누어 생각할 수 있다. 이 중, 응집단계는 약품, 즉 응집제 주입에 의하여 미세한 콜로이드 상태의 입자나 용존된 이온, 혹은 더 큰 부유물질을 불안정(destabilization)화 시켜 쉽게 침전 가능한 플록을 형성하는 것을 말한다.

2. 응집 원리

응집이 일어나는 기작(mechanism)은 매우 복잡하고 복합적이다. O'Melia에 의하면 응집이 일어나는 양상은 ① 응집제 투여에 의하여 콜로이드 입자표면의 이중 이온층 압축(double layer compression), ② 입자간의 흡착과 전기적 중화(adsorption and charge neutralization), ③ 플록 침전 시 포획(enmeshment in floc mass), ④ 폴리머와 같은 고분자 응집제 투여 시 흔히 볼 수 있는 입자간의 가교결합(interparticle bridging) 등을 들 수 있다. 응집은 이러한 다양한 응집 원리가 한 가지 또는 그 이상이 복합적으로 작용하여 일어난다.

그러므로 폐수 중 탁도 및 색도의 원인이 되는 불순물을 분리 제거하기 위해서 미립자를 서로 엉키게 해서 입자의 직경을 크게 하거나 비중을 무겁게 하여 침전 제거한다. 이때 응집제를 주입하면 입자의 직경이 증가함으로써 침전속도가 빨라지고 작은 입자 덩어리(floc)가 물리·화학적인 힘과 전기적인 힘에 의해서 응집이 된다.

물 속에 미세입자가 분산되어 있을 때는 입자와 입자사이에 작용하고 있는 인력에 의하여 결합하고 있지만 입자가 충돌하면 입자는 결합을 저해하는 인자가 작용하여 안정한 분산계로 된다. 그러므로 이때 작용하는 결합저해인자를 먼저 제거해야만 응결작용이 잘 이루어지게 된다.

응결작용
- 이온성 colloid의 상호 정전력으로 흡착
- 입자표면 수화층의 파괴작용
- 입자표면 전하(Zeta Potential)의 저해작용

따라서 표면에 있는 음전하가 서로 반발하여 입자가 충돌하게 되므로 양전하를 투여해주어야 하며, 특히 양이온의 유기고분자 전해질은 Zeta Potential을 저하시켜 응결을 촉진함으로써 청정화할 수 있다. 이때 1가보다 2가의 양이온이, 2가보다 3가의 양이온이 월등하게 유효하다는 것이 「Schultz-Hardy」의 법칙에 의해서 알려져 있다.

즉, 이 법칙은 다음과 같은 식으로 표시된다.

$$C \propto \frac{1}{N^6} \tag{4.1}$$

여기서, C : 응결값

N : 이온가수

이 법칙은 colloid의 응결과 분산은 고체표면의 전위 및 이온 영향권의 폭에 지배되고, 전해질의 응결작용은 이온영향권을 압축하는 작용에 의한 것으로 1가, 2가, 3가의 이온 응결가는 1 : $1/2^6$: $1/3^6$의 비율이 된다.

그러므로 「Schultz-Hardy」의 법칙에 의하면 colloid 용액은 반대 전하의 이온에 의해서, 즉 이온가가 클수록 응집효과가 크다.

응집하기 위한 1가, 2가, 3가의 금속이온의 최소농도, 즉 응결가(coagulation value)는 원자가의 증가에 따라 저하된다. 그러므로 응결력은 응결가의 역수로서 원자가가 크게 되면 응결력은 증대된다.

3. Colloid 물질

입경이 0.1～0.001μm인 물질을 colloid성 물질이라 하며, 그 이하의 크기를 가진 물질을 용존물질(dissolved solid)이라 한다. Colloid 용액은 여과에 의해서 제거되지 않고 또 「Brown」운동 때문에 침전되지도 않는다. 따라서 colloid는 전기적으로 대전되어 있고, Zeta Potential, van der waals는 서로 끌어당기는 힘으로, 즉 서로 잡아당기고 밀어내면서 중력이 서로 평형이 되어 항상 안정한 상태를 유지하고 있다. 그러므로 colloid를 제거하기 위해서는 colloid에 하전되어 있는 전하의 반대 전하물을 투입하거나 pH 변화를 일으켜서 Zeta Potential을 감소시켜 colloid를 응집(coagulation)시켜 floc을 형성하여 제거한다.

Colloid의 대전상태는 colloid 입자의 안정성에 크게 기여한다. 같은 종류의 전하는 입자를 서로 밀어낸다. 따라서 그들의 연합을 방지한다. 즉, 대전 입자의 상호간에 서로 상대입자의 접근

을 막는 등 입자들이 결합할 수 없게 된다. 이를 안정도라 하며, 이 안정도는 제타(zeta)전위, Z의 크기에 크게 의존하는 것으로서 다음 식과 같이 정의된다.

$$Z = \frac{4\pi\delta_f}{D} \tag{4.2}$$

여기서, Z : 제타전위

D : 매개체의 유도전하계수

δ : 전하량의 차가 유효한 입자를 둘러싼 층의 두께

f : 입자의 전하(입자와 용액부 사이의 전하량의 차)

Zeta Potential은 colloid 입자가 효력이 미치는 거리 내의 분산매 전하를 측정할 수 있으나 응집제를 넣으면 Zeta Potential이 Zero(0)에 가까워지며, 급속히 응결을 일으킨다.

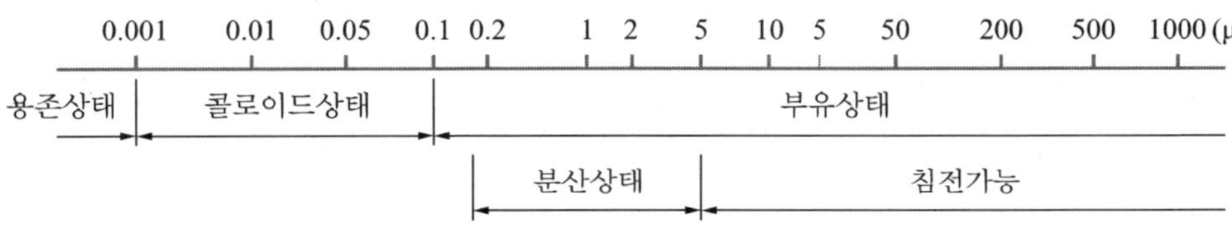

그림 4-1 • 수중 입자의 크기 분류

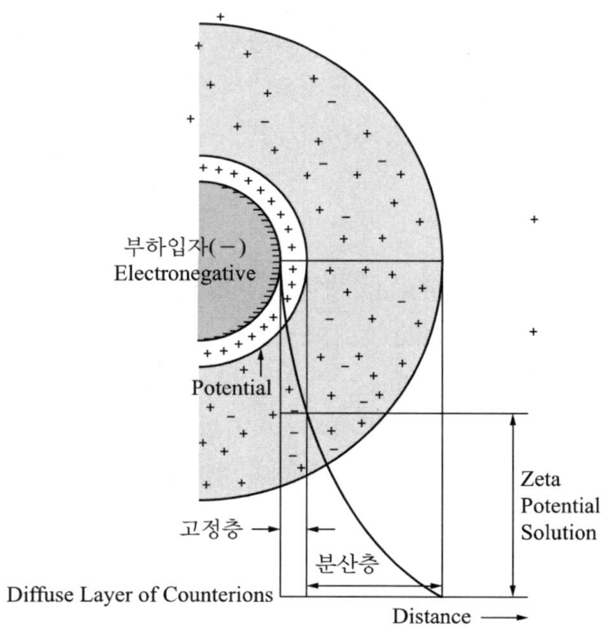

그림 4-2 • Colloid와 Zeta Potential

4. 응집제의 수중반응

응집제의 반응특성을 이해하는 것은 응집공정의 설계 및 운전에 있어서 중요한 요소가 된다. 대부분의 금속염 계통의 응집제의 수중에 주입하는 경우 알칼리도(alkalinity)와 pH의 영향을 크게 받으며, 플록 형성 과정을 좌우하는 요소가 된다. 물의 알칼리도란 흔히 산을 중화할 수 있는 능력으로 정의된다. 대표적인 응집제인 황산반토(alum)를 주입하는 경우 이론적인 반응식은 다음과 같다.

$$Al_2(SO_4)_3 18H_2O + 3Ca(HCO_3) \rightarrow 3CaSO_4 + 2Al(OH)_3 + 6CO_2 + 18H_2O \quad (4.3)$$

만약 수중의 자연 알칼리도가 부족하다면 흔히 석회(lime)를 투입하여 보충한다.

염화철을 응집제로 사용하는 경우 ferric hydroxide의 침전물을 형성하게 된다.

$$2FeCl_3 + 3Ca(HCO_3)_2 \rightarrow 2Fe(OH)_2 + 3CaCl_2 + 6CO_2 \quad (4.4)$$

황화철이 자연상태의 알칼리도와 반응하는 경우 다음과 같이 반응하게 된다.

$$2FeSO_4 7H_3O + 2Ca(HCO_3)_2 + 1/2O_2 \rightarrow 2Fe(OH)_3 + 2CaSO_4 + 4CO_2 + 13H_2O \quad (4.5)$$

만약 자연상태의 알칼리도가 부족하거나 부식방지를 위해 lime을 주입하면 그 반응은 다음과 같이 반응하게 된다.

$$2FeSO_4 7H_3O + 2Ca(HCO_3)_2 + 1/2O_2 \rightarrow 2Fe(OH)_3 + 2CaSO_4 + 13H_2O \quad (4.6)$$

위의 반응식들은 응집제의 수중 반응예의 일부에 지나지 않지만 응집형성 조건을 이해하는데 다소 도움이 된다. 하지만 수중에서 제거하고자 하는 오염물질은 아주 복합적이며, 이러한 화학 양론적으로 정확히 예측하기 어렵기 때문에 실제 설계와 운전에는 Jar Test와 같은 실험적인 방법을 흔히 사용한다.

5. 응집제의 종류

(1) 무기응집제

1) 황산알루미늄(Aluminium sulfate : $Al_2(SO_4)_3 \cdot 18H_2O$)

침상의 단사 결정으로서 물에 잘 용해되나 알코올에는 녹지 않으며, 가열하면 결정수를 방출하고 850℃ 정도에서 열분해가 완료되어 알루미나(Al_2O_3)가 된다.

$$Al_2(SO_4)_3 \cdot 18H_2O \xrightarrow{460℃} Al_2(SO_4)_3 + 18H_2O \xrightarrow{850℃} Al_2O_3 + 3SO_2\uparrow \quad (4.7)$$

특징은 염가이며, 모든 현탁물과 부유물에 대하여 유독하고 독성이 없기 때문에 대량 주입이 가능하며, 부식성과 자극성이 없어 취급하기가 용이하다. 그러나 다른 응집제에 비하여 적응 응집폭이 좁고, 보조 응집제나 촉진제 등을 첨가해야 하는 등 단점이 있다.

2) 황산 제1철(Ferrous sulfate : $FeSO_4 \cdot 7H_2O$)

일명 녹반이라고도 하며, 청록색의 결정으로 pH 5.5 이상에서는 $Fe(OH)_2$를 생성하고 pH 8 이상에서는 $Fe(OH)_3$로 신속히 산화된다.

특징은 pH 8～11에서 응집이 잘 이루어지며, 알칼리도가 높고 탁도가 높은 폐수처리에 적합하며 floc이 무거워서 침전속도가 빠르다. 그러나 가수분해시 $Fe(OH)_2$는 용해도가 크기 때문에 용해도가 작은 $Fe(OH)_3$로 산화시켜 처리하여야 한다.

3) 염화 제2철(Ferric chloride : $FeCl_2 \cdot 6H_2O$)

황갈색의 결정으로 조해성이 크며 수용액에서는 강산성을 나타낸다. 특징은 pH 적정 범위가 4～12로서 매우 넓으며 탈색성을 갖고 특히 pH 9 이상에서는 $Mn \cdot H_2S$의 제거도 가능하고 floc이 무거워 쉽게 침전한다. 그러나 부식성이 매우 강하여 설비 기자재가 잘 부식되며 pH 2 이하에서는 수화물을 생성하기도 한다.

4) 염소화 구리(Chlorinated copperas : $FeSO_4 \cdot 7H_2O + 1/2Cl_2$)

황산 제1철과 염소를 7.8 : 1로 혼합하여 조제하나 실제로는 황산 제1철과 염소의 비율을 5 : 1로 반응하여 만든다.

(2) 무기 고분자 응집제

1) 폴리염화알루미늄(PAC : Poly Aluminium Chloride)

황산알루미늄보다 응집 성능이 뛰어나며, 적응성 · 경제성 · 작업능률성이 우수하고 일반식은 $[Al_2(OH)_nCl_6^{n-}]_m$로서 염기도 · 중합도 · 농도 · 온도 · 공존염류 등에 의해서 응집력이 증가하기도 하는 우수한 응집제이다.

2) 폴리황산알루미늄(PAS : Poly Aluminium Sulfate)

성분 중에 다가 음이온인 SO_4^{2-}를 다량 함유하고 있기 때문에 염기도의 상승에 따라 폴리알루미늄이온의 증가로 복잡한 상호작용이 생긴다. 즉, 염기도, 중합도가 높으며 열역학적으로 불안정하기 때문에 주입방법 · 교반조건 · floc 생성상태 등을 검토해 두어야 한다.

이 외에도 LAS(Liquid Aluminium Sulfate)와 SAS(Solid Aluminium Sulfate) 등이 있다.

(3) 응집보조제

응집제의 효과를 높이고 응집제의 투입량을 감소하기 위하여 사용하며 pH 및 알칼리도 조정제, floc 중량제, floc 형성 보조제로 구분된다. floc 중량제로는 carbon black, bentonite 등을 사용하며, floc 형성 보조제로는 활성규산이 널리 사용되고 있다. 응집 보조제로서 응집성능을 발휘시키는 무기 보조제는 $Ca(OH)_2$, Na_2CO_3, $Na_2O \cdot xSiO_2$(규산나트륨), Bentonite, Flash, NaOH 등이 있다.

(4) 유기응집제

폐수 중 현탁 분산되어 있는 미세입자를 결합시키는 능력을 가지고 있는 유기화합물로는 양이온으로 해리되는 수용성인 각종 아민($-NH_2$)이나 천연합성을 포함한 고분자화합물은 조금씩 응집 능력을 가지고 있다.

6. 응집제 선정방법

(1) 최적 응집제의 선정법

대부분의 응집제는 금속염 계통의 응집제와 고분자화합물이나 clay와 같은 응집보조제로 나눌 수 있다. 최근에는 고분자 응집제의 가격이 저렴해서 고분자 응집제만으로 응집공정을 설계하기도 한다. 폐수 내에 제거하여야 할 오염물질의 성상이 복합적이고 다양해짐에 따라 다양한 종류의 응집제가 개발되고 있다. 실제로 응집가능한 특성을 지닌 물질이라면 적용이 가능하지만 최소한 다음 사항을 고려하여 응집제를 선정하여야 한다.

① 선정된 응집제가 환경이나 인체에 독성이 없을 것
② 목표 처리수질을 얻을 수 있을 것
③ 플록 형성이 쉽고 잘 침전될 것
④ 쉽게 확보할 수 있고 가격이 저렴한 것
⑤ 침전된 슬러지의 양이 적고 탈수 특성이 우수할 것

고분자 응집제의 효과는 처리할 원수 중 현탁물의 종류나 용량, 농도 및 원수의 pH 등 수질에 의해서 크게 다르며 처리하고자 하는 원수를 실린더에 취하여 1시간 정도 정치한 후 현탁액이 침전할 경우 각종 고분자 응집제를 사용하여 가장 안정된 floc을 생성하는 것을 선택한 후 최적 응집제의 종류를 결정한다.

고분자 응집제로는 응집 목적을 달성할 수 없을 때, 즉 원수를 실린더에 취하여 1시간 정도 정치한 후 현탁액이 침강분리되지 않을 때는 황산반토 등의 무기성 응집제를 병용하면 효과를 높일 수 있다.

1) 용해방법

일시에 다량의 분말을 물 속에 투입하면 분말표면만 용해되고 내부는 서로 부착하여 미용해 상태로 남게 되며, 덩어리가 되어 잘 용해되지 않기 때문에 각종 분산 용해기를 사용해야 한다. 그러나 분산기를 사용하지 않을 때는 다음과 같은 순서대로 용해시켜야 한다.

① 용해조 내에 물을 약 반 정도 넣는다.

② 교반기로 교반하면서 일정량씩 고분자 응집제를 서서히 소량씩 가한다.

③ 정해진 수위까지 물을 넣어 규정된 농도로 한다.

④ 고분자 응집제가 완전히 용해될 때까지 계속하여 교반한다. 이때 교반시간은 응집제의 종류에 따라 약간씩 다르지만 대개 1시간 정도가 교반에 소요된다.

⑤ 교반기의 회전수는 200～400rpm 정도가 좋으며, 교반기 모터 능력은 용해조 크기 1～2m^3당 1HP로 산정하여 결정하면 충분하다.

2) 응집반응 조건

주입약품과 원수를 잘 혼합하기 위해서 급속교반으로 수분간 체류시킨 후 차차 완속으로 교반하여 10～30분간 체류시키면서 floc을 성장시켜야 하며, 응집지내의 유속은 일반적으로 0.15～0.30m/sec으로 한다.

(2) Jar test

Jar test는 적합한 응집제와 응집보조제를 선정하고 최적 주입량(dosage)을 결정하기 위하여 사용된다. 표준 Jar test는 6개의 교반기가 부착되어 있으며 사료를 각각의 비커에 넣고 응집제의 양이나 운전조건을 변화시켜 최적 침전조건 및 처리수질을 찾는다. Jar test는 실제 응집침전 조건을 유사하게 유지하기 위하여 짧은 시간(1～3분)동안 급속 혼합(rapid mixing)시킨 후, 일정 기간(약 10～15분) 응결을 유도한 후 대략 30분 정도 침전시킨 다음 상등액의 수질을 분석하고 침전 슬러지의 양과 침전양상을 검토한다.

Jar test에는 여러 가지 운전 변수가 관련되어 있기 때문에 최적 주입량 판정을 위하여 다음 여러 가지 사항을 복합적으로 고려하여야 한다.

① pH

② Alkalinity

③ 오염물의 농도(SS, COD, 탁도, 색도 등)

④ 온도

⑤ 실험조건(교반강도, 반응시간 등)

Jar test 방법은 대략 다음과 같다.

① 4～6개의 1L 비커에 시료 500mL씩을 취하여
② 4～6개의 비커를 각 교반 impeller 밑에 놓고 교반 shaft를 물 속에 내린 후
③ 전원 스위치를 넣고 타이머를 설정하기 위해 전환 스위치를 자동으로 위치한 후 교반기의 회전수를 120～140rpm으로 하여 회전시키면서
④ mass pipette으로 처리에 사용할 약품($Al_2(SO_4)_3$ 등)을 적당량씩 각 비커에 주입하고 mg/L씩 주입하려면 검수할 시료가 500mL이므로 각각 1, 2, 3, 4mL씩의 황산알루미늄을 취하여 비커에 주입하여야 한다.
⑤ 약품첨가 후 1～2분간 교반하면서 알칼리제, 즉 $Ca(OH)_2$를 가하여 pH 7～7.2로 조정하고 교반기의 회전수를 50～60rpm으로 한다. 처음에는 소량의 응집제를 균일하게 혼화시키기 위하여 급속으로 교반한 후 즉시 floc이 형성되도록 완속으로 교반하며
⑥ 교반을 완속으로 하여 10분 또는 20분 후에 정지한 다음 floc이 파괴되지 않도록 조심스럽게 교반기를 빼어
⑦ 즉시 floc의 상태·침전속도를 관찰하여 가장 큰 floc이 생성되고 침전속도가 빠르고, 침전 후 상징액이 청정하게 되는 응집제의 종류와 첨가량이 이 시료액의 처리에 적당하다고 결정한다.
⑧ 최후로 이 상징액의 수질분석항목인 BOD, COD, SS, 탁도, 색도를 측정하게 되면 응집 처리 후의 수질상태가 판명된다.

4.2 흡착(Adsorption)

1. 개요

흡착이란 기체 - 고체 또는 액체 - 고체간의 경계면에 기체상이나 액체상에 있는 물질을 그러한 상(相)에 있을 때의 농도보다 더 높게 농축시키는 방법이다. 이러한 흡착공정은 도시하수의 고도처리나 상수처리 시 활용되며, 산업폐수처리 시에도 활용빈도가 높아지고 있다.

흡착은 활성탄(Activated Carbon)이나 Synthetic Resin 혹은 Activated Alumina 등의 비표면적이 큰 흡착제를 사용하여 여러 가지 유기물질을 제거한다. 특히 상수처리 시 활성탄을 이용하여 맛과 색깔 등을 유발하는 유기물 제거를 위하여 광범위하게 활용된다.

상수처리 시 이러한 맛, 색깔 등은 Humic Substance 등에 의하여 유발되는데, 최근에는 염소소독시 발생되는 THM(Trihalomethanes)의 처리를 위하여 활용하기도 한다.

2. 흡착의 원리

흡착은 일반적으로 수중의 미세입자를 고체(흡착제)의 표면이나 내부표면에 달라 붙이는(Adhesion)것으로 정의된다. 용액 중의 분자가 물리적·화학적 결합력에 의해 고체내면에서 즉 내부표면에서의 흡착하는 성질을 말하며, 이 성질을 이용해서 악취, 용액 중의 불순물을 제거한다. 이때 부착되는 분자를 피흡착제(adsorbate), 분자가 부착되도록 표면을 제공하는 물질을 흡착제(adsorbent)라 한다.

보다 효율적인 흡착을 위하여서는 흡착제는 아주 큰 비표면적이 요구된다. 따라서 현미경적으로 보아 다공상의 물질이 유리한데 활성탄이 그 대표적 예이다.

흡착현상은 두 가지 결합형태로 구분된다. 흡착제와 피흡착물질과의 결합이 너무 강해서 가역반응이 안 되는 것을 화학적 흡착이라고 하며 반대로 van der waals힘의 경우처럼 결합이 약해서 가역반응이 되는 것을 물리적 흡착이라고 한다.

한편, 흡착은 대략 3단계를 거쳐 이루어진다. 우선 Film Diffusion에 의하여 수중의 피흡착물질이 흡착제 표면으로 전달되고 Pore-Diffusion에 의하여 흡착제 내부의 미세한 구멍(pore)으로 들어간 뒤 궁극적으로 흡착반응이 일어난다.

흡착과정의 3단계

① 흡착제 주위막을 통하여 피흡착제의 분자가 이동하는 단계
② 공극을 통하여 피흡착제가 확산하는 단계
③ 흡착제 활성표면에 피흡착제의 분자가 흡착되면서 피흡착제와 흡착제간의 결합이 이루어지는 단계

3. 흡착 반응식

흡착실험을 통하여 얻어진 자료를 해석하는 데는 여러 가지 방법이 있는데 한 흡착제의 흡착능력은 일반적으로 등온식으로 표현된다. 이 식에서는 단위흡착제 무게당 피흡착물질의 흡착무게를 피흡착물질의 액상농도와 관련시킨다.

일반적으로 두 등온식이 사용되는데 그 식들은 아래와 같다.

(1) Langmuir식

Langmuir 등온선은 용질이 흡착제 표면에 단분자층으로 흡착된다고 가정한다. Langmuir의 등온선은 가장 보편적으로 사용되는 흡착 등온선으로 다음 관계식으로 나타낸다.

$$\frac{X}{M} = \frac{abC}{1+bC} \tag{4.8}$$

여기서, X : 흡착된 피흡착물질의 무게

M : 흡착제의 무게

C : 흡착 후 피흡착물질의 액상에서의 평형농도

a, b : 실험에 의해 결정되는 상수

상수의 값을 결정하기 위하여 위 식을 다시 쓰면 아래와 같다.

$$\frac{C}{X/M} = \frac{1}{ab} + \frac{C}{a} \tag{4.9}$$

여기서, $C/(X/M)$에 대한 C의 실험값을 모눈종이에 점찍고 그래프를 그리면 직선을 얻을 수 있다. 여기서 a와 b의 값을 결정할 수 있다.

(2) Freudlich식

Freudlich식에서 X/M과 C는 Langmuir식에서와 같은 의미를 가지고 있으며, k와 n은 몇 가지의 조건에 따라 변하는 상수이다. 이때 등온선 식은 다음과 같다.

$$\frac{X}{M} = kC^{1/n} \tag{4.10}$$

여기서, k, n : 실험에 의해 결정되는 상수

두 상수의 값을 결정하기 위하여 X/M에 대한 C의 실험값을 로그모눈종이에 점을 찍고 직선을 그음으로써 k와 n값을 결정할 수 있다.

4. 흡착속도

활성탄이 분말탄일 경우에는 비교적 신속하게 평행농도에 도달된다. 회분식으로 처리할 때 10~30분이면 흡착반응이 끝나며, 교반을 잘 할수록 더 빨리 끝난다. 그러나 입상탄의 경우는 분말탄의 경우와는 달리 피흡착물질이 활성탄 내부의 공극까지 스며들어가야 하므로 시간이 오래 걸리게 된다. 20~30번째 크기의 입상탄의 경우, 평형농도에 도달하려면 계속적으로 교반을 하더라도 2~3주간이 소요된다.

이러한 흡착속도에 영향을 미치는 인자는 다음과 같다.

① 교반

② 흡착제의 특성

③ 피흡착제의 특성, 용해도
④ 피흡착제의 분자크기
⑤ pH
⑥ 온도

5. 흡착제의 종류

(1) 활성탄(Activated Carbon)

현재 가장 많이 사용되는 흡착제로서 정수장에서 원수의 맛과 냄새, 유독성 유기물을 제거하기 위하여 사용되며, 하·폐수처리장에서는 주로 생물학적 처리를 거친 폐수 중 유기물을 좀 더 철저히, 즉 처리하기 위한 목적으로 사용된다. 활성탄은 표면적에 비하여 다공질이며 보통 No. 200mesh를 통과하는 분말로서 직경이 0.1mm 보다 큰 알맹이 형태이다.

활성탄은 그 무게 1kg당 최대 1.2km^{2}의 비표면적을 가지며 최대 약 0.5kg의 유기물(Carbon tetrachloride의 경우)을 흡착시킬 수 있다.

활성탄은 주로 나무나 석탄 또는 석유류의 찌꺼기 등을 고온(약 800℃)에서 증기 처리하여 제조한다. 이 과정을 활성화(Activation)라 한다. 활성탄은 일반적으로 사용원료, 재생방법, 형상에 따라 분류할 수 있다.

1) 사용원료에 의한 분류

① 식물계 : 목재, 톱밥(분말탄 - 연질), 야자껍질(분말탄 - 경질)
② 석탄계 : 역청탄(입상탄)
③ 석유계 : Pitch(입상탄)

2) 재생법에 의한 분류

재생방법에 따라서 분류하면 각종 산화성 가스(수증기, 이산화탄소, 공기 등)에 의한 고온(800～950℃) 가스화 반응으로 이루어지는 가스재생법과 원료 또는 탄화물을 탄수성의 염류 또는 산(염화칼슘, 염화마그네슘, 염화아연, 인산, 황산 등)과 같은 약품으로 부활하는 약품재생법으로 대별된다.

3) 형상에 의한 분류

활성탄은 물리적 형상에 따라 분말활성탄(powdered activated carbon, PAC)과 입상활성탄(granular activated carbon, GAC)으로 나누어지고, 분말활성탄은 용도에 따라서 입경분포가 규정되는데, 통상은 입경이 0.075mm보다 작은 것이 많이 사용되고 있다. 입상활성탄(파쇄탄)은 형상 및 크기가 불규칙하지만 대표적인 야자경질탄의 입경은 2.36～0.5mm 정도이다. 입상탄(조립탄)의 형상, 크기에는 여러 가지가 있는데, 대표적인 예로서는 석탄(입경 2.38～0.59mm)을 분쇄하고, 점결제를 가하여 가역성으로 하고 로타리 - 킬른 등으로 건조, 탄화 후 가스재생한 것 등이 있다. 또한 활성탄 표면에 미생물을 붙여 활성탄의 흡착효과와 함께 미생물에 의한 처리효과를 추가한 생물활성탄(biological activated carbon, BAC)이 있다. 생물활성탄은 유기물질의 제거를 흡착에만 의존하는 PAC와 GAC에 비해 흡착과 생물분해라는 두 가지 제거 기구에 의존하여 미생물이 생물분해 가능한 물질을 생분해하여 제거하므로 모든 흡착능력을 난분해성 물질의 흡착에 할애할 수 있다는 장점을 갖는다.

표 4-1 ◦ 활성탄의 형상에 의한 분류

활성탄명	제조방법	특 징	용 도
입상활성탄 (GAC)	탄을 세분화시켜 탈피치 등을 혼합한다. 혼합물을 성형기로 성형하여 다시 탄화시키고, 그 후 수증기에 의하여 재생시킨다.	• 분말에 비해 흡착속도가 느리다. • 물과 분리가 쉬우며 슬러지가 발생하지 않는다. • 재생하기 쉽다. • 흡착탑에 충진하든지 유동상에 사용한다. • 분말보다 취급이 용이하다. - 흡착탑 등의 별도의 시설이 필요하다. - 미생물 번식 가능성이 있다.	유동층 및 이동층용, 유동컬럼용, 상수 및 기타 하·폐수 처리용 등
분말활성탄 (PAC)	입상 등의 가공을 하지 않고 부활시킨다.	• 흡착속도가 빠르다. • 사용할 때 복잡한 장치가 필요하지 않고 접촉여과에 의해 흡착이 된다. • 분말의 비산이 있고 취급이 불편하다. - 슬러지가 발생한다. - 운영비가 고가이다. - 재생하기가 어렵다.	접촉여과용, 하·폐수처리용, 기타
생물활성탄 (BAC)	입상활성탄에 미생물을 도포시켜 재생시킨다.	• 용존성 유기물질 제거율이 높다. • 저온 시 제거율이 낮으므로 계절적인 고려가 필요하다. • 재생없이 수년간 이용가능하다. • 건설비 및 운전비용이 절감된다. • GAC공정 운전상의 변형공정이다. - 최적 설계 및 운영조건 파악을 위한 장기간의 조사·검토 요구 - 유지관리에 고도의 숙련된 운영요원 필요 - 유출수에는 비교적 적으나 일정량의 유기물이 항상 포함되어 있다.	상수 및 하·폐수처리용, 정수장 등

(2) 제올라이트(Zeolite)

합성 제올라이트 일반식 ($Na_2O \cdot Al_2O_3 \cdot nSiO_2 \cdot mH_2O$) 현재 학문적으로는 물론 산업적으로 대단히 중요하고 관심을 모으는 물질로서 규산염의 축합산 구조를 가진다. Zeolite는 강한 흡수력과 gas흡수력을 이용하여 건조제 또는 흡착제로서 다양하게 이용되고 있으며 이온교환 능력도 있어 폐수 중 NH_3-N를 선택적으로 제거할 수도 있다.

4.3 소독(Disinfection)

1. 개요

수인성 전염균을 선택적으로 제거하는 화학적 단위 공정인 살균은 모든 미생물을 박멸하는 멸균(sterlization)과 구분된다. 수인성 전염병균에는 다양한 종류의 박테리아, 바이러스, 원생동물, 기생충이 있다. 현재 소독에 사용되는 방법으로는 다양한 종류의 염소소독, 오존소독 등이 화학적 처리방법으로 사용된다. 자외선 조사에 의한 소독방법도 최근 많이 활용되는 추세에 있다.

소독제에 의한 소독 작용은 미생물 세포벽의 손상에 의한 소독, 세포벽 투과성의 변화, 세포질의 변화, 세포의 효소 활성도를 억제하는 등 4가지 기작이 하나 또는 여러 가지가 복합적으로 작용하여 수행된다.

2. 소독의 영향인자

어떠한 종류의 소독 공정을 사용하든지 간에 대략 소독제의 접촉시간, 소독제의 농도와 종류, 적용온도, 미생물의 수가 주요 인자가 된다.

(1) 접촉시간

일반적으로 소독제와 미생물의 접촉시간이 길어지면 소독되는 미생물의 수가 많아지는데, Chick은 이 관계를 다음 식으로 나타내었다.

$$dN/dt = -KN_t \qquad (4.11)$$

여기서, N_t : 시간 t에서의 미생물수

t : 접촉시간

K : 상수(시간$^{-1}$)

$t=0$에서의 미생물수를 N_0라 하고 위의 식을 적분하면 $\ln(N_t/N_0) = -Kt$가 된다.

소독되는 미생물의 수가 시간에 따라 증가하기도 하지만 때로는 감소하는 경우도 있으므로 다음 식과 같이 일반화하여 사용한다.

$$\ln(N_t/N_0) = -Kt^m \tag{4.12}$$

여기서, m : 소독시스템의 상수이다.

(2) 소독제의 농도와 종류

소독제의 종류에 따라서는 어느 한계 안에서 소독효과가 농도와 관련이 있음이 발견된바 다음 식과 같이 실험식으로 나타내어 사용하고 있다.

$$C^n t_p = \text{상수} \tag{4.13}$$

여기서, C : 소독제의 농도

n : 상수

t_p : 일정한 소독의 달성에 필요한 시간

일반적으로 $n>1$이면 소독작용은 소독제의 농도에 크게 의존하며 $n<1$이면 접촉시간에 크게 의존하게 된다.

(3) 온도

온도가 소독속도에 미치는 영향을 van't Hoff-Arrhenius 관계식의 형태로 나타낼 수 있으며, 온도를 상승시키면 소독속도는 빨라진다. 이러한 관계는 일정 소독의 달성에 필요한 t의 항으로 나타내면 다음 식과 같다.

$$\ln\frac{t_1}{t_2} = \frac{E(T_2 - T_1)}{RT_1T_2} \tag{4.14}$$

여기서, t_1, t_2 : 각각 온도 T_1, T_2에서 일정 소독률 달성시간

E : 활성화 에너지, J/mol (cal/mol)

R : 기체상수, 8.314J/mol·K

(4) 미생물의 수

일반적으로 미생물의 농도가 높을수록 일정소독을 달성에 필요한 시간이 길어지는데 미생물 농도의 영향을 나타내는 실험식으로는 다음 식이 사용된다.

$$C^q N_p = \text{상수} \tag{4.15}$$

여기서, C^q : 소독제 농도

N_p : 일정시간에 일정비율로 감소되는 미생물 농도

q : 소독제 강도와 관계되는 상수

이 밖에 소독제 작용에 영향을 미치는 인자로는 미생물의 종류 및 현탁액체의 성질 등이 있다.

3. 염소소독

염소는 낮은 온도에서도 효과적이며, 가격이 저렴하고 충분한 양을 투여하면 잔류 염소 형태로 존재하기 때문에 가장 일반적이고 널리 사용되는 소독제이다. 이러한 염소는 가스 상태나 차아염소산(hypochlorite) 형태로 사용하지만, 통상적으로 가스 형태를 많이 사용한다.

(1) 염소의 반응

가스 형태의 염소를 물에 주입하면 아래 첫 번째 식과 같은 가수분해 반응과 그 다음 식과 같은 이온화 반응이 일어난다.

$$Cl_2 + H_2O \rightleftarrows HOCl + H^+ + Cl^- \qquad k = 4.5 \times 10^{-4}(25℃) \tag{4.16}$$

$$HOCl \rightleftarrows H^+ + OCl^- \qquad k_1 = 3.7 \times 10^{-8}(25℃) \tag{4.17}$$

이때 수중에 존재하는 HOCl 및 OCl^-을 유리잔류염소(free available chloride)이라 한다. HOCl 과 OCl^-의 분포비는 pH에 따라 크게 달라진다. HOCl의 소독력이 OCl^-에 비하여 40~80배 정도 더 강하기 때문에 반응할 때의 pH를 아는 것은 중요하다.

또한 염소는 수중의 무기물질, 유기물질과 반응하여 여러 가지 생성물을 만들게 된다. 암모니아와 반응하는 경우 클로라민을 형성하게 되는데 이 중 monochloramine은 소독력이 큰 것으로 알려져 있다. 암모니아와의 반응식은 다음과 같다.

$$NH_3 + HOCl \leftrightarrow NH_2Cl(\text{monochloramine}) + H_2O \tag{4.18}$$

$$NH_2Cl + HOCl \leftrightarrow NHCl_2(\text{dichloramine}) + H_2O \tag{4.19}$$

$$NHCl_2 + HOCl \leftrightarrow NCl_3(\text{nitrogen trichloride}) + H_2O \tag{4.20}$$

이 밖에 수중의 Fe^{2+}, Mn^{2+}, NO_2^- 등과도 반응하며 Phenol과 반응하는 경우 Chlorophenol을 형성하여 수질을 악화시킨다. 수중의 식물류 부식 추출물인 humic acid와 반응하면 발암특성을 갖는 Trihalomethane(THM)을 생성하기도 한다.

<그림 4-3>은 염소 소독에서의 분기점 염소화(Breakpoint chlorination)의 일반적인 곡선을 보여준다.

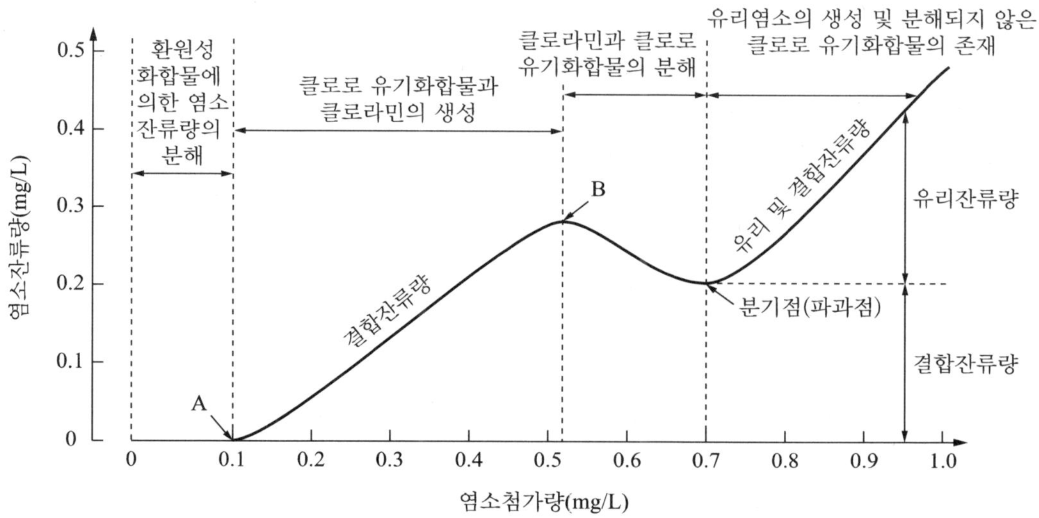

그림 4-3 • 분기점 염소화(Breakpoint chlorination)의 일반적인 곡선

4. 오존소독

오존은 산소의 동소체로서 HOCl보다 더 강력한 산화제이다. 오존소독은 상수처리에 제일 먼저 적용하였는데 19C말 네덜란드의 Oudshoorn에서 라인강 물을 침전, 여과시킨 후 오존소독을 실시한 것이 그 효시이다. 1980년에 와서는 세계 약 1,000곳 이상의 처리장에서 오존을 사용하고 있으며 이들 처리장은 주로 유럽지역에 널리 분포되어 있다. 그러나 최근에 오존 발생 및 용해 기술의 진보로 인하여 상수처리 뿐 아니라 폐수의 소독에 있어서도 보다 경제적 경쟁력을 가지는 방법이 되고 있다.

(1) 원리

오존은 비교적 불안정한 기체이므로 염소처럼 저장할 수가 없어 반드시 현장에서 생산해야 한다. 공기나 순수산소 발생계통에서 얻어진 산소를 반대전극을 띤 대전판이나 관벽에 반대전하를 띤 코일이 감긴 관속으로 통과시킴으로써 발생시킨다. 또한 <그림 4-4>와 같이 오존접촉실에서 생기는 산소를 오존 발생계통으로 순환시키기도 한다. 이와 함께 오존처리실에서 방출되는 산소를 순산소 활성슬러지공정에 사용할 수 있다.

(2) 특성

오존은 물에 첨가하면 곧 산소로 되돌아가기 때문에 폐수처리에 있어서는 처리 배출수 중에 잔류 약품이 아무것도 남지 않게 되어 잔류염소의 경우처럼 제거해야 할 것이 없는 장점이 있으나 배수시스템에서 미생물 증식에 의해 문제 유발 가능성이 있기 때문에 상수의 최종처리로는 사용하지 않는다. 그래서 유럽의 처리장에서는 최종 소독으로 염소를 사용하고 있으나 투여량은 0.1～0.3mg/L 정도로 매우 낮다.

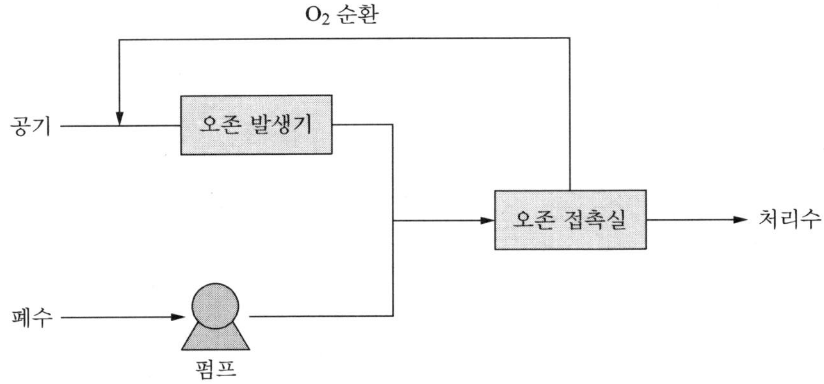

그림 4-4 • 산소를 순환시키는 폐회로 오존처리 계통도

4.4 산화(Oxidation) 및 환원(Reduction)법

1. 원리

폐수처리의 중요한 처리법으로 산화란 넓은 의미로는 각 원소가 갖고 있는 산화수의 증가를 말하며, 좁은 의미로는 화합물 또는 원소에 산소를 부가하는 것 또는 화합물 중에 수소를 제거하는 것을 말한다. 그 정의는 <표 4-2>와 같다.

산화는 BOD 제거나 phenol, CN^-의 분해 등에 이용되며, 환원은 산화의 반대 정의를 가지며 Cr^{6+} 폐수처리 등에 이용된다. 용액 중에 산화·환원전위(ORP)가 쓰이는데 큰 순서는 F_2, O_3, Cl_2 차례이다. 이 전위의 크기는 다음 식으로 나타낸다.

$$F_2 + 2e^- \leftrightarrow 2F^- \qquad E_0 = +2.87V \qquad (4.21)$$

$$O_3 + 2H^+ + 2e^- \leftrightarrow O_2 + H_2O \qquad E_0 = +2.07V \qquad (4.22)$$

$$Cl_2 + 2e^- \leftrightarrow 2Cl^- \qquad E_0 = +1.36V \qquad (4.23)$$

표 4-2 • 산화 환원의 정의

구 분	산화(Oxidation)	환원(Reduction)
(1) 산 소	결합 : 산소와 결합하는 것	잃음 : 산화물에서 산소를 잃는 것
(2) 수 소	잃음 : 수소 화합물에서 수소를 잃는 것	결합 : 수소와 결합하는 것
(3) 전 자	잃음 : 전자를 잃는 것	얻음 : 전자를 얻는 것
(4) 산화수	증가 : 원자의 산화수(원자가)가 증가되는 것	감소 : 원자의 산화수(원자가)가 감소되는 것

2. 산화처리법

물 속에 유해한 유기물을 완전 산화하여 무해물로 변화시키거나 수용성 금속이온을 산화시켜 불용성물로서 제거한다.

(1) O_3 처리

오존(Ozone)은 불소 다음으로 산화력이 강하여 소독뿐만 아니라 탈색·탈취·탈미(맛), Fe·Mn의 제거와 유해·유독물질의 제거를 할 수 있다.

1) 사이안화합물 폐수

사이안화합물 폐수는 O_3에 의해 사이안산을 거쳐 N_2와 CO_2로 분해하며, 특히 CN^-의 분해 속도는 pH가 높을수록 크며 pH 12 이상에서는 현저하게 증가한다. 이때 Cu^{2+}이 10^{-7}~10^{-6} mole/L 정도에서도 산화를 촉진하는 역할을 한다.

2) 페놀처리

O_3 처리는 Cl_2 처리와 달리 폐수온도 및 pH 조정이 불필요하고 chlorophenol과 같이 불쾌냄새를 갖는 중간 생성물도 없으며, NH_3의 영향도 받지 않는다.

(2) 알칼리성 염소주입법

사이안폐수를 가성소다 등으로 알칼리성으로 하여 염소를 주입해서 산화하여 처리한다.

(3) 기타

1) 염소처리법

알칼리성에서는 phenol을 산화분해하지만 chlorophenol이 생기거나 NH_3가 공존하면 chloramine이 생기기 때문에 잘 쓰이지 않는다.

2) $KMnO_4$에 의한 산화법

Fe^{2+}, Mn^{2+}의 산화에 이용될 수 있으나 고가이고 sludge량도 증가하므로 폐수처리에는 부적합하다. 이외에도 $K_2Cr_2O_7$, H_2O_2, 전해산화법 등이 있다.

3. 환원처리법

물 속에 용해된 유독물질을 환원시켜서 무독한 상태로 만들거나 침전 처리하는 방법이다. 환원처리는 단독처리로 이용되는 경우는 거의 없으며 중화로서 침전시켜 제거한다.

(1) 크롬 폐수처리

크롬산을 물에 용해하면 중성 및 알칼리성에서 크롬산 이온(CrO_4^{2-})이 되어 황색을 띄고, 산성에서는 중크롬산이온($Cr_2O_7^{2-}$)이 되어 붉은 오렌지색을 나타낸다. 이 Cr^{6+}을 Cr^{3+}으로 환원한 다음 용액을 알칼리성으로 하여 $Cr(OH)_3$로서 침전 제거한다. 즉,

$$4H_2CrO_4 + 6NaHSO_3 + 3H_2SO_4 \leftrightarrow 2Cr_2(SO_4)_3 + 3Na_2SO_4 + 10H_2O \quad (4.24)$$

상기 식은 환원반응으로 pH 3 이하에서 신속히 반응하며, 환원된 황산크롬을 pH 8～8.5에서 다음 식으로 반응하여 수산화크롬으로 침전분리 제거한다.

$$Cr_2(SO_4)_3 + 6NaOH \leftrightarrow 2Cr(OH)_3\downarrow + 3Na_2SO_4 \quad (4.25)$$

(2) 구리이온 폐수처리

광산폐수 중의 Cu^{2+} 처리는 Fe와 Cu의 이온화 경향차를 이용하여 제거한다.

$$Cu^{2+} + Fe \rightarrow Fe^{2+} + Cu \quad (4.26)$$

이때 최적 pH는 3.0 정도이며, 중화 후 응집침전 등으로 제거할 수 있다.

4.5 중화(neutralization)법

1. 원리

중화란 산과 염기를 가하여 염과 물을 생성하게 하는 반응을 말하며, 산성 또는 알칼리성 폐수를 반대성질의 약품으로 화학적 처리하여 제거하는 것을 말한다. 폐수처리에서 즉, pH 7을 요

하는 것이 아니라 pH 6.5~8.5 범위를 유지하면 된다. 폐수를 중화하는데 있어서는 폐수의 종류, 중화제의 종류와 폐수량에 따라 다르나 중화조 내에서 폐수를 교반하여 난류를 일으켜 중화제를 첨가하고 급속도로 5~30분 정도 교반하여 중화반응을 촉진시킨다. 중화는 연속되는 공정에서의 영향을 주지 않기 위해 무엇보다도 폐수를 균등화 시키고 폐수의 pH를 조절하는 것이 중요하다.

(1) 균등화

① 각각 폐수의 유량을 완만하게 하여 처리할 폐수를 유입시킨다.
② 처리시설에 유입되는 BOD 변동을 완만하게 한다.

(2) pH 조절법

① 석회석층(lime bed)법
② 슬러지 석회중화(slurry lime neutralization)법
③ 가성소다(NaOH) 중화법
④ 탄산나트륨(Na_2CO_3) 중화법
⑤ 암모니아(NH_3) 중화법

(3) 중화 반응 계산식

$$NV = N'V' \tag{4.27}$$

여기서, N : 처리할 폐수의 노르말농도(g당량)
V : 처리할 폐수의 양
N' : 주입할 중화제의 노르말농도(g당량)
V' : 주입할 중화제의 양

2. 중화제

산과 염기의 종류 및 유량, 반응속도, 침강성, 가격, 반응성 및 침전특성에 따라 다르다.

(1) 산성 중화제

산성폐수를 방류할 경우 하천과 금속물 및 콘크리트 등을 부식시키고 수영에 부적합하며 물고기를 사멸시키게 된다. 이러한 폐수의 발생원은 광산업, 유지제조업, 화학공업, 비철금속제조업, 전기도금업 등의 폐수이며 중화제로는 소석회($Ca(OH)_2$), 가성소다(NaOH), 소다회(Na_2CO_3),

석회석($CaCO_3$), 생석회(CaO)등이 있다.

(2) 알칼리성 중화제

알칼리성 폐수를 방류할 경우 하천의 색을 변색시키고, 물 속에 있는 유기물질 등을 용해 또는 분해시켜 물의 자정작용을 저해하고 BOD 부하를 증가시키는 원인이 된다.

이러한 폐수의 발생원은 피혁공업, 제지공업, 석유정제업, 유제품제조업 등의 폐수이며 중화제로는 황산(H_2SO_4), 염산(HCl), CO_2가스, SO_2가스 등이 있다.

3. 완충작용

산이나 염기를 첨가해도 수소이온이나 수산이온 농도의 변화가 없는 용액을 완충용액이라고 하며 KH_2PO_4와 Na_2HPO_4의 혼합용액은 약산인 KH_2PO_4는 H_2PO^-로 약염기인 Na_2HPO_4는 HPO_4^{2-}로 pH의 변화를 억제한다. 약산과 그 염의 혼합물은 어떤 pH 영역에서 완충지수를 크게 증가시키는 작용을 한다.

완충작용은 상기와 같은 작용을 말하는데 일반적으로 대부분의 폐수가 물 속에 CO_2의 용해에 의해 중탄산 이온을 함유하고 있으며 이것이 중성부근에서는 완충작용을 크게 하고 있다. 상기 내용을 다음 식으로 표시할 수 있다.

$$CO_2 + H_2O \leftrightarrow HCO_3^- + H^+ \tag{4.28}$$

$$H_2CO_3 \leftrightarrow HCO_3^- + H^+ \qquad K_1 = \frac{[HCO_3^-][H^+]}{[H_2CO_3]} \tag{4.29}$$

$$HCO_3^- \leftrightarrow CO_3^{2-} + H^+ \qquad K_2 = \frac{[CO_3^{2-}][H^+]}{[HCO_3^-]} \tag{4.30}$$

여기서, 평형상수 K_1과 K_2는 온도의 함수로 표시될 수 있는데 Loewenthal and Marais에 의하면

$$\log K_1 = -17{,}052/T - 215.21 \log T + 0.12675T + 545.56 \tag{4.31}$$

$$\log K_2 = -2{,}902.39/T - 0.02379T + 6.498 \tag{4.32}$$

여기서, T는 °K이다.

한편, pH는 기본 정의에 의하여

$$pH = \log \frac{1}{[H^+]} \tag{4.33}$$

앞의 K_1에서 구한 $[H^+]$의 값을 상기 식에 대입하면,

$$[H^+] = K_1 \frac{[H_2CO_3]}{[HCO_3^-]} \tag{4.34}$$

$$pH = \log \frac{1}{K_1} + \log \frac{[HCO_3^-]}{[H_2CO_3]} \tag{4.35}$$

여기서, $\log(1/K_1) = pK_1$이라면

$$pH = pK_1 + \log \frac{[HCO_3^-]}{[H_2CO_3]} \tag{4.36}$$

그러므로 온도와 pH가 주어지면 $[HCO_3^-]/[H_2CO_3]$는 완충된 폐수의 경우 상기 식으로 계산이 가능하다. 대부분의 탄산 - 완충폐수의 pH는 6.5～8.5 정도이다.

4.6 이온교환(ion exchange)법

1. 개요

액체상의 이온과 고체상 이온간의 화학반응공정인 이온교환법은 폐수처리에서는 액상으로부터 음양의 전체이온을 제거하여야 하므로 음이온교환수지와 양이온교환수지의 두 가지를 사용하여야 한다. 폐수를 먼저 양이온교환수지에 통과시킴으로써 양이온을 수소이온으로 교환하고, 다음에 음이온교환수지에 통과시킴으로써 음이온을 수산화 이온으로 교환한다.

이렇게 되면 액상으로 해리된 수소이온과 수산화이온은 서로 반응하여 물이 된다. 교환 능력이 소진된 양이온 수지는 황산액이나 염산액을 통과시켜서 재생하며, 음이온 수지는 수산화나트륨액을 통과시켜서 재생한다.

이온교환수지는 보통 탑 모양의 수직원통에 충진되며, 물은 압력하에 하향식으로 적용된다. 그리고 양이온 교환탑과 음이온 교환탑은 직렬로 배치된다.

이온교환수지층의 깊이는 0.5～2m 정도이고, 물의 통과속도는 0.2～0.4m/min 정도이다. 공업용 수지의 이온교환능력은 대체로 50,000～80,000g $CaCO_3/m^3$이다.

이와는 달리 양이온교환수지와 음이온교환수지를 혼합하여 단일 탑내에서 충진해서 사용할 수도 있으며, 그때의 통과속도도 비슷하다.

이온교환법은 통과수중에 현탁고형물과 유기물질이 있을 때 처리의 어려움이 발생하는데, 즉

고형물은 이온교환수지 입자층을 막히도록 하며, 유기물질도 미생물을 입자표면에 부착증식 시킴으로써 입자층을 막히게 한다. 유기물질이 없더라도 질소나 인 등 영양물질이 수중에 있는 경우, 장기적으로 미생물을 증식시켜 입자층의 폐쇄를 초래할 수 있다. 그러므로 이러한 유기물 등은 이온교환 전에 사여과, 활성탄 흡착 등의 전처리를 하는 것이 필요하다.

이온교환수지는 선택성이 강하므로 모든 이온을 비슷하게 제거하지는 않는다. 그렇지만 90% 이상의 이온제거가 가능하다. 한편, 이 방법에서는 이온교환수지 재생시 배출 폐수의 별도처분이 필요하게 된다.

2. 원리

이온교환수지를 사용하는 교환법은 폐수 중의 유용자원을 회수하고 폐수를 무해화하게 할 수 있으나 이온교환체는 교환용량이 소량이거나 고가의 물질을 회수 및 다른 방법으로는 곤란한 유해물질의 제거에 한할 경우 이용된다.

이온교환법의 이론은 아래와 같은 평형식에 의하여 설명될 수 있다.

$$\text{이온교환} : RH + Na^{+} \leftrightarrow RNa + H^{+} \tag{4.37}$$

$$\text{재 생} : RNa + HCl \leftrightarrow RH + NaCl \tag{4.38}$$

여기서, R은 양이온 교환용 합성수지

상기 반응은 양이온 교환용 합성수지에 의한 나트륨이온의 교환과 염산에 의한 수지의 재생을 나타낸 것이다. 상기 식의 이온교환의 효율은 액체상에 있는 이온과 고체상에 있는 이온의 평형에 의해 좌우되며 나트륨을 액상으로부터 제거할 때의 평형식은

$$\frac{[H]X_{RNa}}{[Na]X_{RH}} = K_{H \to Na}$$

여기서, $K_{H \to Na}$: 선택계수

[ ] : 액상상에서의 농도

X_{RNa} : 이온교환수지내의 나트륨의 몰비율

X_{RH} : 이온교환수지내의 수소의 몰비율

이온교환수지의 선택계수는 이온의 특성과 원자가 수지의 종류와 포화정도, 수중의 이온농도 등에 따라서 다르다.

3. 이온교환수지(Ion Exchange Resin)

수지 자체의 이온과 교환될 수 있는 교환기를 갖는 것을 말하며 이온교환수지의 종류와 선택요령은 다음과 같다.

(1) 양이온교환수지(Cation Exchange Resin)

수지 자체를 음으로 하전해서 전기적으로 유지하기 위하여 음으로 하전한 부분에 양이온을 대립이온으로, 즉 무기나 유기의 양이온으로 교환하여 만든 수지이다.
산성 양이온교환수지(CER)는 Sulfonic acid type인 $R{-}SO_3^-\cdots\cdots\cdots H^+$과 Aryl sulfonic acid type인 $R{-}COO^-\cdots\cdots\cdots H^+$ 등이 있다. 따라서 $R{-}SO_3H$형 수지는 전리하기 쉽고, R-COOH형 수지는 전리하기 힘들다.

(2) 음이온교환수지(Anion Exchange Resin)

수지 자체는 양으로 하천하고 전기적 중성을 유지하기 위하여 음으로 하전한 음이온을 대립시킴으로서 쉽게 교환할 수 있어 쉽게 해리한다.
강염기성 음이온교환수지(AER)는 $R{\equiv}NH^+\cdots\cdots\cdots OH^-$와 약염기성 음이온교환수지는 $R{=}NH_2^+\cdots\cdots\cdots OH^-$, $R{-}NH_3^+\cdots\cdots\cdots OH^-$ 등이 있다.

(3) 기타수지

Chelate 수지(중금속이온의 선택적 흡착수지), 붕소선택흡착수지, 콜로이드흡착수지, 합성수지흡착제(특수성질의 선택적 흡착수지)등이 있다.

(4) 이온교환수지의 선택법

저농도일 때 상온의 수용액에서는 이온의 원자가가 높은 것일수록 잘 교환 흡착되며, 같은 원자가의 이온일 때 수화(水和)를 포함한 이온반지름이 작은 것일수록, 즉 원자번호가 큰 것일수록 잘 교환 흡착되며 이온교환제의 선택요령은 아래와 같다.

① 이온교환능력이 높은 것일 것
② 세정시 마모에 견딜 수 있을 것
③ 원수 중 탁도, 변화 등에 의한 기능저하가 작을 것
④ 재생시 재생약품의 소요가 적게 들 것
⑤ 수지가 화학적으로 안정할 것
⑥ 수지가 손상되지 않고 경비가 적게 들 것

4. 이온교환막

이온을 선택투석하는 힘을 가진 막으로 양이온막과 음이온막이 있으며, 전기투석용막과 자연투석용막이 있다. 특히 이온교환막은 저농도에서는 능력이 떨어지므로 1,000ppm 이상으로 하고, 역세척·재생이 필요없으며 연속사용이 가능하다. 폐수처리보다 공정 중의 원액 정제나 회수에 많이 이용된다.

참고문헌

1. 김동민, "폐수처리" 청문각, 1995, pp449-450, p460.
2. 양병수, "용수 및 폐수처리" 동화기술, 1995, pp219-220.
3. 조영일 외, "폐수처리공학" 동화기술, 1992, p307, p318.
4. 최의소, 조광명, "환경공학" 청문각, 1992, p29.
5. Chick, H. : "Investigation of The Laws of Disinfection", J. Hygiene, vol. 8, 1908.
6. Fair, G.M., et al. : "The Behavior of Chlorine as a Water Disinfectant", J. AWWA, vol. 40, no. 10, 1948.
7. Loewenthal, R.E., And Marais, G.V.R. 1976. "Cabonate Chemistry of Aquatic Systems : Theory And Application." Ann Arbor Sci. Publ., Annarbor, Michigan.
8. Metcalf & Eddy, INC. "Wastewater Engineering" Treatment, Disposal, Reuse, McGraw-Hill New York, 1972.
9. Metcalf & Eddy, Inc. : Wastewater Engineering : Treatment and Reuse, McGraw-Hill, New York, 2004.
10. O'Melia, C.R. 1970. "Coagulation In Wastewater Treatment" In Advances In Water Quality Improvement By Physical And Chemical Processes, Ed. E.F.Gloyna And W.W.Eckenfelder, Jr. Austin, Tex : University of Texas Press.
11. O'Melia, C.R., And Stumm, W. 1967. Theory of Water Filtration Jour, AWWA 59, No. 11 : 1393.
12. Reynolds, T.D., And Westervelt, R. 1969. Ion Exchange as a Tertiary Treatment. Paper Presented At The American Society of Civil Engineers Annual Meeting And National Meeting on Water Resources Engineering, New Orleans, La.
13. Water Pollution Control Federation : Wastewater Disinfection, Manual of Practice FD-10, Alexandria, VA, 1986.
14. Weber, W.J., Jr. And Morris, J.C., "Adsorption In Heterogeneous Aqueous Sysrem", J. Ame. Water Works Assoc, vol 56, 1964.

Chapter 5

폐수의 생물학적 처리

5.1 생물학적 처리의 개요

1. 폐수처리 미생물

(1) 주요 미생물군

일반적으로 미생물이란 육안으로 식별되지 않는 1mm 이하 크기의 생물을 총칭하며, 소수의 후생동물과 원생동물, 조류, 균류, 세균, 바이러스 등이 포함된다. 생물은 크게 동물, 식물, 원생생물로 분류되며, 윤충류, 갑각류 등 동물계에 속해 있는 것과 이끼류, 고사리류, 종자식물 등 식물계에 속해 있는 것들을 제외하면 대부분의 미생물군은 원생생물계에 속해 있다. 하·폐수처리에서 가장 많이 이용되고 중요한 역할을 하는 미생물은 세균(박테리아, bacteria)이라 할 수 있다. <표 5-1>은 원생동물계에 속하는 주요 미생물군을 분류한 것이다.

1) 세균

세균은 단세포의 원생생물이며, 크기가 대체로 0.2～8μ의 범위이다. 형태학상으로는 구균, 간상균, 나선균 등으로 대별되고, 각 형태 내에서 다시 세별된다. 그러나 세균의 속과 종은 주로 그 세포의 물질대사방법을 생화학적 시험에 의하여 식별하는 방법으로 결정되며 형태학적 구별은 그것을 보완하는 첫 시도에 불과하다. 세균은 일반적으로 이분열방법으로 증식한다. 그리고 세포표면을 통하여 영양을 섭취하므로 그 비표면적이 섭취능력에 중요한 영향을 미치게 되는데, 세균의 비표면적은 비교적 크다. 세균은 용존된 영양물질을 섭취하며, 온도와 pH 등이 생존에 중요한 영향을 미친다. 세균의 세포는 대체로 80%가 수분이고 20%가 건조물질이며, 건조물질의 90%가 유기물질이고 10%가 무기물질이다. 경험에 의하여 세균의 분자식은 $C_5H_7O_2N$으로 표현되는데, 인까지 포함시킬 경우에는 $C_{60}H_{87}O_{23}N_{12}P$이 제안되고 있다. 용존산소와 관련하여 호기성, 혐기성 및 임의성(통성)으로 분류되며, 온도와 관련하여 저온성, 중온성 및 고온성으로 분류된다. 세포의 구조, 물질대사, 환경의 영향 등에 관해서는 뒤에 상술하게 될 것이다.

세균은 그 대부분의 환경보존과 기타 분야에서 인류복지에 공헌하고 있지만, 인체에 질병을 일으키는 것들도 있다. 그 중에서도 장티푸스, 콜레라 등 수인성 전염병의 병원체들은 용수처리나 폐수처리에서 제거대상이 되고 있다. 그리고 대장균군은 병원체는 아니지만 분변계이고, 표준시험의 대상으로서 적합하므로 물이나 식품의 분변성 오염도를 판단하는 지표로 이용되고 있다.

표 5-1 (a) 원생생물의 분류

원핵미생물(핵막이 없음)			진핵미생물(핵막이 있음)			
• 주로 혐기성균	• 일부분이 광합성 • 산소는 생성되지 않음	• 대부분이 광합성 • 산소가 생성됨	• 광합성을 하지 않음 • 다핵세포 • 운동성이 없음		• 광합성 함	• 광합성을 하지 않음 • 단핵세포 • 운동성이 있음
고세균 (achae-bacteria)	세균 (bacteria)	남조류 (blue-green algae)	균류(fungi)		녹조류 (green algae)	원생동물 (protozoa)
			곰팡이 (molds)	효모 (yeasts)		

표 5-1 (b) 원생생물의 크기

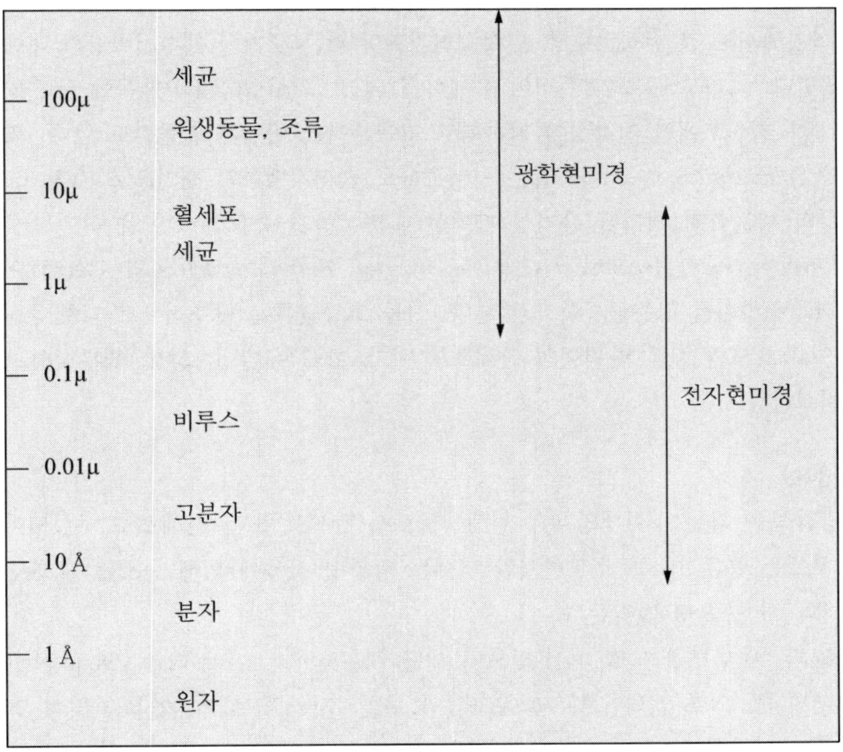

1micron(μ) = 10^{-3}mm　　1angstrom unit(Å) = 10^{-4}μ

2) 균류(fungi)

균류는 흔히 곰팡이라고 불리는 고등원생생물로서, 다핵의 진핵세포로 구성되어 있다. 물질대사로 볼 때 화학유기영양계이며 용해된 유기물질을 흡수하면서 성장 또는 번식한다. 따라서 에너지생산은 호흡과 발효에만 의존하는데, 많은 균류가 절대호기성이다. 효모와 같은 단세포도 있지만, 다세포의 비광합성 종속영양성 원생생물로 대부분은 절대호기성의 사상성(filamentous) 미생물이며, 세균과는 달리 주로 외부형태에 의하여 분류된다. 같은 종일지라도 그 형태는 생의 순환과정상 어떤 단계에 있느냐에 따라서 다르다. 균류는 유성생식, 무성생식, 분열, 발아, 포자 등의 방법으로 번식한다. 많은 균류의 성장단계를 보면 포자가 발아하고 커짐에 따라서 균사(hypha)가 되고 다시 가지를 만드는데 그것들을 총칭하여 균사체(mycelium)라고 한다. 대개의 균류는 운동성이 없지만, 수생균류를 포함하는 일부의 균류는 생식단계에서 배출된 포자가 마치 원생동물과 비슷한 운동성을 발휘한다.

균류가 기질로 사용할 수 있는 유기물질은 섬유, 페놀, 탄화수소 등을 포함하여 광범위하다. 그리고 많은 종이 pH < 7에서 가장 잘 번식하며, 농화 배양될 때 pH > 10에서도 우세하게 번식한다. 그리고 낮은 습도와 낮은 질소농도에서도 잘 번식한다. 균류는 이와 같이 물질대사의 범위가 넓고 역경에서도 잘 번식하므로, 활성슬러지조와 같은 호기성 폐수처리장치 내에서 세균과 강하게 경쟁한다. 그리고 균류의 번식이 우세하게 되면 그 사형(絲形) 때문에 세포물질이 팽화(膨化)되어 2차 침전조에서 침강성이 저하되고 고액분리를 어렵게 만들기도 한다. 그러나 균류뿐만 아니라 *Sphaerotilus natans*와 같은 사형세균도 슬러지팽화의 원인으로 지적되고 있다. 일부 산업폐수의 생물학적 처리나 유기성 폐기물의 퇴비화시 중요한 역할을 하기도 한다.

균류는 *Phycomycetes*, *Ascomycetes*, *Basidomycetes*, *Fungi imperfecti*의 4속(屬)으로 대별되는데, 끝부터 3속까지를 고등균류라고 부른다. 이들 고등균류는 구조적으로 다핵의 균사체이지만, 예외적으로 효모와 같은 타원형의 단세포도 있다. 효모는 발아, 성장, 핵분열의 생식과정을 거치면서 번식한다.

3) 조류(algae)

조류는 광합성을 하는 무기영양계의 원생생물로서 단세포 또는 다세포로 구성되어 있다. 빛이 없는 경우에는 용존산소를 소모하지만 낮에는 광합성 작용에 의해 산소를 발생시킨다는 점에서 폐수처리 시 중요성을 갖는다.

원핵의 조류는 내부분화가 덜 되어 있으며 세균과 흡사하다. 이 무리를 Cyano-phyta 또는 남조류라고 부르는데, 외부의 색만으로는 녹조류와 구별되지 않을 때가 많다. 따라서 명칭상의 색은 오해를 줄 가능성이 있다. 세포내에 색소가 고르게 퍼져 있으며, 편모가 없고, 포복운동에 의하여 움직이는 경우가 있다.

진핵의 조류는 보다 더 진화된 내부분화를 이루고 있으며, 녹조류라고 불리우는 Chloro-phyta와 규조류 등의 Chryso-phyta를 포함하여 7개 군으로 세별된다. 녹조류는 구조적으로 고등식물과 흡사하며, 규조류는 실리카의 껍질을 갖고 있다. 색소는 발색단내에 국한하여 존재하며 운동성이 있는 경우에는 편모에 의존하고 있다.

조류에는 헤아릴 수 없을 정도의 속이 있지만, 그 중에서 순수배양할 수 있는 것은 수백에 불과하다. 고로, 조류의 분류는 형태학에 크게 의존한다.

조류는 다 광합성을 하는데, H_2O를 H공여체로 그리고 CO_2를 탄소원으로 하여 세포물질을 합성하고 O_2를 생성한다.

$$CO_2 + H_2O \xrightarrow{\text{광에너지}} CH_2O(\text{세포}) + O_2 \tag{5.1}$$

이 때 조류가 흡수할 수 있는 광의 파장은 400~700μm이며, 어느 수준까지는 위의 반응이 광도에 비례한다. 광에너지를 얻을 수 없는 야간에는 세포내 저장된 물질을 호흡으로 이화하면서 에너지를 얻는다. 따라서 식 (5.1)은 역방향으로 반응하지만, 이 때 산화되는 유기물질은 주간에 합성된 것에 비하여 훨씬 적다. 조류는 광의 투과율이 좋은 표수층에서 크게 번식하며, 적응할 수 있는 최저온도는 대체로 9~10℃이다.

조류는 광합성과정에서 CO_2를 소비하고 O_2를 생성하므로 주간에는 물의 pH와 알칼리도를 높이고 용존산소를 과포화케 하는 원인이 된다. 심할 경우에는 산소농도가 200%까지 과포화되기도 하는데, 이럴 때에는 O_2 기포를 쉽게 관찰할 수 있다. 그리고, 알칼리도의 증가는 용해도적 한계를 초과하는 Ca 등의 경도물질을 $CaCO_3$로 응결시키므로, 경수를 연화시키는 작용을 한다.

$$Ca(HCO_3)_2 \rightarrow CaCO_3\downarrow + H_2O + CO_2 \tag{5.2}$$

일부의 남조류는 제거가 곤란한 맛과 냄새를 분비하며, 어떤 것들은 독성물질을 분비한다. *Microcystis aeruginosa*, *Aphanizomenon flos-aquae*, *Anabaena flos-aquae* 등의 분비물은 소동물을 죽일 수 있는 것으로 알려지고 있다.

조류는 제거가 곤란한 맛과 냄새를 분비하기도 하고, 여과층에서 걸러지는 등 용수처리에 어려움을 줄 때가 많다. 그리고 무성한 조류는 죽은 후 가수분해되면서 바닥에 퇴적하고, 다량의 용존산소를 소비하고, pH를 저하시키고, 이물질을 발생하여 부영양상태의 저수지에서 수질을 악화시키기도 한다.

조류의 물질대사는 광합성에 의존하므로 수중으로부터는 소량의 질소 및 인과 미량의 기타 무기물질만을 섭취한다. 그 중에서도 대기로부터 질소를 세포내에 고정하는 남조류는 용존질소물질을 필요로 하지 않으며, 소량의 PO_4^{3-}와 미량의 K^+, Mg^{2+} 등만 있으면 수중에서 번식할 수 있다. 따라서 수중에 인이 결핍할 때에는 진핵그룹의 조류를 제치고 남조류가 지배적으로 번식한다.

한편, 조류는 생태계의 물질순환과정에 있어서 무기물질로부터 유기물질을 「생산」하는 중요한 역할을 하며, 많은 초식동물이 먹이를 조류에 의존하면서 생존하고 있다. 산화지에서는 산소를 공급함으로써 화학유기영양계의 세균을 공생케 하며, 나아가서 생물학적 폐수처리를 가능케 하고 있다. 또한, 이 때 수확되는 Chlorella종의 조류는 고단백질을 함유하고 있어서 가축사료 등으로 개발되고 있다.

4) 원생동물(protozoa)

원생동물은 단핵이고, 운동성이 있고, 광합성을 하지 않는 진핵그룹의 미생물이다. 통상 호기성 종속영양성이나 혐기성인 것도 많으며, 박테리아나 입자상의 유기물을 소모시킬 수 있다. 특히 폐수가 생물학적으로 양호하게 처리되는 경우 다량 발견되기 때문에 생물학적 처리의 지표생물로 많이 이용된다. 대체로 단세포이며 색소가 없는 것을 제외하면 구조상으로 남조류와 비슷하다. 대부분이 절대호기성이며 종속영양성의 이화작용을 하는데, 입상유기물질을 흡수하거나 삼킨다. 원생동물은 크기가 100μ 정도까지 되는 것이 많고, 흔히 세균이나 효모 등을 포식하는 까닭에 자연계의 먹이연쇄에서 중요한 자리를 차지하고 있다. 이분열법에 의하여 생식한다.

5만 이상의 종이 있고, 그 대부분은 물에서 생존하지만 인체나 동물의 병원체가 되는 것도 있다. 잘 알려진 말라리아, 아메바성이질, 아프리카기면병 등을 포함하여 10여 가지 질병의 병원체가 원생동물이다. 원생동물은 4개 군으로 대별된다.

① Mastigophora : 이 무리는 편모류(Flagellates)라고도 불리운다. 파동(波動)하는 막의 도움을 받을 때도 있지만, 주로 편모에 의하여 움직인다. 엽록소를 갖고 있는 식물계도 있는데, 그 중에서도 잘 알려진 것이 *Euglena*이다. 아프리카기면병의 병원체도 이 무리에 속한다.

② Sarcodina : 이 무리 중에서 가장 단순한 것이 아메바(amoeba)이다. 위족을 돌출시켜서 움직이기도 하고, 입자를 삼키기도 한다. 수인성전염병인 아메바성이질의 병원체 *Entamoebahistolytica*도 이 무리에 속한다. 이 병원체의 포낭(cyst)은 역경에서 견딜 수 있는 대단한 내성을 갖고 있다.

③ Sporozoa : 이 무리는 다 절대기생성으로서 숙주내에 기생하면서 먹이를 얻는다. 세포가 비교적 작고 성충은 운동성이 없으며 생활주기가 복잡하다. 이 무리에는 *Plasmodium* 속으로 분류되는 말라리아병원체도 끼어 있다.

④ Ciliophora : 이 무리는 섬모(cilia)에 의하여 움직인다. 몸체에 붙어 있는 다수의 짧은 섬모가 일제히 율동함으로써 몸체가 이동하기도 하고, 먹이를 입구멍으로 유도하기도 한다. *Paramecium*처럼 자유유영하는 것도 있고 *Vorticella*와 같이 고체표면에 줄기를 점착시켜서 생활하는 것도 있다. 후자의 경우, 섬모는 먹이를 포획하는 데에 사용된다. 이 무리의 원생동물은 생물학적 폐수처리의 지표생물이 되기도 하는데, *Vorticella*의 번식은 양질의 활성슬러지의 존재를 나타낸다.

5) 바이러스(virus)

바이러스는 원생생물은 아니지만 그 크기 때문에 미생물로 취급된다. 미생물 중에서 가장 작으며 전자현미경을 통해서만 볼 수 있다. 비루스는 구조상으로 세포가 아니며 절대기생성이어서 숙주의 세포 내에서만 번식할 수 있는데, 기생대상은 진핵 및 원핵의 세포를 갖는 모든 생물에게 분포되어 있다. 그리고 종류에 따라서 기생대상이 다르다. 비루스는 비리온(virion)이라는 입자형태로 세포로부터 세포로 감염하는데, 그 속에 새로운 비리온합성 등을 지시하는 유전정보가 들어 있다. 비루스는 폐수처리에 기여하지 않으며, 반대로 물을 통하여 인체에 들어간 후 질병을 일으키는 것이 많으므로 용수처리나 폐수처리에서 제거대상이 되고 있다.

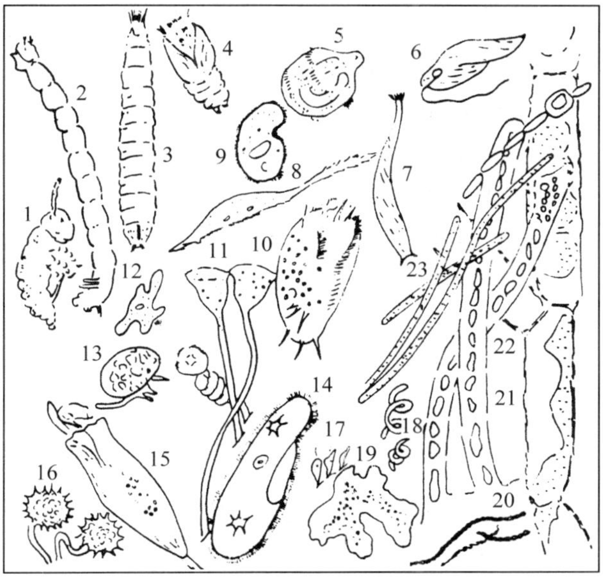

곤충 (×5)	원생동물 (17번을 제외하고는 ×150)	세균과 균류 (×1,500)
1. 물톡토기, *Podura* 2. 붉은 지렁이의 애기벌레, *Chironomus* 3. 살수여상파리의 애기벌레, *Psychoda* 4. 살수여상파리의 번데기, *Psychoda*	5. *Didinium* 6. *Euglena* 7. *Chaenea* 8. *Lionotus* 9. *Colpidium* 10. *Stylonychia* 11. *Voricella* 12. *Ameba* 13. *Arcella* 14. *Paramecium* 15. *Opercularia* 16. *Anthophysa* 17. *Oikmonas* (×1,500)	18. *Thiospririllium* 19. *Zooglea ramigera* 20. *Streptococcus* 21. *Leptomitus* 22. *Sphaerotilus* 23. *Beggiatoa*

그림 5-1 • 생물학적 폐수처리에서 먹이연쇄를 이루는 생물

6) 기타 생물

생물학적 폐수처리시설은 하나의 축소된 생태권이고 여기에는 여러 과에 속하는 생물들이 먹이연쇄를 이룬다. 유기물질분해의 주역은 흔히 부생균이라고 불리는 종속계의 세균인데, 이것들이 집괴(集塊)하여 혼합액 중에 플록상태로 현탁(懸濁)하거나, 또는 매체표면에 생물막을 형성하기도 한다. 이들 세균군과 유기질입자들은 호기성 상태에서 원생동물과 윤충류 등에게 포식된다. 윤충은 동물계에 속하는 미생물로서 대체로 500μm 정도이고 원생동물보다 크다. 일반적으로 윤충류의 번식은 Vorticella보다 더 양질의 활성슬러지가 있음을 가리킨다. 갑각류 동물도 수질의 한 지표가 되는데, 이것들은 유기물질은 적고 용존산소농도가 높은 물에서 활동한다. 미생물의 범주에 드는 것은 1mm 전후의 것들이다.

살수여상에는 많은 벌레, 유충, 거미류, 진드기 등이 생물막을 포식하면서 서식한다. 봄이 오고 기온이 상승하면 너무 두꺼워진 생물막과 함께 많은 벌레와 후생동물들이 함께 떨어져 나가고, 여름철에는 살수여상에 특유한 *Psychoda* 속 파리가 번식한다. 산화지에서는 광합성을 하는 조류가 크게 번식하고, 이것을 포식하는 수많은 후생동물과 윗단계의 물고기 등이 먹이연쇄를 이룬다.

(2) 세포의 구조

미생물의 생체를 구성하는 가장 작은 단위는 세포이다. 세포의 세 가지 주요 고분자물질은 DNA, RNA, 단백질이며, 이것들은 세포질막 내에 있으면서 생체로서의 기능을 수행한다. 원핵세포와 진핵세포로 구분되는데, 전자는 핵막이 없고 분화가 덜 된 세포이며, 후자는 핵막이 있고 분화가 잘 된, 그 중에서 가장 간단한 세균의 세포에 관하여 아래에 설명한다.

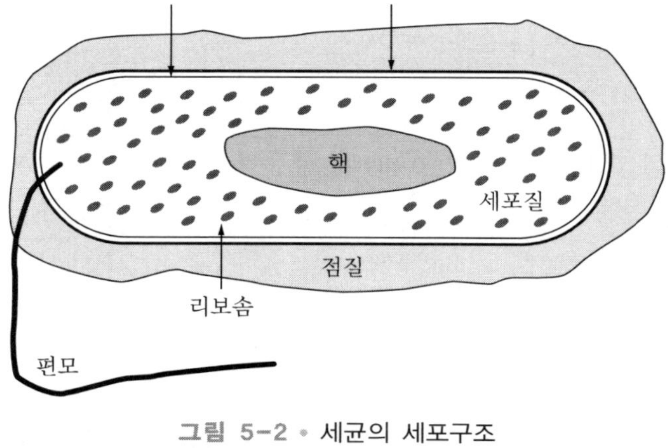

그림 5-2 • 세균의 세포구조

표 5-2 • E.Coli 세포의 구성

원 소	건조비율(%)
C	50
O	20
N	14
H	8
P	3
S	1
K	1
Ca	0.5
Mg	0.5
Cl	0.5
Fe	0.2
기 타	0.3

표 5-3 • 세균세포의 주요구성요소와 특징

구성요소	화학적 성분	기능	관찰수단
캡슐 또는 점질 (capsule or slime)	polypeptide 또는 polysaccharide	보호 항원적 특이성 결정	광학현미경
세포벽 (cell wall)	주로 polysaccharide이고 지질과 단백질이 있는 것도 있고, 없는 것도 있음	보호	광학현미경 전자현미경
세포질막 (cytoplasmic memberane)	단백질과 지질	물질이전의 조절 많은 효소를 함유함	광학현미경 전자현미경
핵부 (nuclear zone)	DNA	유전특성을 보존하고 지시함	광학현미경 전자현미경
리보솜 (ribosome)	RNA	단백질 합성	전자현미경
색소체 (chromatophore)	광합성색소	광에너지를 화학에너지로 전환	전자현미경
내생홀씨(포자) (endospore)	수분함량이 낮음	역경에 처할 때 종을 보존함	광학현미경
저장물질비축장소	polysaccharide, volutin, poly-β-hydroxybutyric acid 또는 S	에너지의 예비저장	광학현미경
편모 (flagella)	단백질	화학에너지를 운동에너지로 전환시킴	광학현미경 전자현미경

세균은 핵막이 없고, 내부가 비교적 단순한 원핵세포이며, 그 구조는 <그림 5-2>와 같다. 세포벽은 세포질을 물리적으로 그리고 외부의 삼투압력으로부터 보호할 뿐이며, 주변영양물질의 섭취와 체내물질의 배설은 세포질막에 의하여 조절된다. 세포질막은 반투성(半透性)이고 효소를

갖고 있다. 세포질막은 다시 캡슐 또는 점질에 의하여 보호되고 있다. 세포의 내부는 세포질과 핵으로 구성되어 있는데, 세포질에는 RNA를 함유하고 있는 리보솜이 고르게 산재되어 있으며, 여기에서 물질대사와 단백질합성 등이 이루어진다. 또한 세포질 안에는 저장물질이 비축되기도 하는데, 그것은 세포주변에 영양물질이 고갈될 때 이용된다. 핵 안에는 DNA가 있는데, 이것은 세포의 유전적 특성을 간직하는 역할을 하며, 세포주변의 조건에 따라서 합성해야 할 효소의 종류와 양을 지시한다. 이 지시는 RNA에 의하여 수행된다. 세포에 부착되어 있는 편모는 화학에너지를 운동에너지로 전환시킴으로써 세포의 움직임을 돕는다. 편모의 수와 모양은 세균에 따라서 다양하게 다르다.

(3) 미생물의 물질대사

물질대사란 세포에 의하여 수행되는 물질의 화학적 전환을 뜻한다. 물질대사는 세포가 존속하고 증식하는 근본수단이며, 폐수처리에서는 그것을 이용하여 용존 유기물질과 영양물질 등을 제거한다.

물질대사는 이화작용과 동화작용으로 나누어진다. 이화작용은 에너지를 생산하는 작용이며, 동화작용은 세포를 합성하는 작용이다. 따라서 기질이 물질대사될 때 그 일부는 에너지와 폐물질로 전환되며, 남은 기질과 에너지는 세포합성에 사용된다. 이 두 작용은 적절히 통합되어 진행한다.

한 기질의 화학적 전환은 연쇄적으로 진행되는데, 각 단계의 반응은 효소와 보효소에 의하게 중개된다. 그리고 이러한 반응은 온도, pH 등 환경인자의 영향을 받는다.

1) 효소

한 미생물의 물질대사에는 약 2,000가지의 화학반응이 포함된다고 하는데, 이들 반응은 거의 다 독특한 효소에 의하여 중개된다. 효소란 단백질로 된 생체 내의 촉매이며, 단백질을 구성하는 아미노산의 결합서열에 따라서 그 특이성이 생긴다. 즉, 효소에는 기질과 작용하는 활성중심이 있고, 그것은 반응에 관여하는 촉매부위(catalytic site)와 촉매의 특이성을 지배하는 특이성부위(specific site)로 구성되는데, 이들 부위는 각 효소에 고유한 아미노산 결합서열에 의하여 형성된다. 효소는 단백질로 되어 있기 때문에 열, 강산, 강알칼리, 유기용매에서는 불안정하며, 적합한 환경에서도 비교적 빨리 활성을 잃는다. 효소의 영어명칭은 –ase로 끝난다.

기질의 화학적 전환과정을 살펴보면 첫 반응물질은 첫 효소에 의하여 둘째 물질로 생성되면, 그것은 다시 둘째 효소에 의하여 셋째 물질로 생성되는 식의 연쇄반응이 진행된다. 한 세균의 세포는 수많은 효소에 의하여 그러한 연쇄반응을 진행시키는데, 그 각 단계의 반응은 전체반응을 위하여 feedback 방법으로 조절된다. 즉, <그림 5-3>의 경우에는 중간생성물질 F의 농도가 너무 높아지면, 이것이 효소 E_3의 활동을 저해하여 전체반응속도를 적절히 조절하게 된다.

농도가 높아질 경우

$$A \xrightarrow[E_1]{} B \xrightarrow[E_2]{} C \xrightarrow[E_3]{} D \xrightarrow[E_4]{} E \xrightarrow[E_5]{} F \xrightarrow[E_6]{} G \xrightarrow[E_7]{} \text{기타}$$

활동도가 F에 의하여 E_3가 저해됨

그림 5-3 ◦ Feedback방법에 의한 기질연쇄 반응의 속도조절

효소반응은 가수분해, 산화환원, 그룹이전의 세 반응으로 대별된다. 대부분의 효소는 세포 내에 있는데, 그것을 세포내효소라고 하며, 이와는 반대로 세포 밖으로 분비되는 것을 세포외효소라고 한다. 후자는 세포질막을 통과할 수 없는 고분자물질들을 가수분해하는데, 예를 들면 단백질분해효소와 지질분해효소 등이 이 범주에 속한다. 미생물의 세포는 외견상으로 다양하지만 많은 종이 동일한 화합물질을 구조단위로서 공유하고 있으며, 동일한 효소와 보효소, 그리고 효소반응경로를 갖고 있다.

많은 효소들은 비단백질을 포함하기도 하는데 이를 보조인자(cofactor)라 한다. 이것은 효소에 영구적으로 붙어있거나 기질에 약하게 붙어있다. 보조인자에는 보결족이라 부르는 아연, 철, 마그네슘과 같은 금속이온과 조효소(coenzyme)이라 부르는 유기분자가 있다. 일부 비타민(B_1, B_2 등)과 NAD, FAD, CoA 등이 조효소를 작용한다. 이 보조인자들은 적당량만 필요하며 지나치게 많은 경우에는 유해할 수도 있다.

생물학적 폐수처리에서는 효소의 촉매작용이 반응속도에 영향을 미친다. 즉, 효소란 단백질촉매이다. 일찍이 Michaelis와 Menten은 순수배양에 있어서 단일효소의 반응속도에 관하여 발표한 일이 있는데, 그것은 폐수처리분야의 혼합배양에도 적용된다.

효소 E, 기질 S, 반응 산물 P 사이의 관계는 다음과 같이 표현된다.

$$E + S \underset{k_2}{\overset{k_1}{\rightleftarrows}} ES \xrightarrow{k_3} E + P$$

위에서 k_1, k_2, k_3는 반응속도상수이다. 이 반응에서 복합체 ES의 농도가 일정할 때, 복합체 ES의 생성률과 분해율은 같아진다. 정상상태를 가정할 때

생성률 = 분해율

질량작용의 법칙에 의하여,

$$k_1[E][S] = k_2[ES] + k_3[ES] \tag{5.3}$$

여기서, $[E]$: 자유효소 농도, ML^{-3}

$[S]$: 기질농도, ML^{-3}

$[ES]$: 효소와 기질의 복합체 농도, ML^{-3}

위의 식을 변형하면,

$$\frac{[E][S]}{[ES]} = \frac{k_2 + k_3}{k_1} = k_m \tag{5.4}$$

여기서, k_m : Michaelis상수

산물 P의 생성속도는 모든 효소가 복합물질 ES와 관련될 때 최대이므로,

$$R_{\max} = k_3[E_{tot}] \tag{5.5}$$

여기서, $R_{\max}$: 산 생성속도최대치, $ML^{-3}T^{-1}$

$[E_{tot}]$: 효소의 총 농도, ML^{-3}

효소가 포화되지 않았을 때의 산물생성속도 r은,

$$r = k_3[ES] \tag{5.6}$$

시스템 내의 효소 총 농도는,

$$[E_{tot}] = [E] + [ES] \tag{5.7}$$

식 (5.5), 식 (5.6), 식 (5.7) 등으로부터

$$[E] = \frac{R_{\max}}{k_3} - \frac{r}{k_3} \tag{5.8}$$

이 식을 식 (5.4)에 대입하면

$$\frac{[E]}{k_3[ES]}(R_{\max} - r) = k_m \tag{5.9}$$

이 식에 식 (5.6)을 대입하면,

$$\frac{[S]}{r} = (R_{\max} - r) = k_m \tag{5.10}$$

최종적으로 Michaelis-Menten식은,

$$r = \frac{R_{\max}[S]}{k_m + [S]} \tag{5.11}$$

k_m은 포화상수라고도 하며, $r = R_{\max}/2$일 때의 기질농도 S이다.

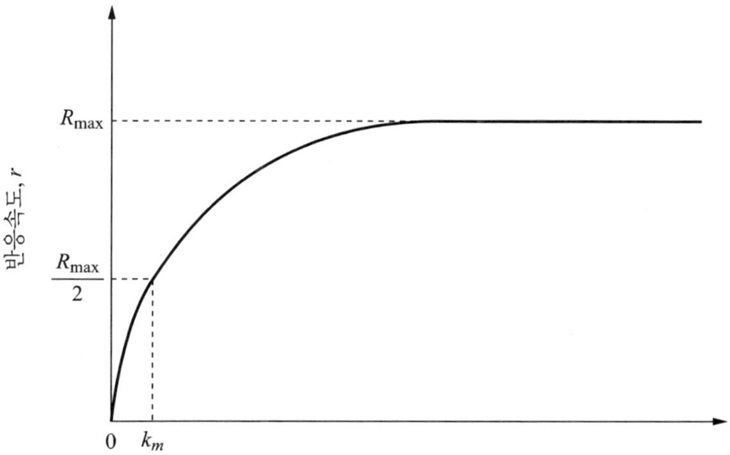

그림 5-4 ◦ Michaelis–Menten식

위의 식과 곡선도를 살펴보면 $S \ll k_m$일 때 $r \simeq R_{\max}[S]/k_m$이 되며, $R_{\max}/k_m = k$라고 할 때 $r = k[S]$, 즉 1차 반응식이 성립된다. 생물학적 폐수처리에서는 반응조 내에 고농도의 세균을 유지함으로써 기질농도가 반응제한조건이 되도록 하므로 그 반응은 대체로 1차 반응으로 간주된다.

기질의 농도가 차츰 증가되면 반응차원은 혼합형이 되며, $S \gg k_m$일 때 $r = R_{\max}$, 즉 0차 반응이 된다. 이때에 반응속도는 기질농도와 관계없이 일정하다.

단, 이러한 반응들은 어디까지나 효소의 촉매작용에 영향을 받는 경우들이다.

2) 피리딘뉴클레오타이드의 역할

물질대사에서 에너지와 더불어 중요한 작용을 하는 것이 환원력이다. 환원력을 발생시키는 수소원자들은 주로 피리딘뉴클레오타이드(pyridine nucleotide) 즉, 뉴클레오타이드 유도체들에 의해 식 (5.12)와 같은 반응을 통해 두 개의 수소원자가 수소공여체로부터 수소수용체로 운반되어 탈수소 및 수소화 반응을 이끌게 된다.

$$\begin{array}{c} COOH \\ | \\ CHOH \\ | \\ CH_3 \end{array} \rightleftarrows \begin{array}{c} COOH \\ | \\ C=O \\ | \\ CH_3 \end{array} + 2H \qquad (5.12)$$

피루브산

이러한 탈수소 및 수소화 반응을 중개하는 것은 NAD(nicotinamide adenine dinucleotide)와

NADP(nicotinamide adenine dinucleotide phosphate)로 그 구조는 <그림 5-5>와 같고 탈수소화 및 수소화 반응은 아래와 같다.

$$NAD^{+} + 2H \rightarrow NADH + H^{+} \tag{5.13}$$

$$NADP^{+} + 2H \rightarrow NADPH + H^{+} \tag{5.14}$$

수소와 결합된 형태인 NADH는 생체 내에서 환원력 공급과 ATP 생성의 두 가지의 역할을 한다. 즉, NADH는 독립영양생물에 의한 CO_2 고정화와 같은 생합성반응에 수소를 공급한다. NADH에 의해 운반되는 전자 또는 수소원자는 전자전달계 내의 몇 개의 중간화합물을 차례로 거쳐 최종적으로 산소에 전달된다. 이러한 전자전달로 방출되는 에너지에 의해 최고 3개의 ATP 분자가 생성된다.

예를 들어 산소 대신 NO_3^-와 같은 다른 전자수용체가 있을 경우, 산소가 없더라도 NADH에 저장된 환원력으로부터 ATP가 만들어질 수 있다.

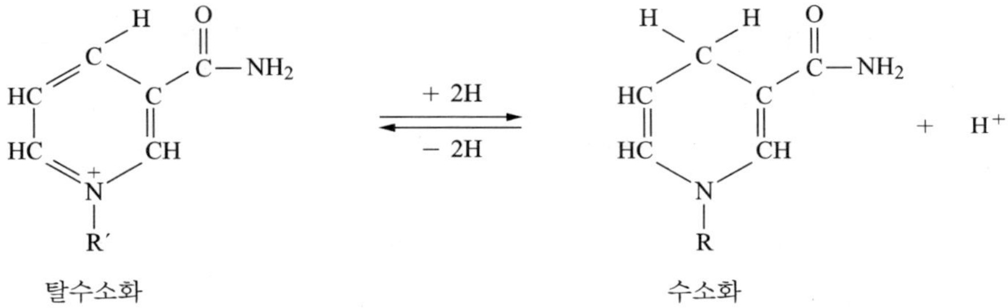

그림 5-5 • 피리딘뉴클레오타이드의 산화와 환원

3) 아데노신 3중인산의 역할

물질대사의 이화작용은 에너지를 유리시키는 발열반응이고, 동화작용은 에너지를 소비하는 흡열반응이다.

물질대사에 있어서 동화작용, 즉 세포물질합성에 필요한 에너지는 아데노신 3중인산(ATP)의 형태로 공급된다. 이것은 <그림 5-6>에서 보듯이 아데노신기에 인산이 3중으로 결합된 것으로서 그 화학적 결합체 내에 공급된 에너지가 함유되어 있다. ADP는 다시 에너지를 공급받고 ATP로 재생된다. <그림 5-7>은 그러한 ATP의 역할을 설명한 것이다.

동화작용에서는 ATP의 작용을 빌려서 반응물질이 보다 높은 에너지상태, 즉 활성화된 중간대사물질로 생성된다. 이 때 ATP는 결합된 인산의 일부를 반응물질에 가하며, 가인산된 중간대사물질이 세포물질합성에 참여한다. 이 합성반응에서 가인산된 것의 반응은 자발적으로 진행되지만, 인산이 가해지지 않은 것은 그렇지 못하다. 따라서 세포합성을 위해서는 ATP의 연속적인 재생이 필요하게 된다.

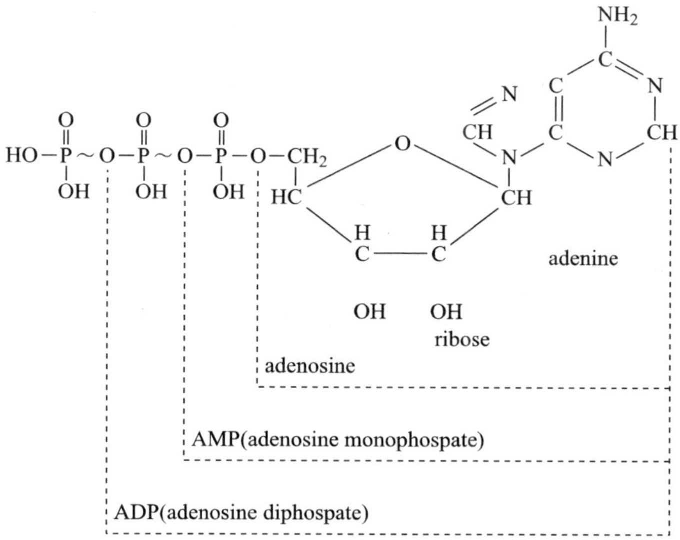

그림 5-6 ◦ Adenosine Triphosphate(ATP)의 구조

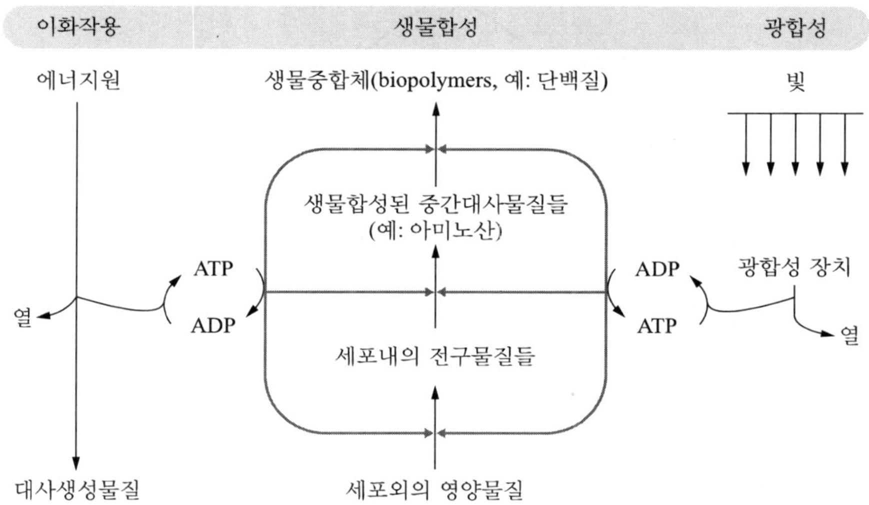

그림 5-7 ◦ 이화작용 및 광합성과 동화작용 사이에서 ATP 역할

ADP로부터 ATP가 재생되는 것은 기질수준 인산화반응과 전자운반연쇄계의 두 방법에 의존한다. ADP와 인산으로부터 ATP가 형성되는 과정과 그 이용을 요약하면 아래와 같다.

ATP 형성 : 화학 또는 광에너지 + ADP + 인산 → ATP

ATP 이용 : ATP → ADP + 인산 + 가용에너지 (5.15)

4) 이화작용

화학유기영양계의 미생물이 대사할 수 있는 기질은 헤아릴 수 없이 많지만, ATP생산을 위한 이화작용의 경로는 몇 가지로 수렴되어 있으며, 그러한 중간물질 중에서 중요한 것이 6개의 탄소원자를 가진 포도당이다. 포도당은 Embden-Meyerhof 경로와 Enter-Doudoroff 경로를 통하여 더 대사되는데, 전자는 원핵과 진핵그룹의 많은 미생물에 의하여 수행되며, 후자는 일부의 원핵 미생물에게만 해당된다. 이 두 경로에 의한 ATP생산과정은 <그림 5-8>과 같다. 그림에서 보듯이 하나의 포도당분자로부터 각각 둘과 하나의 ATP분자가 생성되며, 포도당은 피루브산으로 분해된다.

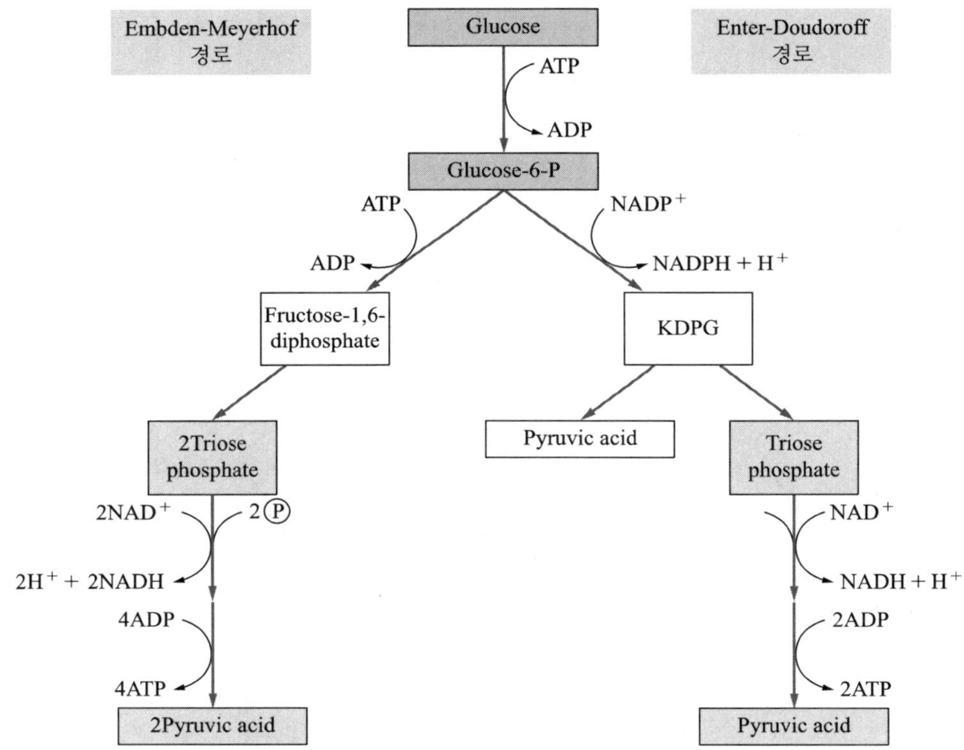

실반응

Glucise + 2ADP + 2NAD$^+$ + 2Ⓟ ⟶ 2Pyruvic acid + 2ATP + 2NADH + 2H$^+$

Glucose + ADP + NAD$^+$ + NADP$^+$ + Ⓟ ⟶ 2Pyruvic acid + ATP + NADH + NADPH + 2H$^+$

그림 5-8 • 두 경로에 의한 포도당의 분해 : KDPG는 2-ketodeoxygluconate

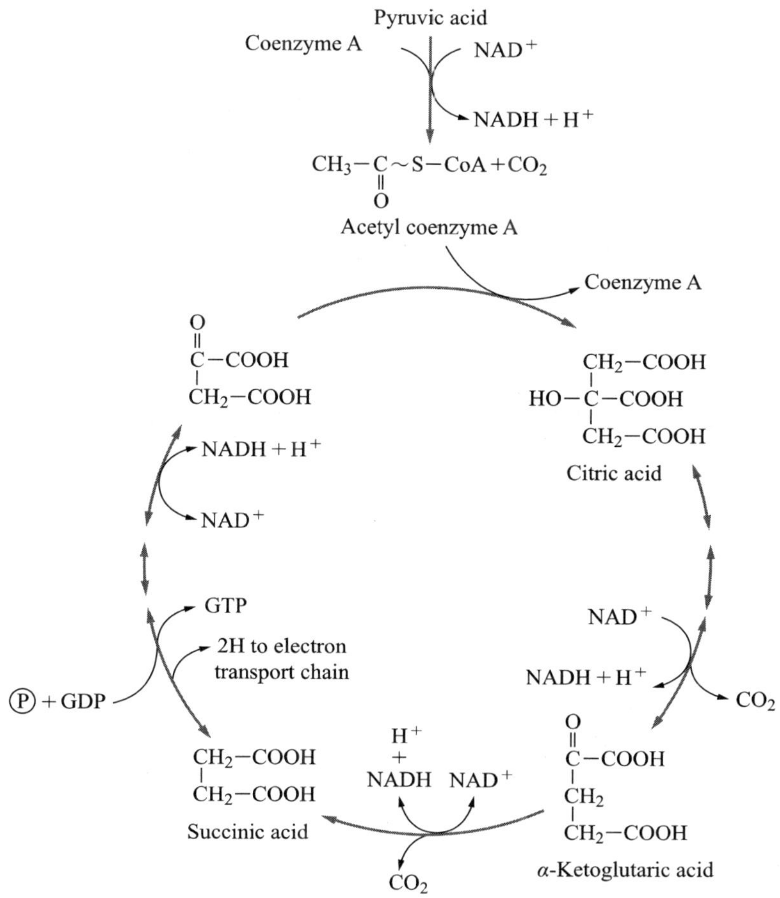

그림 5-9 • TCA cycle에 의한 피루브의 탈수소화반응

피루브산은 다시 수많은 미생물군에 의하여 대사되는데, 호기성의 경우에는 많은 종이 TCA cycle 또는 Krebs cycle로 호칭되는 경로를 거쳐서 피루브산을 CO_2로 탈수소화한다. 이 경로에서 탈수소화된 피리딘뉴클레오타이드($NADH+H^+$)의 전자(H)는 전자운반연쇄계를 통하여 ATP 생산에 기여한다. 피루브산은 이 외에도 다른 미생물군에 의하여 다양한 경로로 분해되는데, <그림 5-10>은 혐기성 상태에서의 수소화반응을 나타낸 것이다.

위는 ATP생산을 위한 해당경로의 생화학적 구조를 설명한 것이다. 그리고 이것은 이화작용에서 유기물질을 H(전자)공여체로 이용할 수 있는 화학유기영양계의 미생물에게만 해당된다. 화학유기영양계를 포함한 전체미생물의 구체적인 ATP생산방법은 이제부터 설명한다. <표 5-4>는 그것을 요약한 것이다.

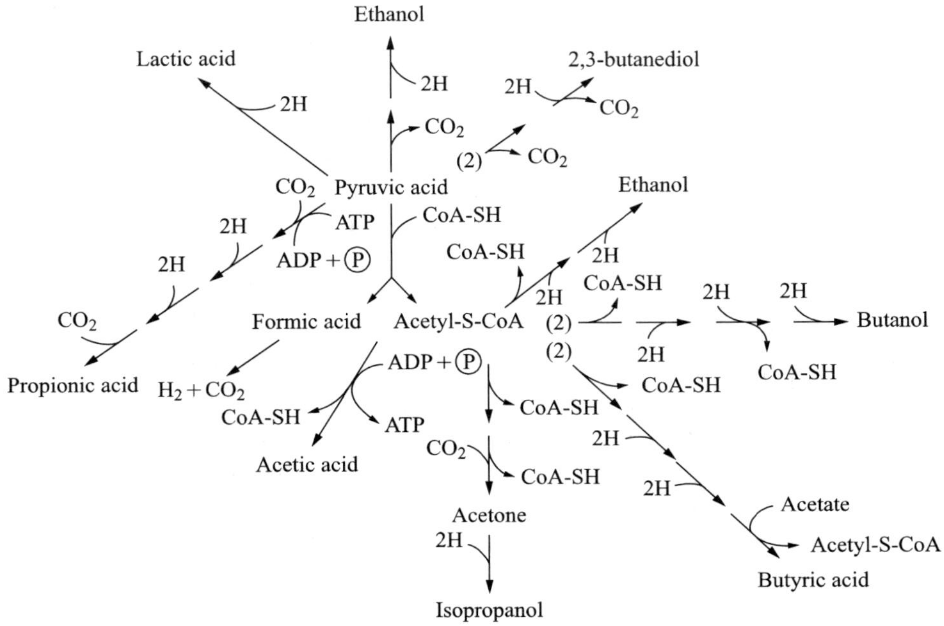

그림 5-10 • 수소화대사반응에 의한 피루브산의 분해와 생성물질의 일부

표 5-4 • 미생물에 의한 ATP생산의 유형

1. 광합성	ADP + 인산광에너지 → ATP
2. 생물학적 산화환원	
a. 호흡	H(전자)수용체 : O_2
b. 혐기성 호흡	
질소환원	HNO_3, N_2, NH_3로 환원됨
황산환원	H_2SO_4, H_2S로 환원됨
탄산환원	H_2CO_3, CH_4로 환원됨
c. 발효	유기물질이 동시에 H수용체이고, H공여체임

(a) **광합성**

광합성에 의한 ATP생산은 식물과 조류 그리고 소수의 세균군에서 볼 수 있다. ATP생산은 색소(pigment)에 광에너지가 흡수됨으로써 이루어지는데 그것을 광인산화반응이라고 한다. 이때의 ATP생산은 전자운반연쇄계에 의존한다.

식물과 조류에 있어서는 탄소원은 CO_2이며, 물을 탈수소화하여 O_2를 생성한다. 그러나 홍색 및 녹색세균 등의 원핵미생물은 물을 탈수소화하는 능력이 없으며 따라서 O_2를 생성하지 못한다. 대신에 H_2S, H_2 등 환원된 물질은 H공여체로 이용한다. 이들 세균군의 일부는 CO_2를 탄소원으로 사용하며, 그 외의 것들은 유기물질을 탄소원으로 사용한다.

산소생성계의 광합성미생물은 O_2에 대한 내성이 있지만, 비산소생성계의 것들은 대체로 절대혐기성이고, 다만 일부가 조건혐기성이다. 조건혐기성의 것들은 O_2가 있는 경우 광합성에 의한 ATP생산이 억제되고, 대신에 호흡에 의하여 ATP를 생산한다. 산소생성계에게만 해당되는 또 하나의 고유한 특성은 H_2O의 탈수소화반응이 자발적으로 진행되지 않고, 이 때 에너지를 필요로 한다는 것이다.

모든 광합성생물의 ATP 생산장치는 <그림 5-11>과 <그림 5-12>에서 보듯이 ① 광수확색소의 안테나, ② 광합성반응센터, ③ 전자운반연쇄계의 세 가지 요소로 구성되어 있다.

순환성 광인산화반응에서는 광에너지에 의하여 엽록소가 산화됨과 동시에 전자가 배출되고, 그 전자가 산화된 엽록소에 다시 수용되는 폐쇄형·전자운반에 의하여 ATP가 생산되지만, 비순환성에 있어서는 물로부터 공여된 전자가 산화된 엽록소를 환원하며, 배출된 전자는 $NADP^+$를 탈수소화시킨다. 그런데 산소생성계의 광합성생물은 이 두 가지의 반응을 동시에 진행시키면서 ATP를 생산한다(그림 5-12).

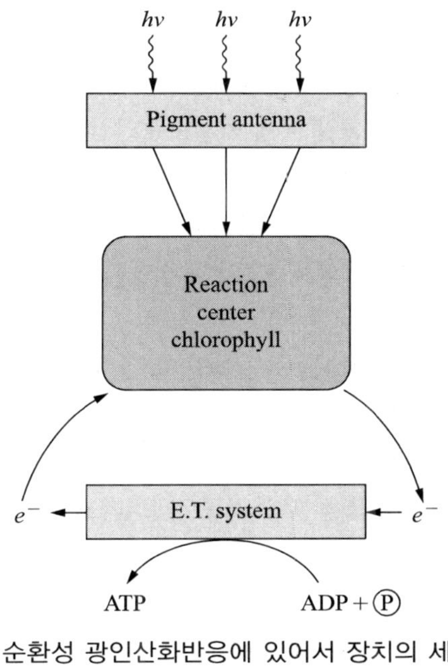

그림 5-11 • 순환성 광인산화반응에 있어서 장치의 세 요소와 기능, $h\nu$는 광에너지, E.T.는 전자운반

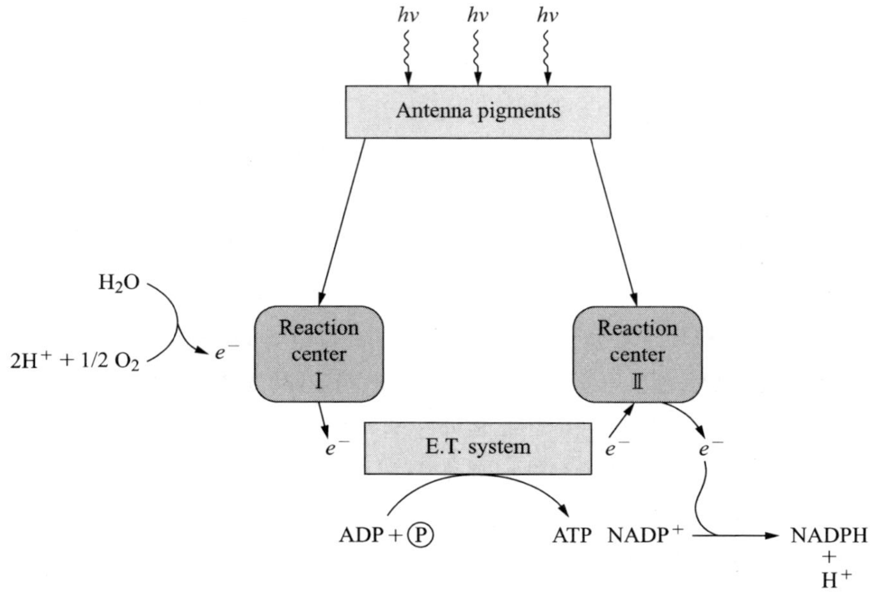

그림 5-12 • 효소생성계인 남조류의 비순환성 광인산화반응의 장치와 세 요소의 기능

(b) **호흡**

호흡이란 빛이 없는 상태에서 전자운반연쇄계에 의하여 ATP를 생산하는 과정이다. 그러나 경우에 따라서는 초기의 탄소분해반응일 때에 기질수준인산화반응에 의하여 ATP가 생성되기도 한다. 예를 들면, 포도당호흡에서는 때때로 Embden-Meyerhof 경로의 이화작용을 거치는데, 이때 기질수준 인산화반응에 의하여 ATP가 생산되고 포도당은 피루브산으로 분해되며, 피루브산은 TCA cycle에 의하여 CO_2로 탈수소화되고 이 과정에서 생긴 전자는 전자운반연쇄계에 넘겨진다.

호흡에 있어서 전자(H)의 최초공여체는 유기물질 또는 무기물질이며, 최종수용체는 무기물질이다. 최종수용체가 자유산소일 때에는 호기성 호흡 또는 약하여 호흡이라고 부르며, HNO_3, H_2SO_4, H_2CO_3 등과 같은 결합산소일 때에는 혐기성 호흡이라고 부른다. 그런데 폐수처리에서는 혐기성 호흡을 이용하는 프로세스를 무산소프로세스라고도 한다.

미생물 중에는 자유산소만을 전자수용체로 사용할 수 있는 절대호기성도 있고, 자유산소가 없을 때에는 발효, 광합성, 혐기성 호흡에 의하여 ATP를 생산하는 조건혐기성 미생물도 있다. 또한 황환원세균과 같이 혐기성 호흡에 의하여 ATP를 생산하되 자유산소에 노출되어서는 안 되는 절대혐기성의 미생물들도 있다.

자연계에서는 다양한 유기물질들이 여러 미생물이 호흡에 의하여 완전히 분해되는데, 그 최종생성물질은 대개 CO_2이다. 그리고 유기물질의 완전호흡은 발효에 비하여 자유에너지의 변화 또는 ATP생산량이 훨씬 크다. 예컨대, 1mol의 포도당을 완전호흡시킬 때 발생되는 에너지는 발효시킬 때의 19배이다(식 (5.17) 참조).

화학무기영양계의 일부 세균들은 H_2, CO, NH_3, NO_2^-, Fe^{2+} 등의 무기물질을 최초의 전자공여체로서, 그리고 자유산소를 최종전자수용체로 사용한다. 이럴 경우 무기물질은 ATP생산은 기질수준 인산화반응에 의한다. 이때 H는 탈수소화(산화)된 NAD^+에 넘겨지고, 수소화(환원)된 NADH의 H^+는 H수용체에 의하여 수용된다.

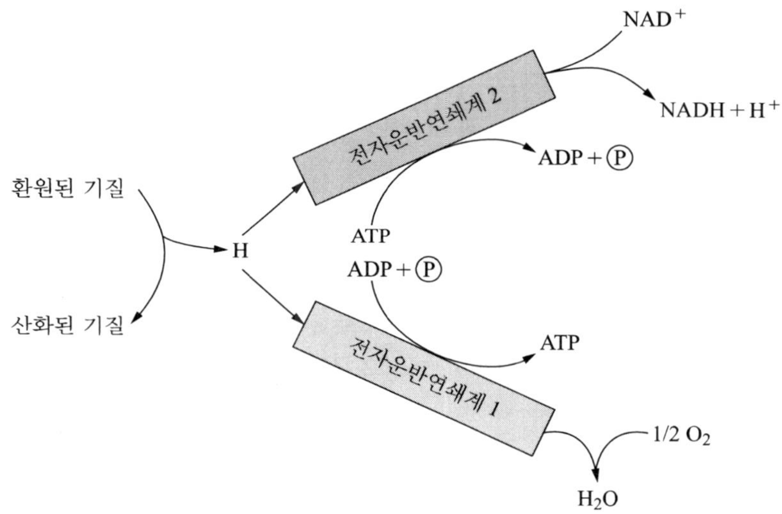

그림 5-13 • 일부 화학무기영양계미생물에 의한 ATP생산과 NAD^+의 수소화

(c) **발효**

발효에서는 유기물질이 H(전자)공여체인 동시에 H(전자)수용체이기도 하다. 그리고 ATP생산은 기질수준인산화반응에 의한다. 이때 H는 탈수소화(산화)된 NAD^+에 넘겨지고, 수소화(환원)된 NADH의 H^+는 H수용체에 의하여 수용된다.

일반적으로 H의 공여체와 수용체는 동일한 유기물질로부터 얻어진 두 가지의 대사생성물질이다. 한 유기물질이 발효될 때, 다양한 여러 물질들이 최종적으로 생성된다. 그 중에서 어떤 것은 최초기질보다 더 산화되고 어떤 것은 더 환원되지만, 평균된 산화수준은 최초기질과 같다.

그러나 특성은 <표 5-5>에 나타낸 포도당의 알코올발효와 아래의 동형발효락트산세균의 반응에서 그 예를 볼 수 있다.

표 5-5 • 포도당의 알코올발효

	기 질	생성물질	
전체반응	포도당 $C_6H_{12}O_6$ →	에탄올 $2CO_2$ +	$2C_2H_5OH$
탄소의 수	6	2	4
탄소의 산화상태	0	+4	−2
평균산화수준	6 × 0 =	2(+4) +	4(−2)

$$C_6H_{12}O_6 \xrightarrow{\text{포도당}} \underset{\text{락트산}}{2CH_3CHOHCOOH} \qquad (5.16)$$

위에서 생성물질의 일부인 −COOH의 탄소는 최초기질의 탄소보다 더 산화(3+)되고, CH_3-의 탄소는 더 환원(3−)되어 있다. 이 두 발효반응은 약간 수정된 Embden-Meyerhof 경로를 밟으며, 이 경로에서 수소화된 두 NAD분자는 그 핵의 피루브산대사에서 다시 탈수소화된다. 그리고 피루브산의 대사에서는 ATP가 생산되지 않으므로 한 포도당분자의 전체대사에서는 두 ATP 분자만이 생산된다. <그림 5-14>는 그러한 과정을 설명한 것이다.

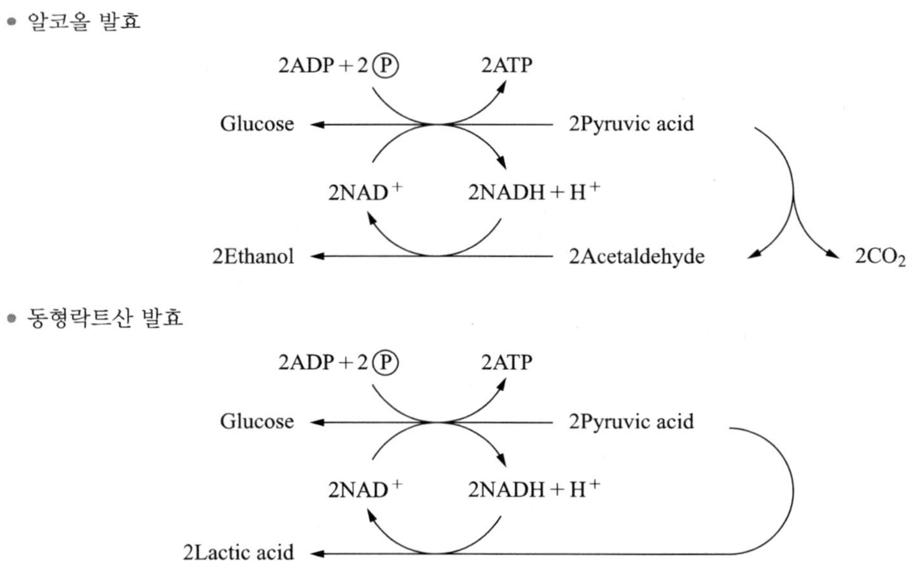

그림 5-14 • 포도당의 알코올 및 동형락트산 발효에 있어서 피루브산의 수소화에 의한 NADH의 재탈수소화

아래의 포도당대사에서 보듯이 발효는 호흡에 비하여 단위기질량당 APT생산율, 즉 에너지생산율이 적은 반면에 많은 에너지가 잔유하고 있는 생성물질을 만든다.

$$\left.\begin{aligned} \text{호흡} &: C_6H_{12}O_6 \;\rightarrow\; 6CO_2 + 6H_2O + 38ATP \\ \text{발효} &: C_6H_{12}O_6 \;\rightarrow\; 2C_2H_5OH + 2CO_3 + 2ATP \end{aligned}\right] \tag{5.17}$$

한 기질의 발효반응내용을 살펴보면 그것은 여러 단계의 연쇄반응을 이루어지고 있다. 위의 알코올발효에 있어서도 12단계의 연쇄반응이 있는 핵에 알코올이 생성된다.

그리고 발효의 대상기질과 반응경로 및 최종생성물질은 세균에 따라서 특이하고, 다양하다. 따라서, 혼합배양에서는 동일한 기질을 발효시키더라도 여러 종류의 물질이 생성될 수 있는데, 그 분포상태는 환경조건에 따라서 다르다. 즉, 우세하게 번식하는 세균의 대사경로에 따라서 생성되는 물질이 가장 큰 비율을 차지하게 된다.

<그림 5-10>의 여러 수소화경로에서는 NADH가 탈수소화되는데, 이때 생긴 NAD^+는 Embden-Meyerhof 또는 Enter-Doudoroff 경로에서 이용된다. 따라서 <그림 5-10>에 나타낸 한 가지 이상의 수소화경로와 Embden-Meyerhof 또는 Enter-Doudoroff 경로가 합하여 전체의 발효반응이 이루어진다.

모든 발효반응은 혐기성으로 진행되는데, 그 대부분은 공기에 노출될 때 ATP생산방법을 발효로부터 호흡으로 전환하며, 일부분은 ATP생산을 발효에만 의존하되 공기에 노출되더라도 자유산소의 영향을 받지 않는다.

끝으로, ATP생산방법과 산소에 대한 민감도에 따라서 화학영양계의 세균을 요약하여 분류한 것이 <표 5-6>이다.

표 5-6 ∘ ATP 생산방법과 산소에 대한 민감도에 따른 세균의 분류

절대호기성 세균	호흡에만 의존함
조건혐기성 세균	a. 호흡+발효 b. 호흡+HNO_3에 의한 혐기성 호흡 c. 호흡+광합성(광 또는 O_2)광이 있으면 혐기성으로 없으면 O_2를 사용하여 대사함 d. 발효에만 의존함, O_2는 무해
절대혐기성 세균	a. 발효에만 의존함, O_2는 유해 b. H_2SO_4, H_2CO_3에 의한 혐기성 호흡, O_2는 유해

5) 동화작용

동화작용에서 최종적으로 생성되는 것은 세포물질이며 그것은 주로 단백질, 핵산, 다당류, 지질과 기타의 물질들이다. 단백질과 핵산을 생성하는 생화학반응은 대체로 비슷하지만 다당류와

지질 등의 생성은 미생물의 그룹에 따라서 특이하며 또 그러한 물질의 구성내용도 그룹에 따라서 다르다.

동화작용이란 환경에서 얻을 수 있는 물질로부터 새로운 세포를 합성하는 것이 그 전부이며, 세포의 유기물질은 거의 다 생화학적 중합체인 위의 네 가지 고분자로 되어 있다. 그리고 이들 넷은 각기 다른 전구물질의 중합체이다. 전구물질의 종류는 <표 5-7>에서 보듯이 60여 가지나 된다.

표 5-7 • 세포를 만드는 고분자 중합체와 그것을 구성하는 전구물질

고분자 중합체	전구물질의 화학적 성격	전구물질의 수
Protein	Amino acids	20
Nucleic acid : RNA	Ribonucleotides	4
DNA	Deotyribonucleotides	4
Polysaccharides	Monosaccharides	~15
Complex lipids	일정치 않음	~20

세포의 동화작용에서는 생화학적 중합체외에 별도로 약 20가지의 보효소와 전자운반체가 합성된다.

이러한 세포합성에는 전체적으로 약 150가지의 작은 분자가 소요되는데, 그것을 원소별로 보면 아래와 같다.

① 대량소요물질 : C, H, O, N, P, S

② 소량소요물질 : K, Mg, Mn, Ca, Fe

③ 미량소요물질 : Co, Cu, Zn, Mo, 기타

단백질은 근육과 효소 등의 구성물질로서 그 전구물질인 아미노산은 C, H, O, N과 때로는 S를 갖고 있다. 핵산인 RNA와 DNA는 C, H, O, N, P 등 원소로 구성되어 있다. 세포벽과 저장물질 등의 성분인 다당류의 전구물질, 즉 단당류는 C, H, O로 되어 있다. 지질의 구성물질은 지방산과 폴리알코올(글리세롤), 단당류, 아민, 아미노산 등이며, 그 중에서 지방산은 C, H, O로 구성되어 있고, 16~20여개 탄소를 가지고 있는 산이다.

동화작용에서는 환경에서 얻을 수 있는 물질들을 세포합성에 이용하는데, 이때에는 <그림 5-9>의 TCA회로의 경우와 같이 이화작용에서 생성되는 중간대사물질이 세포합성에 이용되기도 한다. 고로, 이 경우와 관련하여 전자운반연쇄계에 의하여 ATP를 생산하지 않는 혐기성 미생물들도 대개는 TCA회로의 효소를 가지고 있다.

미생물의 화학적 구성은 일정하지 않는데, 그 원칙은 아래와 같다.

① 합성할 수 있는 화합물질을 종의 유전적 특성이 결정하므로, 세포의 세밀한 화학적 구성은

종에 따라서 다르다.

② 어떤 특수한 종은 하나 이상의 원소를 추가로 필요로 한다. 예를 들면, 규조류는 SiO_2 껍질이 있으므로 Si를 필요로 한다.

③ 세포증식에 필요하지 않은 화학물질도 세포는 외부조건에 따라서 그것을 취할 때가 있다.

④ 배지의 성분과 온도, pH, 광 등 증식조건에 따라서 동일종의 세포구성이 크게 다를 수 있다. 예를 들면, 질소결핍 상태에서 세포는 저장물질을 과도하게 만들기도 한다.

이러한 변화성에도 불구하고 폐수처리공학에서는 계산상의 편의 때문에 세포구성을 화학식으로 나타내고 있다. 즉, 세균의 세포물질은 $C_{150}H_{210}O_{60}N_{30}P$로 조류는 $C_{106}H_{263}O_{110}N_{16}P$로 나타내고 있다.

미생물이 그 세포물질을 구성하기 위하여 취할 수 있는 원소의 화합형태는 <표 5-8>에서 보듯이 한정되어 있다.

미생물은 위에서 취하는 물질 외에 소량의 특이하고, 복합물질인 생장지배요소의 공급을 요할 때가 있다. 생장지배요소는 세포내에 항상 있으며, 배지 속에 그 공급을 요하지 않는 미생물은 스스로 그것을 합성한다. 생장지배요소란 아미노산, 핵산구성물질, 보효소나 그 일부 또는 펩티드 등이다.

숙주의 조직 속에 기생하는 병원미생물의 대부분은 필수대사물질을 스스로 합성하는 효소능력이 없고, 그러한 것을 숙주로부터 완제품의 형태로 얻는다. 고로 병원미생물들은 숙주 밖의 외부환경에서는 오래 생존할 수가 없다.

표 5-8 ∘ 세포물질의 구성원소와 그것을 취할 수 있는 화합물의 형태

필요한 원소	취할 수 있는 화합물의 형태
H, O	거의 다 H_2O와 H 및 O를 함유하는 유기물질로부터 얻는다. 많은 미생물이 O_2를 취한다. 소수의 미생물이 H_2를 취한다.
C	많은 광무기영양계 및 화학무기영양계의 미생물이 CO_2로부터 얻는다. 소수의 특이한 미생물이 CO로부터 얻는다. C원소를 취하는 미생물은 발견된 것이 없다. 화학유기영양계의 미생물은 유기물질로부터 얻는다.
N	질소고정미생물만이 N_2로부터 얻는다. 많은 미생물이 NH_4^+와 NO_3^-로부터 얻는다. 약간의 미생물이 아미노산($-NH_2$)으로부터 얻는다.
P, S	거의 다 PO_4^{3-}와 SO_4^{2-}로부터 얻는다.
K, Mg, Mn, Ca, Fe, 미량원소	거의 다 무기질 이온으로부터 얻는다.

세균은 하나 이상의 대사물질을 과량으로 생성하여 분비할 경우가 있는데, 그러할 경우 그 물질은 같은 배지내의 타 미생물에 의하여 이용된다. 자연계에서는 이와 같이 각각 분리되어서는 생존할 수 없는 미생물들이 동일한 배지내에 상호의존적으로 공생하는 경우가 허다하다. 따라서 생물학적 폐수처리의 경우에도 한 기질을 처리하는 반응조 내에 여러 종의 미생물이 상호의존적으로 공생하는 혼합배양(mixed population)의 현상을 보게 된다. 합성세제와 같은 인조고분자의 분해에 있어서도 최초의 미생물이 그것을 가수분해하면, 다음 미생물이 그것을 기질로 이용하는 등, 적어도 두 종 이상의 공생을 볼 수 있다.

미생물계에는 이와 같이 이웃하면서 상호의존적으로 공생하는 mutualistic symbiosis 외에 상대방의 세포나 조직내외에 무해하게 서식하는 endosymbiosis와 ectosymbiosis가 있고, 숙주에게 해를 주는 기생적 공생도 있으며, 항생물질 등의 독을 분비함으로써 타미생물의 증식을 억제하는 길항작용도 있다.

이제까지 설명한 이화작용과 동화작용, 즉 물질대사의 방법에 따라서 미생물을 요약하여 분류한 것이 <표 5-9>이다.

표 5-9 • 물질대사방법에 따른 미생물의 분류

	독립영양계(autotroph, lithotroph) C원 : CO_2	종속영양계(heterotroph, organotroph) C원 : 유기물질
광영양계 (phototroph) 에너지원 : 광	광무기영양계(photolithotrophs) H_2O를 부수적으로 H 공여체로 이용 : 녹색식물, 조류, cyanobacteria	광유기영양계(photoorganotrophs) 홍색비황세균
화학영양계 (chemotroph) 에너지원 : 산화환원반응	화학무기영양계(chemolithotroph) 이화작용에서의 H 공여체 : 무기물질, 동시에 부수적 H 공여체로 이용 H 수용체 : 무기물질 가능한 공여체: H_2, NH_3, HNO_2, Fe^{2+}, CO, H_2S, S 가능한 수용체: O_2, HNO_3, H_2SO_4, H_2CO_3	화학유기영양계(chemoorganotroph) 이화작용에 있어서 H 공여체 : 유기물질 H 수용체 : 유기물질(발효), 무기물질, 많은 미생물

독립(무기)영양계의 미생물은 광이나 무기물질의 산화환원으로부터 에너지를 얻고, 세포합성에 소요되는 탄소를 CO_2로부터 얻는다. 이때 CO_2는 대체로 CH_2O의 수준으로 수소화되는데, 광무기영양계의 경우에는 아래에서 보듯이 H_2O나 H_2S를 H 공여체로 이용한다.

$$H_2O + CO_2 \xrightarrow{\text{빛}} CH_2O + O_2 \tag{5.18}$$

$$\left.\begin{array}{l} 2H_2S + CO_2 \xrightarrow{\text{빛}} CH_2O + 2S + H_2O \\ 3CO_2 + 2S + 5H_2O \xrightarrow{\text{빛}} 3CH_2O + 2H_2SO_4 \end{array}\right] \tag{5.19}$$

화학무기영양계의 경우에는 이화작용에서의 H 공여체가 세포합성을 위한 부수적 H 공여체의 역할도 겸한다. 종속(유기)영양계의 경우에는 세포합성에 소요되는 탄소를 유기물질로부터 얻는다. 그리고 그 중의 화학유기영양계미생물은 유기물질을 에너지원으로도 이용한다. 아래 표는 편의상의 분류이며, 이들 네 그룹의 경계는 엄격하지가 않다.

(4) 세포의 증식과 반응속도론

1) 세포의 증식

이화작용과 동화작용, 즉 물질대사는 세포증식으로 귀결되는데, 화학영양계의 경우는 그 것을 아래와 같이 나타낼 수 있다.

$$\begin{array}{l} \text{(a) 이화작용 : 일부 기질} + ADP + PO_4^{3-} \xrightarrow{\text{효소}} ATP + \text{폐물질} \\ \text{(b) 동화작용 : 남은 기질} + ADP \xrightarrow{\text{효소}} \text{세포물질} + ADP + PO_4^{3-} + \text{폐물질} \\ \hline \text{(a)+(b) 물질대사 : 기질} \xrightarrow{\text{효소}} \text{세포물질} + \text{폐물질} \end{array} \tag{5.20}$$

미생물에 있어서 세포증식의 효율, 즉 기질소비량당 세포물질생산량은 기질당 ATP생산율과 밀접한 관계가 있다. 유기물질을 CH_2O의 수준으로 수소화하는 화학유기영양계의 많은 세균군은 1mol ATP당 대체로 10g 정도의 건조한 세포물질을 생산한다. 그리고 1mol 기질당 ATP생산량은 열역학적 조건과 ATP생산경로 등에 따라서 다르다. 호흡의 경우에는 100g 포도당에서 40～60g, 그리고 발효의 경우에는 5～10g 정도의 건조한 세포물질이 생산된다.

이와 관련하여 조작할 수 있는 인자는 배지의 성분, pH, 온도, 균주, 증식속도 등인데, 폐수처리의 경우에는 그것에 한계가 있다. 즉, 폐수의 특성과 유량을 조작할 수도 없고, 미리 멸균할 수도 없는 까닭에 균주선택도 불가능하다.

(a) 증식곡선

멸균된 배지에 순수배양된 세균을 식종하고, 그것을 적정온도로 유지하면서 단위용적당 세포수의 변화를 관찰하면 <그림 5-15>와 같아진다.

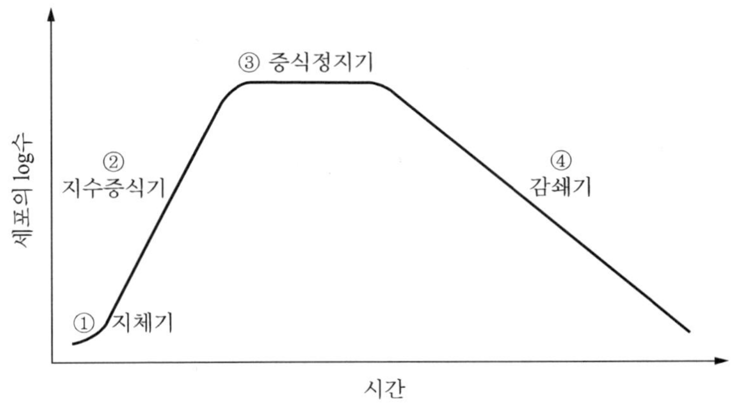

그림 5-15 • 세포의 증식곡선(비연속배양)

① 지체기

이것은 식종된 세균이 그 효소장치로 하여금 새로운 배지에 적응토록 하는데 요하는 단계로서 그 기간은 식종세균의 전력에 따라서 다르다. 만약 지수증식기에 있는 같은 배지로부터 옮겨진 것이면 상당기간이 소요될 것이다.

세균은 합성 가능한 여러 종류의 효소를 항상 만들고 있는 것이 아니고, 현재조건에서 필요한 것만을 만든다. 그러나 기질성분에 관계없이 필요한 효소, 즉 구성효소는 항상 만들어진다. 그리고 필요할 때만 합성되는 효소, 즉 유발효소는 그럴 때마다 만들어지는데, 이때의 유발물질은 보통 주어진 기질이거나 아니면 그러한 기질에 구조적으로 가까운 물질들이다. 유발효소를 만들려면 ATP 외에, 특정 단백질합성에 소요되는 구조단위가 요구되기도 한다. 현재조건에서 불필요한 효소의 합성은 DNA에 작용하는 억제물질에 의하여 저지되는데, 만약 그러한 효소합성이 다시 필요할 경우에는 유발물질이 억제를 푸는 역할을 하게 된다.

유발효소는 세균의 생존에 있어서 매우 중요하다. 예를 들면, Pseudomonas속은 95개 정도의 유기화합물을 분해하여 세포합성에 이용할 수 있는데, 그 대부분은 유발효소에 의하여 이루어진다. 혼합기질의 경우에는 간격을 두고 순서적으로 사용되는 것을 흔히 볼 수 있는데, 대개는 포도당부터 먼저 사용된다. 그러나 서로 다른 기질들이 동시에 사용되는 현상도 흔하게 볼 수 있다.

위의 유발작용은 어디까지나 표현형이며 유전자형은 아니다. DNA에 수정이 생기고 그 원상회복이 불가능한 유전자형변화는 돌연변이에서 볼 수 있다. 이 돌연변이는 방사선, 돌연변이유인제, 고온처리 및 기타 작용에 의하여 생긴다. 이러한 근거에 입각할 때 모든 생물은 우주선에 노출되고 있으므로, 아주 적지만 유전자형변화의 가능성이 있다고 하겠다. 돌연변이는 치명적이므로 극소수의 세포만이 생존하게 된다. 그리고 생존한 세포는 약간 수정된 유전자 특성에 의하여 항생물질에 대한 내성, 한 가수분해효소의 상실, 어떤 생장지배요소의 추가적 소요, 생성물질량의 증가 등, 전에 없던 특성을 갖게 된다. 이러한 돌연변이에 의하여 미생물은 새로운 환경이나 기질에 적응할 수도 있다.

요즘은 인공적 방법에 의하여 한 미생물 DNA의 일부분을 타미생물에게 이식하는 방법과 DNA조작 등에 의하여 새로운 유전자형특성을 갖는 미생물을 공업적으로 이용하고자 하는, 이른바 유전자공학에 상당한 기대가 모아지고 있다.

② 지수증식기

이 단계에서 세균은 일정한 속도로 이분법에 의하여 지수적으로 증식한다. 이분열에 요하는 시간, 즉 한 세대시간은 세균의 경우 15분~수시간인데, 흔히 0.5~1시간이다. 이 기간 중에 세포증식은 아래와 같은 1차 반응식으로 표현된다.

$$r_g = \frac{dX}{dt} = \mu X \tag{5.21}$$

여기서, r_g : 세포의 증식속도, g/L · hr

dX/dt : 경과시간당 세포농도 변화율, g/L · hr

μ : 세포의 비증식속도, hr^{-1}

X : 세포의 농도 g/L

위 식을 적분하면

$$\int \frac{dX}{X} = \int \mu dt, \qquad \ln X = \mu t + C$$

$t = t_1$일 때 X, $t = t_2$일 때 $2X$이므로

$$\ln 2 = \mu(t_2 - t_1) = \mu t_d, \qquad t_d = 0.69/\mu$$

즉, 한 세대시간(t_d)은 $0.69/\mu$이며 이분시간이 짧으면 μ는 커진다. <그림 5-15>에서, 상향 직선은 μ를 나타낸다.

③ 증식정지기

이 단계에 도달하면 영양결핍과 대사에 의하여 생긴 독성물질의 누적 때문에 세포의 증식

속도는 더 커지지 못하고 최대수준에서 머문다. 이 기간 중에는 세포의 증식과 사멸이 동시에 일어난다.

④ 감쇄기

증식정지기를 지나면 사멸률이 더 커지고 세포는 지수적으로 감소한다. 이때의 감소율도 1차 반응식으로 표현된다.

$$r_d = -\frac{dX}{dt} = -k_d X \tag{5.22}$$

여기서, r_d : 세포질량의 감소속도, g/L · hr

k_d : 세포질량의 감쇄속도상수, hr^{-1}

세포가 생을 존속하기 위해서 필요로 하는 최저수준의 에너지를 유지에너지라고 한다. 기질의 농도가 유지에너지의 수준을 넘지 못할 때 세포는 더 증식할 수 없다. 세균이 세포밖으로부터 에너지를 얻지 못할 때, 즉 외호흡이 불가능할 때에는 세포내에 저축된 저장물질을 사용하게 된다. 그것을 내호흡이라고 한다. 내호흡이 오래 계속되고 세포 밖에 새로운 에너지원이 없을 때, 세포는 자기분해되어 사멸한다.

유지에너지에 의한 존속, 내호흡, 자기분해 등을 합하여 막연하게 내호흡 또는 감쇄라는 용어가 사용된다.

2) 반응속도와 질량평형

(a) 반응속도

화학반응에 있어서 반응속도란 반응조 내에서 화학물질이 반응하는 속도를 뜻한다. 이러한 반응속도는 반응물질농도, 촉매, 온도, 환경인자 등의 영향을 받으며 반응조 내의 액체 체류시간, 그리고 나아가서 반응조의 용량을 결정하는 기초가 된다.

반응물질농도와 관련하여 반응속도는 반응차원으로 표현된다. 즉 반응식에서 어떤 물질의 반응속도는 단위시간에 대한 반응물질 또는 반응산물농도의 미분변화율로 표현되며, 이 때 농도는 수학적 차원, 즉 지수 n으로 표현된다.

$$\text{반응속도} = (\text{농도})^n \tag{5.23}$$

$$\log \text{반응속도} = n \cdot \log (\text{농도}) \tag{5.24}$$

반응차원, 즉 지수 n은 실험에 의하여 결정된다. 어떤 반응실험에서 반응물질농도가 시간에 따라서 감소할 때 그 반응차원은 <그림 5-16>에서 보듯이 0차, 1차 및 2차 반응으로 구분될 수 있다. 생물학적 폐수처리 시에는 많은 종의 미생물이 공존하는 혼합배양의 양상이며, 폐수 중에 존재하는 기질의 종류도 다양하므로 반응차원을 정확히 표현하는 것은 쉽지가 않다. 즉, 반응차원 n의 값을 정수로 보기 어렵다. 그러나 경험적으로 1차 반응으로 간주하여 수학적인 식을 전개하여도 반응속도를 해석함에 큰 무리가 없으므로 앞 절의 지수증식기나 감쇄기에서도 1차식으로 간주하였고 앞으로 설명될 세포의 증식과 기질제거의 반응속도와 질량평형식을 표현함에 있어서도 모두 1차 반응으로 간주하고 있다.

아울러 아래에서 설명되는 0차 및 1차, 2차 반응에서의 반응물질농도 C는 생물학적 반응에 관여하는 세포물질의 농도 또는 기질의 농도이다.

① 0차 반응

다음과 같은 화학반응에서,

$$mA + nB + \cdots \quad \rightarrow \quad pX + qY + \cdots$$

그 반응이 0차 반응일 때,

$$-\frac{d[A]}{dt} = k_0[A]^0 = k_0$$

여기서, $-\frac{d[A]}{dt}$: A물질 농도의 감소속도, $ML^{-3}T^{-1}$

k_0 : 반응속도상수, $ML^{-3}T^{-1}$

위에서 A물질의 농도를 C로 대치하면,

$$-\frac{dC}{dt} = k_0 \tag{5.25}$$

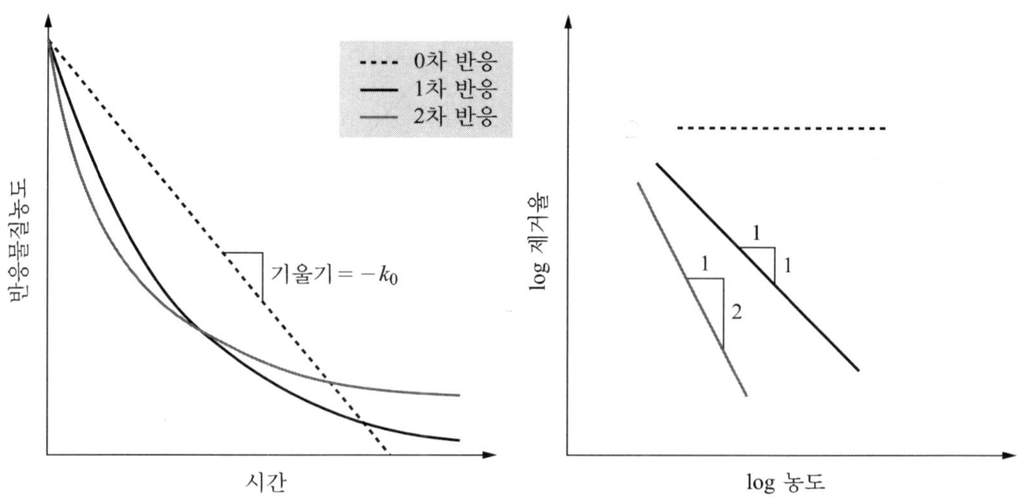

그림 5-16 ∘ 반응차원

위 식을 적분하여 풀면,

$$C = C_0 - k_0 t \tag{5.26}$$

여기서, C_0 : 반응물질의 최초농도, ML^{-3}

C : t시간 후의 반응물질농도, ML^{-3}

t : 반응시간, T

0차 반응식을 산술척도로 그리면 <그림 5-16>에서 보듯이 직선으로 나타난다.

② 1차 반응

1차 반응은 반응속도가 잔류하는 한 반응물질농도에 직접적으로 비례하는 반응이다.

잔류하는 한 반응물질은 반응시간에 따라서 다르므로 시간과 물질농도를 산술척도로 나타낼 때 <그림 5-17(a)>에서 보듯이 반응식이 곡선으로 나타나며, 물질농도만을 log 척도로 할 때에는 <그림 5-17(b)>에서와 같이 직선으로 나타난다.

$$-\frac{dC}{dt} = k_1 C \tag{5.27}$$

여기서, k_1 : 반응속도상수, T^{-1}

위 식을 적분하여 풀면,

$$C = C_0 e^{-k_1 t} \tag{5.28}$$

$$C = C_0 (10)^{-0.4343 k_1 t} \tag{5.29}$$

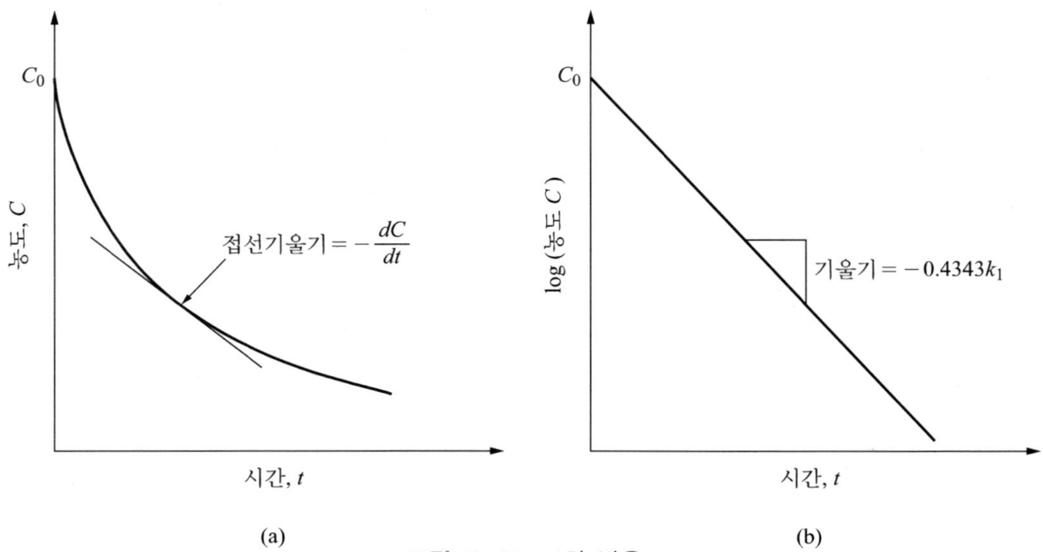

그림 5-17 • 1차 반응

예제 5-1 어떤 유기물질의 반응실험결과가 다음과 같다. 1차 반응식을 사용하여 반응속도상수를 결정하라.

시간(hr)	0	1	2	3	4	6	8
농도(mg/L)	200	151	116	84	66	38	20

답

$$C = C_0 e^{-k_1 t}$$

$$k_1 = \left(\ln \frac{C_0}{C}\right) t^{-1}$$

이 식을 풀면 다음의 표와 같다. 표의 k_1값은 대체로 비슷하다.

시간(hr)	C_0/C	$\ln C_0/C$	$k_1(\text{hr}^{-1})$
0	1.000	0.000	
1	1.324	0.281	0.281
2	1.724	0.545	0.272
3	2.381	0.867	0.289
4	3.030	1.109	0.277
6	5.263	1.661	0.277
8	10.000	2.303	0.288

$\therefore\ k_1 \simeq 0.281\text{hr}^{-1}$

③ 2차 반응

반응속도가 잔류하는 한 반응물질농도의 제곱, 또는 두 물질농도의 곱에 비례할 때 그것은 2차 반응이다. 전자의 경우

$$-\frac{dC}{dt} = k_2 C^2 \tag{5.30}$$

여기서, k_2 : 반응속도상수, $M^{-1}L^3T^{-1}$

위 식을 적분하여 풀면,

$$\frac{1}{C} - \frac{1}{C_0} = k_2 t \tag{5.31}$$

2차 반응식은 반응시간과 잔류하는 반응물질농도의 역수, $1/C$를 산술척도로 할 때 <그림 5-18>에서와 같이 직선으로 나타난다.

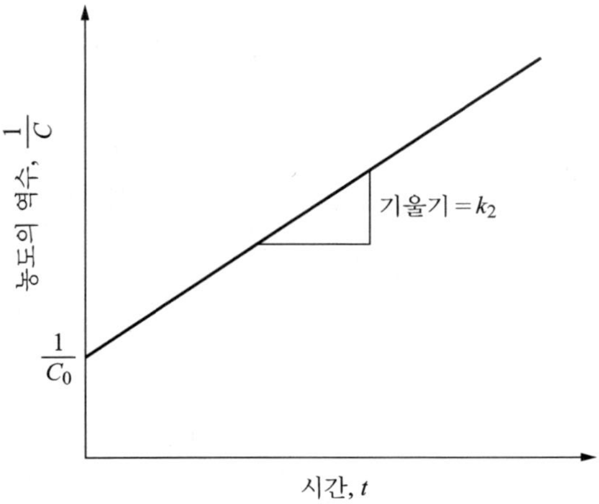

그림 5-18 • 2차 반응

반응차원은 한 반응의 진행률 및 완료시간과 관계된다. 즉, 반응차원이 높을수록 반응종기에 접근하면서 속도가 느려지며, 결국 반응완료시간이 더 걸린다. <그림 5-16>을 볼 때 1차 반응의 경우 반응이 90% 완료되는데 요하는 시간은 50% 완료되는데 요하는 시간의 3.3배이며, 99% 완료되는데 요하는 시간은 90% 완료되는데 요하는 시간의 2배이다.

2차 반응의 경우는 90% 반응 완료되는데 요하는 시간이 50% 완료되는 데 요하는 시간의 9배이며, 99% 완료되는 데 요하는 시간은 90% 완료되는 데 요하는 시간의 11배이다. 반응차원이 높을수록 반응속도가 초기에 빠르고 후기에 느리다. 따라서 한 반응을 끝까지 완료시키려면 반응차원이 낮을수록 유리하다.

한편, <표 5-10>은 각 차원의 반응에서 반응이 50% 완료되는 데에 요하는 시간을 나타낸 것이다.

표 5-10 • 반응차원별 반반응시간

반응차원	반응시간
0차 반응	$t_{1/2} = \frac{C_0}{2k_0}$
1차 반응	$t_{1/2} = \frac{1}{k_1}\ln 2$
2차 반응	$t_{1/2} = \frac{1}{k_2 C_0}$

예제 5-2 다음과 같은 반응이 있다. 반응이 각각 50% 및 90% 완료되는데 필요한 시간을 구하라.

0차 반응	$k_0 C_0^{\ -1} = 0.1\text{min}^{-1}$
1차 반응	$k_1 = 0.231\text{min}^{-1}$
2차 반응	$k_1 C_0 = 0.4\text{min}^{-1}$

답

식 (5.26), (5.28), (5.31) 그리고 <표 5-10>의 반반응시간에 관한 공식을 사용하여 계산하면 다음 표의 내용과 같은 답을 얻는다.

반응차원	$t_{1/2}$	t_{90}
0차 반응	5min	9min
1차 반응	3min	10min
2차 반응	2.5min	22.5min

반응속도는 대개 온도증가에 따라서 같이 증가되는데, 한 반응속도상수를 여러 온도조건에서 사용하려면 그것에 대한 온도영향을 아는 것이 중요하다. 이와 관련된 Van's Hoff Arrhenius식은,

$$\frac{d(\ln k)}{dT} = \frac{E}{RT^2} \tag{5.32}$$

여기서, T : 온도, °K

R : 만유기체상수, 8.3143J/°K · mol

E : 활성화에너지, J/mol

위 식을 T_1, T_2 한계에서 적분하면,

$$\ln\frac{k_2}{k_1} = \frac{E(T_2 - T_1)}{RT_1 T_2} \tag{5.33}$$

어떤 온도조건에서의 k_1값을 알고, E를 알면 위 식에서 k_2값을 구할 수 있다. 또한 각 온도조건에서의 k값을 알면 E를 계산할 수 있는데, 폐수처리반응에서는 대체로 8,400～84,000J/mol이다.

대개의 폐수반응은 주위 온도하에서 진행되므로 E/RT_1T_2를 상수로 보고 C로 대치할 때,

$$\ln\frac{k_2}{k_1} = C(T_2 - T_1) \tag{5.34}$$

$$\frac{k_2}{k_1} = e^{C(T_2 - T_1)} \tag{5.35}$$

$e^C = \theta$라고 하면,

$$\frac{k_2}{k_1} = \theta^{(T_2 - T_1)} \tag{5.36}$$

θ는 대개 상수지만 온도에 따라서 달라질 때도 있으므로, 그 값을 정할 때에는 신중해야 한다.

화학반응에서는 고온에서 반응물질이나 촉매가 변질되지 않는 한 온도상승에 따라서 반응속도도 증가된다. 그러한 경향은 생물학적 반응에서도 같지만, 고온에서는 효소가 변성되므로 효소에 의하여 촉매되는 반응의 경우 반응속도가 저하된다.

많은 단백질이 45～55℃에서 변성되기 시작하며 55℃에서 가장 큰 타격을 받는다. 이러한 경우 온도상승에 따라서 효소분자 내의 원자가 과도한 에너지를 갖게 되고, 이동력이 커짐에 따라서 원자 사이의 결합이 끊어지기 때문이다.

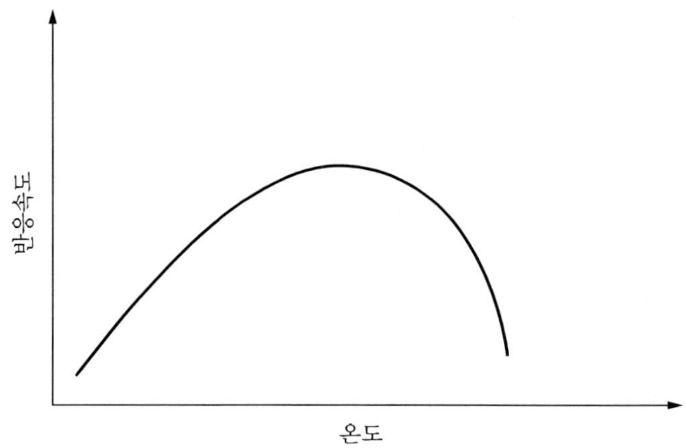

그림 5-19 ◦ 효소촉매반응에서 있어서 온도의 영향

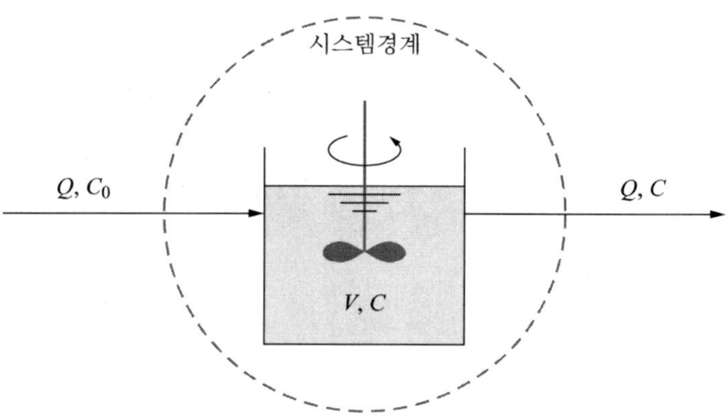

그림 5-20 ◦ 반응조의 한 예

(b) **질량평형식**

질량은 불변하므로 이 원리를 이용하여 한 반응조 내에서 시간경과와 더불어 일어나는 일을 해석할 수 있다. 이 때 반응조를 한 시스템으로 보고 그곳으로 유입하거나 그곳으로부터 유출하는 물질의 유량을 파악하게 되는데 다음 사항을 가정한다.

① 유량은 일정하다.
② 반응조 내에서는 증발손실이 없다.
③ 반응조 내에서 물질은 완전 혼합된다.
④ 모든 반응은 반응조 내에서만 일어난다.
⑤ 물질 C의 반응차원은 1차 반응이다.

위의 가정하에 반응물질에 관한 질량평형식을 다음과 같이 꾸밀 수 있다.

[축적률] = [유입률] − [유출률] + [이용률] (5.37)

$$V\frac{dC}{dt} = QC_0 - QC + V(-kC) \tag{5.38}$$

여기서, V : 반응조 용적, L^3
dC/dt : 반응물질농도변화율, $ML^{-3}T^{-1}$
Q : 유량, $L^{-3}T^{-1}$
C_0 : 유입수중의 반응물질농도
k : 반응속도상수, T^{-1}
C : 유출수중의 반응물질농도, ML^{-3}

위에서 이용률의 부호는 항상 양이며, 다만 반응물질이 증가 또는 감소될 때 반응속도상수의 부호가 양이나 음이 된다. 질량평형식을 쓸 때에는 단위를 맞춰보고 그것이 일치하는가를 확인해야 하는데, 용적을 m^3, 농도를 g/m^3, 시간을 sec, 유량을 m^3/sec로 나타낼 때

위 식의 단위는,

$$m^3 \cdot \frac{g/m^3}{sec} = \frac{m^3}{sec} \cdot \frac{g}{m^3} - \frac{m^3}{sec} \cdot \frac{g}{m^3} + m^3\left(-\frac{1}{sec} \cdot \frac{g}{m^3}\right) \tag{5.39}$$

비정상상태에서, 식 (5.38)의 미분방정식을 풀면 다음과 같이 된다.

$$C = \frac{Q}{V} \cdot \frac{C_0}{\beta}(1 - e^{-\beta t}) + C_0 e^{-\beta t} \tag{5.40}$$

정상상태에서는 $dC/dt = 0$이며, 그것을 풀면 식 (5.40)과 같아진다.

$$C = \frac{Q}{V} \cdot \frac{C_0}{\beta} = \frac{C_0}{1 + k(V/Q)}$$

이상은 유입량과 유출량이 있는 연속류형반응조에 관한 것인데, 만약에 유량이 없는 경우, 즉 회분식 반응조에서는 $Q=0$이므로 식 (5.38)은 다음과 같이 줄어든다.

$$V\frac{dC}{dt} = V(-kC) \text{ 또는 } \frac{dC}{dt} = -kC \tag{5.41}$$

위의 미분방정식을 풀면,

$$C = C_0 e^{-kt} \tag{5.42}$$

3) 세포증식의 반응속도와 질량평형

(a) **비연속배양**

비연속배양에서 순수배양된 세균의 세포가 지수증식기에 있을 때, 그 증식상태를 반응속도론(동력학)으로 나타낸 것이 식 (5.21)이다.

배양액내의 필수영양물질 중에서 첫째로 고갈되는 물질, 즉 다른 것은 여유가 있지만 그 것이 없어서 세포가 더 증식할 수 없는 물질을 제한기질이라고 하는데, Monod는 이 제한기질과 세포의 비증식속도와의 관계를 Michaelis-Menten 식을 인용하여 아래와 같이 나타내고 있다.

$$\mu = \mu_{max}\frac{S}{K_s + S} \tag{5.43}$$

여기서, μ : 세포의 비증식속도, hr^{-1}

μ_{max} : 세포의 비증식속도최대치, hr^{-1}

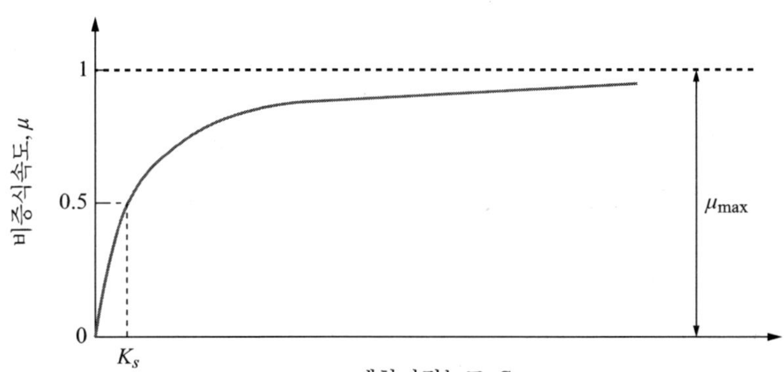

그림 5-21 • 세포의 비증식속도(μ)와 제한기질(S)과의 관계

S : 제한기질농도, g/L

K_s : μ가 $0.5\mu_{max}$일 때의 S농도, 또는 제한기질반포화농도, g/L

위 식은 세포증식과 기질제거에 관한 많은 방정식의 기본이 되고 있다. 그리고 폐수처리에서의 제한기질은 일반적으로 유기물질이다.

위 식과 그림을 볼 때, 낮은 제한기질농도에서 μ는 S에 거의 비례하고 있으며, S가 포화농도에 도달하면 μ는 최대가 되고($\mu = \mu_{max}$), 더 증가하지 않는다. 일반적으로 K_s값은 매우 작다. 포도당을 제한기질로 사용하는 *Escherichia*의 경우, $S < 5\mu$M에서 그것이 비증식속도를 제한한다. 인의 경우에도 그 수준인 1mg/L 미만의 농도에서 비증식속도를 제한한다.

이와 관련하여 <그림 5-15>의 세포증식곡선을 살펴볼 때, 지수증식 단계에서 S는 감소되고 μ는 μ_{max} 수준에서 일정한 값을 유지한다. 이것은 거꾸로 <그림 5-18>의 S선이 오른쪽으로부터 왼쪽으로 이동하면서 S가 충분히 감소될 때, 증식곡선은 감쇄단계에 접어들고 μ도 작아지는 것을 뜻한다.

생물학적 폐수처리에서는 일반적으로 유기질탄소를 제한기질로 함으로써 그 농도를 최저수준으로 감소시키는데, 이때 질소, 인 등의 영양물질은 과잉으로 남게 된다. 그리고 호기성 처리에서는 산소농도를 1mg/L 이상의 과잉상태로 유지함으로써 그것이 제한기질이 되지 않도록 한다. 그러나 그 이상의 산소농도는 세포증식속도를 μ_{max} 이상으로 증가 시키지 않으며, 에너지의 낭비만을 초래한다. 이러한 이론으로 미루어 볼 때, 제한기질 외의 영양물질을 너무 과량으로 공급하는 것은 비경제적이며, 삼투압력을 높이게 되어 오히려 역효과를 초래할 수도 있다.

식 (5.21)과 식 (5.43)을 결합하면,

$$r_g = \frac{dX}{dt} = \frac{\mu_{max} X S}{K_s + S} \tag{5.44}$$

한편 기질이용률은 아래와 같이 정의될 수 있다.

$$r_{su} = -\frac{dS}{dt} = -\frac{kXS}{K_s + S} \tag{5.45}$$

여기서, r_{su} : 기질사용속도 또는 기질이용률, g/m^3 · day

dS/dt : 경과시간당 기질변화율, g/L · hr

k : 최대 기질비이용률, g기질/g미생물 · day

S : 용액내 성장제한 기질의 농도, g/m^3

X : 미생물농도, g/m^3

K_s : 반속도상수, 최대 비기질이용률이 1/2일 때의 기질농도, g/m^3

세포증식속도를 사용된 기질과 관련시키면,

$$r_g = -Yr_{su} \tag{5.46}$$

여기서, Y : 세포생산계수(사용된 단위기질량당 생산된 세포질량), g/g

위의 Y값은 지수증식기의 경우이며, 이점을 강조하기 위하여 $Y_{\max}$로 표현할 때도 있다. Y를 세포수율이라고도 부른다. 위의 세 식으로부터 Y를 나타내면,

$$Y = \frac{dX}{dS} \tag{5.47}$$

한편, Pirt의 표현에 의하면,

$$Y = \frac{X - X_0}{S - S_0} = \frac{\Delta X}{\Delta S} \quad \text{[g/g]} \tag{5.48}$$

여기서, X_0 : 지수증식기초의 세포농도, g/L

X : 지수증식말기의 세포농도, g/L

S_0 : 지수증식기초의 기질농도, g/L

S : 지수증식말기의 기질농도, g/L

식 (5.44)과 식 (5.45)으로부터 r_{su}는,

$$r_{su} = -\frac{\mu_{\max} XS}{Y(K_s + S)} \tag{5.49}$$

$$k_{\max} = \frac{\mu_{\max}}{Y} \tag{5.50}$$

$$r_{su} = -\frac{k_{\max} XS}{K_s + S} \tag{5.51}$$

위에서 $k_{\max}$은 지수증식기에서 단위시간당 단위세포질량당 제거되는 기질량, 즉 최대기질제거속도를 뜻한다.

(b) **연속배양**

<그림 5-22>와 같은 연속배양기 내에서 순수배양을 할 때에는 그 속에서 세포의 지수증식과 감쇄가 동시에 진행된다. 이때, 연속배양기에서 관찰되는 세포의 실제증식 속도는,

$$[\text{실증식속도}] = [\text{증식속도}] - [\text{감쇄속도}] \tag{5.52}$$

$$r_{g.obs} = r_g - r_d \tag{5.53}$$

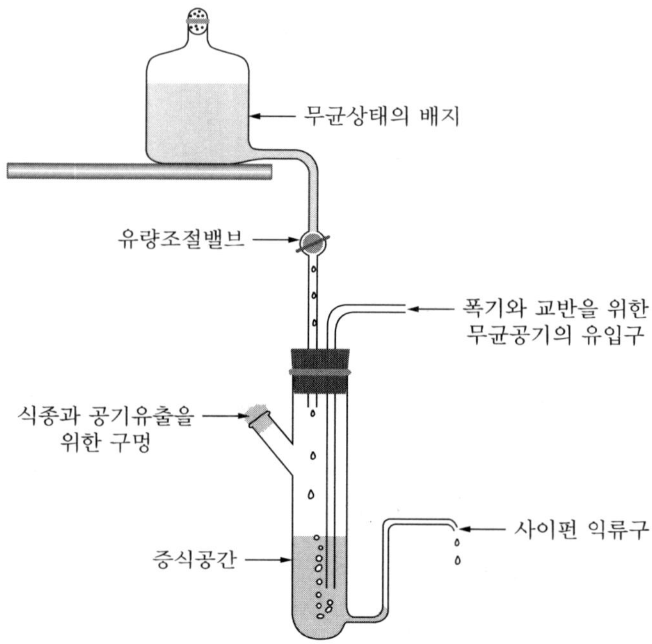

그림 5-22 ◦ 연속배양기

$$r_{g.obs} = \frac{\mu_{\max} XS}{K_s + S} - k_d X \tag{5.54}$$

$$r_{g.obs} = -\,Y r_{su} - k_d X \tag{5.55}$$

여기서, $r_{g.obs}$: 세포의 실증식속도, g/L · hr

따라서 관찰되는 세포의 실제비증식속도는

$$\mu_{obs} = \mu_{\max} \frac{S}{K_s + S} - k_d \tag{5.56}$$

여기서, μ_{obs} : 세포의 실비증식속도, hr^{-1}

k_d : 세포물질감소속도상수, hr^{-1}

관찰되는 세포의 실생산계수는,

$$Y_{obs} = \frac{(dX/dt)_{obs}}{(dS/dt)} \tag{5.57}$$

여기서, Y_{obs} : 세포실생산계수, g/g

$(dX/dt)_{obs}$: 관찰된 경과시간당 세포의 실제 증식률, g/L · hr

배양기 내에서의 세포체류시간을 감안하면,

$$Y_{obs} = \frac{Y}{1 + k_d \cdot SRT} \tag{5.58}$$

관찰되는 기질제거속도는

$$k_{obs} = \frac{\mu_{obs}}{Y_{obs}} \tag{5.59}$$

여기서, k_{obs} : 기질제거속도, g/g · hr

위 식들에서 $\mu_{\max}$, K_s, Y 등의 값은 비연속배양에서 구한 것을 사용할 수 있으며, k_d는 별도로 구해야 한다.

한편, 교반이 있는 연속배양기 내의 세포물질에 관하여 질량평형식을 다시 쓰면,

[축적률] = [유입률] + [증식률] − [유실률] − [감쇄율]

$$\frac{dX}{dt} = DX_0 + \mu X - DX - k_d X \tag{5.60}$$

여기서, X_0 : 지수증식기초의 세포농도, g/L

X : 배양기 내의 세포농도, g/L

D : 희석배수, hr^{-1}

μ : 세포의 비증식속도, g/L · hr

k_d : 세포의 감쇄속도, g/L · hr

위에서,

$$D = \frac{1}{SRT} = \frac{Q}{V} \tag{5.61}$$

여기서, SRT : 체류시간

Q : 유량

V : 용적

즉, 희석배수란 체류시간의 역수이다. 알기 쉽게 풀이하면, $F = 0.5hr^{-1}$란 1시간에 조내혼합액의 반이 유출되며, 2시간에 혼합액의 전량이 교체된다는 뜻이다.

배양기에서 DX_0와 k_dX는 일반적으로 무시된다. 그러나 폐수처리의 경우는 k_d값이 매우 중요하며 무시할 수 없다. 정상상태와 이러한 가정 하에 식 (5.60)을 다시 쓰면,

$$\frac{dX}{dt} = \mu X - DX = 0 \qquad \therefore\ \mu = D \tag{5.62}$$

위의 정상상태는 세포증식률이 유실률 범위에 들고 유입기질의 농도가 일정할 때에만 가능하다.
정상상태에서, 기질에 관한 질량평형식은,

[축적률] = [유입률] − [유출률] + [사용률]

$$\frac{dS}{dt} = DS_0 - DS + \left(-\frac{\mu X}{Y}\right) \tag{5.63}$$

여기서, S_0 : 유입기질농도, g/L

S : 배양기내의 기질농도, g/L

Y : 세포생산계수, g/g

정상상태에서 $\frac{dS}{dt} = 0$이므로,

$$\frac{\mu X}{Y} = D(S_0 - S) \tag{5.64}$$

식 (5.62)과 식 (5.43)으로부터,

$$D = \frac{\mu_{max} \cdot S}{K_s + S} \tag{5.65}$$

이 식을 S에 관하여 풀면,

$$S = \frac{K_s \cdot D}{\mu_{max} - D} \tag{5.66}$$

식 (5.64)과 식 (5.65)으로부터,

$$X = Y\left(S_0 - \frac{K_s \cdot D}{\mu_{max} - D}\right) = Y(S_0 - S) \tag{5.67}$$

식 (5.66)과 식 (5.67)을 사용하여, 기질 및 세포농도와 희석계수와의 관계를 곡선으로 나타낸 것이 <그림 5-23>이다. 이 그림에서 S_0는 각 농도에서 정상상태에 도달될 때까지 일정하게 유지된다.

이 그림과 위의 두 식을 관찰하여 보면, $D \geqq \mu_{max}$이 될 때 정상상태는 파괴된다. 실제적으로 정상상태를 유지가능케 하는 D의 최고치는 더 낮다.

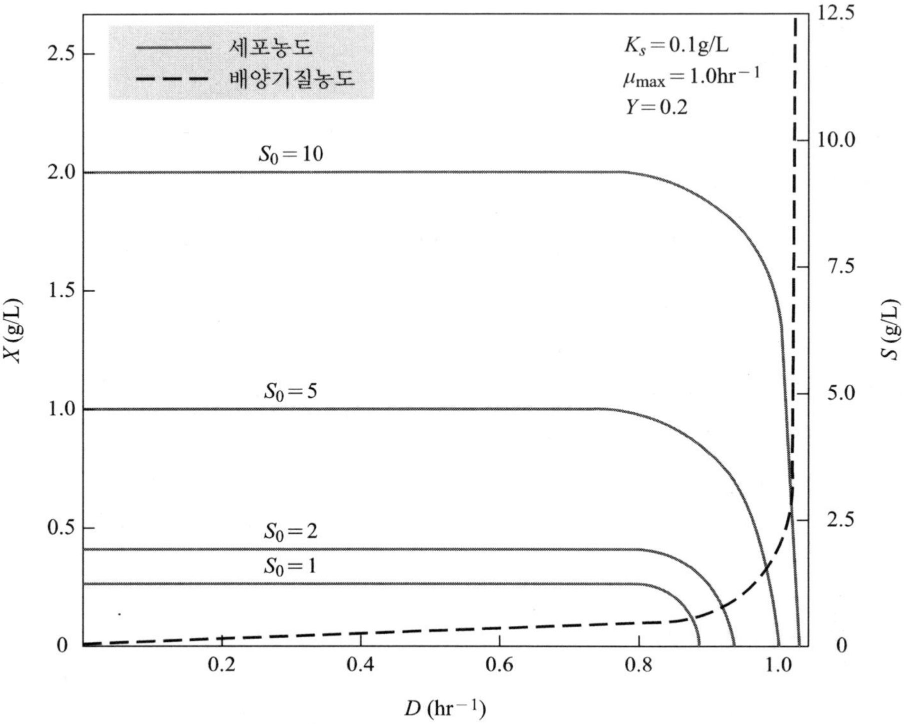

그림 5-23 • 연속배양기에서 S, X와 D와의 관계

$K_sD/(\mu_{max} - D) = S_0$가 될 때 $X = 0$이고 배양기의 세포는 다 유실된다. 이때의 D값을 한계희석계수 D_c라고 한다. 즉, $S_0 = K_sD_c/(\mu_{max} - D_c)$

$$D_c = \frac{\mu_{max} \cdot S_0}{K_s + S_0} \tag{5.68}$$

식 (5.66), 식 (5.67)을 더 관찰하여 보면 배양기질의 정상농도 S는 유입농도 S_0와 무관하다. 반면에 세포농도 X는 S_0에 크게 의존하며, $S \ll S_0$일 때에는 거의 S_0에 비례하며 D와는 거의 무관함을 알 수 있다. 그리고, S_0가 변할 때 X는 새로운 농도의 정상상태로 평형을 찾게 된다.

2. 하·폐수처리에 사용되는 반응조

(1) 하·폐수처리에 사용되는 반응조의 주요 유형

하·폐수처리에 사용되는 반응조의 주요 유형은 크게 회분식과 연속류식으로 구분되며 아래 <그림 5-24>에 나타낸 바와 같이 (a) 회분식 반응조 (b) 연속류교반반응조(CFSTR) (c) 플러그

흐름반응조 (d) 직렬형 완전혼합반응조 (e) 충전상 반응조 (f) 유동상 반응조 등으로 나누어진다.

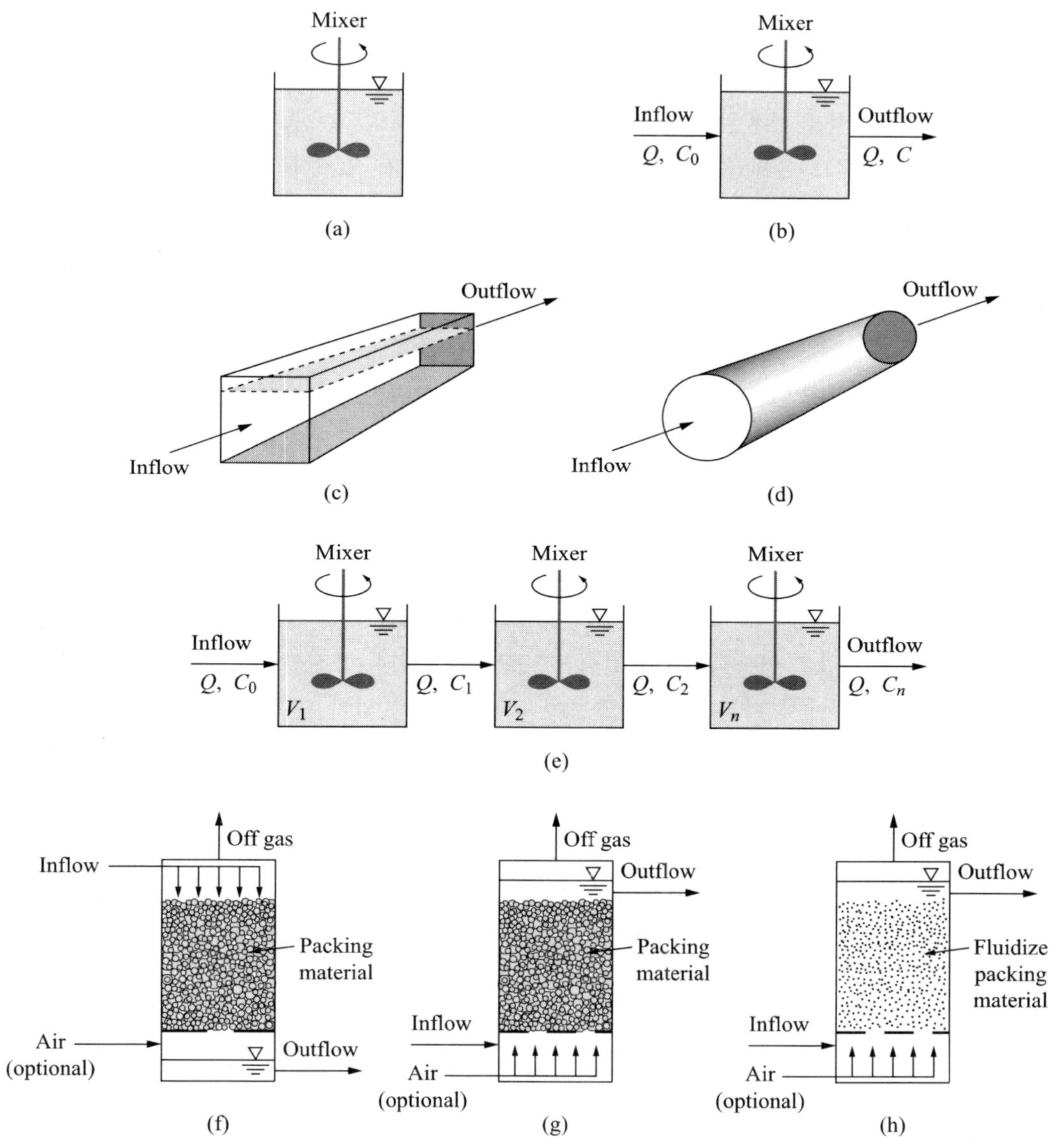

(a) 회분식 반응조(barch reactor) (b) 완전혼합반응조(complete mix reactor) (c) 개방형 플러그흐름반응조(plug flow open reactor) (d) 관형 반응조(tubular reactor) 또는 폐쇄형 플러그흐름반응조(plug flow closed reactor) (e) 직렬형 완전혼합반응조(complete mix reactors in series) (f) 충전상 반응조(packed-bed reactor) (g) 상향류 충전상 반응조(packed upflow reactor) (h) 상향류식 팽창상 반응조(expanded bed upflow reactor)

그림 5-24 ◦ 하수처리에 사용되는 다른 형태의 반응조에 대한 개념도

① **회분식 반응조** : 회분식 반응조에는 유입 및 유출 흐름이 없으며 반응물은 완전혼합되어지며, 대개 화학물질들은 배합하거나 농축된 물질들을 희석하는데 사용된다.

② **연속류교반반응조** : 연속류교반반응조에서는 유체 입자들이 유입되면서 반응조내에 순간적으로 균일하게 완전혼합이 이루어진다고 가정한다. 반응조내 반응물이 완전혼합 조건에 도달하는데 소요되는 실제 시간은 반응조의 기하학적 구조와 투입되는 동력에 따라 달라질 것이다.

③ **플러그흐름반응조** : 유체입자들이 길이방향의 혼합이 약간 있거나 전혀 없는 상태로 반응조를 통과하여 유입된 순서와 동일하게 반응조로부터 유출된다. 입자들은 입자들의 정체성을 유지하며 이론적인 지체시간과 동일한 시간동안 반응조에 체류한다. 이런 형태의 흐름은 길이/폭의 비가 커서 길이방향의 분산이 적거나 없는 긴 개방형 탱크나 폐쇄된 관형 반응조에 가깝다.

④ **직렬연결형 완전혼합반응조** : 완전혼합반응조의 직렬연결은 완전혼합반응조와 플러그흐름반응조에 대응하는 수리학적 흐름형태들 사이에 존재하는 흐름영역을 모델화 하는데 사용된다. 직렬연결이 한 개의 반응조로 구성된다면 완전혼합영역이 지배적이며, 무수히 많은 수의 반응조가 직렬연결된 구성이라면 플러그흐름이 지배적이다.

⑤ **충전상 반응조** : 충전상 반응조는 돌, 슬래그, 세라믹 혹은 요즘 흔한 플라스틱 등과 같은 충전물로 채워진다. 흐름에 따라 충전상 반응조는 하향흐름 혹은 상향흐름으로 운전될 수 있다. 충전물의 투입은 연속적이거나 간헐적으로 할 수 있다. 충전상 반응조내 충전물은, 유체가 한 단위 장치에서 다른 장치로 흐름에 따라 격막이 없이 연속적으로 배열하거나(그림 5-24(f)) 다중 단계로 배열할 수 있다. 충전상 흐름을 갖는 혐기성 반응조를 <그림 5-24(g)>에 나타내었다.

⑥ **유동상 반응조** : 유동상 반응조는 많은 관점에서 충전상 반응조와 유사하다. 그러나 유동상 반응조는 유체가 반응조를 통과하여 상향이동함에 따라 충전물을 팽창시킨다. 유동상 충전물의 확대된 공극은 유체의 유량을 조절함으로써 변화시킬 수 있다.

(2) 반응조의 수리학적 특성

완전혼합 및 플러그흐름 반응조는 하·폐수처리 분야에서 가장 흔하게 사용되는 두 가지 형태의 반응조이다.

선진국에서 1950년대까지의 활성슬러지공정 설계경향은 반응조를 플러그흐름형(PFR)으로 하는 것이었다. 즉, 폭기조를 좁고 길게 만들고 조의 전 길이에서 유입폐수를 폭기하는 형식이었다. 그러나 그 후의 연구결과는 이러한 재래식 유형이 상당한 수직교반뿐만 아니라 축방향의 수평교반도 수반하며, 유출수의 일부가 유입구로 재순환되는 경우, 이른바 역혼합이 있기도 하므로, 전체 반응이 그만큼 CFSTR에 접근하는 한편 이상적 PFR과는 거리가 먼 것으로 지적하고 있다.

그 후, 보다 더 이론적인 뒷받침에 의하여 연속류교반반응조(CFSTR)가 적용되기 시작하였는데, 폐수처리분야에서의 개발 초기에 McKinney 등이 크게 공헌하였다. 그리고 1970년에는 Lawrence와 McCarty가 CFSTR와 PFR 등의 설계방법을 이론적으로 종합하였다. CFSTR는 폐수처리분야에서 완전혼합형으로 잘 알려져 있다.

실제의 CFSTR 폭기조는 이론과는 다르게 유입폐수의 일부가 유입과 동시에 유출되는 불가피성이 있는데, 체류시간이 짧을 때 그러한 경향은 더 두드러지게 나타난다. 일종의 단로흐름이다. 또 실제적으로 조내에 유입하는 폐수를 순간적으로 완전혼합하는 일은 불가능 하므로, 실제 반응은 이상적 CFSTR와는 거리가 멀다.

두 반응조 유형이 실제 면에서 그러한 비이상적 또는 비이론적 괴리현상을 나타내고, 폐수반응차원 또는 기질사용속도가 영차반응에 가까울 때 두 유형 사이에는 반응소요시간의 차이가 줄어든다. 이것이 여러 폐수처리장에서 CFSTR 폭기조와 PFR 폭기조의 소요체류시간이 거의 같게 되는 원인이다.

산소이전의 입장에서 볼 때, PFR은 조입구에서 과도한 F/M비 때문에 산소부족현상이 생길 수 있다는 단점이 있다. 즉, 산소이전속도가 미생물의 높은 산소소비속도를 못 따라가는 것이다. 이러한 단점은 그 후 점감식폭기법 등의 개발, 그리고 운전기술의 향상에 의해서도 해결되고 있다. PFR의 또 다른 단점은 그것이 기질의 충격부하나 심한 부하변동, 그리고 독성물질 등에 대하여 약하다는 것이다. PFR에서는 조입구의 좁은 공간에서 일부의 미생물만이 그러한 부하에 대응하기 때문이다. CFSTR에서는 유입폐수가 조공간 전체에서 신속하게 혼합되므로 위와 같은 점에 관하여 PFR보다 적응력이 강하다.

1) 연속류교반반응조

연속류교반반응조(CFSTR)에 물감을 주입할 경우 유출수 중의 물감농도 C는 <그림 5-25>와 같이 나타난다. 이때 C_0는 물감질량을 반응조 용적으로 나눈 농도이며, 이때의 물감은 비반응 생성물이다. t_d는 공칭체류시간(V/Q)이다. 그리고 이 설명은 어디까지나 이상적 CFSTR의 경우이다.

체류시간에 따르는 유출수농도는 다음과 같이 물감 또는 추적자에 관한 질량평형식으로부터 얻을 수 있다.

$$[\text{축적률}] = [\text{유입률}] - [\text{유출률}] \tag{5.69}$$

$$V\frac{dC}{dt} = QC_0 - QC$$

$$\frac{dC}{dt} = \frac{Q}{V}(C_0 - C) \tag{5.70}$$

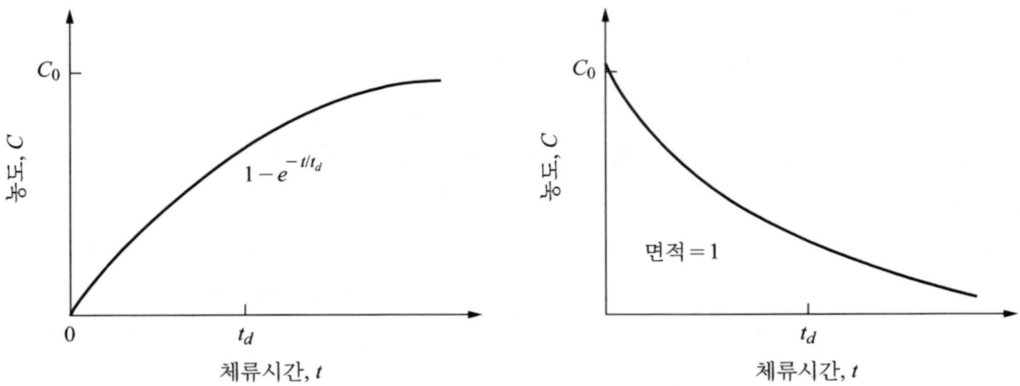

(a) 연속 주입할 때　　(b) 한 번 주입할 때

그림 5-25 • 연속류교반반응조의 물감유출상태

$C=0$, $C=C$ 및 $t=0$, $t=t$의 극한범위에서 위식을 적분하면

$$\int_0^C \frac{dC}{(C_0-C)} = \frac{Q}{V}\int_0^t dt \tag{5.71}$$

$$C = C_0\left(1-e^{-t\left(\frac{Q}{V}\right)}\right) = C_0\left(1-e^{\left(-\frac{t}{t_d}\right)}\right) = C_0\left(1-e^{-\theta}\right) \tag{5.72}$$

위에서 $t_d = V/Q$, $\theta = t/t_d$이다. 한편 반응조로부터 사라지는 물감농도는,

$$C = C_0 e^{-t\left(\frac{Q}{V}\right)} = C_0 e^{-\frac{t}{t_d}} = C_0 e^{-\theta} \tag{5.73}$$

2) 플러그흐름반응조

플러그흐름반응조(PFR)는 압출류형반응조라고도 하며, 물감을 주입할 경우 유출수 중의 물감농도 C는 <그림 5-26>과 같이 나타난다.

<그림 5-27>을 보면서 질량평형식을 사용하여 유출수중의 물감농도를 시간의 변수로서 구하여 보면,

[축적률] = [유입률] − [유출률]

$$\frac{dVd\left(\dfrac{C+C+\dfrac{\partial C}{\partial x}dx}{2}\right)}{dt} = QC - Q\left(C+\frac{\partial C}{\partial x}dx\right) \tag{5.74}$$

2차 항을 무시하고 식을 줄이면,

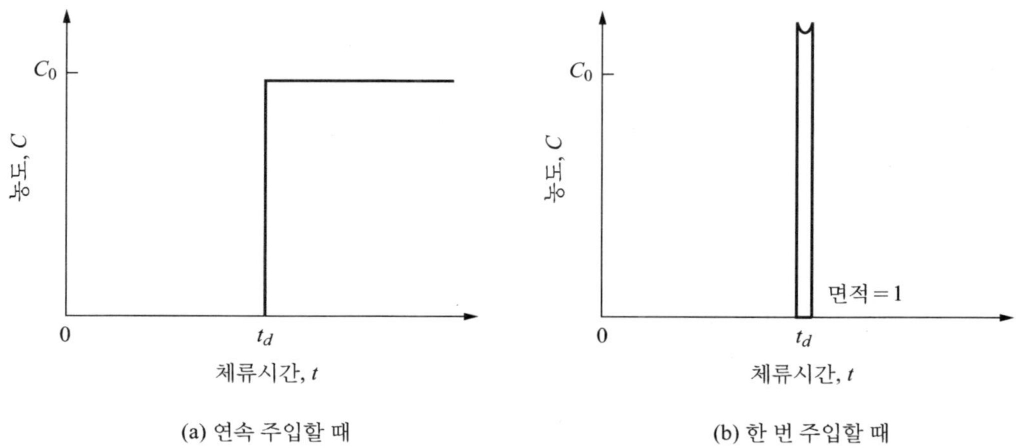

그림 5-26 ◦ 플러그흐름형반응조의 물감유출상태

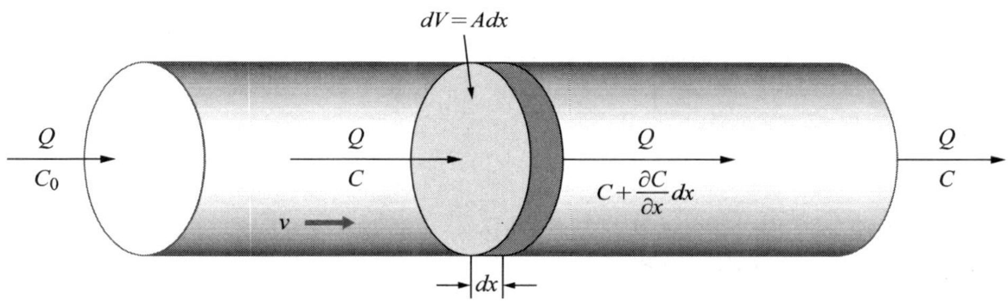

그림 5-27 ◦ 플러그흐름반응조내의 흐름

$$dV\frac{\partial C}{\partial t} = -Q\frac{\partial C}{\partial x}dx \tag{5.75}$$

$dV = Adx$, v를 속도라 하고 $Q = vA$ 등을 대입하여 풀면,

$$\frac{\partial C}{\partial t} = -v\frac{\partial C}{\partial x} \tag{5.76}$$

$\partial t = \frac{\partial x}{v}$ 이므로 위 식은 양쪽 항에서 부호만이 다르다. 그러므로 위 식을 만족시키려면 $\partial C/\partial x = 0$이 되어야 한다. 즉, 유입수 농도는 유출수 농도와 같아야 한다.

3) 공칭체류시간과 평균체류시간

앞에서 이상적 CFSTR와 PFR의 수리적 특성에 관하여 설명하였는데 실제적으로는 그러한 이상적 흐름을 갖는 반응조가 없으며, 다만 흐름의 특징이 CFSTR나 PFR에 가까울 뿐이다. 그

주원인은 공칭체류시간 t와 평균체류시간 t_d가 일치하지 않기 때문이다. 이러한 편차는 반응조 내에서 액체의 편류, 정체공간, 순환 등이 생기기 때문이다.

공칭체류시간이란 반응조용적을 유량으로 나누어서 얻는 체류시간이며, 평균체류시간이란 반응조를 통과하는 각 액체분자의 출구통과시간의 평균치이다.

$$t_d = \frac{V}{Q} \tag{5.77}$$

여기서, t_d : 공칭체류시간, T

V : 반응조 용적, L^3

Q : 유량, L^3T^{-1}

$$\bar{t} \simeq \frac{\int_0^\infty t\,Cdt}{\int_0^\infty Cdt} \tag{5.78}$$

여기서, $\bar{t}$: 평균체류시간, T

t : 출구통과시간, T

C : 통과하는 비반응성물질의 농도, ML^{-3}

위의 평균체류시간은 아래와 같은 근사치방법으로 구할 수 있다.

$$\bar{t} \simeq \frac{\sum t_i C_i \Delta t_i}{\sum C_i \Delta t_i} \tag{5.79}$$

평균체류시간이 공칭체류시간보다 작을 때, 그것은 반응시간과 반응효율이 이론적인 값보다 감소됨을 뜻한다.

예제 5-3 어떤 모형반응조의 유입수에 비반응성물감을 한번 주입하고 유출구에서 그 농도를 쟀더니 시간별로 아래와 같은 결과를 얻었다.

t_i(min)	0	5	10	15	20	25	30	35	40	45	50	55	60
C_i(mg/L)	0	25	29	21	16	11	9	6	4.5	3.0	2.3	1.5	0.5

반응조의 용적 V는 5L이고, 유량 Q는 12L/hr이다. 공칭체류시간 t_d와 평균체류시간 t를 결정하라.

답

체류시간별유출수 농도를 히스토그램으로 나타내면 아래 그림과 같다.

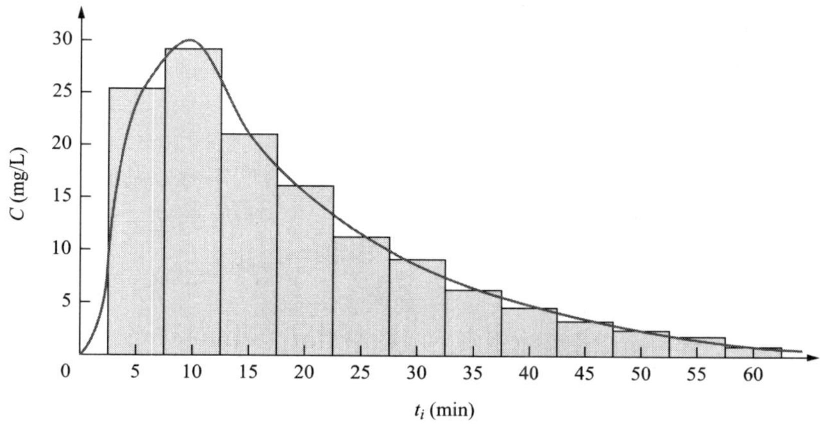

공칭체류시간은

$$t_d = \frac{Q}{V} = \frac{5\text{L}}{12\text{L}/60\text{min}} = 25\text{min}$$

평균체류시간을 구하기 위하여 계산표를 만들면 아래와 같다.

$$\sum t_i C_i \Delta t_i = (5)(2347.5) = 11737.5$$

$$\sum C_i \Delta t_i = (5)(128.8) = 644$$

t_i(min)	Δt_i(min)	C_i(mg/L)	$C_i t_i$(min · mg/L)
0	5	25	125
10	5	29	290
15	5	21	315
20	5	16	320
25	5	11	275
30	5	9	270
35	5	6	210
40	5	4.5	180
45	5	3.0	135
50	5	2.3	115
55	5	1.5	82.5
60	5	0.5	30
합계	60	128.8	2347.5

평균체류시간은

$$t = \frac{\sum t_i C_i \Delta t_i}{\sum C_i \Delta t_i} = \frac{11737.5}{644} \simeq 18.2\text{min}$$

한편, 주입된 물감의 총 질량은

$$m_c \simeq \sum C_i \Delta t_i \Delta Q_i = (12/60)(128.8)(5) = 128.8\text{mg}$$

이 물감이 반응조 내에 즉시 완전 혼합된다면

$$C_0 \simeq \frac{m_c}{V} = \frac{128.8}{5} = 25.8\text{mg/L}$$

(3) 반응조의 변형 및 적용

하·폐수처리에 사용되는 반응조의 형태 선정시 반드시 고려되어야 할 운전요소는 ① 처리하고자 하는 하수의 특성 ② 반응의 특성 ③ 처리공정을 주도하는 반응속도 ④ 공정성능의 필수요건 ⑤ 지역의 환경조건 등을 포함한다. 또한 반응조의 선택은 시공비용, 운전 및 유지비용 등도 영향을 미친다. 이들 요소의 상대적 중요성은 각 적용분야에 따라 다르기 때문에 각 요소별로 각기 고려되어야 한다.

하·폐수처리공정에서는 흔히 반응조를 변형하여 적용할 때가 있다. <그림 5-28>에서 (a)는 유입폐수를 부분적으로 처리하기 위하여 일부를 우회시키는 경우이고, (b)는 활성슬러지법에서처럼 반응물질의 일부분을 재순환시키는 경우이며, (c)는 유입폐수를 단계적으로 부하시키는 방법이다.

또한 PFR와 CFSTR를 한 공정상에서 결합하여 배치할 수도 있다.

실제로 폐수처리조를 설계하고 시공할 때에는 그것이 이상적 반응조에 가깝도록 최대한의 노력을 해야 한다. 가령 CFSTR을 건설할 때에는 유입폐수가 가능한 한 신속하게 조 내에서 균등혼합 되도록 유입구, 유출구, 조 형태, 혼합장치 등을 설계해야 한다. 반면 PFR을 건설할 때에는 조 형태를 좁고 길게 그리고 가능한 한 난류 없이 피스톤흐름이 유지되도록 유입구, 유출구, 조 형태 등을 설계해야 한다.

평균체류시간이 공칭체류시간에 가깝도록 노력하는 것이 또한 중요하다. 그러기 위하여 온도 때문에 생기는 밀도류와 단로흐름 등 편류를 극소화해야 하며, 조내에 정체공간을 없게 해야 한다. 이러한 노력이 일환으로 여러 가지 물리적 조건이 고안되며, 모형실험이 실시되기도 한다.

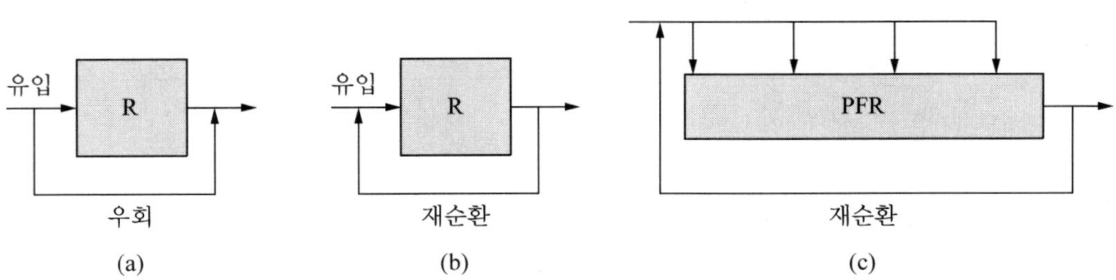

그림 5-28 • 반응조의 변형

5.2 호기성 반응을 이용한 처리법

1. 호기성 반응의 원리

호기성 프로세스에서 활동하는 미생물은 절대호기성의 종도 있지만, 조건성의 것이 많다. 그리고 화학유기영양계와 화학무기영양계의 미생물이 주로 활동한다. 그 중에서 탄소계 유기물질을 제거하는 화학유기영양계 물질대사를 화학량론식으로 나타내면 대체로 아래와 같다.

(a) 이화작용 : $(CH_2O) + O_2 \rightarrow CO_2 + H_2O + \Delta E$

(b) 동화작용 : $(CH_2O) + 1/5NH_3 + \Delta E \rightarrow 1/5C_5H_7O_2N + 3/5H_2O$ (5.80)

(a)+(b) 물질대사 : $2(CH_2O) + O_2 + 1/5NH_3 \rightarrow 1/5C_5H_7O_2N + CO_2 + 8/5H_2O$

물질대사에 있어서 한 기질이 이화학작용과 동화작용에 사용되는 비율은 기질과 미생물 및 환경조건 등에 따라서 다르다. 만약 분자식이 알려진 기질, 즉 포도당($C_6H_{12}O_6$) 같은 단순한 기질의 경우에는 위의 대사식을 보다 정확하게 정량적으로 나타낼 수 있겠으나, 생활폐수와 같은 복합유기물질의 혼합체인 경우에는 실험결과나 경험에 의하여 그것을 나타낼 수밖에 없다. 위 식의 경우에는 ThOD값으로 기질의 50%가 이화작용에, 그리고 50%가 동화작용에 사용되는 것으로 가정한 것이다. ΔE는 생산된 에너지이다.

기질이 고갈되었을 때, 생성된 세포는 내호흡단계에 들어가고, 끝내는 자기분해된다. 이때의 화학량론식은 대체로 아래와 같다.

$$C_5H_7O_2N + 5O_2 \rightarrow 5CO_2 + NH_3 + 2H_2O + \Delta E \quad (5.81)$$

이들 물질대사식을 알기 쉽게 나타낸 것이 <그림 5-29>이다. 이 그림에서 최종생산물이란 CO_2와 NH_4^+, PO_4^{3-} 등의 무기질이다. 한편 Eckenfelder에 의하면 새로이 합성되는 세포물질의 23%는 생물분해 불가능한 물질로서 내호흡이 끝까지 진행되어 자기분해되더라도 반응조 내에 잔류하게 된다. 따라서 이 23%는 잉여세포물질을 감소시키기 위한 호기성 소화의 한계치이기도 하다.

<그림 5-30>은 호기성 프로세스에 있어서, 기질인 유기물질과 세포물질 및 산소사용량 등의 정량적 관계를 비연속배양을 이용하여 나타낸 것이다. 이 그림에서 기질은 세포가 증식정지기에 이를 때까지 급속히 감소하지만 그 후에는 거의 감소하지 않는다. 반면에 산소는 세포가 감쇄기에 들어서서 자기분해될 때까지 계속적으로 사용되고 있다.

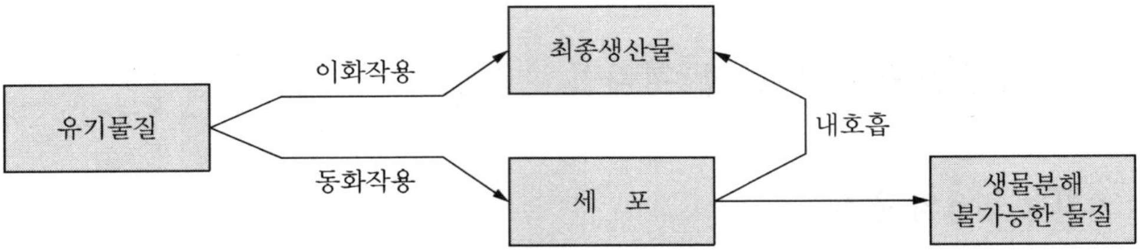

그림 5-29 ◦ 화학유기영양계세균의 호기성 물질대사

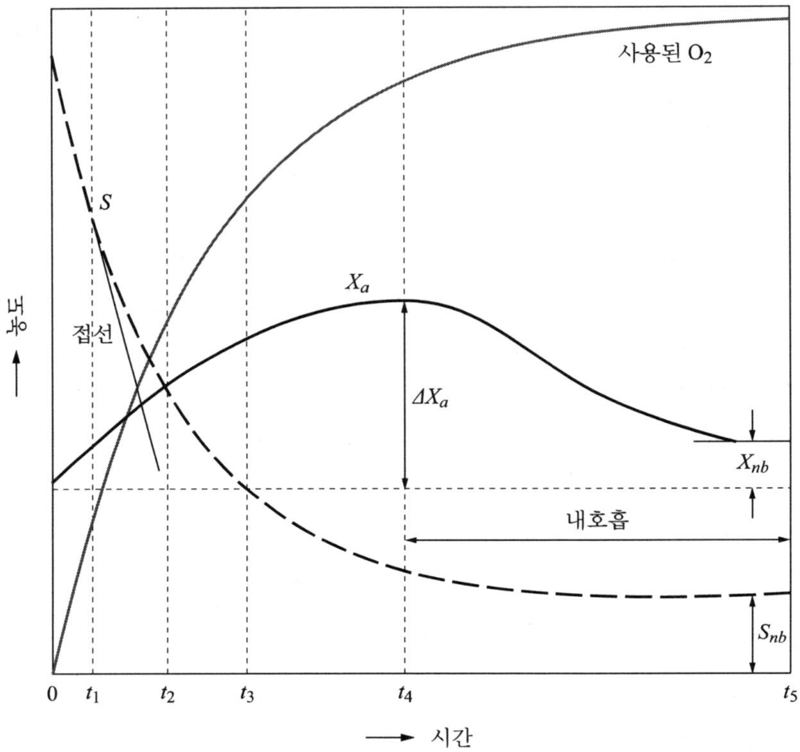

S : 기질, X_a : 세포물질, X_{nb} : 생물분해 안되는 세포물질

그림 5-30 ◦ 호기성 프로세스에서 기질의 제거와 세포의 합성 및 감쇠(비연속배양)

일반적으로, 호기성 프로세스에서는 기질과 미생물과의 접촉시기 또는 F/M비 등이 원하는 잉여슬러지량 등에 따라서 선택적으로 결정된다. 즉, 장기폭기법에서는 그림의 t_4의 시간이 선택된다.

호기성 프로세스에서는 같은 반응조내에서 화학무기영양계인 질산화세균도 활동하지만, 이 세균은 증식속도가 더디므로, 대체로 탄소계의 유기물질이 상당히 제거된 반응후기에 활발하게 질산화활동을 시작한다. 그러나 높은 온도에서는 대사속도가 빠르므로 열대나 아열대지방에서는 질산화작용을 무시한 호기성 프로세스란 사실상 불가능하다. 22℃ 이상의 수온에서는 2.5일 정도의 슬러지일령에서 질산화반응이 일어난다. 그렇지만 온대지방에서는 일반적으로 질산화반응이 별도로 취급되고 있다. 이 책에서도 별도의 장에서 질산화반응에 관하여 기술한다.

2. 호기성 현탁증식프로세스

(1) 생물학적 플록의 특성

1) 플록의 형성

호기성 현탁증식프로세스에서 반응을 주도하는 세균은 반응조내에 개체로서 분산하고 있는 것이 아니라 그 대부분이 플록의 상태로 분사되어 있다. 이 생물학적 플록은 여러 세균군의 응집체인데, 균류를 포함하기도 하며, 원생동물 등의 포식대상이 되기도 한다. 호기성 현탁증식프로세스에서는 이러한 생물학적 플록을 활성슬러지라고 한다.

활성슬러지에서는 *Zoogloea remigera*라는 균체가 있고 그것이 점질매트릭스를 생성하면서 증식하므로 플록 형성에 기여하는 것이 사실이지만 기타 세균군에 의한 플록 형성의 구조는 아직 완전히 밝혀지지 않고 있다. 최근에는 플록을 형성하는 많은 세균들이 점액상의 다당류 생물질을 분비하고 그것이 플록 형성에 기여한다는 설도 있고 생물학적으로 합성된 고분자 물질의 포 겉으로 캡슐, 실, 강막 등을 형성하여 서로 엉키도록 한다는 설도 있으며, 플록 형성을 콜로이드 화학의 전화원리로 설명하는 경우도 있다. 이러한 플록의 형성은 세포가 지수증식기에 있을 때에는 잘 안되고 증식정지기 후에 잘된다. 활성슬러지 내의 균류와 기타의 사형 미생물은 그것이 적당하게 있을 때 플록의 골격으로서 구조적인 도움을 주지만 과량으로 있을 때에는 플록이 부풀고 느슨해서 가라앉지 않는 이른바 팽화현상을 일으킨다. 많은 사형미생물은 절대호기성이며, 유기질 탄소원을 놓고 세균과 경쟁한다. 용존산소농도가 낮을 경우(<0.5mg/L), 산소가 플록 속으로 침투하여 그 속의 세균군을 호기성으로 유지하는 것이 어렵게 된다. 그러나 균류 등은 비표면적이 크므로 산소와 접촉하기보다 쉬우며, 긴 균사를 플록 밖으로 뻗치게 할 수 있으므로 낮은 용존산소에서 세균보다 우세해 질 수 있다.

균류는 대상기질이 광범위하고 낮은 질소 농도와 극단적인 pH, 그리고 악조건에서도 비교적 잘 번식한다. 그리고 F/M비가 크고 세포가 지수증식을 할 때, 세균은 플록 형성을 안 하지만 균류는 크게 증식한다. 그러나 많은 세균이 조건성인 반면에 많은 균류는 절대호기성이므로 반응조에 혐기성 상태가 오래 계속될 경우(12시간 이상) 균류는 사멸한다.

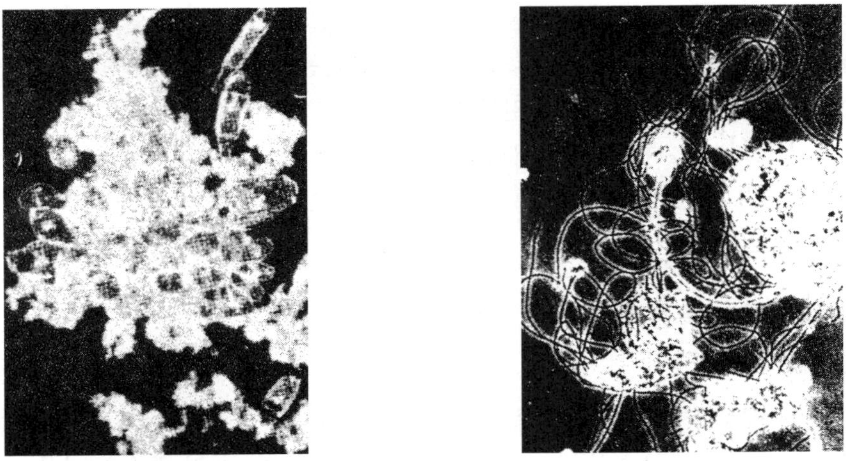

(a) 세균플록과 포식생물, 50×　　(b) 팽화된 슬러지, 125×

그림 5-31 ◦ 활성슬러지

2) 플록의 특성과 그것을 호기성으로 유지하기 위한 최저용존산소농도

활성슬러지는 침전조에서는 크게 덩어리를 이룸으로써 고액분리를 돕지만 반응조 내에서는 물의 전단력 때문에 작게 분산한다. 또 기질과 산소의 침투를 위해서는 플록이 작을수록 유리하므로 반응조에서는 그러한 목적으로 교반이 실시된다. 활성슬러지조 내의 교반은 통기장치에 의하여 실시되는데, 이때 생기는 속도 기울기는 40～900sec^{-1}이다.

활성슬러지조 내의 생물학적 플록 크기는 이러한 교반강도와 세포응집력과의 평형에 의하여 결정되는데, 대개 200μm 미만이며, 흔히 90μm 미만이다. 플록의 비중은 물보다 크며 하나의 플록에 백만위수의 세포가 뭉쳐있거나 1g 건조중량플록에 10^{11}～10^{12}개의 세포가 포함되어 있다.

활성슬러지와 *Zoogloea* 플록의 특성이 비슷하다고 보고 재래식 활성슬러지조 내의 실제의 플록 크기와 비산소소비속도를 감안할 때, 플록을 호기성으로 유지하기 위한 조 내 용존산소의 최저농도는 0.1～0.4mg/L이다. 고농도(5,000mg/L)의 MLSS를 유지하고, 비산소소비속도가 50mg/g·hr 정도 되는 산소폭기법의 경우에도 비교적 큰 플록에 대한 최저용존산소농도는 약 2mg/L이다.

(2) 반응속도와 영향인자

호기성 현탁증식프로세스의 반응에 기여하는 화학유기영양계 미생물의 반응속도와 질량평형에 관한 이론은 5.1의 1.에서 설명한 내용과 유사하다.

앞 절에서의 설명을 현탁증식에 대하여 적용하고 산소소비속도와 반응속도상수 등에 관하여 좀 더 상세히 고찰하면 다음과 같다.

1) 활성세포물질의 반응

세포의 비증식속도에 관한 Monod의 식 (5.43)은 순수배양에 의하여 결정된 것이지만, 폐수처리프로세스의 반응조는 혼합배양이고, 대개의 경우 연속배양이다. 따라서 반응조혼합액의 구성도 다르다. 전자의 경우는 거의 다 이분해성의 단일 기질과 단일활성미생물로 구성되어 있지만, 후자의 경우는 난분해성인 것을 포함한 잡다한 혼합기질, 여러 활성미생물과 비활성세포물질, 먹이연쇄 등이 포함되어 있으며, 산소도 세포합성과 세포내호흡, 그리고 포식생물의 활동에까지 사용된다. 폐수반응조혼합액의 구성요소 중 중요한 것들을 간추리면 아래의 세 가지와 같다.

(a) 활성세포생물(X_a)

기질로부터 합성된 세포량으로부터 내호흡에 의하여 감쇄된 세포량을 뺀 것이 활성세포 물질의 양이며, 이것만이 생화학적 반응에 기여할 수 있다.

(b) 비활성세포물질(X_e)

내호흡으로 분해되지 않는 잔유세포물질로서 내호흡에 들어간 활성세포물질의 약 23% 정도이다.

(c) 생물분해불가능한 유기고형물(S_{nb})

슬러지일령이 수리학적 체류시간보다 길 때, 반응조 내에 생물분해불가능한 유기고형물이 유입수의 농도보다도 높게 축적된다.

이들 세 가지 구성물질은 일반적인 수질분석 시험법에서는 휘발성고형물(VSS, X_v)로 나타낸다.

실제로 반응조 내 축적되는 비활성세포물질 또는 활성세포물질의 비율은 슬러지일령과 관계있다. 그리고 활성미생물의 정확한 정량을 위하여 ATP시험방법, (RNA)/(DNA)정량법이 사용되지만 실무현장에서 적용하기는 어렵다. 또한 용존기질의 제거에 관해서는 반응속도식이 잘 맞지만 고형물의 경우에는 가수분해속도가 전반적인 기질제거속도를 제한하는 경향이 있다.

2) 기질의 이용과 세포증식의 속도

(a) 기질소비율

하·폐수처리에서 중요한 관심사 중의 하나인 기질 제거에 관한 것으로 기질 이용속도 식 (5.45)는 아래와 같이 정의될 수 있다. 기질의 양은 기질 이용에 기인하여 시간에 따라 감소하기 때문에 식 (5.82)를 기질의 물질수지에 이용 시 아래와 같이 음의 값으로 나타난다.

$$r_{su} = -\frac{dS}{dt} = -\frac{k_{\max} XS}{K_s + S} \tag{5.82}$$

여기서, r_{su} : 기질사용속도 또는 기질이용률, g/m^3 · day

$k_{\max}$: 최대 기질 비이용률, g 기질/g 미생물 · day

X : 미생물 농도, g/m^3

S : 용액내 성정제한 기질의 농도, g/m^3

K_s : 반속도상수, 최대 비기질 이용률이 1/2일 때의 기질농도, g/m^3

생물학적 처리 시스템은 유출수의 기질농도를 최대한 낮게 유지하기 위해 설계된다. 기질이 최대속도로 이용될 때 미생물도 최대속도로 성장하게 된다. 미생물의 최대 비성장률($\mu_{\max}$)은 다음과 같이 최대 기질 비이용률($k_{\max}$)과 관계가 있다.

$$\mu_{\max} = k_{\max} Y \qquad \text{즉, } k_{\max} = \frac{\mu_{\max}}{Y} \tag{5.83}$$

여기서, $\mu_{\max}$: 최대 미생물 비성장률, g 새로운 미생물/g 미생물 · day

$k_{\max}$: 최대 기질 비이용률, g 기질/g 미생물 · day

Y : 미생물생산계수, g/g

위식을 사용하여 식 (5.82)를 다시 쓰면 아래와 같다.

$$r_{su} = -\frac{\mu_{\max} XS}{Y(K_s + S)} \tag{5.84}$$

(b) **용존기질에 따른 미생물 성장률**

미생물 성장률은 미생물생산계수(Y)에 의한 기질이용률(r_{su})에 비례하며, 미생물의 사멸은 미생물의 존재에 비례한다. 따라서 다음과 같은 식이 성립할 수 있다.

$$r_g = -Y r_{su} - k_d X \tag{5.85}$$

$$= Y\frac{k_{\max} XS}{K_s + S} - k_d X \tag{5.86}$$

여기서, r_g : 미생물 증식속도 또는 미생물 생산율, g/m^3 · day

Y : 미생물생산계수, g/g

k_d : 내생감소계수, g VSS/g VSS · day

식 (5.86)의 양변을 미생물농도(X)로 나누면, 비성장률은 다음과 같이 정의된다.

$$\mu = \frac{r_g}{X} = Y\frac{k_{\max} S}{K_s + S} - k_d \tag{5.87}$$

여기서, μ : 미생물 비성장률, g VSS/g VSS · day

미생물의 비성장률은 기질의 농도와 내생감소계수와 관련되어 있다. 내생감소계수는 세포유지를 위한 에너지로 재부 저장물의 산화로 인한 세포질량의 손실과 세포사멸, 그리고 먹이사슬에서 고등 생물에 의한 포식으로 설명할 수 있다. 미생물은 모든 성장단계에서 세포유지를 위한 에너지를 필요로 하지만 내생 감소계수는 대체적으로 세포의 연령에 따라 분명히 변화하는 것 같다. 통상적으로 이러한 인자들을 크게 묶어서 보며 이들 요소들에 의한 세포질량의 감소는 존재하는 생물의 농도에 비례한다고 가정한다. 질량의 감소는 내생감소로 나타내며 계수 k_d는 내생감소율 계수이다. 보통 내생호흡과정에서 분해되지 않고 잔류하는 세포물질의 비율은 약 23%로 알려져 있다.

미생물의 내생감소계소를 무시하고, 식 (5.82)와 식 (5.86)에 관하여 다음과 같은 극단적인 두 경우를 생각할 수 있다.

① S값이 K_s보다 매우 클 때($S \gg K_s$), K_s를 무시하면 식 (5.82)와 식 (5.86)은 아래와 같이 줄어든다.

$$r_{su} = -\frac{dS}{dt} = -k_{\max}X \tag{5.88}$$

$$r_g = \frac{dX}{dt} = Yk_{\max}X \tag{5.89}$$

그러나 하·폐수처리는 S값을 최대한으로 적게 만드는 공정이므로 위의 두 식은 실용성이 적다.

② S값이 K_s보다 매우 적을 때($S \ll K_s$), 식 (5.82)는 아래와 같이 줄어든다.

$$r_{su} = -\frac{dS}{dt} = -\frac{k_{\max}XS}{S} = -k_sSX \tag{5.90}$$

위에서 k_s는 새로운 기질제거속도상수이다. 위 식으로부터 세포 증식속도는 아래식과 같다.

$$r_g = \frac{dX}{dt} = Yk_sXS \tag{5.91}$$

3) CFSTR 호기성 현탁증식프로세스에서의 기질 및 세포증식 반응

연속류교반반응조(CFSTR)를 사용하는 호기성 현탁증식프로세스에서는 미생물을 반응조 내에 일정하게 유지하면서 유입기질을 제거한다. 이때 기질에 관한 질량수지는

[축적률] = [유입률] − [유출률] + [사용률]

$$V\frac{dS}{dt} = QS_0 - QS + Vr_{su} \tag{5.92}$$

여기서, V : 반응조 용적, m^3

S_0 : 유입기질의 농도, g/m^3

S : 유출기질의 농도, g/m^3

Q : 유량, m^3/day

r_{su} : 기질사용속도, g $O_2/m^3 \cdot day$

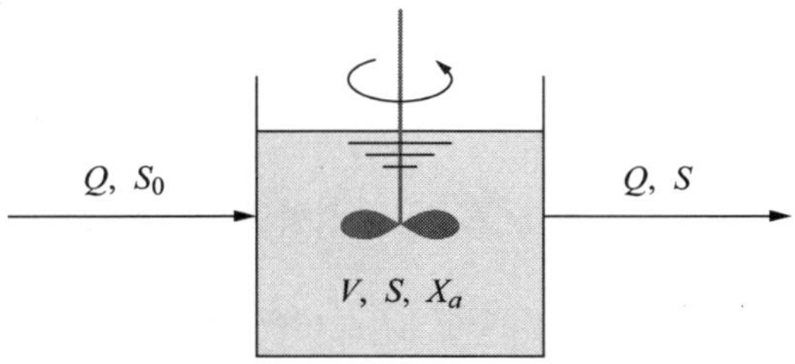

그림 5-32 ∘ 기질제거용 CFSTR

정상상태에서 반응조 내의 축적률은 영이므로 위 식은 아래와 같이 된다.

$$r_{su} = -\frac{Q(S_0 - S)}{V} = -\frac{S_0 - S}{HRT} \tag{5.93}$$

위에서 $HRT = V/Q$ =수리학적 체류시간(T)으로서 희석계수 $D(T^{-1})$의 역수이다.

생물학적 공정에서는 단위미생물당 기질제거속도를 비기질제거속도(U)라고 한다.

$$즉,\ U = \frac{1}{X}(-r_{su}) \tag{5.94}$$

여기서, U : 비기질제거속도, $g/g \cdot day$

X : 미생물 농도, g/m^3

비기질제거속도를 전항에서와 같이 몇 가지 기질(S)의 농도와 관련시켜서 나타내기도 한다.

① $S \gg K_s$의 경우, 식 (5.88), 식 (5.93), 식 (5.94) 등으로부터,

$$U = \frac{S_0 - S}{X \cdot HRT} = k_{max} \tag{5.95}$$

$$k_{max} = \mu_{max} / Y$$

② $S \ll K_s$의 경우, 식 (5.90), 식 (5.93), 식 (5.94) 등으로부터,

$$U = \frac{S_0 - S}{X \cdot HRT} = k_s S \tag{5.96}$$

$$k_s = k_{\max} / K_s$$

③ S가 위의 두 경우 사이의 중간구역에 있을 때에는

$$U = k_{\max} \cdot \frac{S}{K_s + S} \tag{5.97}$$

만약 $S = K_s$일 때에는,

$$U = \frac{k_{\max}}{2} \tag{5.98}$$

위의 세 가지 비기질제거속도를 곡선으로 나타낸 것이 <그림 5-33>이다. a구간 ($S \gg K_s$)에서 기질제거속도는 최대이고, 기질농도와는 무관하다. 즉, 0차 반응이다. b구간($S \ll K_s$)의 곡선은 직선이며 반응은 1차 반응이다. 즉, 기질제거속도는 세포주변의 기질농도에 비례한다. c구간은 양자 사이의 중간구역으로서 반응차원도 0차 반응 후부터 1차 반응 전까지이다. 이 중간구간에서 기질농도가 $S = K_s$일 때 기질제거속도는 최대 속도의 반이다.

이론적으로 볼 때 S_2선은 <그림 5-30>에서 t_1선에 해당되며 기질을 부분적으로 제거하는 수정폭기법에 해당된다. 재래식활성슬러지법에 해당되는 선은 대개 S_1선이다.

재래식활성슬러지법에 있어서 비기질제거속도의 실제값은 도시폐수의 용해성 COD인 경우, 0.15hr^{-1}의 값이 보고된 바 있다.

식 (5.82)로부터 유도된 앞의 세 경우와는 별도로 Grau는 아래와 같이 비기질제거속도를 유입기질농도와 관련시키고 있다. Adams와 Eckenfelder도 같은 표현법을 쓰고 있다.

$$U = \frac{S_0 - S}{X \cdot HRT} = k_1 \frac{S}{S_0}$$

k_1은 반응속도상수(T^{-1})이며, 도시폐수의 용해성성분에 대하여 8.4day^{-1}, 식품폐수와 같은 이분해성물질에 대하여 $25 \sim 30\text{day}^{-1}$, 섬유소와 같은 난분해성물질에 대하여 2.5day^{-1} 등의 값이 보고되고 있다.

호기성 현탁증식프로세스에서 제거대상이 되는 기질은 용질, 콜로이드, 미세한 입자군 등의 상태로 분포되어 있다. 도시폐수의 경우는 물질의 종류와 결합상태, 크기 등이 매우 다양한데 대체로 아래와 같은 물질들의 혼합상태를 가정할 수 있다.

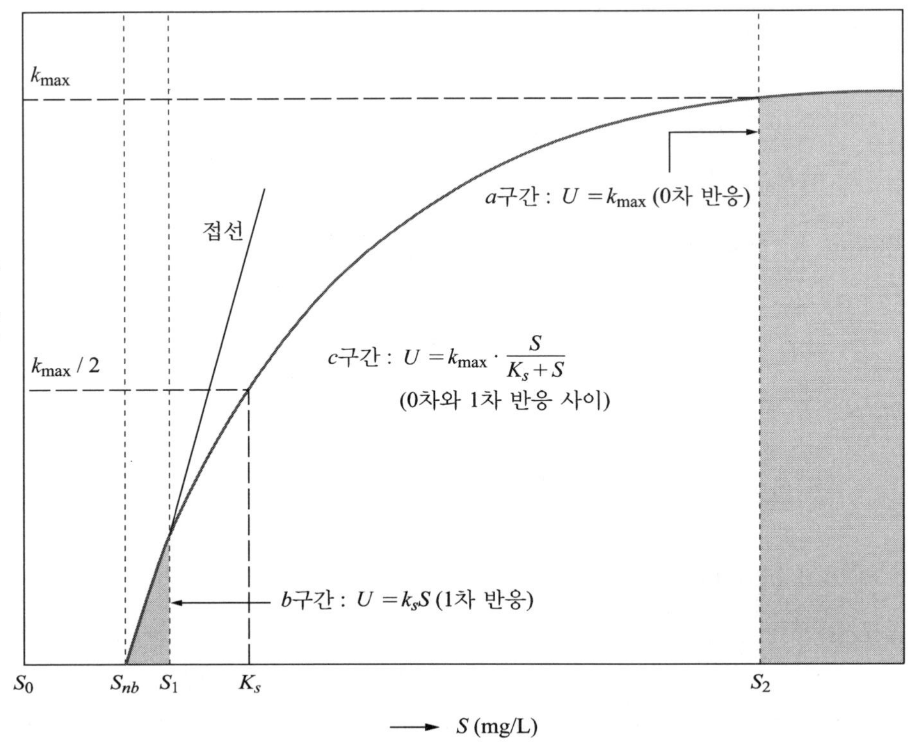

그림 5-33 • 기질농도와 비기질제거속도와의 관계

① 단당류, 저급지방산, α-아미노산 같은 단순한 분자들
② 다당류, 지질, 단백질 등의 고분자유기물질과 복합유기물질들
③ ②의 물질들로 구성된 미세한 입자들

위에서 ②와 ③의 물질들은 세균의 세포벽을 침투하여 대사되기 전에 ①의 크기까지 세포외 효소에 의하여 특이하게 가수분해되어야 한다. 활성슬러지프로세스에서는 대개의 활성세포들이 활성슬러지라는 큰 플록을 형성하여 반응조내에 분산하고 있는데, 가수분해 대상이 되는 위의 기질들을 이 속에 저장된 후 분해되는 것으로 알려져 있다. ①의 단순한 분자들과 가수분해가 끝난 기질들은 아래와 같은 과정을 거쳐서 대사되는 것으로 생각된다.

① 세포와 분자와의 접촉 및 흡착
② 분자의 세포벽 침투
③ 물질대사

단순한 저급분자들이라고 할지라도 그것이 대사되는 속도는 다양하게 다르다. 예를 들면, 페놀이 분해되는 시간은 포도당의 수배가 된다. 따라서 각 분자의 제거속도가 직선형, 즉 0차 반응일지라도 그 혼합체의 반응속도는 곡선형이 된다. 폐수처리에서는 대체로 1차 반응의 모델이 큰 무리없이 적용되고 있다. <그림 5-34>는 각기 분해속도가 다른 세 가지 기질에 관하여 각각의 분해속도와 합계분해속도를 나타낸 것이다. 이 그림에서 만약에 난분해성물질이 포함될 경우에는 COD는 더 길게 잔류하며 생물분해불가능한 부분은 제거되지 않고 잔류한다. 그러한 경우의 곡선은 2차 반응형에 더 가까울 수도 있다. 덧붙여서 입자기질에 대한 비기질제거속도는 용해성 기질보다 한 자리 수가 더딘 것으로 알려져 있다.

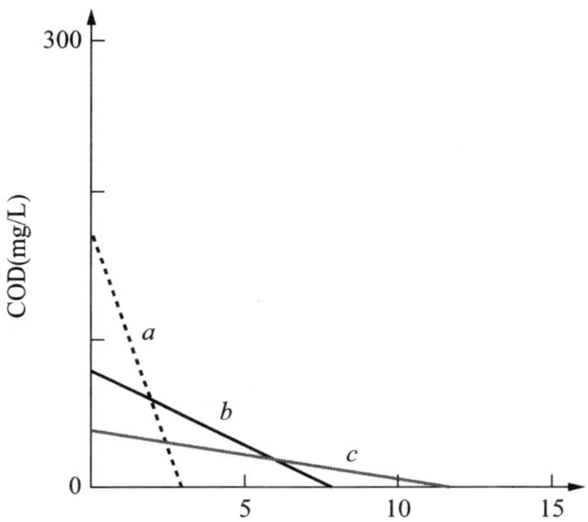

(a) 각 기질의 농도

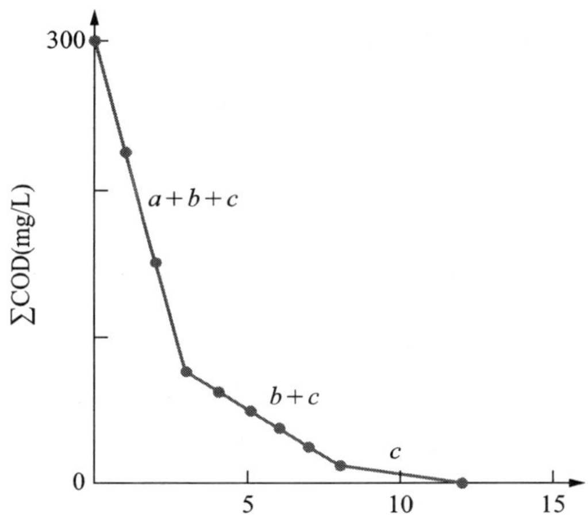

(b) 합계 기질의 농도

그림 5-34 • 생물분해에 의한 혼합기질의 농도감소상태

4) 산소소비속도

연속배양기 내에서는 세포의 증식과 감쇄가 동시에 진행된다. 따라서 유사한 호기성 공정에 있어서 반응조 내에서 소비되는 산소는 세포합성에 필요한 에너지공급대사, 즉, 이화작용과 세포성장률과 관계가 있다.

$$r_o = -r_{su} - 1.42\, r_g \qquad (5.99)$$

여기서, r_o : 산소소비속도, g $O_2/m^3 \cdot$ day

r_{su} : 기질사용속도 또는 기질이용률, $g/m^3 \cdot$ day

1.42 : 미생물의 COD값, g COD/g VSS

r_g : 미생물 증식속도 또는 미생물 생산율, $g/m^3 \cdot$ day

r_{su}항 앞의 음의 부호는 시간에 따라 기질이 감소되는 음의 기질이용률을 나타내기 때문에

필요하다.

단위미생물당 산소소비속도를 비산소소비속도(q_o)라고 하며, 아래 식과 같이 나타낼 수 있다.

$$q_o = \frac{r_o}{X} = \frac{1}{X} \cdot \frac{dO_2}{dt} \tag{5.100}$$

여기서, q_o : 비산소소비속도, g O_2/g VSS · day

재래식활성슬러지에서 F/M비가 0.4일 때의 비기질제거속도는 15mg O_2/g VSS · hr이다.

5) 반응속도상수의 결정

기질이용과 미생물의 성장률을 예측하기 위해 사용되는 반응속도상수(즉, q_o, k_{max}, K_s, Y, k_d)는 하수특성, 미생물군 그리고 온도에 따라 변할 수 있다. 반응상수값은 실험실 규모나 실규모 처리장 실험결과로부터 측정한다.

(a) 단위미생물당 산소소비속도(q_o)의 결정

단위미생물당 산소소비속도(k_d)는 식 (5.100)에 의하여 구할 수 있다. 산소소비속도(dO_2/dt)값은 <그림 5-35>와 같은 산소소비측정장치를 사용하여 측정할 수 있다. BOD병에 일정농도의 처리대상기질(S_0)과 일정농도의 미생물(X)를 넣고, 경과시간별 산소농도값을 측정함으로써 q_o의 값을 결정할 수 있다.

(b) 기질 반포화농도(K_s) 및 기질제거최대속도(k_{max})의 결정

K_s 및 k_{max}의 값은 식 (5.82)와 식 (5.93)으로부터 구할 수 있다. 즉,

$$r_{su} = -\frac{dS}{dt} = -\frac{k_{max}XS}{K_s + S} = -\frac{S_0 - S}{HRT} \tag{5.101}$$

식 (5.101)의 양변을 미생물의 농도(X)로 나누면 아래와 같다.

$$\frac{k_{max} \cdot S}{K_s + S} = \frac{S_0 - S}{HRT \cdot X} = U \tag{5.102}$$

식 (5.102)를 역수 취하여 정리하면,

$$\frac{HRT \cdot X}{S_0 - S} = \frac{K_s}{k_{max}} \cdot \frac{1}{S} + \frac{1}{k_{max}} \tag{5.103}$$

위의 식에서 $1/S$을 가로좌표로, 그리고 $HRT \cdot X/(S_0 - S)$를 세로좌표로 하는 직선을 그래프상에 그음으로써 K_s와 k_{max}의 값을 결정할 수 있다. 이때 HRT, S 등의 값은 <그림 5-32>,

<그림 5-36>과 같은 실험장치에 의하여 결정한다.

<그림 5-32>와 같은 실험장치에서는 반응조의 수리학적 체류시간(HRT)과 고형물체류시간(SRT)이 같다.

$$HRT = SRT = \frac{V \cdot X}{Q \cdot X} \tag{5.104}$$

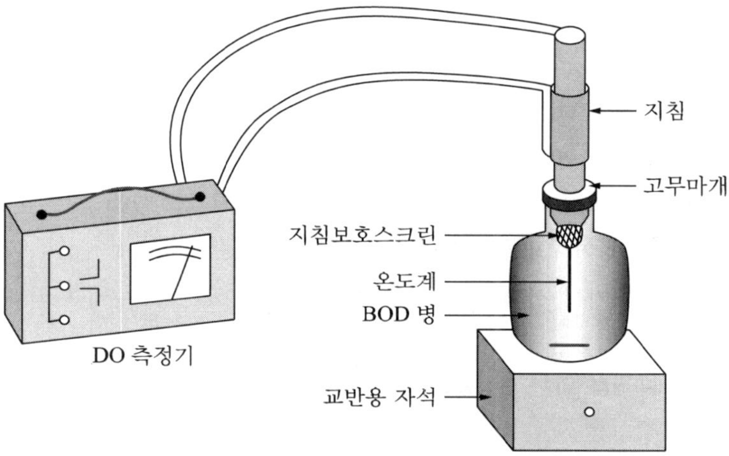

그림 5-35 ◦ 산소소비측정장치

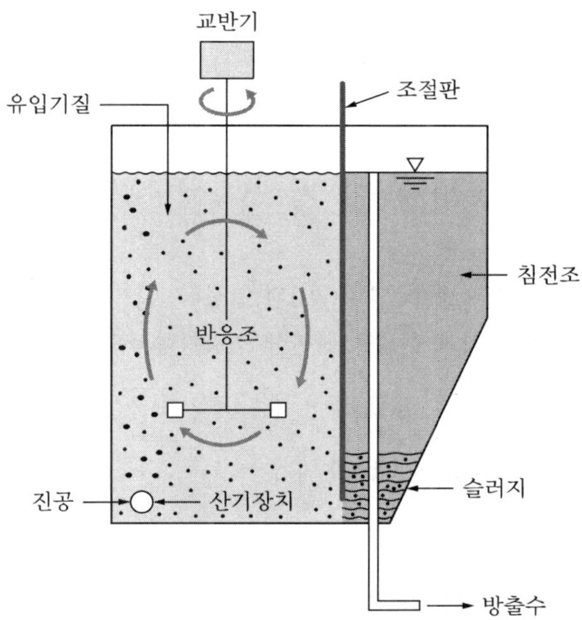

그림 5-36 ◦ 실험실 규모의 연속류 활성슬러지 반응조

그러나 <그림 5-36>과 같은 실험장치에서는 반응조에서 수리적 체류시간 동안에 새로 증식된 미생물의 일부를 반응조로 반송하고, 나머지는 잉여미생물로서 조 밖으로 인출한다. 그렇게 함으로써 반응조 내에 고농도의 세포물질을 일정하게 유지할 수 있다.

이러한 반응조에서 고형물체류시간(SRT)은 아래와 같이 정의 되며 유출수 내에 세포물질이 없다고 가정한 것이다.

$$SRT = \frac{V \cdot X}{Q_w \cdot X_w} \tag{5.105}$$

여기서, V : 반응조 용적, m^3

X : 미생물농도, g/m^3

Q_w : 잉여미생물질의 인출량, m^3/day

X_w : 인출되는 잉여세포물질의 농도, g/m^3

도시하수내 BOD의 호기성 산화에 대한 반응상수 값을 <표 5-11>에 나타내었다.

표 5-11 • 유기물질 제거를 위한 활성슬러지공정에서 생활하수의 반응속도상수값(20℃)

반응속도	단 위	값의 범위	
		범 위	대표값
k_{max}	g COD/g VSS · day	2～10	5
K_s	mg BOD/L mg COD/L	25～100 10～60	60 40
Y	mg VSS/mg BOD mg VSS/mg COD	0.4～0.8 0.3～0.6	0.6 0.4
k_d	g VSS/g VSS · day	0.06～0.15	0.10

(c) **미생물생산계수(Y) 및 내생감소계수(k_d)의 결정**

연속류교반반응조(CFSTR) 내의 미생물에 관한 질량평형식을 쓰면

[축적률] = [유입률] − [유실률] + [증식률] − [감쇄율]

$$V \cdot \frac{dX}{dt} = QX_0 - QX + V(-Y \cdot r_{su} - k_d \cdot X) \tag{5.106}$$

여기서, Q : 유량, m^3/day

X_0 : 유입되는 미생물농도, g/m^3

Y : 미생물생산계수, g/g

r_{su} : 기질사용속도 또는 기질이용률, g/m^3 · day

k_d : 내생감소계수, g VSS/g VSS · day

X_0를 무시하고 정상상태($dX/dt = 0$)를 가정하면,

$$QX = -Y \cdot r_{su} - k_d \cdot X \tag{5.107}$$

$$\frac{Q}{V} = \frac{1}{HRT} = -Y \cdot \frac{r_{su}}{X} - k_d \tag{5.108}$$

이때 HRT를 SRT로 대치하고 비기질제거속도(U)를 사용하면

$$\frac{1}{SRT} = Y \cdot U - k_d \tag{5.109}$$

SRT와 U의 실험자료를 통하여 위 식을 사용하여 Y와 k_d값을 그래프상으로 구할 수 있다. 위의 식은 뒤에 설명하는 바와 같이 미생물을 반송하는 경우에도 해당한다.

예제 5-4 어떤 폐수를 활성슬러지프로세스에 의하여 처리하고자 4개의 7L 용적의 연속류반응조 모형을 사용하여 처리실험을 실시하고, 아래와 같은 결과를 얻었다. 이 모형은 슬러지 반송이 없다. 활성슬러지프로세스 설계에 필요한 파라미터와 반응속도상수값을 결정하라.

〈 활성슬러지처리실험결과 〉

실험번호	(1) S_0 (mg BOD_5/L)	(2) S (mg BOD_5/L)	(3) X (mg VSS/L)	(4) $HRT = SRT$ (day)	(5) r_o (mg O_2/L · day)
1	200	10.5	97.6	2.8	52.1
2	200	19.5	104.2	1.6	86.9
3	200	27.0	118.3	1.2	111.0
4	200	45.0	94.5	1.0	119.3

답

실험결과를 다시 계산하여 자료표를 만들면 아래와 같다.

실험번호	(6) $1/S$ (L/mg BOD_5)	(7) $1/SRT$ (day)$^{-1}$	(8) $S_0 - S$ (mg BOD_5/L)	(9) $X \cdot SRT$ (mg VSS · day/L)	(10) $U^{-1} = \frac{X \cdot SRT}{S_0 - S}$ (mg VSS · day/mg BOD_5)	(11) $U = \frac{S_0 - S}{X \cdot SRT}$ (mg BOD_5/mg VSS · day)
1	0.095	0.357	189.5	273.3	1.442	0.693
2	0.051	0.625	180.5	166.7	0.923	1.083
3	0.037	0.833	173.0	142.0	0.820	1.219
4	0.022	1.000	155.0	94.5	0.610	1.639

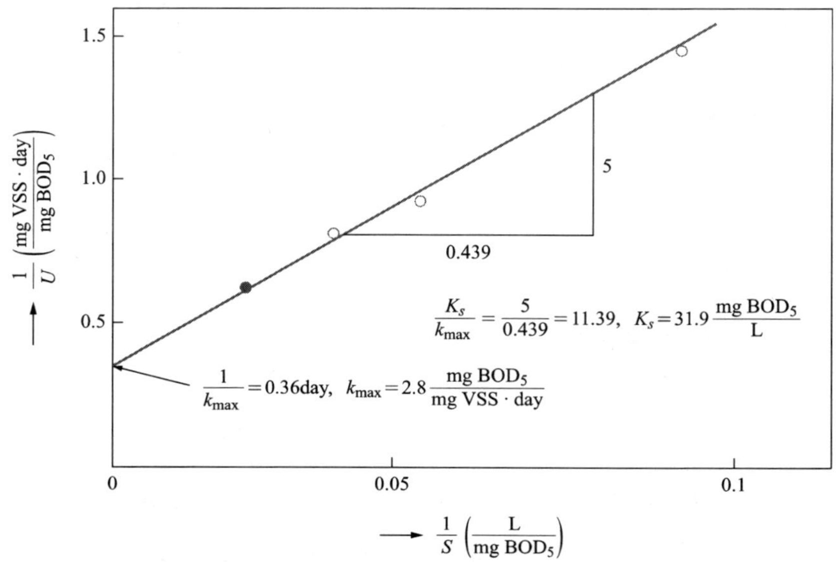

그림 5-37 • 그래프에 의한 K_s와 k_{max}의 결정

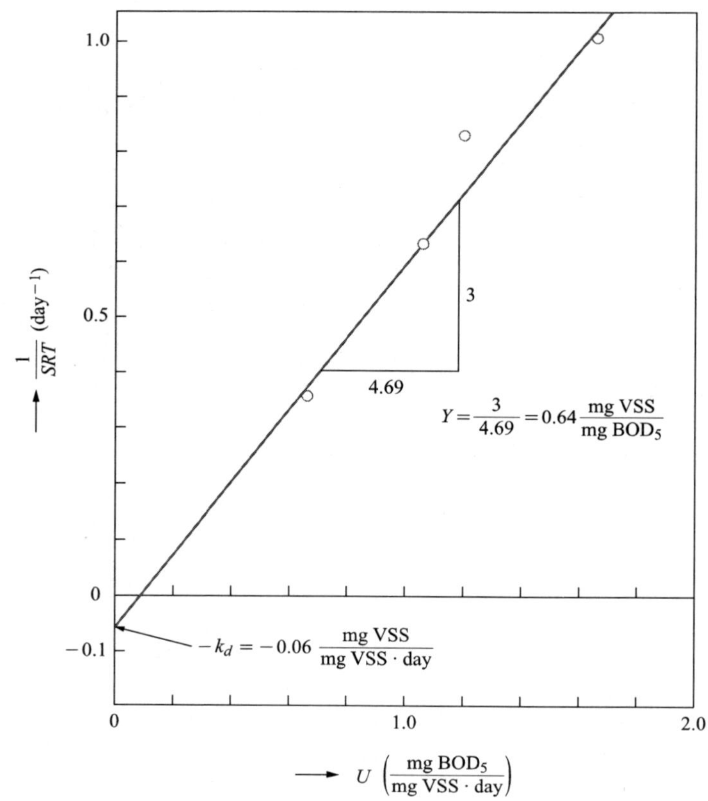

그림 5-38 • 그래프에 의한 Y와 k_d의 결정

(1) K_s 및 k_{max}의 결정

계산된 자료표의 (6)항과 (10)항을 그래프상에 점을 찍고, 식 (5.103)으로부터 값을 구하면, K_s = 31.9mg BOD_5/L이고, k_{max} = 2.8g BOD_5/g VSS · day이다.

(2) Y와 k_d의 결정

계산된 자료표의 (11)항과 (7)항을 그래프상에 점찍고, 식 (5.109)로부터 값을 구하면 Y = 0.64g VSS/g BOD_5이고, k_d = 0.06g VSS/g VSS · day이다.

식 (5.83)에서 $\mu_{max} = k_{max} \cdot Y$이므로

$$\mu_{max} = (2.8) \cdot (0.64) = 1.8\text{g VSS/g VSS} \cdot \text{day}$$

6) 반응영향인자

(a) 수온

호기성 현탁증식프로세스의 반응조에서 반응속도에 대한 온도영향은 van't Hoff-Arrhenius 변형식으로 표현된다. 즉,

$$k_T = k_{20} \cdot \theta^{(T-20)} \tag{5.110}$$

여기서, k_{20} : 20℃에서의 반응속도상수

k_T : T℃에서의 반응속도상수

θ : 온도계수

T : 섭씨온도

위 식은 대체로 4～30℃의 수온범위에서 작용되며, 생활폐수를 처리하는 활성슬러지공정의 θ값은 1.00～1.04이다.

온도는 반응조 내에서 아래의 파라미터에 영향을 주게 된다.

① 미생물의 대사속도
② 기질의 확산 및 침투속도
③ 산소이전속도
④ 생물학적 플록의 성상

수온이 저하되면 세균의 물질대사속도가 저하되고 따라서 기질제거속도도 낮아지게 마련이다. 입자 및 고분자기질의 가수분해속도도 낮아지며, 용해도도 떨어진다. 반면에 수온이 높아지면 대사속도 등이 높아지지만 너무 높은 온도에서는 세균효소가 변성되므로 활성슬러지는 기능을 상실한다. 견딜 수 있는 최고 온도는 35℃ 정도인 것 같다. 물리적인 면에서도 너무 높은 온도는 침전지에서 밀도류를 일으키고 고액분리를 어렵게 하므로 바람직하지 않다.

수온이 낮아지면 용액 내에서 기질의 확산속도가 저하되고 기질이 세균플록 속으로 침투해 들어가는 속도도 낮아지므로 기질제거속도가 떨어질 수 있다. 산소이전의 경우에는 온도의 영향은 대체로 무시된다. 수온이 높아질 때 산소분자의 확산속도가 커지는 반면에 용해도는 작아진다.

호기성 현탁증식 반응조에서의 온도영향은 사실상 생물학적 플록, 즉 활성슬러지의 온도에 대한 대응이라고 볼 수 있다. F/M비가 낮을 때 세균은 비교적 큰 플록을 형성하다. 그리고 산소의 플록침투가 기질제거에 영향을 준다. 고로, 수온의 높고 낮음이 θ값을 크고 적게 하지만 너무 높은 온도에서는 플록의 대사속도와 산소소비속도가 과대해지므로 플록 심층은 혐기성이 되고, 그것이 기질제거에 역으로 작용할 수도 있다. F/M비가 높을 때에는 플록은 작은 크기로 분산하므로 θ값은 온도의 영향을 더 받게 된다.

생활폐수의 경우, 활성슬러지조에 부하되는 기질의 많은 부분이 미세한 입자군과 콜로이드이고, 그것들을 주로 생물학적 응집에 의하여 플록 속에 저장된 후 분해 및 산화된다. 그런데 이 생물학적 응집은 온도영향을 덜 받으므로 θ값이 1에 가깝다. 그러나 기질의 대부분이 용질인 공장폐수의 경우 θ값은 비교적 크다.

일본의 한대지방에서의 활성슬러지프로세스에 관하여 온도영향을 연구한 보고에 의하면 수온이 낮을 때 활성슬러지는 기질제거속도가 떨어지고 플록내 저장기질량이 최대로 될 때가 반응조 체류후반기가 되며 저장된 기질이 완전하게 대사되지 않은 채 플록이 다시 침전조로부터 반응조로 반송되는 일이 거듭되므로 활성슬러지는 기질제거능력이 떨어지고 제거되지 않은 기질이 그대로 유출된다고 한다. 이것이 겨울철에 기질제거율이 떨어지는 구조적인 원인인 것 같다.

또한 더 제거된 기질이 반응조내에 쌓이면 용존산소농도가 저하되어 사형미생물이 번식하기에 좋은 환경이 되며, 그러한 상태가 계속될 경우, 활성슬러지를 구성하는 세균들이 점액을 덜 분비하게 된다. 그 결과 활성슬러지로서의 응집력이 낮아지고, SVI값이 커질 수 있다. 이와 같은 생물학적 플록에 대한 수온저하의 악영향을 극소화하기 위해서는 반응조 체류시간의 연장, 기질부하율의 감소, 산소이전의 강화 등을 포함한 겨울철 반응조관리가 요구된다.

세포생산계수(Y)와 세포감소속도상수(k_d)에 대한 온도영향에 관해서는 보고가 일정하지 않지만 일반적인 온도 범위 내에서는 그 영향이 큰 것 같지 않다. 이들 파라미터의 정확한 값은 처리실험에 의하여 결정하는 것이 좋다.

(b) 기타의 인자

호기성 현탁증식프로세스에서 기질제거에 영향을 미치는 기타의 인자는 영양물질, pH, 삼투압력, 정수압, 증식억제물질, 증식조건의 변화 등이다. 일반적으로 활성슬러지공정에서는 BOD_5 : N : P = 100 : 5 : 1이 되도록 질소와 인의 비율을 맞추고 있다. 생활폐수의 경우에는 대개 질소와 인이 과량으로 있지만 공장폐수의 경우에는 부족할 때도 있으므로 주의를 요한다. 이들 영양물질의 수요는 세포증식이 낮을 때에는 따라서 낮아진다.

질소와 인 외에도 여러 무기질 이온이 소량과 미량으로 필요한데 이들 이온은 대개의 폐수에 적절하게 포함되어 있다. 호기성 프로세스에 있어서 반응조의 최적 pH는 6.5～8.5이다. 이 밖의 pH값에서는 반응효율이 감소된다. 이와 관련하여 미생물의 대사활동은 반응조의 pH를 저하시킨다는 것을 감안할 필요가 있다. 암모니아의 제한 농도는 pH 7에서 1,600mg/L 정도이다.

(3) 활성슬러지법

활성슬러지프로세스는 1914년 영국에서 개발되었으며, 우리나라에는 1972년 말에 처음으로 서울시 서대문구 성산동의 서부위생처리장 내에 습식산화공정을 거친 분뇨의 후속처리법으로서 준공되었다. 그리고 1976년 9월에 서울시 성동구 군자동에 도시폐수처리장으로서는 첫 번째인 청계천하수처리장이 준공되었다.

활성슬러지란 반응력이 있는 「해감」이라는 뜻이다. 그리고 그 반응력은 해감의 주구성요소인 세균이 발휘한다. 이들 세균의 종은 *Zoogleor*, *Escherichia*, *Paracolobacterium*, *Norcardia*, *Bacillus*, *Pseudomonas*, *Alcaligenes*, *Flavobacterium* 및 기타의 속을 포함하는 비질산화 세균과 *Nitrosomonas*, *Nitrobactor* 등의 질산화세균이다. 그리고 사형의 세균과 균류로서 *Sphaerotilus*, *Beggiation*, *Thiothrix*, *Lecicothrix*, *Geotrichum* 등이 있다. 활성슬러지조에는 이들 외에 먹이연쇄에 속하는 미생물들이 있는데, 그 중에서 원생생물과 윤충 등은 조 내에서 뿐만 아니라 유출수에서도 세포와 플록 입자를 포식함으로써 수질정화를 마무리 짓는 역할을 하기도 한다.

활성슬러지공정은 폭기조(활성슬러지조), 최종침전지(2차 침전지) 그리고 대개의 경우 슬러지 반송시설로 구성된다. 일반적으로 폐수는 최초침전지(1차 침전지)에서 고형물이 제거된 후 폭기조에서 용존유기물질이 활성슬러지에 의하여 세포물질로 전환되며 그것은 다시 2차 침전지에서 고액분리되어 상등수는 반류 또는 고도처리되고, 분리된 세포의 일부는 활성슬러지로서 폭기조로 반송되며, 잔여분은 잉여슬러지로서 처리 및 처분된다. 폭기조에서 처리되는 용존유기물질은 엄격한 듯의 용질뿐만 아니라 콜로이드와 미세한 입자들을 포함한다. 폭기조에는 산기장치나 폭기기계에 의하여 공급되는데 그 중의 산소는 용존산소에서 활성슬러지에 의하여 섭취된다. 경우에 따라서 부유공형물의 농도가 낮은 폐수는 최초 침전됨이 없이 직접 폭기조로 도입되기도 한다. 방류수는 필요에 따라서 염소처리되며, 잉여슬러지는 별도로 농축, 소화, 탈소, 소각 등 방법에 의하여 처리된 후에 최종 처분된다.

활성슬러지프로세스에 의한 용존유기물질의 제거는 ① 흡착(생물학적 응집), ② 물질대사, ③ 고액분리의 3단계로 요약할 수 있다. 활성슬러지의 흡착력은 매우 강하므로 대개 접촉 후 15분 이내에 흡착이 끝나며 30～60분 사이에 평형상태에 도달된다. 물질대사, 즉 산화에 요하는 시간은 기질의 종류와 기타의 인자에 따라서 다르다. 고액분리가 잘되기 위해서는 플록 형성이 잘되고 밀도도 높은 것이 바람직하다. 플록 형성에 관해서는 이미 앞에서 설명하였다.

활성슬러지프로세스가 만족하게 기능을 발휘하려면 아래의 조건이 충족되어야 한다.

① 폭기조에 적정농도의 활성미생물세포가 유지될 것

② 폭기조의 환경이 바람직한 활성미생물의 세포증식에 적합할 것

③ 활성슬러지의 침강성이 양호할 것

(4) 호기성 현탁증식프로세스의 모델링

호기성 현탁증식프로세스를 위한 모델로 연속류교반반응조(CFSTR)를 고려하며 슬러지 반송 유무에 따라 ① 미생물과 기질의 물질수지를 만들고 ② 유출수내 미생물의 농도와 용해성 기질 농도를 예측하고 ③ 반응조내 미생물농도와 MLSS/MLVSS농도 및 폐슬러지발생량을 예측하고 ④ 산소요구량을 예측할 수 있다.

1) 슬러지 반송이 없는 연속류교반반응조(CFSTR)의 해석

<그림 5-39>와 같이 유출수나 슬러지의 반송이 없는 CFSTR에서 고형물체류시간(SRT)은 수리학적 체류시간(HRT)과 같다. 식 (5.105)를 다시 쓰면

$$SRT = HRT = \frac{V \cdot X}{Q_w \cdot X_w} \tag{5.111}$$

그리고

$$\frac{1}{SRT} = YU - k_d \tag{5.112}$$

식 (5.82)와 식 (5.94)로부터

$$U = \frac{k_{\max} S}{K_s + S} \tag{5.113}$$

또는

$$S = \frac{K_s \cdot U}{k_{\max} - U} \tag{5.114}$$

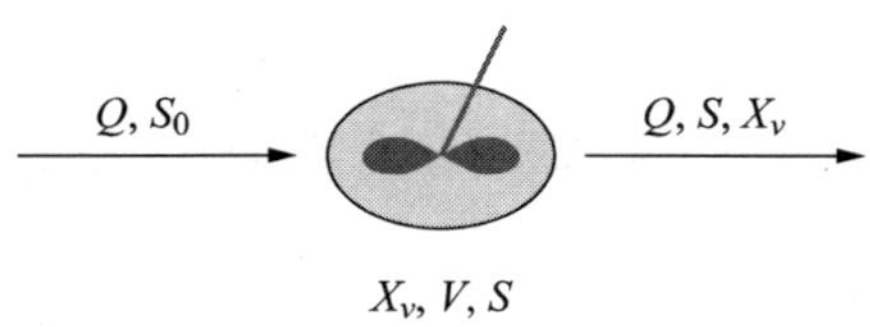

그림 5-39 • 슬러지 반송이 없는 연속류교반반응조(CFSTR)

식 (5.112)로부터 U를 구하여 식 (5.114)에 대입하면

$$S = \frac{K_s[1+(k_d)SRT]}{SRT(k_{\max}\cdot Y - k_d)-1} \tag{5.115}$$

Y 대신에 Y_{obs}를 사용하면 $Y_{obs} = Y/[1+k_d \cdot SRT]$ 식 (5.58)로부터

$$S = \frac{K_s}{Y_{obs}\cdot k_{\max}\cdot SRT-1} \tag{5.116}$$

또 정상상태에서 기질의 제거속도는 기질사용속도와 같으므로,

$$(S_0 - S)Q = U \cdot X_v \cdot V \tag{5.117}$$

그런데 $V/Q = HRT = SRT$이므로 위식은 아래와 같이 정리된다.

$$X_v = \frac{S_0 - S}{SRT \cdot U} \tag{5.118}$$

식 (5.112)로부터 $SRT \cdot U = (k_d \cdot SRT + 1)/Y$이므로

$$X_v = \frac{Y(S_0 - S)}{(1+k_d\cdot SRT)} \tag{5.119}$$

S와 X_v에 관한 위의 식들을 볼 때, S는 주로 SRT에 의존하고 Y와는 무관하며, 유기물질 제거효율이 높을 때($S \ll S_0$), X_v는 거의 S_0에 비례함을 알 수 있다.

식 (5.115)를 식 (5.119)에 대입하면

$$X_v = \frac{Y}{1+k_d SRT}\left[S_0 - \frac{K_s(1+k_d SRT)}{SRT(k_{\max}\cdot Y - k_d)-1}\right] \tag{5.120}$$

기질제거율(E)는 아래와 같이 정의된다.

$$E = \frac{100}{S_0}\left[S_0 - \frac{K_s(1+k_d SRT)}{SRT(k_{\max}\cdot Y - k_d)-1}\right] \tag{5.121}$$

이 같은 경우 한계세포체류시간 또는 한계고형물체류시간(SRT_c)이 있을 수 있는데 식 (5.120) 괄호 안의 둘째 항이 S_0에 접근할 때 X_v는 0이 된다. 이때의 SRT_c는

$$\frac{1}{SRT_c} = \frac{k_{\max}\cdot Y \cdot S_0}{S_0 + K_s} - k_d \tag{5.122}$$

위 식을 볼 때, K_s, $k_{\max}$, Y, k_d 등의 실험값이나 경험값을 알면 MLVSS 유실을 막기 위한 반응조체류시간과 반응조용적을 유입폐수농도(S_0)에 따라서 결정할 수 있다. 만약에 고형물체류시간이 한계고형물체류시간 이하로 내려가면 MLVSS는 유실되고 기질을 제거되지 않는다. 따라서 장시간폭기법, 산화조, 호기성 소화 등 슬러지 반송을 하지 않는 활성슬러지 변법에서는 고형물체류시간을 길게 함으로써 그러한 결함을 없애고, 잉여슬러지 생산량을 감소시킨다.

식 (5.115)와 (5.119) 등은 슬러지 반송이 없는 CFSTR에서 유출수의 기질농도와 반응조의 MLVSS농도 등을 결정하는데 사용된다.

2) 슬러지 반송이 있는 연속류교반반응조(CFSTR)의 해석

다음의 그림에서와 같이 침전조에서 분리된 활성슬러지의 일부가 다시 반응조(폭기조)로 반송되는 유형은 어떻게 보면 미생물이 반응조에 그대로 보존되는 살수여상과 비슷하기도 하다. 이러한 슬러지 반송은 MLVSS를 수리학적 체류시간을 넘어서 반응조에 오래 체류시키기 위한 방법으로 사용되며, 일반적인 활성슬러지공정에서 적용되고 있다.

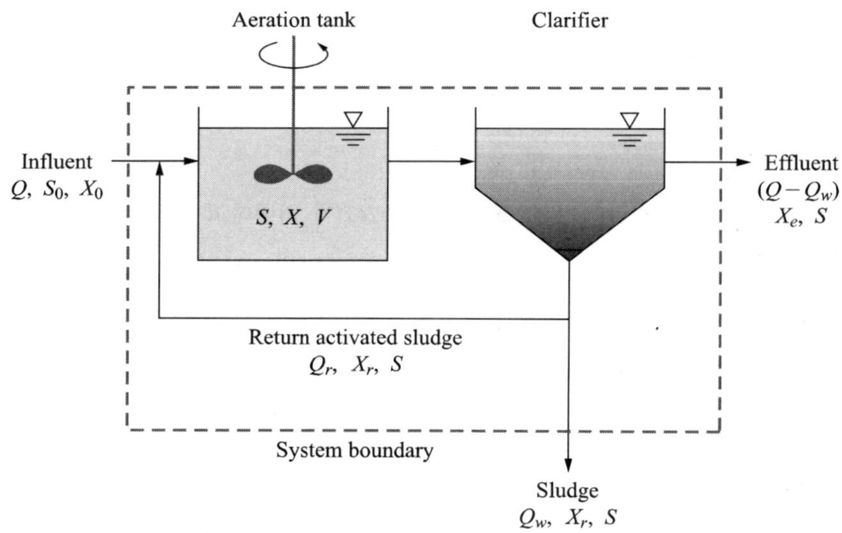

그림 5-40 • 슬러지 반송이 있는 CFSTR

CFSTR 이론을 전개하기 위하여 아래와 같은 전제조건을 가정한다.

① 유입되는 기질과 미생물과의 반응은 폭기조에서만 수행한다.

② 이 프로세스내의 전체 미생물량이 폭기조에만 있는 것으로 간주한다.

이러한 유형에서는 MLVSS 체류시간, 즉 고형물체류시간(슬러지일령, SRT)은 수리학적 체류시간 HRT와는 전혀 다르다. 고액분리된 슬러지를 재순환함으로써 HRT를 제한하면서 SRT를 증가시킬 수 있고, 높은 농도의 MLVSS를 반응조에 유지하면서 그 유실을 피할 수 있다. 또 고농도의 X_v는 높은 기질제거율을 가능케 한다.

이때 시스템 내에서 반송 또는 폐기되는 고형물(SS) 농도는 아래 식 (5.123)과 같다.

$$X_r = \frac{10^6}{SVI} \tag{5.123}$$

(a) **미생물물질수지를 통한 공정해석**

호기성 현탁증식프로세스에서 미생물의 질량에 대한 질량수지는 다음과 같이 표현할 수 있다.

$$\frac{dX}{dt}V = QX_0 - [(Q - Q_w)X_e - Q_wX_r] + r_gV \tag{5.124}$$

여기서, dX/dt : 반응조에서 미생물 농도의 변화율, g VSS/m^3 · day

V : 반응조 용적, m^3

Q : 유입유량, m^3/day

X_0 : 유입수내 미생물농도, g VSS/m^3 · day

Q_w : 폐슬러지의 유량, m^3/day

X_e : 유출수내 미생물 농도, g VSS/m^3 · day

X_r : 침전지로부터 반송되는 미생물 농도, g VSS/m^3 · day

r_g : 순 미생물 생산율, g VSS/m^3 · day

유입수내 미생물 농도를 무시하고, 시스템이 정상상태($dX/dt = 0$)라 가정하면, 식 (5.123)은 다음과 같이 간단히 할 수 있다.

$$(Q - Q_w)X_e + Q_wX_r = r_gV \tag{5.125}$$

식 (5.124)와 식 (5.85)를 합하면

$$\frac{(Q - Q_w)X_e + Q_wX_r}{XV} = -Y\frac{r_{su}}{X} - k_d \tag{5.126}$$

위의 식의 좌변의 역수는 평균고형물체류시간(SRT)로 정의된다.

$$SRT = \frac{VX}{(Q - Q_w)X_e + Q_wX_r} \tag{5.127}$$

식 (5.127)의 분자는 폭기조내 고형물의 총량을 나타내고 분모는 계획된 폐기량(Q_w)에 의한 유출수내 하루에 손실되는 고형물의 양에 대응한다. 정의에 따라 SRT는 시스템내 총 고형물의 양을 단위시간 동안 제거되는 고형물의 양으로 나눈 값이다. SRT 정의를 통하여 식 (5.126)은 아래와 같이 쓸 수 있다.

$$\frac{1}{SRT} = -Y\frac{r_{su}}{X} - k_d \tag{5.128}$$

또한 SRT는 아래 식과 같이 미생물 비성장률(μ)과 서로 반비례 관계가 있다.

$$\frac{1}{SRT} = \mu \tag{5.129}$$

식 (5.128)은 식 (5.127)을 X로 나누고, 식 (5.85)의 우변을 r_g로 대치한 후 식 (5.87)에 주어진 μ에 대한 정의를 사용하여 유도할 수도 있다.

앞의 식 (5.128)의 $(-r_{su}/X)$항은 비기질이용률(specific substrate utilization rate, U)이라 하며 비기질이용률은 아래와 같이 정의할 수 있다.

$$U = \frac{r_{su}}{X} = \frac{Q(S_0 - S)}{VX} = \frac{S_0 - S}{HRT \cdot X} \tag{5.130}$$

여기서, U : 비기질이용률, g BOD or COD/g VSS · day
Q : 하수 유량, m^3/day
S_0 : 유입수의 용해성 기질농도, g/m^3
S : 유출수의 용해성 기질농도, g/m^3
V : 폭기조 용적, m^3
X : 미생물 농도, g/m^3
HRT : 수리학적 체류시간(V/Q), day

식 (5.82) $\left(r_{su} = -\frac{k_{\max}XS}{K_s + S}\right)$를 식 (5.128)에 대입하면

$$\frac{1}{SRT} = \frac{Yk_{\max}S}{K_s + S} - k_d \tag{5.131}$$

식 (5.45)를 식 (5.128)에 대입하면 아래와 같이 정리할 수 있다.

$$\frac{1}{SRT} = \frac{YkS}{K_s + S} - k_d \tag{5.132}$$

위의 식 (5.132)를 유출수 용존기질농도(S)에 대하여 풀면

$$S = \frac{K_s[1+(k_d)SRT]}{SRT(Yk-k_d)-1} \tag{5.133}$$

환전혼합 활성슬러지공정에 대한 유출수의 용해성 기질농도는 SRT와 성장과 사멸에 대한 동력학 계수와 관련이 있다. 유출수 기질농도는 유입수 용존기질농도와 관련이 없으나 다른 물질수지에서 볼 수 있듯이 유입농도는 미생물 농도에 영향을 미친다.

한편, 반송되는 VSS에 관하여 반응조의 MLVSS에 관하여 정상상태의 관계식은

$$Q_rX_r+(Y\cdot U-k_d)VX_v = Q'X_v \tag{5.134}$$

또는 $$Q_rX_r+\frac{VX_v}{SRT} = Q'X_v \tag{5.135}$$

$HRT'=V/Q'$, $Q'=Q+Q_r$이므로 위의 식을 고치면,

$$\frac{1}{SRT'} = \frac{1}{HRT'} - \frac{Q_rX_r}{VX_v} \tag{5.136}$$

$$\frac{1}{SRT} = \frac{1}{HRT} - \frac{Q_r}{V}\left(\frac{X_r}{X_v}-1\right) \tag{5.137}$$

반송률을 $R=Q_r/Q$라고 하면 위 식은

$$SRT = HRT\left[1-R\left(\frac{X_r}{X_v}-1\right)\right]^{-1} \tag{5.138}$$

이때 HRT는 유입폐수의 폭기조 체류시간으로 이 식은 SRT와 HRT와의 관계를 반송률(R), 반송슬러지농도(X_r), 폭기조슬러지농도(X_v) 등을 사용하여 나타낸 것이다.

(b) 기질물질수지를 통한 공정해석

<그림 5-40>에서 폭기조내 기질이용에 대한 물질수지는 다음과 같이 표현할 수 있다.

$$\frac{dS}{dt}V = QS_0 - QS + r_{su}V \tag{5.139}$$

r_{su}에 식 (5.45)를 대입하고 정상상태($dS/dt=0$)로 가정하면, 다음과 같이 쓸 수 있다.

$$S_0 - S = \left(\frac{V}{Q}\right)\left(\frac{kXS}{K_s+S}\right) \tag{5.140}$$

폭기조 부피를 유입유량으로 나눈 것이 수리학적 체류시간(HRT, τ)이다.

식 (5.132)를 $S/(K_s+S)$에 대해 풀고, 식 (5.140)을 대입하면 다음 식으로 폭기조에서의 미생물 농도를 구할 수 있다.

$$X_v = \frac{SRT}{\tau}\left[\frac{Y(S_0 - S)}{1 + k_d \cdot SRT}\right] \tag{5.141}$$

시스템 내 미생물 농도는 SRT, 호기성 폭기조의 수리학적 체류시간, 미생물합성계수, 기질제거량 그리고 내생감소계수의 함수이다.

위 식을 (5.119)와 비교해보면 SRT/τ만이 다르다. 즉, 슬러지 반송이 있는 반응조의 MLVSS 정상농도는 반응이 없는 것에 비하여 SRT/τ만큼 증가된다. 그러나 S, k_d 등은 τ보다 SRT의 여향을 더 받으므로 이 증가비는 약간 달라질 수 있다.

식 (5.132)와 식 (5.135) 등을 사용하여 슬러지 반송이 있는 CFSTR에서 여러 S_0, SRT/τ값에 대한 S와 X_v농도를 SRT의 함수로서 구할 수 있다.

예제 5-5 어떤 폐수를 시험하고 아래와 같은 결과를 얻었다.

유입기질농도 : S_0 = 400mg BOD_L/L
기질반포화농도 : K_s = 20mg BOD_L/L
기질제거최대속도 : k_{max} = 2.0g BOD_L/g VSS·day
세포물질생산계수 : Y = 0.4g VSS/g BOD_L
세포물질감소속도상수 : k_d = 0.05/day

고형물체류시간(SRT)에 따르는 유출수농도 S와 수리학적 체류시간(τ)에 따른 MLVSS농도 X_v, 그리고 세포실생산계수 Y_{obs} 등의 값을 결정하라.

답

계산결과는 아래의 표와 같다.

표 5-12 • 슬러지 반송이 있는 CFSTR에서 SRT값에 따른 S, X_v, Y_{obs}의 값

SRT (day)		1.33	2	3	5	10	15	20
S (mg/L)		-	44.0	18.4	9.1	4.6	3.4	2.9
X_v (mg/L)	τ = 0.1day	0	2582	3983	6254	-	-	-
	τ = 0.3day	0	863	1327	2085	3514	4532	5295
	τ = 0.5day	0	518	796	1251	2109	2719	3177
Y_{obs}		0.37	0.36	0.35	0.32	0.27	0.23	0.20

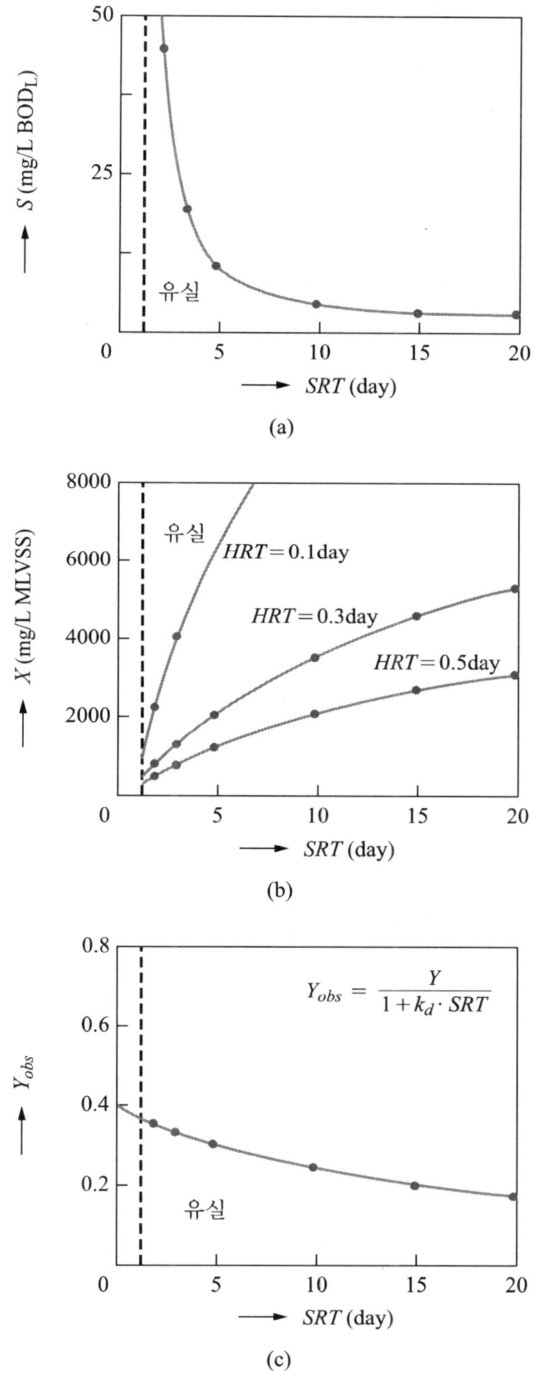

그림 5-41 • (a) 슬러지일령과 유출수농도와의 관계, (b) 슬러지일령과 MLVSS농도와의 관계, (c) 슬러지일령과 세포실생산계수와의 관계

<표 5-12> 내용을 곡선도로 나타낸 것이 <그림 5-41>의 (a), (b), (c)이다. 이들 그림에서 보듯이 고형물체류시간이 짧을수록 유출수 농도는 유입수 농도에 접근하고 반응조의 MLVSS농도는 감소되며 세포실생산계수는 증가한다. 이 예제에서는 SRT가 1.33일 때, 반응조 내의 MLVSS 전량이 유실되며 반응조의 기능이 상실된다.

일반적으로 SRT는 5～15일 범위에서 유지되는데, 너무 짧으면 일정농도의 MLVSS 유지도 어려워지거니와 세포물질의 플록 형성이 잘 안되며, 너무 길면 세포가 과도하게 산화되어 활성이 부족해진다. 실제적으로는 수리학적 체류시간(HRT)도 매우 중요한데 이것이 너무 짧으면 MLVSS농도가 과대해지고 후침전조가 고액분리를 감당하지 못한다. 도시폐수의 경우는 대체 0.2～0.3일의 τ가 적용되는데 이때 1,500～3,000mg/L의 미생물 농도가 유지된다. 미생물농도가 높을수록 활성슬러지조의 비용은 적어지고 후침전조의 비용은 커지는데 대체로 5,000mg/L를 넘어서면 합계비용이 커지기 시작한다.

3) 슬러지 반송이 있는 플러그흐름반응조의 해석

슬러지 반송이 없는 플러그흐름반응조의 분석은 조내의 MLVSS농도와 반응속도가 폐수흐름에 따라서 변하고 또 유입미생물농도가 낮고 미지이므로 불가능하다. 즉,

$$\frac{dS}{dt} = \frac{k_{\max} S X_v}{K_s + S} \tag{5.142}$$

위 식에서 X_v가 매우 적고 미지이고 일정치 않으므로 방정식의 적분이 곤란하다. 그러나 <그림 5-42>와 같이 고농도의 VSS를 반응조 유입구로 반송시키는 경우에는 반송되는 VSS농도가 한 체류시간 중에 조내에서 생산되는 VSS농도보다 훨씬 크고, 또 그 평균치 $\overline{X_v}$는 일정하다고 가정할 수 있다. 따라서,

$$\int_{S_0'}^{S_t} \frac{K_s + S}{S} \cdot dS = \int_0^t k_{\max} \cdot \overline{X_v} \cdot dt \tag{5.143}$$

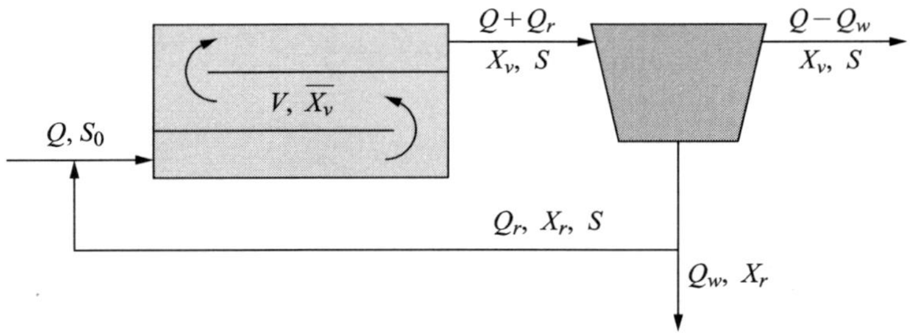

그림 5-42 • 슬러지 반송이 있는 플러그흐름반응조

위 식을 적분하면,

$$(S_0{}' - S) + K_s \ln \frac{S_t}{S_0{}'} = k_{\max} \cdot \overline{X_v} \cdot t \tag{5.144}$$

$$S_0{}' = \frac{QS_0 + Q_r S_t}{Q + Q_r} \tag{5.145}$$

즉, $S_0{}'$은 반응조가 받는 유입폐수와 반송수혼합액의 기질농도이다. 이 유형에서 고형물체류시간 SRT는

$$SRT = \frac{V\overline{X_v}}{Q_w X_r + (Q - Q_w) X_e} \tag{5.146}$$

여기서, $\overline{X_v}$: 반응조내의 MLVSS농도 평균치

$$Q_w X_r + (Q - Q_w) X_e = \frac{V\overline{X_v}}{SRT} \tag{5.147}$$

정상상태에서 미생물 질량평형식은

[증식률] = [제거율] + [유실률]

$$\left[\frac{Y(S_0 - S_t)}{\tau} - k_d \overline{X_v} \right] V = Q_w X_r + (Q - Q_w) X_e \tag{5.148}$$

위식과 식 (5.147)로부터

$$\frac{1}{SRT} = \frac{Y(S_0 - S_t)}{\tau \cdot \overline{X_v}} - k_d \tag{5.149}$$

반송유량을 받는 반응조의 실제 수리학적 체류시간은 $t = \tau' = V(Q + Q_r)$인데, 이것을 식 (5.143)에 대입한 후 $\overline{X_v}$에 관하여 풀고 그것을 다시 식 (5.149)에 대입하면

$$\frac{1}{SRT} = \frac{Yk_{\max}(S_0 - S_t)}{(S_0 - S_t) + \alpha K_s} - k_d \tag{5.150}$$

이때, $\alpha = (1 + R) \ln \left[\frac{rS_t + S_0}{(1 + r) S_t} \right]$ (5.151)

반송률 R의 값이 적을 때, 가령 $R \ll 1$일 때 $\alpha(R \to 0) = \ln(S_0 / S_t)$이 된다. 이 근사치를 사용하여 식을 다시 쓰면

$$\frac{1}{SRT} = \frac{Yk_{\max}(S_0 - S_t)}{(S_0 - S_t) + K_s \ln(S_0/S_t)} - k_d \tag{5.152}$$

이 식은 CFSTR에서의 식과 비슷하다. 그러나 중요한 차이점은 SRT가 유입수 기질농도 S_0 뿐만 아니라 유출수 기질농도 S_t의 함수라는 것이다. 또 이것은 플러그흐름을 따라서 MLVSS 농도가 상당히 증가되며 그 증가량분량이 제거되므로 SRT는 일정해진다는 것을 뜻한다. 물론, 이 때 S_0가 커지면 제거되는 VSS량도 많아진다.

식 (5.132)과 식 (5.133)을 사용하여 SRT의 함수로서 기질의 제거효율을 계산하여 보면 반송이 있는 플러그흐름반응조(PFR)가 반송이 있는 완전혼합반응조(CFSTR)보다 일반적으로 효율이 더 높다는 것을 알 수 있다. 그러나 실제로는 포기와 혼합으로 인한 횡적분산 때문에 순수한 플러그흐름을 얻는 것이 본질적으로 불가능하기 때문에 두 유형 사이의 효율 차이가 두드러지게 나타나지 않는다. 다만 폭기조를 연속반응조 형태로 나눔으로써 완전혼합공정과 비교하여 향상된 처리효율을 가진 플러그흐름을 유사하게 만들 수 있다. 유입하수의 희석이 크기 때문에 완전혼합 시스템은 연속 단계식 반응조보다 충격부하에 더 잘 대처할 수 있다.

4) 고형물 생산량

생물학적 반응기로부터 고형물 생산량은 공정 유지를 위해 매일 제거해야만 하는 미생물량을 의미한다. TSS, VSS 또는 미생물량을 기준으로 고형물 생산량을 정하는 것이 중요하다.

활성슬러지반응조로부터 새로 생산되는 고형물의 양은,

$$P_X = Y_{obs} \cdot Q(S_0 - S) \tag{5.153}$$

여기서, P_X : 고형물생산량, g VSS/day

Y_{obs} : 세포실생산계수, g/g

Q : 폐수유입량, m^3/day

S_0 : 유입수의 기질농도, g/m^3

S : 유출수의 기질농도, g/m^3

슬러지 반송이 있는 CFSTR에서 SRT를 일정하게 유지시키기 위하여 인출하여야 할 잉여고형물량은 식 (5.127)에서 X_e를 무시하면 근사적으로 아래와 같이 나타낼 수 있다.

$$SRT \simeq \frac{VX_v}{Q_w X_r} \tag{5.154}$$

$$Q_w X_r \simeq \frac{VX_v}{SRT} \tag{5.155}$$

[고형물생산량] = [고형물인출량]이므로

$$P_X = Q_w X_r \tag{5.156}$$

위의 식들은 ① 미생물의 증식과 감소가 활성슬러지조에서만 일어나고 ② 2차 침전조의 효율이 안정되어 있다는 가정과 ③ 내호흡 또는 감소과정에서 생물분해 안 되는 세포물질의 비율을 무시한 것이다. 실제의 공정에서는 후침전지와 관로에서도 미생물 반응이 있으므로 ①의 가정은 이론적으로 완전하지 못하고 ②의 안정성은 운전상태에 따라 변한다. 그러나 일반 폐수처리에서는 그 정도의 정밀도를 요구하지 않고 또 기대하기도 곤란하므로 위 식들은 실용서이 충분히 있다.

5) 산소요구량

폐수처리에서 탄소성 물질의 생분해를 위해 요구되는 산소는 처리된 하수의 생분해가능한 기질(bCOD)의 농도와 시스템에서 매일 폐기되는 미생물의 양을 사용한 물질수지로부터 결정한다. 만약 모든 생분해가능한 기질이 CO_2와 H_2O로 산화된다면, 산소요구량은 생분해가능한 기질의 농도와 같지만, 박테리아는 에너지 공급을 위해 생분해가능한 기질의 일부를 산화시키며 세포성장을 위하여 생분해가능한 기질의 일부를 이용한다. 또한 산소는 내생호흡을 위해서도 소모되는데 그 양은 시스템의 SRT에 달려있다.

활성슬러지공정에서 필요로 하는 산소량은,

산소필요량 = 제거된 생분해가능 기질(bCOD) − 폐기되는 슬러지의 COD

$$r_o = Q(S_0 - S) - 1.42 f_{bio} \cdot P_X \tag{5.157}$$

여기서, r_o : 산소소비속도, kg O_2/day

Q : 폐수유입량, m^3/day

S_0 : 유입폐수기질농도, kg/m^3

S : 유출수기질농도, kg/m^3

f_{bio} : 생물분해되는 세포물질의 비율, 0.77

P_X : 슬러지 생산량, kg/day

위의 식은 슬러지 반송이 있는 CFSTR와 PFR에 적용된다. 그리고 활성슬러지조에서 새로 생산된 VSS의 전량을 일출하는 경우에 해당된다. 슬러지 반송이 없는 경우는 조내에서 새로 생산된 VSS의 내호흡을 안 시킬 때 $r_o = Q(S_0 - S)$이며, 조내에서 새로 생산된 VSS를 완전산화시킬 때 $r_o = Q(S_0 - S) + 1.42 f_{bio} \cdot P_X$이다.

실용적인 정밀도를 고려하여 f_{bio}를 무시하면

$$r_o \simeq Q(S_0 - S) - 1.42P_X \tag{5.158}$$

$\alpha_L = BOD_L/BOD_5$라 하고 S_0와 S를 BOD_5로 나타낼 때

$$r_o \approx \alpha_L \cdot Q(S_0 - S) - 1.42P_X \tag{5.159}$$

활성슬러지조에 공급되는 공기는 미생물의 산소소비를 충족시킬 뿐 아니라, 조내의 MLVSS를 적절히 혼합할 수 있어야 한다, 그러한 추가 기능과 기질부하율의 변동, 폭기의 효율 등을 고려하여 실제설계에서 선택되는 폭기장치의 산소공급능력은 r_o보다 상당히 높다.

F/M > 3.0day^{-1}의 기질부하율에서는 공기요구량이 30～55m^3(kg BOD_5제거량)정도지만 F/M < 3.0day^{-1}의 낮은 기질부하율에서는 내호흡과 질산화반응을 충족시켜야 하므로 공기요구량이 75～115m^3(kg BOD_5제거량) 정도로 높아진다.

6) 설계와 운전변수들

(a) 기질부하율

반응조(폭기조)에 유입되는 기질의 부하율(F/M)은 혼합약의 단위 부피당 기질의 비율로 정의된다.

$$\text{F/M} = \frac{QS_0}{VX_s} \tag{5.160}$$

그리고

$$\text{F/M} = \frac{S_0}{HRT \cdot X_s} \tag{5.161}$$

비기질사용속도를 MLSS를 기준으로 하여 나타낼 경우, $U = (S_0 - S)/HRT \cdot X_s$이므로

$$U = \frac{(\text{F/M})E}{100} \tag{5.162}$$

여기서, U : 비기질사용속도, kg BOD_5/kg MLSS · day

E : 기질제거효율 $E(\%) = \dfrac{S_0 - S}{S_0} \times 100$

U값은 또한 r_{su}를 X로 나누어 계산할 수 있다.

$$U = \frac{kS}{K_s + S} \tag{5.163}$$

식 (5.162)와 식 (5.132)를 결합하면

$$\frac{1}{SRT} = YU - k_d \tag{5.164}$$

식 (5.162)을 식 (5.164)에 대입하면 SRT는 다음과 같이 F/M비와 관련된다.

$$\frac{1}{SRT} = Y(\mathrm{F/M})\frac{E}{100} - k_d \tag{5.165}$$

활성슬러지 SRT가 20～30일인 도시하수 처리를 위하여 설계된 시스템의 경우, F/M비는 각각 0.10부터 0.05g BOD/g VSS·day의 범위이다. SRT가 5에서 7일의 범위는 F/M비는 각각 0.3에서 0.5g BOD/g VSS·day범위이다.

<그림 5-40>에서 폭기조내 기질이용에 대한 물질수지는 $\frac{dS}{dt}V = QS_0 - QS + r_{su}V$ 식 (5.139)와 같이 정의되고 정상상태의 반응조내 축적률은 0이므로

$$QS = QS_0 + V \cdot r_{su} \tag{5.166}$$

식 (5.82)로부터 $r_{su} = -\frac{k_{\max} \cdot S}{K_s + S}X$이므로,

$$Q(S_0 - S) = \frac{k_{\max} \cdot S}{K_s + S} \cdot X \cdot V \tag{5.167}$$

$$E = \frac{(S_0 - S)}{S_0} = \frac{k_{\max} \cdot S}{K_s + S} \cdot \frac{X \cdot V}{QS_0} \tag{5.168}$$

$$E = \frac{k_{\max} \cdot S}{K_s + S} \cdot \frac{1}{\mathrm{F/M}} \tag{5.169}$$

여기서, $k_{\max}$: $\mu_{\max} / Y$ = 기질제거최대속도, kg BOD_5/kg SS·day

K_s : 기질의 반포화농도, kg BOD_5/m^3

위의 식 (5.169)에 나타낸 바와 같이 F/M비는 기질제거율을 결정하며 반비례관계에 있다. F/M비에 따르는 기질제거율은 경험에 의해 입증되고 있는데 <그림 5-43>과 <그림 5-44>에 나타낸 바와 같다. 이들 그림을 보면 F/M≦0.3kg BOD_5/kg MLSS·day의 접하율에서는 대체로 BOD_5의 90%가 정도가 제거되고 있다. F/M≦0.2의 부하율에서는 BOD_5의 제거율이 크게 향상되지 않지만 질산화반응이 진행된다. F/M≦0.05의 부하율에서는 세포물질의 내호흡이 크게 진행되고 안정화와 양적 감소가 이루어진다. F/M와 BOD_5제거율 및 질산화에 관해서는 <표 5-13>을 참조하기 바란다.

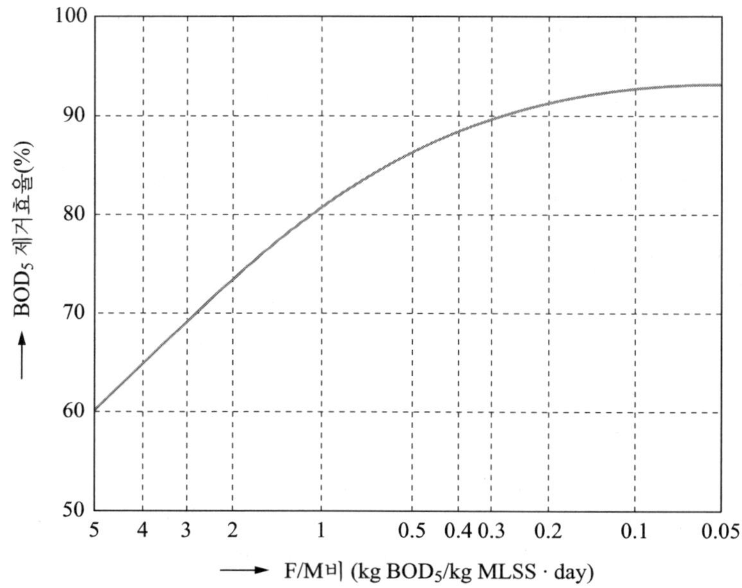

그림 5-43 • F/M비와 기질제거효율

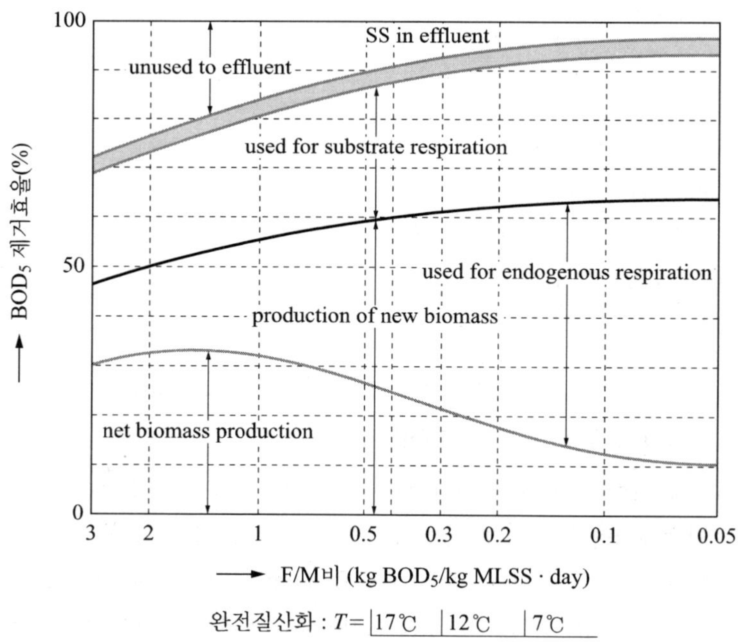

그림 5-44 • 세균의 탄소기질사용

표 5-13 • 유입농도 100~200mg BOD_5/L의 도시폐수처리를 위한 설계파라미터

처리정도	E (%)	F/M비 $\left(\frac{\text{kg BOD}_5}{\text{kg MLSS} \cdot \text{day}}\right)$	X $\left(\frac{\text{kg MLSS}}{\text{m}^3}\right)$	HRT (hr)
부분적 처리	≦80	>0.1	2	1
완전처리	≧90	0.3	3	2
완전처리 및 질산화:				
T=7℃	>90	0.1	3	6
12℃	>90	0.2	3	3
17℃	>90	0.3	3	2.5
슬러지의 안정화	>93	0.05	4	24

예제 5-6 아래 조건을 가정하고 최초침전지를 거친 1일 평균 18,000m^{3}의 생활폐수를 처리할 수 있는 활성슬러지프로세스를 설계하기 위하여 (1) 방류수의 용해성기질농도 (2) 폭기조 용적 (3) 슬러지폐기량 반응조 (4) 슬러지반송률 (5) 산소공급능력을 구하고, 다음의 설계파라미터 (6) 기질부하율 (7) 용적부하율 (8) 기질제거효율을 검토하라. 반응조 유형은 슬러지 반송이 있는 CFSTR이며 유출수의 목표농도는 20mg BOD_5/L 및 25mg SS/L이다.

유입수 농도	: S_0 = 2,000mg BOD_5/L
설계1일최대폐수량	: $Q_{\max}$ = 24,000m^3/day
설계1일평균폐수량	: Q_{ave} = 18,000m^3/day
계획시간최대폐수량	: $Q_{des} = 1.5(Q_{\max}/24)$
MLVSS농도	: X_v = 2.5g/L
	VSS = 0.8SS
	$f_{bio} = 0.77$
	$\alpha_L = BOD_L/BOD_5 = (0.68)^{-1}$
고형물체류시간	: SRT = 8day
세포물질생산계수	: Y = 0.5g VSS/g BOD_5
세포물질감소속도상수	: k_d = 0.05g VSS/g VSS·day
슬러지용적지표	: SVI = 100
수온	: 20℃

답

(1) 방류수의 용해성기질농도(S)

방류수의 SS가 나타내는 $BOD_{5,ins}$은 위의 조건으로부터

$$BOD_{5,ins} = (SS)(VSS/SS)(f_{bio} \cdot 1.42)\alpha_L^{-1}$$
$$= (25)(0.8)(0.77)(1.42)(0.68) = 14.9\text{mg/L}$$

제거되지 않고 유출되는 용해성기질의 농도는

$$S = 20 - 14.9 = 5.1\text{mg/L}$$

(2) 폭기조 용적(V_{AT})

식 (5.141)로부터

$$X_v = \frac{SRT}{\tau}\left[\frac{Y(S_0 - S)}{1 + k_d \cdot SRT}\right] = \frac{(8\text{day})(0.5)(200 - 5.1)\text{g/m}^3}{1 + 0.05\text{day}^{-1} \times 8\text{day}} = 0.2227\text{day} \text{ 또는 } 5.3\text{hr}$$

폭기조 용적 V_{AT}는

$$V_{AT} = Q_{des} \cdot HRT(\tau) = (1{,}500\text{m}^3/\text{day})(5.3\text{hr}) = 7{,}950\text{m}^3$$

(3) 슬러지폐기량

$$Y_{obs} = \frac{Y}{1 + k_d \cdot SRT} = \frac{0.5}{1 + (0.05\text{day}^{-1})(8\text{day})} = 0.357\text{g VSS/g BOD}_5$$

슬러지생산량은 식 (5.153)으로부터,

$$P_{X,\max} = Y_{obs} \cdot Q_{\max}(S_0 - S) = (0.357)(24{,}000)(200 - 5.1) = 1{,}669{,}903\text{g VSS/day}$$

$$P_{S,\max} = 1{,}669{,}903/0.8 = 2{,}087{,}379\text{g SS/day}$$

폐기슬러지의 농도는

$$X_{r,S} = \frac{10^6}{SVI} = \frac{10^6}{100} = 10{,}000\text{g SS/m}^3$$

$$X_r = 0.8(X_{r,S}) = 8{,}000\text{g VSS/m}^3$$

슬러지의 폐기량은 식 (5.156)으로부터

$$Q_w = \frac{P_{X,\max}}{X_r} = \frac{1{,}669{,}903\text{g/day}}{8{,}000\text{g/m}^3} = 209\text{m}^3/\text{day}$$

(4) 슬러지반송률(R)

식 (5.138)로부터

$$SRT = HRT\left[1 - R\left(\frac{X_r}{X_v} - 1\right)\right]^{-1}$$

$$8\text{day} = 0.2227\text{day}\left[1 - R\left(\frac{8{,}000\text{mg/L}}{2{,}500\text{mg/L}} - 1\right)\right]^{-1}$$

$$R = 0.44 \text{ 또는 } 44\%$$

(5) 산소공급능력(OC)

산소소비속도는 식 (5.157)로부터

$$r_o = Q(S_0 - S) - 1.42 f_{bio} \cdot P_X$$
$$= (0.68)^{-1}(1{,}500\mathrm{m}^3/\mathrm{hr})(200-5.1)\mathrm{g/m}^3 - (1.42)(1.5/24)(1{,}669{,}903/\mathrm{day})$$
$$= 281{,}723\mathrm{g\ O_2/hr}\ \text{또는}\ 282\mathrm{kg\ O_2/hr}$$

활성슬러지의 산소소비속도는 폭기장치의 산소공급능력과 같아야 하므로,

$$r_o = (K_L a)_{20}(C_s - C)V_{AT} \tag{5.170}$$

그런데 표준산소공급능력은 10℃ 수온에서의 능력을 나타낸 것이다. 즉

$$OC = (K_L a)_{10} C_s' V_{AT} \tag{5.171}$$

그러므로 20℃의 수온과 최저수준의 용존산소를 폭기조에 유지하는 조건에서는

$$OC = r_o \cdot \frac{(K_L a)_{10} C_s \dot{A}}{(K_L a)_{20}(C_s - C)_{20}} \tag{5.172}$$

실제 폐수에 대해서는 수정계수 α를 적용해야 하므로

$$OC = \frac{r_o}{\alpha} \frac{C_s'}{(C_s - C)_{20}} \frac{(K_L a)_{10}}{(K_L a)_{20}}$$

$\dfrac{(K_L a)_{10}}{(K_L a)_{20}} = \dfrac{D_{10}}{D_{20}}$ 이므로

$$OC = \frac{r_o}{\alpha} \frac{C_s'}{(C_s - C)_{20}} \sqrt{\frac{D_{10}}{D_{20}}} \tag{5.173}$$

여기서, OC : 산소공급능력, kg O_2/hr
r_o : 산소소비능력, kg O_2/hr
α : 산소공급능력의 수정계수
C_s' : 1기압과 10℃의 순수에서 산소의 포화용존농도, g O_2/m^3
C_s : 기타조건에서의 용존산소포화농도, g O_2/m^3
C : 폭기조에 유지하는 용존산소농도, g O_2/m^3
D : 산소의 분자확산계수, m^2/hr
20, 10 : 물의 섭씨온도

위 식에 $r_o = 282$kg O_2/hr, $\alpha = 0.7$, $C_{20} = 2$g O_2/m^3 등의 값과 부록으로부터 $C_s' = 11.3$g O_2/m^3, $C_{s,20} = 9.2$g O_2/m^3, $\sqrt{D_{10}/D_{20}} = 0.830$ 등의 값을 구하여 대입하면

$$OC = \frac{282}{0.7} \times \frac{11.38}{(9.2-2)} \times 0.83 = 525\mathrm{kg\ O_2/hr}$$

(6) 기질부하율

$$\mathrm{F/M} = \frac{S_0}{HRT \cdot X_v} = \frac{0.2\mathrm{kg/m^3}}{(0.2227\mathrm{day})(2.5\mathrm{kg/m^3})} = 0.36\mathrm{kg\ BOD_5/kg\ MLVSS \cdot day}$$

(7) 용적부하율

$$L_v = \frac{Q_{\max}S_0}{V_{AT}} = \frac{(24{,}000\text{m}^3/\text{day})(0.2\text{kg/m}^3)}{7{,}950\text{m}^3} = 0.60\text{kg BOD}_5/\text{m}^3 \cdot \text{day}$$

(8) 기질제거효율

$$E = \frac{S_0 - S}{S_0} = \frac{(200-20)\text{g/m}^3}{200\text{g/m}^3} = 0.9 \text{ 또는 } 90\%$$

슬러지 반송이 있는 연속류교반반응조(CFSTR)의 설계 시 사용되는 주요 공식들을 <표 5-14>에 나타내었다. 제시된 식들은 기질의 모든 반응속도 또는 반응차원에 대하여 광범위하게 적용할 수 있다. 만약 기질이 극단적으로 또는 분명하게 일차반응($S \gg K_s$)이나 식 (5.84) 대신에 식 (5.88)이나 식 (5.90)을 사용하여 S 등에 관한 식을 더 간한하게 표현할 수 있다.

표 5-14 • 슬러지 반송이 있는 연속류교반반응조(CFSTR)의 설계시 사용되는 주요 공식

포화물질실생산계수	$Y_{obs} = \dfrac{Y}{1+k_d \cdot SRT}$	(5.58)
슬러지일령	$\dfrac{1}{SRT} = YU - k_d \qquad SRT \simeq \dfrac{VX_v}{Q_w X_r}$	(5.112) (5.154)
반송 및 폐기슬러지 농도	$X_r = \dfrac{10^6}{SVI}$	(5.123)
MLVSS농도, 폭기조 용적	$X_v = \dfrac{SRT}{\tau}\left[\dfrac{Y(S_0 - S)}{1+k_d \cdot SRT}\right]$	(5.141)
유출수 기질농도	$S = \dfrac{K_s[1+(k_d)SRT]}{SRT(Yk-k_d)-1}$	(5.133)
슬러지반송률	$SRT = HRT\left[1-R\left(\dfrac{X_r}{X_v}-1\right)\right]^{-1}$	(5.138)
고형물 생산량	$P_X = Y_{obs} \cdot Q(S_0 - S)$	(5.153)
고형물(슬러지) 폐기량	$P_X = Q_w X_r \quad \rightarrow \quad Q_w = \dfrac{P_X}{X_r}$	(5.156)
산소소비속도	$r_o \simeq Q(S_0 - S) - 1.42P_X$	(5.158)
산소공급능력 선택	$OC = \dfrac{r_o}{\alpha}\dfrac{C_s'}{(C_s - C)_{20}}\sqrt{\dfrac{D_{10}}{D_{20}}}$	(5.173)
온도영향	$k_T = k_{20} \cdot \theta^{(T-20)}$	(5.110)

(5) 폭기조의 구조

폭기조의 구조는 폭기방법에 따라서 차이가 생긴다. 즉, 산기식과 기계식에 따라서 그리고 같은 기계식이라도 수직축과 수평축에 따라서 구조에 차이가 생기는데 그러한 폭기방법의 선택과 장치의 배열은 폭기조의 반응유형과 관계된다.

플러그흐름형(PFR)의 경우는 폭기조가 장방형으로 좁고 긴 수로를 이루며 산기장치에 의하여 폭기된다. 연속류교반형(CFSTR)의 경우는 폭기조가 정방형이거나 원형이며 포기기계나 산기장치에 의하여 폭기된다. 산기장치에 의하여 폭기할 때 PFR의 경우는 산기 장치를 대개 장방형 폭기조의 한 벽쪽에 배역하여 폐수가 선회류하면서 길이방향으로 진행하도록 하며, CFSTR의 경우는 산기장치를 정방형 폭기조 바닥 전면에 배치하고 폐수가 한 변의 여러 유입구로부터 들어와서 맞은편 변의 여러 유출구를 통하여 나가도록 설계된다.

폭기조의 수는 청소와 수리에 대비하여 2조 이상으로 하는 것이 관례이다. 그리고 시간 최대 유량을 기준하여 설계한다. 조는 수밀한 철근콘크리트구조로 하는데, 상층이 지면위 15cm 이상 되도록 하며, 주변에 약 90cm의 인도를 마련하고 안전용 손잡이를 설치한다. 조의 유효수심은 4～6m 정도로 하며 수면 위의 여유고는 80cm 정도로 한다. 조의 유입구에는 유입폐수와 반송슬러지에 대한 계량장치를 설치한다.

1) 산기식 폭기조

<그림 5-45>는 산기식 폭기조의 몇 가지 유형을 나타낸 것이다. 선회류식 장방형 폭기조에 있어서는 유로폭을 수심의 1～2배로 한다. 선회류식에서는 조의 중심부에 비혼잡 공간이 생기기 쉬운데, 긴 장방형조의 경우 요소에 저류벽을 교차 방향으로 설치함으로써 그러한 결함을 개선할 수 있다.

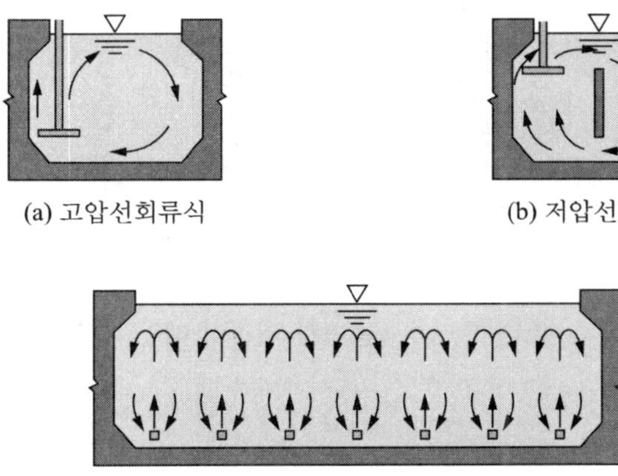

(a) 고압선회류식

(b) 저압선회류식

(c) 전면폭기법

그림 5-45 • 산기식 폭기조

좁은 지면에서는 수심을 깊게 함으로써 조의 유효용적을 확보하게 되기 쉬운데, 수심이 너무 깊어지면 산소 흡수율은 높아지지만, 수유의 상태가 불균등해지고 건설비가 높게 든다.

(a) **산기장치**

말단의 산기장치로서는 산기관, 산기판, 산기공 등이 사용된다. 이러한 산기장치는 수리할 때 수면 위로 끌어 올릴 수 있어야 하며, 균등하게 공기를 분출하고 내산성, 내염기성 등 내구성을 갖추어야 한다.

(b) **송기관**

송기관 또는 송풍관은 <그림 5-46>과 같이 수면보다 훨씬 위에 설치함으로써 송풍이 사고로 중단되더라도 폐수가 역류하지 못하도록 하여야 한다.

송기관은 철근관, 강관, 연질염화비닐관, 석면시멘트관 등을 사용하는데, 녹이 슬 염려가 있는 것에는 방부충시공을 한다. 송기관내면에는 결론 현상이 자주생기고, 또 그것이 관을 부식시키기 쉬우므로 주의를 요한다. 그리고 배관의 하부에는 결로된 물을 뺄 수 있도록 콕크를 설치해야 한다.

송가관 각 부분의 관경은 600～900m/분의 평균유속으로 소요 송풍량의 150%까지를 통과시킬 수 있어야 하며, 산기장치까지의 총 손실수두가 700～1,000mmHg 이하가 되어야 한다.

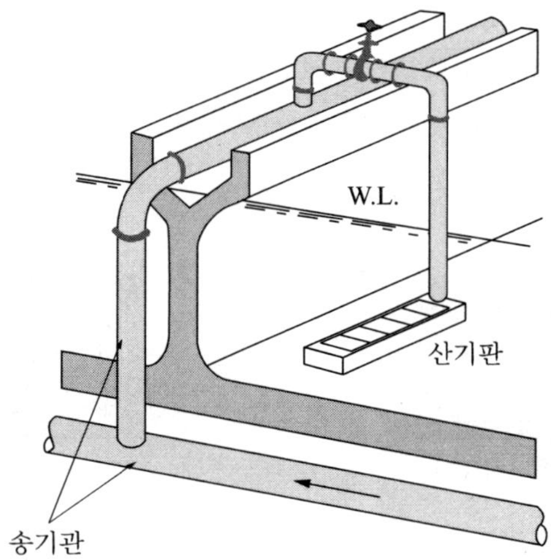

그림 5-46 • 송기관 배관의 예

(c) 송풍기

송풍기는 2대 이상을 설치하고 부하되는 폐수량에 따라서 송풍량을 조절할 수 있어야 한다. 대개 송풍량의 조절은 대수제거, 속도제거 등에 의하여 이루어지는데 그 외의 방법으로 할 때에는 송풍저항에 따르는 압력 변동이 수반되므로 토출관쪽에 안전변을 설치하는 것이 필요하다.

송풍기의 총 용량은 폭기조 외에 폭기식 침사지, 저류조 등의 수요를 충족할 수 있어야 한다. 그리고 송풍기의 최대 압력은 산기장치에 걸리는 정수압과 산기장치를 통과할 때까지의 손실수두에 다소의 여유를 가산하여야 한다. 송풍기에 공급되는 공기에는 먼지가 없어야 하며 필요할 때에는 처리된 공기를 사용한다. 그리고 송풍기의 기초는 진동을 방지할 수 있어야 한다.

(d) 기타의 부대시설

폭기조의 유입구와 유출구에는 제수변이 있어야 하며 바닥에는 배수설비가 있어야 한다. 또 폭기조 수면 위에는 소포장치를 해야 할 경우가 많다. 이 때 소포장치를 산기관반대쪽 수면 위에 마련하는데 노즐 끝의 압력은 1～1.5kg/cm^2, 한 노즐당 분출량은 6～10L/분, 그리고 노즐 간격은 1.5m 정도로 한다. 노즐과 그 배수관은 내충성이 강한 것을 사용하며 펌프는 대개 과유펌프를 쓴다. 소포용수는 처리된 방류수를 사용하는데 노즐 구멍을 막히게 하기 쉬우므로 주의를 요한다.

2) 기계식 폭기조

기계식 포기장치는 기계식 표면포기기, 수중교반식 포기기로 구분되며, 표면포기기는 방사형 저속형(radial flow low speed), 축류형 고속형(axial flow high speed)과 브러시 로터형(brush rotor)으로 나누며, 수중교반식 포기기는 수중모타식 교반산기장치, 흡입튜브(draft tube)식 교반산기장치 등이 있다. 이들 장치는 부동형 또는 고정형으로 설치한다.

방사형은 포기의 회전속도를 기어감속기로 감속시키며, 축류형 고속포기장치는 일반적으로 전동기와 직결되어 있다. 저속과 고속포기장치는 수면과 직각으로 설치한다. 브러시 로터(brush rotor)는 수면과 평행으로 설치하며 저속으로 회전하도록 되어 있다. 기계식 포기장치의 설치 특성으로는 브러시 로터를 제외하고는 직사각형의 폭기조에 잘 맞지 않으며 작은 폭기조보다 큰 폭기조에 비교적 흔히 사용된다. 표면포기장치의 산소전달효율은 회전날개(impeller)가 수중에 잠기는 깊이와 관계가 있는데 어느 경우에는 양수력이 좋으나 포기는 좋지 못한 경우가 있다. 표면포기장치는 폭기조의 깊이가 4.5～9m 이상인 경우, 즉 불완전한 혼합이 이루어질 가능성이 클 때는 흡입유도관(draft tube)을 설치하기도 한다.

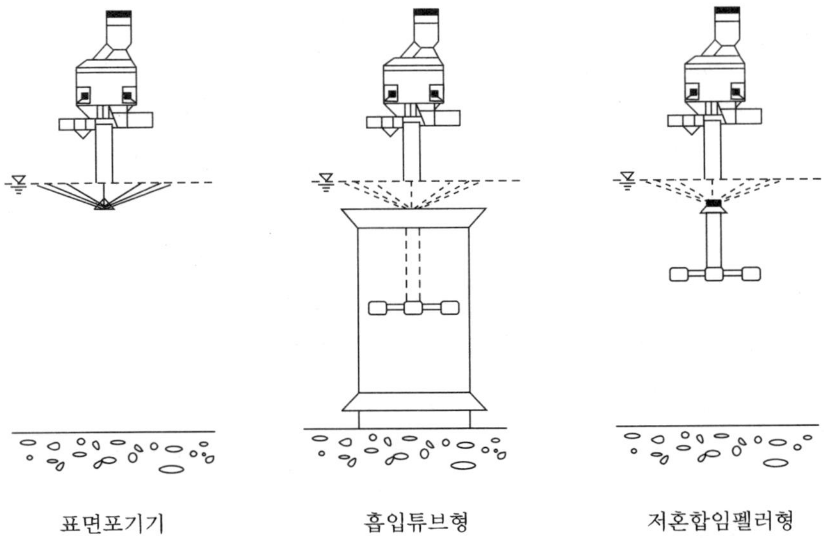

그림 5-47 • 방사형 저속포기장치

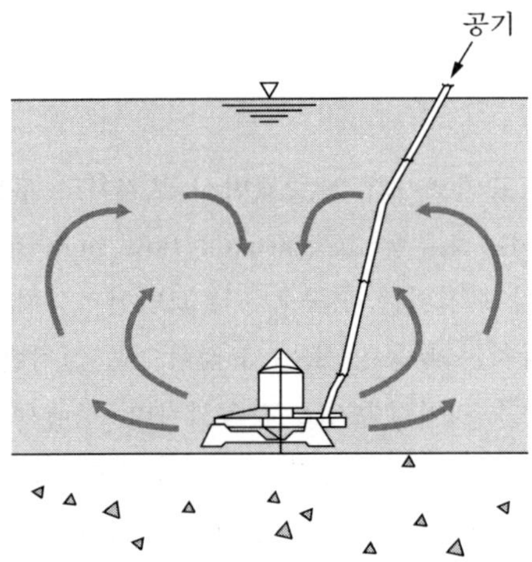

그림 5-48 • 수중형 포기기

<그림 5-48>과 같은 수중교반식 포기기는 수중교반기의 토출부에 산기장치를 설치하여 교반기능과 산기기능을 일체화한 것으로 반응조내에 설치하여 송풍기에 공급되는 공기를 교반날개로 미세하게 전단시켜 높은 산소전달효율을 얻을 수 있는 것이 장점이다. 최근 고도처리 도입으로 인해 교반 및 산기기능이 일체화되어 송풍을 멈추면 교반만의 운전도 가능해 동일한 기계측 제어치로 혐기조 및 호기조를 동시에 사용할 수 있다는 것과 경우에 따라서는 동일한 반응조를 혐기 및 호기운전을 교대로 수행할 수 있는 장점이 있다.

(6) 활성슬러지의 운전

1) 반응변수의 조절

활성슬러지법에 의한 폐수처리의 주역은 세균이고, 이것이 반응을 주도하는 동시에 반응 생물인 것을 고려하면서 그리고 반응목표는 유기물질이 제거된 청정수를 생산하는 것임을 명심하면서 활성슬러지반응조인 폭기조를 운전하여야 한다. 운전의 초점은 대체로 ① 폭기조 내에 적정농도의 미생물군(MLVSS)을 유지하고, ② 이를 위하여 폭기조의 환경조건을 적정수준으로 유지하고, ③ 침강성이 좋은 활성슬러지를 생산하는 것이다. 이와 관련하여 운전자가 알아야할 변수 간이 상호관계는 <표 5-15>와 같다.

표 5-15 • 활성슬러지공정에서 파라미터간의 상호관계

파라미터	파라미터값을 결정하는 요소	공정내 관련인자
고형물체류시간, 슬러지일령(SRT)	유출수기질농도 미생물의 기질사용속도 온도	폭기조 체류시간 MLSS농도 잉여슬러지생산량 산소소비속도
MLSS농도(X)	반송슬러지농도 슬러지반송률 온도	2차 침전지수면부하율 2차 침전지슬러지부하율 슬러지용적지표(SVI) 폭기조 체류시간 슬러지일령 세포물질생산계수
슬러지반송률(R)	MLSS농도 반송슬러지농도	슬러지용적지표 2차 침전지수면부하율 2차 침전지슬러지부하율

기질의 제거율은 슬러지일령이나 F/M에 의하여 결정되는데 유입기질의 유량과 농도, 폭기조 용적 등은 일정하므로 운전자가 해야 할 일은 슬러지반송률 조절을 통해서 일정농도의 MLVSS를 폭기조에 유지하는 한편 잉여슬러지량을 프로세스 밖으로 폐기하는 것이다. 슬러지일령 및 F/M비와 기질제거율, 잉여슬러지생산량 등과의 관계에 관해서는 <그림 5-30>, <그림 5-41>, <그림 5-44> 등을 참조하기 바란다.

Kalinske의 보고에 의하면, 타 인자들을 배제할 때, 공기폭기식 활성슬러지법에서 미생물 호흡은 0.3～8mg/L의 용존산소농도에서 변함이 없다. 그러나 조의 구석까지 0.5mg/L의 용존산소를 확보하기 위하여 폭기조 유출수의 용존산소농도를 2mg/L가 되도록 하는 것이 관례이다. 그리고 조의 바닥도 0.5mg/L 정도의 용존산소를 유지함으로써 탈산소화 반응을 예방할 수 있다.

계절변화에 따라서 미생물도 수온변화에 적응하여야 하는데, 폭기조를 중단없이 잘 운전 합성세제의 증가나 중합체들은 플록 형성에 방해가 되기도 한다. 그리고 이질적인 기질이 갑자기 유입하면 세균은 새로이 효소를 합성하고 분비할 시간이 없으므로 그것을 처리할 수 없게 되며, 같은 기질이라도 일시에 다량이 유입하면 처리할 수 없게 되는데 그러한 충격적 영향은 프로세스의 기능을 위태롭게 할 수 있다.

2) 운전지표

(a) 슬러지 지표

슬러지 지표는 활성슬러지의 침강성을 보여주는 지표로 광범위하게 사용되고 있다. 활성슬러지 공법에서 유지관리를 위해 가장 중요한 것 중 하나가 최종침전지에서 슬러지 분리의 양호 여부를 확인이 매우 중요하다. 슬러지 지표에는 SVI(슬러지 용량지표, Sludge Volume Index)와 SDI(슬러지 밀도지표, Sludge Density Index)가 있다.

SVI는 반응조내 혼합액을 30분간 정체한 경우 1g의 활성슬러지 부유물질이 포함하는 용적을 mL로 효시한 것이며, 동일한 시료에 대해 MLSS농도 및 활성슬러지 침전율(SV_{30}: 용적 1L의 메스실린더에 시료를 30분간 정체시킨 후의 침전슬러지량을 그 시료량에 대한 백분율로 표시한 것)을 측정하여 식 (5.174)처럼 산출한다.

$$\mathrm{SVI} = \frac{\mathrm{SV_{30}(mL)} \times 1{,}000}{\mathrm{MLSS}\text{농도}\mathrm{(mg/L)}} \tag{5.174}$$

SVI에 영향을 미치는 인자로는 유입하수의 BOD농도, 폭기시간, BOD-SS부하, 수온, 폭기조내의 용존산소, 슬러지의 유기물 함량, 활성 슬러지의 생물상 등을 들 수 있다.

슬러지 반송률 결정과 침강성 판단에 사용되는 또 하나의 지표는 SDI이다. SDI란,

$$\mathrm{SDI} = \frac{\mathrm{MLSS}\text{농도}(\%)}{30\text{분 후 침강된 슬러지 용적}(\%)} \tag{5.175}$$

이것은 Donaldson지표라고도 불리는데, SDI = 100/SVI이고, 침강성이 좋은 슬러지는 SDI ≥ 0.7이다.

(b) 생물지표

폭기조가 양호하게 기능을 수행하고 있는가 하는 것은 폭기조 내에서 활동하고 있는 포식생물의 종에 의하여 식별되며, 그러한 생물을 지표생물이라고 한다. <그림 5-49>에서 보듯이 잔류기질농도, 즉 기질제거정도에 따라서 우세한 포식생물의 종분포도가 달라진다. 운전초기 또는 기능정상화초기에는 sarcodina가 우세하지만 운전효율이 높아지고 기질이 잘 제거됨에 따라 우세한 종의 판도가 점차로 flagellate, ciliate, rotifer 등으로 옮겨짐을 알 수 있다.

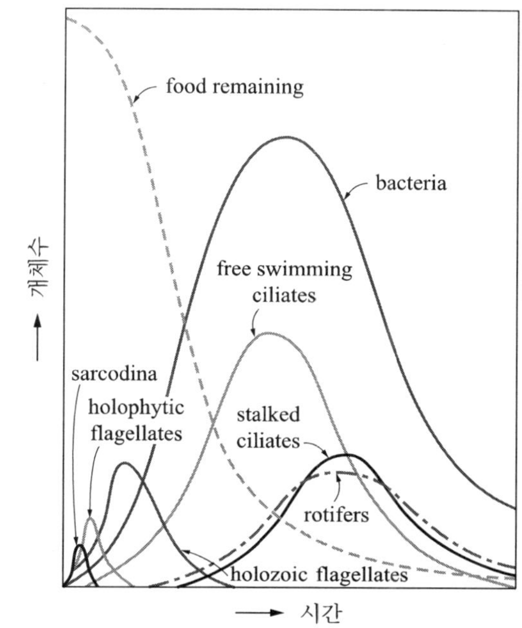

그림 5-49 • 폭기조 내의 기질감소와 지표미생물의 추이

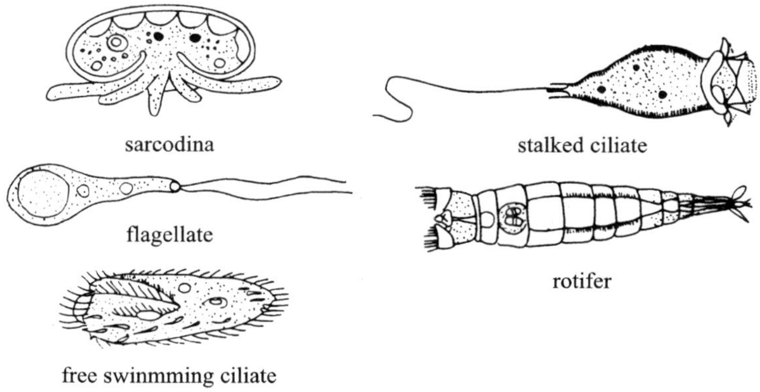

그림 5-50 • 폭기조 내의 주요 지표생물

3) 운전상의 문제점

(a) 혼합액의 색상

폭기조에서 혼합액의 색이 진한 흑색으로 나타나고, 더욱이 냄새가 날 때에는 혐기성 상태로 의심할 필요가 있다. 그럴 경우에는 DO농도를 확인하고 폭기를 강화해야 한다.

(b) **이상난류**

산기식 폭기조에서 수면의 흐름이 고르지 못하거나 물이 부분적으로 솟아오를 때에는 산기장치의 일부가 막혔을 가능성이 크다. 그럴 때에는 산기장치의 청소를 요한다.

(c) **슬러지팽화현상(Bulking Sludge)**

팽화된 슬러지란 후침전지에서 쉽게 고액분리되지 않는 느슨한 활성슬러지를 가리킨다. 그러한 슬러지는 대개 SVI > 200이다.

슬러지의 팽화는 크게 두 가지 형태가 있다. 첫 번째는 사상성 팽화(filamentous bulking)로 나쁜 조건하에서 사상균이나 사상체로 성장하는 미생물에 의해 발생하며 팽화의 대부분이 이러한 형태이다. 팽화의 다른 형태는 점성 팽화(viscous bulking)인데, 과도한 양의 세포 고분자물질(extracellular biopolymer)에 의한 것으로 점액성의 젤과 같은 슬라임 슬러지를 생성한다. 바이오폴리머는 친수성이기 때문에 활성슬러지의 함수율이 높아지므로 이러한 상태를 함수팽화(hydrous bulking)로 부른다. 결국 슬러지는 낮은 침전속도와 플록의 조밀성이 낮아져 저밀도가 된다. 점성팽화는 보통 영양소 제한시스템이나 많은 양은 생분해가능 기질을 가진 하수의 부하가 매우 높은 상태에서 발견된다.

사상균의 성장으로 야기되는 슬러지팽화문제는 보다 일반적이다. 사상체의 성장은 단일 세포 미생물의 섬유상 끝과 끝이 서로 연결되어 슬러지 플록을 형성한다. 그리고 섬유상은 보통 슬러지 플록의 겉에 뻗어있다. 좋은 침전특성을 가진 조밀한 플록에 비하여 이러한 구조는 질량 대 표면적의 비가 증가되어 침전성을 악화시킨다.

슬러지팽화는 ① 바람직하지 못한 폐수의 특성, 즉 영양물질의 불균형상태와 기질성분, 기질 부하율, pH, 수온, 염도 등의 심한 변동 ② 산소공급능력의 부족, 적절하지 못한 폭기조 설계, 반송슬러지 펌프의 능력부족 등 설계상의 결함 ③ 폭기조의 용존산소부족, 영양물질부족, 기질의 과부하, 적절치 못한 슬러지 반송 등 운전 미숙에 원인이 있을 수 있다.

원인이 어디에 있건 간에 운전자는 슬러지팽화를 예방하기 위하여 항상 ① F/M비를 적절하게 유지하는 한편 기질성분을 조사하고 ② 폭기조에 2mg/L 이상의 용존산소를 유지하고 ③ 질소, 인 등 대량으로 소요되는 영양물질과 소량영양물질 및 미량영양물질에 관리하여 확인하고 ④ pH와 염도를 적절하게 유지하고 ⑤ 후침전지의 기능과 슬러지의 반송량 및 인출량이 적절하도록 노력하여야 할 것이다. 덧붙여서 폐수처리장 운전은 일상적인 시험 및 실험에 의존해야 한다는 것을 명심할 필요가 있다.

사형미생물로 인한 초기의 슬러지팽화는 반송슬러지를 염소, 오존, 과산화수소 등 살균제로 처리하는 한편, 위에 설명한 이상증식 원인을 교정함으로써 힘겹게 교정할 수 있다. 반송슬러지를 염소처리할 경우, 그 투여량은 슬러지건조중량의 0.2～1% 범위이다. 팽화상태가 심화되었을 경우에는 기존활성슬러지를 버린 후 새로 시작할 수밖에 없다. 따라서 평소에 MLSS를 현미경으로 관차하고 사형미생물의 이상증식을 초기에 교정하는 것이 중요하다.

(d) **플록의 해체현상**

이것은 활성슬러지 플록이 후침전지에서 미세하게 분산되면서 잘 침강하지 않고 상징수와 함께 월류하는 현상이다. 그 원인은 독성물질, 폭기조의 과부하, 영양물질부족, 산소부족 등으로 인한 세포의 활성상실과 지나친 난류의 전단력에 기인하는데 대개는 그러한 원인을 제거함으로써 쉽게 교정된다.

(e) **슬러지의 부상**

때때로 침전성이 양호한 슬러지가 비교적 짧은 침전시간 후 침전지 표면에 부유하거나 부상하는 것이 발견된다. 이러한 현상은 하수내의 아질산성 질소와 질산성 질소가 질소가스로 전환되는 탈질화현상 때문이다. 질소가스가 슬러지층에서 생성되면 이들 대부분은 슬러지에 포함되어 있게 된다. 충분한 양의 가스가 생성되면 슬러지는 부력을 가지게 되고, 침전지 표면으로 상승하거나 부유하게 된다. 부유고형물에 부착된 작은 기체 방울과 2차 침전지 표면에 부유하는 슬러지를 관찰하면 팽화슬러지와 구별할 수 있다. 슬러지 부상은 보통 짧은 SRT시스템에서 일반적인데 특히 온도가 높은 경우 질산화를 촉진하고 혼합액은 낮은 슬러지일령으로 인하여 매우 활성화되어 부상현상이 촉진된다.

슬러지 부상문제는 ① 침전지에서 슬러지 체류시간을 감소시키기 위하여 침전지의 슬러지 제거율을 증가시키거나, ② 반송슬러지 제거율을 증가시켜도 슬러지 층의 깊이가 감소되지 않는 경우, 폭기조에서 침전지로의 유량을 감소시키거나 ③ 가능하다면 침전지의 슬러지 수집장치의 속도를 높이거나 혹은 ④ 질산화 슬러지를 제거시켜 SRT를 감소시키는 방법으로 극복할 수 있다. 따뜻한 날씨 동안 질산화를 제한하기 위해 충분히 낮은 SRT로 운전하는 것은 매우 어려우므로 무산소/호기 공정은 슬러지 부상없이 탈질과정을 수행하고 또한 슬러지의 침전성을 개선하기 위한 적절한 공정이다.

탈질산화 반응과는 별도로 후침전지의 슬러지호퍼가 잘못 설계될 경우, 저장된 슬러지가 적시에 인출되지 못하고 혐기성 반응을 하여 기포와 함께 덩어리로 부상될 때도 있다.

(f) **과도한 흰 거품**

폭기조 표면에 흰 비누거품 같은 것이 크게 고랑을 이룰 때가 있는데 그 원인은 슬러지일령이 너무 짧거나 또는 경성세제가 있음을 뜻한다.

(g) ***Norcadia* 거품현상**

두 종류의 미생물, *Norcadia*와 *Microthrix parvicella*는 활성슬러지공정에서 광범위하게 거품

문제를 일으킨다. 이러한 미생물들은 소수성 세포표면을 가지므로 공기방울에 붙는다. 여기서 그들은 거품을 일으켜 방울들을 안정화시킨다. 이러한 미생물은 혼합액 위 거품에서 고농도로 발견된다. 거품은 두껍고 갈색 빛깔을 가졌으며 0.5～1m 정도의 두께를 가질 수 있다.

거품생성은 산기식 또한 기계식 포기로 발생될 수 있으나 산기식 포기에서 다량의 공기주입으로 인해 더욱 심하게 나타난다. 즉, 세포가 지나치게 산화되었음을 나타내는데, 매일 조금씩 슬러지일령을 감소시킬 필요가 있다. 또한 활성슬러지에서 *Norcadia* 거품은 폐활성슬러지를 처리하는 반송되는 혐기성 또는 호기성 소화조 안에서 생성될 수 있다. *Norcadia*의 성장은 표면에 스컴이 있는 폭기조나 2차 침전조에서 일반적으로 발견된다.

*Norcadia*를 제거하기 위해 사용되는 방법에는 ① 2차 처리공정에서 거품이 갇히는 것을 피하고, ② 2차 처리공정으로 기름찌꺼기 반송을 피하고 ③ *Norcadia* 거품의 표면에 염소를 뿌리는 것 등이 있다.

(h) 플록의 해체현상

이것은 활성슬러지 플록이 후침전지에서 미세하게 분산하면서 잘 침강하지 않고, 상징수와 함께 월류하는 현상이다. 그 원인은 독성물질, 폭기조의 과부하, 영양물질부족, 산소부족 등으로 인한 세포의 활성상실과 지나친 난류의 전단력에 기인하는데 그 원인을 제거함으로써 쉽게 교정된다.

(i) 핀플록

슬러지일령이 너무 길면 세포가 지나치게 산화되어 활성을 잃고, 플록 형성능력도 잃게 된다. 이럴 때에는 흔히 1mm 미세한 세포물질이 분산하면서 잘 침강하지 않는다. 교정방법으로서 슬러지일령을 단축해야 한다.

(7) 활성슬러지법의 변법

1) 표준활성슬러지법

표준활성슬러지법(conventional activated sludge process)의 핵심은 폭기조의 유입지점에서 유입하수와 반송슬러지를 혼합하고 폭기조에서 혼합액을 폭기시키는 것이다. 하수와 활성슬러지의 혼합액은 최종 침전지에서 고액분리된다. 이때 분리된 물은 처리수로서 소독 후 방류시키고 침전 슬러지의 일부는 폭기조로 반송시키고 나머지는 잉여슬러지로서 계 외로 배출한다.

흐름은 슬러지 반송이 있는 플러그흐름폭기조에 산기장치를 통하여 공기를 공급하는 형식으로 되어 있다. 산기장치를 폭기조의 한쪽 바닥에 설치할 때, 유입수는 선회류하면서 길이방향으로 흐르게 된다.

이러한 전통적 설계는 앞에서 설명한 바와 같이 ① 폭기조 입구에서 과도한 F/M비 때문에 산소부족현상이 생길 수 있고, ② 기질의 충격부하, 부하변동, 독성물질 등에 약하며, ③ 선회류가 있는 경우, 그 중심부에 비혼합공간이 생길 수 있는 등의 단점이 있다. 그러한 단점들을 보완하기 위하여 1960년대 후기부터 폭기조 유형을 CFSTR 또는 그 절충형으로 설계하는 경향이 증가하고 있다. 폭기장치도 기포식과 더불어 기계식이 많이 사용되고 있다. <그림 5-51>은 표준활성슬러지공정의 폭기조에 관하여 몇 가지 유형을 보여주고 있다. 표준활성슬러지법은 재래식 방법이라고도 불린다. 이러한 방법에 수정을 가한 것들을 변법이라고 하는데 이들 변법은 유형이 다를 수도 있지만 설계 및 운전파라미터가 재래식 방법과 조금씩 다르다.

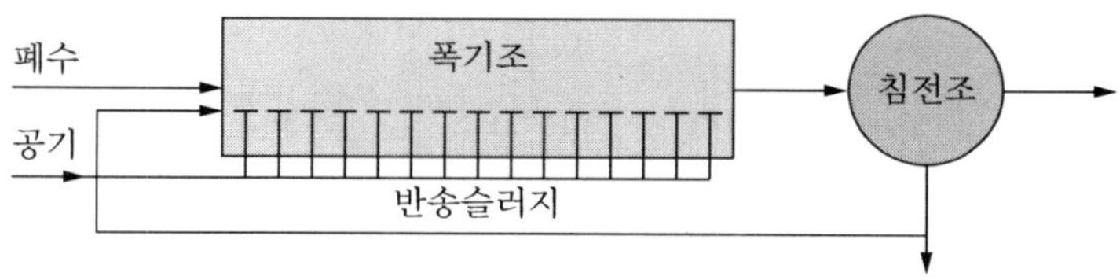

(a) 산기관을 배열한 PFR형 폭기조

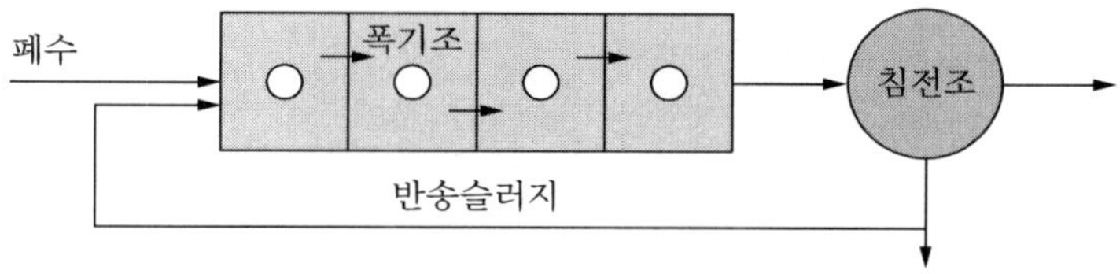

(b) 기계식 폭기장치를 설치한 절충형 폭기조

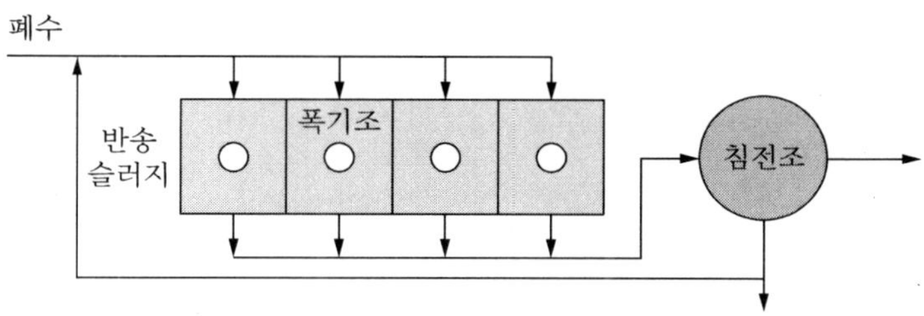

(c) 기계식 폭기장치를 설치한 CFSTR형 폭기조

그림 5-51 • 표준활성슬러지공정

표 5-16 • 각종 활성슬러지공정 변법의 설계 및 운전 파라미터

구분	F/M비 L_s $\left(\frac{\text{kg BOD}_5}{\text{kg MLSS}\cdot\text{day}}\right)$	슬러지일령 SRT (day)	용적부하율 L_v $\left(\frac{\text{kg BOD}_5}{\text{m}^3\cdot\text{day}}\right)$	BOD_5 제거율 E (%)	폭기조 체류시간 HRT (hour)	질산화반응
재래식	0.15~0.4	4~8	0.32~0.96	90~95	4~8	가능함
장시간폭기법	≦0.05	≧30	0.16~0.24	90+	16~24	된다
고속폭기법	0.4~1.0	2~4	1.1~2.9	85~90	2~4	안된다
수정폭기법	1.5~3.0	≦1	1.4~2.9	60~75	0.5~2	안된다
접촉안정법:	0.15~0.5	3~10	0.5~1.1	85~95	-	가능함
(1) 접촉조	0.5~2.0	-	1.4~2.9	85~95	1.0~3.0 (0.5~1.0)	인된다
(2) 안정조	-	-	-	-	3.0~6.0	가능함
단단계질산화	0.05~0.15	10~15	0.16~0.5	95+	6~12	된다
점감식폭기법	0.2~0.4	5~15	0.3~0.6		4~8	
단계식부하법	0.2~0.4	5~15	0.6~1.0		3~5	
Kraus법	0.3~0.8	5~15	0.6~1.6		4~8	
산소폭기법	0.25~1.0	8~20	1.6~3.3		1~3	

구분	산소소비율 r_o/LE $\left(\frac{\text{kg O}_2}{\text{kg BOD}_5}\right)$	슬러지반송률 R (%)	MLSS농도 X_s $\left(\frac{\text{kg MLSS}}{\text{m}^3}\right)$	산소소비속도 r_o $\left(\frac{\text{g O}_2}{\text{kg MLSS}\cdot\text{hr}}\right)$	슬러지생산율 P_s/LE $\left(\frac{\text{kg MLSS}}{\text{kg BOD}_5}\right)$
재래식	0.8~1.1	30~100	1.5~4.0	7~15	0.4~0.6
장시간폭기법	1.4~1.6	100~300	2~6	3~8	0.15~0.3
고속폭기법	0.7~0.9	30~100	3~5	15~25	0.5~0.7
수정폭기법	0.4~0.6	10~30	0.5~1.5	20~40	0.8~1.2
접촉안정법:	0.8~1.1	25~75	-	-	0.4~0.6
(1) 접촉조	0.4~0.6	50~100	2~4	20~30	-
(2) 안정조	0.3~0.5	-	6~10	10~30	-
단단계질산화	1.1~1.5	30~100	3~6	3~8	0.15~0.3
점감식폭기법		25~50	1.5~3		
단계식부하법		25~75	2~3.5		
Kraus법		50~100	2~3		
산소폭기법		25~50	6~8		

(1) 재래식과 장시간폭기법의 경우, 질산화반응이 있을 때에는 질소소비율이 증가됨.
(2) 용적부하율은 수정폭기법의 경우 1g MLSS/L, 기타의 경우 3g MLSS/L를 가정한 것임.
(3) MLVSS=0.8MLSS

2) 점감식 폭기법

재래식 PFR형 폭기조에 있어서 폐수의 산소요구량은 <그림 5-52>에 보듯이 유입구에서 최대이고 유출구 쪽으로 갈수록 감소된다. 이러한 현상은 폐수가 길이방향으로 진행함에 따라 미산화된 잔유 기질이 감소하기 때문에 생긴다. 따라서 점감식 폭기법에서는 폐수의 산소요구량 감소에 맞추어 공기를 공급할 수 있도록 산기장치를 배열한다. 이 방법에서는 산기장치배열만이 표준활성슬러지법과 다르며, 그렇게 함으로써 산소공급에 소요되는 에너지를 절약한다.

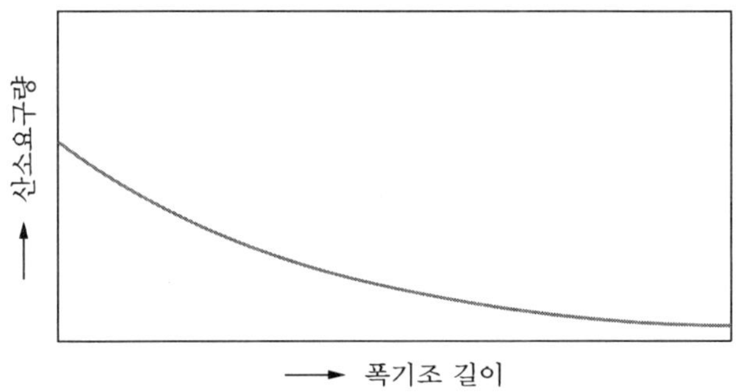

그림 5-52 ◦ PFR형 폭기조에 있어서 진행길이별 폐수의 산소요구량 감소

3) 단계식 부하법

이 방법에서는 <그림 5-53>에서 보듯이 폐수를 PFR형 폭기조의 길이에 대비하여 몇 개소의 유입구로부터 부하시킨다. 그렇게 함으로써 조의 전 길이에서 F/M비가 같고 MLSS의 산소소비가 같아지도록 유도한다. 단계식 부하법의 전체적인 F/M비는 표준활성슬러지법과 같지만 용적부하율이 보다 더 높으므로 전체 폭기조 용적을 절약할 수 있다. 그리고 첨두부하를 받을 때 입구의 산소부족현상을 피할 수 있고 조의 일부를 슬러지 안정화에 사용할 수 있는 것 등 운전상의 융통성을 기할 수 있다.

4) 고속폭기법

고속폭기법이란 폭기조 체류시간을 짧게 하는 활성슬러지공법을 가리킨다. 그렇게 하기 위하여 폭기조의 MLSS농도를 높게 유지하고 따라서 용적부하율이 커지도록 한다. F/M비도 높다. BOD_5제거율이 비교적 높지만 폭기조 체류시간이 짧으므로 MLSS가 유실될 수 있고 기질부하의 변동에도 약하므로 정성스러운 운전이 요구된다. 이 방법은 질산화 반응조를 별도로 설치할 때, 그 전단계의 BOD(탄소물질)제거를 위한 방법으로도 사용될 수 있다.

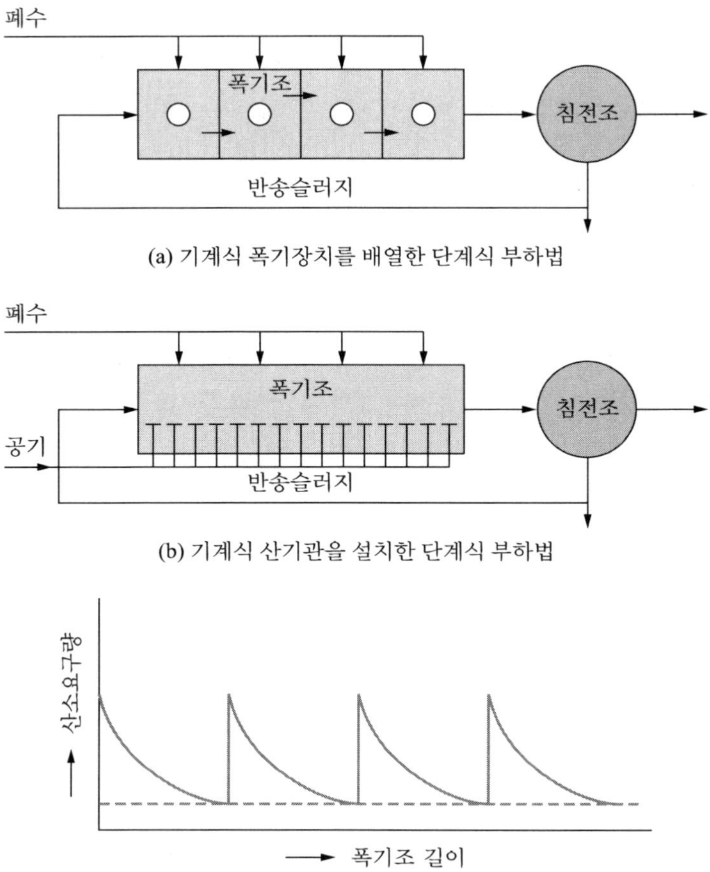

(a) 기계식 폭기장치를 배열한 단계식 부하법

(b) 기계식 산기관을 설치한 단계식 부하법

(c) 단계식 부하법에 있어서 진행길이별 폐수의 산소요구량

그림 5-53 • 단계식 부하법

5) 수정폭기법

이 방법은 유입 BOD를 부분적으로 제거하기 위한 방법이다. 표준활성슬러지법과 유사하나 폭기조 체류시간이 고속폭기법보다 훨씬 짧으며, MLSS농도도 400~800mg/L로 낮으므로 BOD 제거율은 대개 75% 미만이다. 그리고 F/M비는 1.5~5.0kg BOD/kg MLSS·day이며 산소소비율이 낮은 반면에 슬러지생산율이 매우 높다. 이 방법에서는 폐수의 1차 침전을 생략하기도 한다. 이 방법은 폭기시간이 매우 짧고 MLSS농도도 낮으므로 부하변동에 민감하며 슬러지 침강성이 나쁘고 따라서 유출수의 SS농도도 높아지기 쉽다. 요즘을 폐수처리장 방류수 농도에 대한 법적 규제가 점차로 엄격해지고 있는 까닭에 이 방법이 잘 사용되고 있지 않다.

6) 장기폭기법

이 방법의 특징은 폭기조 체류시간이 매우 길고 MLSS농도도 높다는 것이다. F/M비가 매우 낮은 까닭에 조내의 활성슬러지는 충분히 내호흡을 하게 되며, 따라서 잉여슬러지는 적게 발생되고 또 안정되어 있다. BOD제거율도 높으며 겨울철을 제외하고는 질소물질도 충분히 산화된다. 부하변동에 대해서도 적응력이 강하다. 이 방법에서는 대개 1차 침전을 생략한다. 그리고 잉여슬러지량이 적고 안정되어 있으므로 인출된 슬러지는 건조사에서 자연에 맡겨 탈수시키기에 알맞다.

그러나 장기폭기법은 부하율이 클 때 폭기조의 규모와 산소 공급을 위한 에너지비가 너무 과대해지므로 대규모처리장에는 적합하지 않다. 대개 1만인 이하의 상주인구를 대상으로 하는 소규모처리장이나 유사한 공장폐수처리시설로서 적합하다. 그러할 경우 1차 침전지와 슬러지처리시설을 생략할 수 있고 고도의 운전기술이 필요없으므로 그렇게 절약되는 예산으로 높은 에너지비를 상실할 수 있다.

7) 산화구

장기폭기법의 일종으로 네덜란드의 Pasveer에 의하여 개발된 것이다. 설계파라미터도 장기폭기법과 비슷하지만 폭기조 체류시간이 보다 더 길고, 공법이 독특하다.

가장 간단한 간헐식 산화조는 <그림 5.54(a)>와 같다. 이 경우 생폐수는 직접 유입하며 산화조가 1차 침전, 폭기, 2차 침전, 슬러지의 호기성 소화 등 기능을 다한다. 조의 수심은 약 1m이고, 측벽은 1 : 1 ~ 1 : 2의 수평 대 수직비로 시공되며, 유량단면적은 3~4m^2이다. 조에 설치된 수평축폭기기계는 폭기, 혼합, 플록의 현탁상태 유지 등 역할을 수행한다. 직경 0.7m의 mammoth rotor를 설치할 때의 회전속도는 흔히 75rpm이며, 경제적 침수심은 rotor 직경의 20%이다. 때때로 rotor회전을 정지시키고, 폭기된 폐수를 침전시킨 후 상징수를 유출시킨다. 잉여슬러지량은 매우 적지만, 유로일부에 설치된 hopper로부터 필요에 따라서 인출한 후, 건조시켜서 처분한다. 이러한 산화조는 BOD제거와 질산화 뿐 만 아니라 간헐식 운전을 통하여 탈질산화반응도 수행할 수 있다.

연속류처리를 할 때에는 별도의 후침전조를 설치하거나, 아니면 <그림 5.54(c)>처럼 전수판에 의한 침전공간을 마련하거나, 또는 (d)처럼 두 개의 소조를 교대로 운전하면서 폐수를 침전시키고 상징수를 유출시킨다. 일반적으로 유기물질인구당량이 5,000인분을 초과할 때에는 별도로 후침전조를 설치하는 것이 바람직하다.

네덜란드에서의 설계기준은 주민 1인당 또는 54g BOD_5/day당 0.3m^3의 유효용적을 마련하는 것이 관례이다. 산소공급률은 BOD_5부하율의 2.5배(OC/L = 2.5)이고, 산화조체류시간은 3일 정도이다.

따라서 슬러지일령도 15 ~ 30일 정도로 길며, F/M비는 0.05kg BOD_5/kg MLSS · day 이하이다.

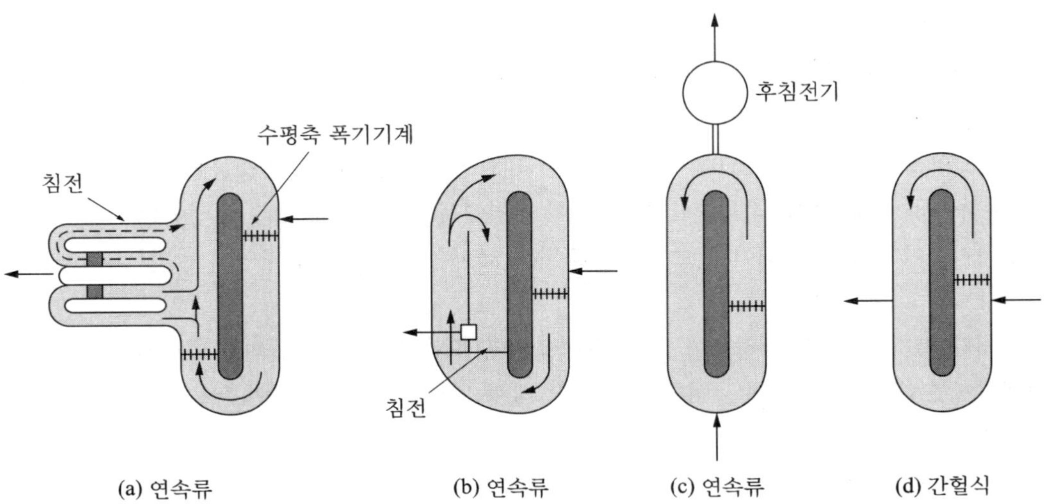

그림 5-54 • 산화조 종류

8) 접촉안정법

도시폐수처리장에 유입되는 유기물질의 70% 전후는 입자들이고, 나머지가 콜로이드와 순수한 용질인데, 이들 물질이 활성슬러지조에서 제거되는 형태나 속도는 각기 다르다. <그림 5-55(a)>에서 보듯이 용해성기질은 처음부터 같은 속도로 대사되는데 반하여 입상 및 콜로이드형 기질은 활성슬러지에 흡착되는 이른바 생물학적 응집현상에 의하여 빠르게 액상으로부터 제거된다. 흡착에 의하여 활성슬러지 내에 저장된 이들 물질은 그 후 가수분해되어 용해성 상태가 되고,

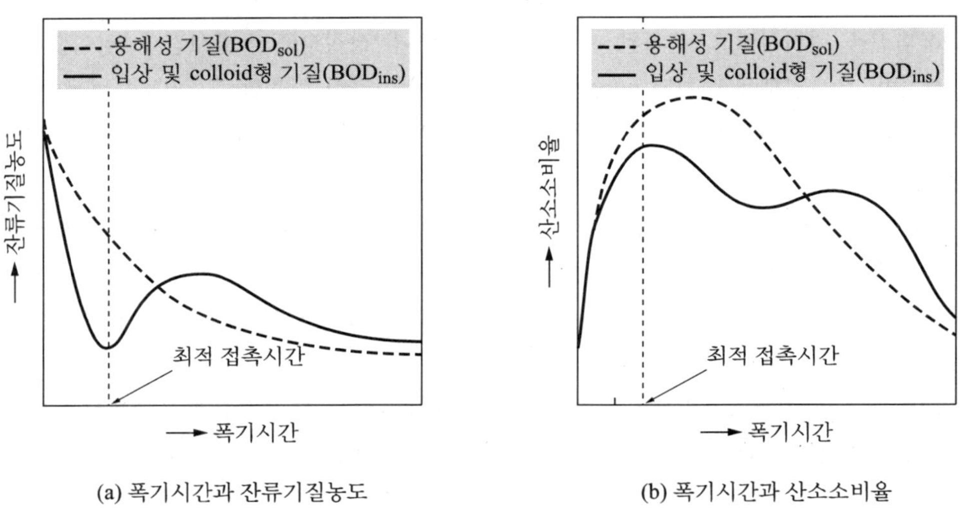

그림 5-55 • 활성슬러지조에서 기질별 폭기시간별 잔류기질농도와 산소소비율

그 일부분이 액상으로 해리되어 일시적으로 기질농도를 다시 높이게 된다. 이 두 가지 기질은 반응조 내에서의 산소소비율도 <그림 5-55(b)>에서 보듯이 다르다. 전자의 경우는 곡선에 하나의 정점이 있지만, 후자의 경우는 앞에 설명한 바에 대응하여 정점이 두 번 나타난다.

이러한 현상은 순수한 용해성 기질과 입상 및 콜로이드형 기질을 분리하여 관찰할 때 나타나는 현상인데, 표준활성슬러지조에서는 양자가 함께 반응하므로 통합된 특성만이 나타난다.

접촉안정법은 위 두 가지 기질의 각각 다른 반응형태와 반응속도를 고려하여 <그림 5-56>에서 보듯이 2개의 폭기조, 즉 접촉조와 안정조를 운영한다. 접촉조에서는 유입폐수를 30～60분간 폭기하면서 주로 입상 및 콜로이드형 기질의 생물학적 응집을 시도하며, 안정조에서는 침전된 활성슬러지 중에서 반송량만을 3～6시간에 걸쳐서 폭기한다. 반송슬러지는 이 체류시간 중에 플록에 흡착된 슬러지와 세포내에 저장된 기질을 충분히 대사하고 내호흡상태가 되도록 유도된다. 내호흡이 진행되어 「기아상태」가 된 슬러지는 접촉조로 반송되어 다시 흡착 또는 생물학적 응집의 기능을 수행한다. 접촉안정화에서는 그 앞의 1차 침전을 생략하기도 한다.

접촉안정법의 적용 타당성을 결정하기 위해서는 용해성 지표에 관한 시험 외에 산소소비율에 관한 시험을 하는 것이 도움이 된다. 기질제거과정에 <그림 5-55(b)>에서 보듯이 정점이 둘 이상 내호흡 수준을 초과하여 나타날 때에는 접촉안정법이 타당하다는 것을 암시한다. 이 경우 곡선상의 두 번째 정점은 활성슬러지에 흡착된 저장물질의 일부가 가수분해되어 다시 해리되는 이른바 「재출액」현상 때문에 나타난다. 만약에 용해성 기질 중에 분해속도가 더딘 고분자물질이 많을 경우에는 그러한 재출액현상이 가려지고, 접촉안정법이 적합하지 않게 되기도 한다.

짧은 접촉시간 중에 대사되지 못한 용해성 기질은 2차 침전지 상등수와 함께 프로세스 밖으로 유출되므로, 접촉안정법이 BOD제거율은 재래식방법보다 약간 떨어질 수 있다. 그러나 첫째 폭기조의 체류시간이 매우 짧고, 둘째 폭기조에서는 반송슬러지만을 체류시키며 1차 침전조를 생략할 수 있기 때문에 이 방법은 <표 5-17>에서 보듯이 재래식방법에 비하여 전체조의 소요 용적을 크게 절약할 수 있다. 그러나 인출되는 잉여슬러지는 덜 안정되어 있고 양이 많을 수도 있다.

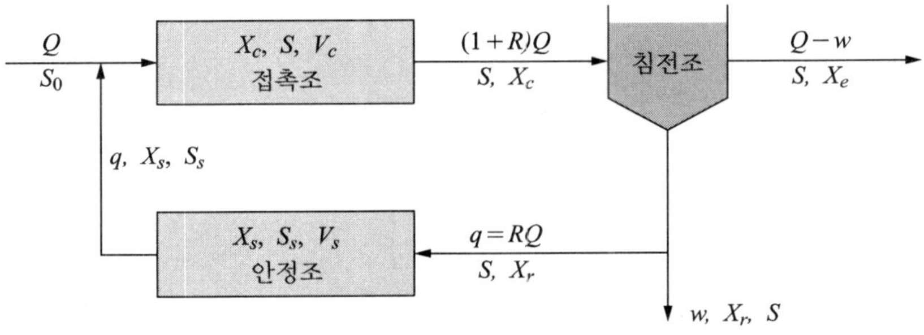

그림 5-56 • 접촉안정법의 공정도

표 5-17 ∘ 재래식방법과 접촉안정법에 있어서 필요한 조용적의 비교

구 분	재래식방법		접촉안정법	
	체류시간 HRT (hr)	전용적 $V=Q\cdot HRT$ (m^3)	체류시간 HRT (hr)	전용적 $V=Q\cdot HRT$ (m^3)
1차 침전기	1.5	$1.5Q$	생략	생략
재래식 폭기조 또는 접촉조	6.0	$9Q$	1.0	$1.5Q$
안정조	없음	없음	6.0	$3Q$
2차 침전지	2.0	$2Q$	2.0	$2Q$
합 계	9.5	$12.5Q$	9.0	$6.5Q$

$Q=$ 유량(m^3/hr), 슬러지반송률 $R=0.5$

9) Kraus법

이 방법은 1950년대에 Kraus에 의하여 처음으로 도입된 방법이다. 이 방법에서는 <그림 5-57>에서 보듯이 제2폭기조에서 반송슬러지의 일부와 혐기성 소화조의 상등수 및 슬러지를 혼합하여 산화한 후, 그것을 제1폭기조로 보낸다. 혐기성 소화조 상등액에는 소화슬러지로부터 해리된 질소와 인등이 포함되어 있는데, 이들 물질과 슬러지는 제2폭기조에서 고도로 산화된다. 그리고 제1폭기조에서 유입폐수에 대하여 영양물질을 보충하고, MLSS의 침강성을 높이는 기능을 발휘한다.

따라서 Kraus방법은 탄소계 유기물질의 농도가 지나치게 높거나 질소 등의 영양물질이 부족한 공장폐수를 처리할 때에 적합하다.

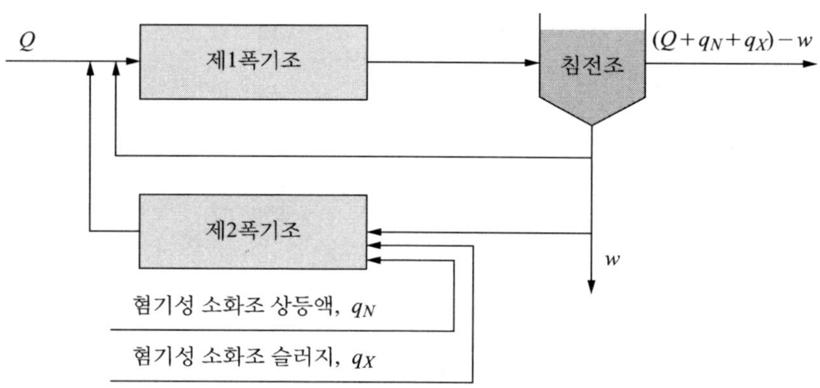

그림 5-57 ∘ Kraus 프로세스

10) 단단계질산화

이것은 재래식활성슬러지법에서 유입폐수의 폭기조 체류시간을 길게 함으로써, 생물분해 가능한 탄소계 유기물질과 질소물질의 산화를 단일폭기조에서 수행하는 방법이다. 탄소계 유기물질의 제거는 종속영양계(유기영양계)세균에 의하여 수행되고, 질소물질의 산화는 독립영양계(무기영양계)세균에 의하여 수행되는데, 후자는 전자보다 증식속도가 낮고, 온도의존성이 높다. 고로 질소물질의 산화, 즉 질산화반응은 폭기조 체류시간의 후기에 일어나는데, 소요시간은 온도가 낮아질수록 길어진다.

단일폭기조에서 위의 두 기능을 수행하기 위해서는 MLSS농도를 3g/L 이상으로 유지하면서 F/M비가 수온에 따라서 0.15kg BOD_5/kg MLSS · day 이하가 되도록 폭기시간을 증가시킨다. 이에 따라서 슬러지일령도 10일 이상으로 길어진다. 질산화에 소요되는 추가 산소량은 유입폐수의 질소부하율을 정량한 후 화학량론적으로 계산할 수 있다. 단단계질소화법은 2단계질소화법과 비교할 때, 전체 조의 소요용적과 배관 등 부대시설에 투자되는 비용을 절감할 수 있는 장점이 있다.

11) 산소폭기법

이 방법에서는 높은 산소이전속도의 이점을 이용하여, 폭기조에 높은 MLSS농도를 유지하면서 높은 용적부하율을 유지하도록 하는 고율고부하 공정이다. 따라서 같은 기질제거율을 얻으면서 F/M비를 높일 수 있고, 기질부하율이 일정할 때 폭기조 용적을 절감할 수 있다.

산소폭기법은 공기폭기법에 비하여 기질사용(제거)속도가 크고, 슬러지생산율이 적은 것으로 보고되고 있다. 공기폭기법에서는 큰 폭기조에 저농도의 활성슬러지를 유지하는 것에 반하여 산소폭기법에서는 작은 폭기조에 고농도의 활성슬러지를 유지하므로, 후자의 경우는 슬러지의 반송빈도가 잦고, 그러한 반송과정에서 슬러지에 흡착 및 저장된 기질을 대사하는 빈도가 더 많기 때문이다.

산소폭기법의 장점은 아래와 같다.

① 높은 산소이전계수.

② 작은 폭기조에 고농도의 MLSS를 유지할 수 있는 능력.

③ 양호한 슬러지침강성.

④ 적은 슬러지생산율.

⑤ 높은 산소공급효율.

⑥ 보다 안정된 처리.

주요 단점으로서는 pH의 저하를 들 수 있다. 이러한 현상은 밀폐된 폭기조에, 대사에 의하여 생산되는 CO_2가 쌓여서 생기는데, 그렇게 되면 질산화반응이 억제된다. 그것을 방지하기 위해서는, 밀폐조 대신에 개방조를 사용하거나, 밀폐조에 알칼리제를 투여하여 혼합액을 중화시키는 방법 등이 있다. 산소폭기법에서는 고농도의 MLSS를 유지함으로써 폭기조 용적을 절약할 수 있지만, 그것이 지나치면 수침전조의 소요용적이 과대해지므로 프로세스 전체의 경제성이 오히려 떨어진다. Speece 등에 의하면 침전슬러지의 농축조건에서 볼 때, 도시폐수를 처리하는 산소폭기조의 경제적 MLSS농도는 대체로 5,500mg/L라고 한다. 또한 산소폭기법은 폐수처리장에 산소발생장치를 설치하는 것 등의 기본 투자를 해야 하므로, 소규모처리에서는 비경제적이다.

12) 연속회분식 활성슬러지법

연속회분식 활성슬러지법은 1개의 회분조에 반응조와 이차침전지의 기능을 갖게 하여 반응과 혼합액의 침전, 상징수의 배수, 침전슬러지의 배출공정 등을 반복하여 처리하는 방식이다. 반적으로 최대수량에 대한 용량을 기준으로 하므로 유량조정조는 설치하지 않는다. 회분조내에서 조대 고형물의 퇴적과 스컴의 부상을 최소화하기 위해 회분조에 유입부 스크린 등의 설치를 검토한다. 또한 처리수가 처리수 방류가 간헐적으로 이루어지므로 처리수조를 설치하고 소포수가 필요하다. 연속회분식 활성슬러지법은 추후 5.4절에서 보다 상세히 다루어진다.

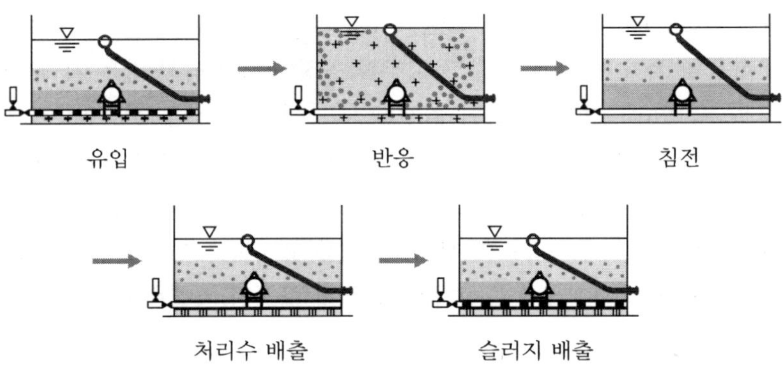

그림 5-58 • 연속회분식 활성슬러지법

3. 호기성 부착증식프로세스

(1) 생물막 방법의 원리

1) 생물막의 특성과 형성

생물막은 주로 세균과 세균이 분비한 고분자 섬유질로 구성되어 있다. 후자는 부착성이 있고, 서로 얽혀서 glycocalyx라는 세포간질을 형성하며, 세포외효소를 간직하면서 기질을 분해 및 섭취시키는 기능을 수행하기도 한다. 세포막의 표면은 전해질이고, 흡착성이 강하다. 그리고 이러한 세포막의 특성은 기질과 환경에 따라서 변한다.

(a) **물리적 특성**

보고된 생물막의 두께는 2～3mm도 있지만, 난류상태로 흐르는 물에서는 대체로 1,000μm 미만이고, 그 중에서도 유효두께, 즉 기질제거에 기여하는 활성이 있는 막 두께의 최대치는 200μm 전후인 것 같다. 기질이 침투할 수 있는 깊이는 살수여상의 경우, ① 폐수유량, ② 기질농도, ③ 생물막 속에서의 기질의 분자확산계수, ④ 미생물의 기질 사용속도 등의 영향을 받으며, 대체로 폐수의 유량과 농도가 증가하면 침투깊이도 커진다고 한다.

생물막의 밀도는 ① 기질부하율, ② 세포의 증식단계, ③ 난류의 강도 등에 따라서 달라지는 것으로 보고되고 있지만, ④ Characklis에 의하여 난류에서 10～50mg/cm^3이다. 이들 보고에 따르면 기질부하율이 클 때, 생물막과 접촉하는 액체의 난류도가 클 때, 그리고 세포가 가속증식단계에 있을 때 밀도가 크다고 한다. 이러한 밀도는 생물막 속에서의 물질이동속도에 영향을 주는 것 같다.

(b) **화학적 특성**

생물막구성물질의 원소별 비율은 생물막과 접하는 액체의 화학적 성분의 영향을 받으므로 일정하지가 않다. 이들 원소 중에서 칼슘, 마그네슘 및 철은 막구조의 견고성을 좌우하는 고분자 섬유질의 분자간 결합에 영향을 미치는 것으로 알려져 있다. 생물막의 유기물질구성도 가용한 에너지와 기질의 영향을 크게 받는데, 예를 들면 질소가 부족할 경우, 세포외 다당물질이 증가하는 것으로 보고되고 있다.

생물막의 총 고형물(TSS)농도는 막 두께와 관련되는데, 200μm 두께에서 최대치인 110mg TSS/cm^3, 그리고 그 전후의 두께에서 20mg TSS/cm^3까지 감소된 값이 보고되고 있다. 이러한 값은 현탁증식하는 생물학적 플록에 있어서의 10mg TSS/cm^3 이하의 값에 비하면 상당히 크다. 그리고 이러한 점이 생물막프로세스의 잉여슬러지가 현탁증식프로세스의 그것에 비하여 밀접한 원인이 되고 있다.

(c) **생물학적 특성**

생물막의 형성과 특성은 매체표면에 부착증식하는 미생물의 종에 따라서 달라질 수 있는데, 우세한 종은 기질과 환경에 따라서 변천한다. 매체표면에 세균군이 부착하고, 집락으로 증식하고, 비교적 균질적인 생물막이 형성된 다음에는 Hyphomicronium, Spaerotilus, Beggiatoa 등 비표면적이 큰 섬유형 미생물들이 막 표면에 나타난다. Characklis에 의하면 낮은 기질농도에서 세포밀도는 10^4～10^8/cm^3이며, 생물막 부피의 1～10%를 차지한다고 한다.

생물막을 형성하고 있는 미생물집단은 매체표면에 부착증식하면서 과도하게 증식된 부분만이 탈리되므로, 세포물질이 끊임없이 유출되고 반송되는 현탁증식반응조의 MLSS와는 달리 안정되어 있다. 그리고 생물막의 세포체류시간 또는 슬러지일령이 고정된 미생물을 바탕으로 하는 것에 반하여, MLSS의 그것은 묵은 세포와 새 세포의 체류기간평균치이다. 이러한 점들로 미루어 볼 때, 생물막프로세스에서는 안정된 미생물량을 확보할 수 있는 장점이 있다.

생물막프로세스에서는 생물막을 형성하고 있는 미생물집단이 안정되어 있는 것과 관련하여 먹이연쇄의 종이 비교적 넓게 분포되어 있고 안정되어 있음을 볼 수 있다. 이들 먹이연쇄의 포식생물들은 막면에서 활동하는 원생동물과 액상에서 활동하는 원생동물 및 후생동물, 그리고 살수여상처럼 매체가 기상에 노출되는 경우에는 매체 사이에서 서식하는 벌레와 곤충들을 포함한다. 이중에서 후생동물이나 벌레들은 개체가 크고 생물막과 원생동물을 활발하게 섭취하므로 잉여슬러지량의 감소와 매체 사이의 폐색을 방지하는 기능을 수행한다.

(d) **생물막의 형성**

생물막은 현탁증식에 대응하는 미생물의 서식형태로서 얕은 하천에 있는 세균의 90% 이상이 이러한 생물막을 형성한다고 한다.

두께 80μm 이하인 초기생물막의 형성은 유체의 마찰력이 크지 않을 때, 아래와 같이 진행된다고 한다.

① 용존유기물이 젖은 표면에 흡착됨. 이 표면준비는 수분간이면 족하다.
② 미생물입자의 표면으로의 이동. 이 이동은 분자확산, 와류, 침전, 열영동 등에 의거한다.
③ 미생물의 표면부착. 이 부착은 초기에 가역적이고 다음에 비가역적이다.
④ 생물막의 생산. 이것은 세포증식과 세포외물질인 중합고분자의 생산결과이다.
⑤ 생물막의 부분적 탈리. 이 탈리는 수력에 의한 연속적 및 부분적 손실로서 생물막이 산소나 기질의 부족 때문에 깊은 내부로부터 떨어져 나가는 박리현상과 구별된다. 생물막 표면의 탈리는 생물막 두께가 용액의 점성층 두께를 초과하면서 더 증대되는 것으로 알려져 있다.

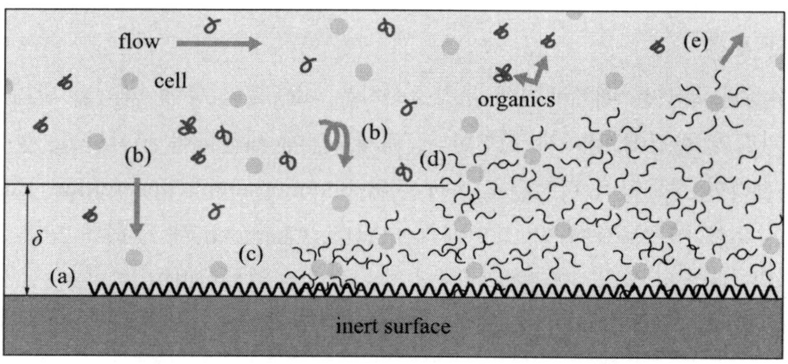

그림 5-59 • 생물막의 형성과정, δ는 점성층

Rittmann 등에 의하면 기질이 최저농도($S_{\min}$) 이하일 때 정상적 생물막은 형성되지 않는다고 한다. 정상적 생물막이란 실증식과 감쇠가 없는 상태의 생물막을 뜻한다. 최저농도 미만의 기질은 미생물군을 존속시키기 위하여 필요한 최저에너지량에 미달되기 때문에 생물막의 두께는 영이 된다. 그들이 실험한 바에 의하면 아세트산을 제한기질로 할 때 최저농도가 0.66mg/L였다. 이 이론은 미량의 영양물질이 용존되어 있는 비교적 맑은 바다나 하천의 돌에 생물막이 없는 이유를 뒷받침해 준다.

이상은 초기의 얇은 호기성 생물막 형성에 관한 이론이다. 그러나 기질부하율의 증가에 따라서 생물막의 생산량이 증대되고 두께도 커지는데, 이 때 산소나 기질의 확산이 미치지 못하는 막의 심부에서는 내호흡, 자기분해 및 혐기성 분해 등이 진행되고, 생물막은 활성과 부착성을 잃으면서 박리된다. 그리고 이 박리의 정도는 용액의 수력영향도 받는다. 한편, 막심부의 내호흡, 자기분해 및 혐기성 분해 등은 잉여슬러지량을 감소시키는 데에 기여한다.

2) 생물막의 접촉과 반응

생물막과 기질을 호기성 상태에서 접촉시킬 때 일어나는 반응현상을 간추리면 다음과 같다.

(a) 물질의 이동과 대사반응

액체와 접하고 있는 생물막 내외의 기질농도측단면도를 나타낸 것이 <그림 5-60>이다. 생물막 표면과 용액 사이에 엷은 수막이 있고, 이 수막을 통과할 때 기질농도는 S로부터 S_s로 감소된다. Williamson과 McCarty에 의하면 수막은 효과적 교반으로 제거될 수 있기 때문이라고 한다. 그의 실험에서 계산된 고정층수막의 두께는 56μm이다.

그러나 일반적으로 수막은 하나의 층으로 간주되며, 그것을 통과하는 질량이동은 Fick의 제1 법칙에 의하여 표현된다. 즉,

$$\frac{\partial M_s}{\partial t} = N_f = -DA \cdot \frac{\partial S}{\partial Z} = -DA \cdot \frac{S - S_s}{L_t} \tag{5.176}$$

여기서, M_s : 기질의 질량, g

t : 경과시간, day

N_f : Z방향의 기질 flux, g/day

D : 분자확산계수, m^2/day

A : 생물막의 표면적, m^2

S : 용액의 기질농도, g/m^3

S_s : 생물막 표면의 기질농도, g/m^3

L_t : 수막 두께, m

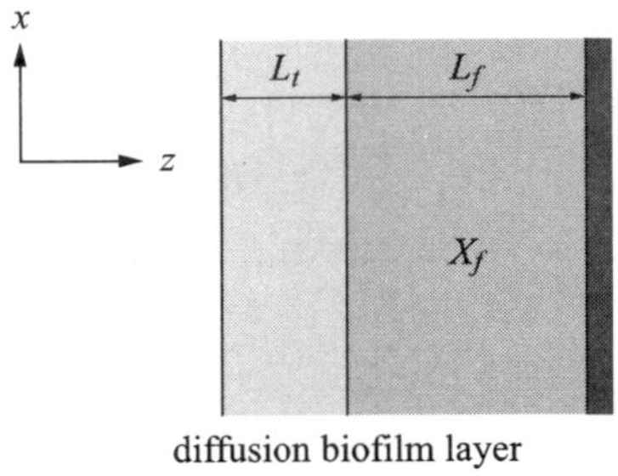

(a) 생물막의 개념

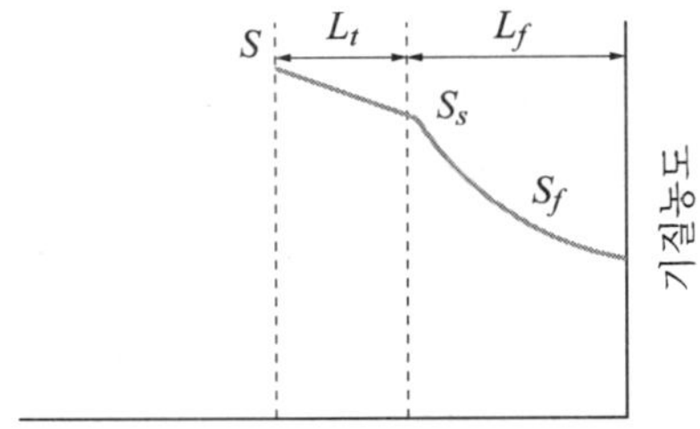

(b) 얇은 막 : $L_f < L_c$

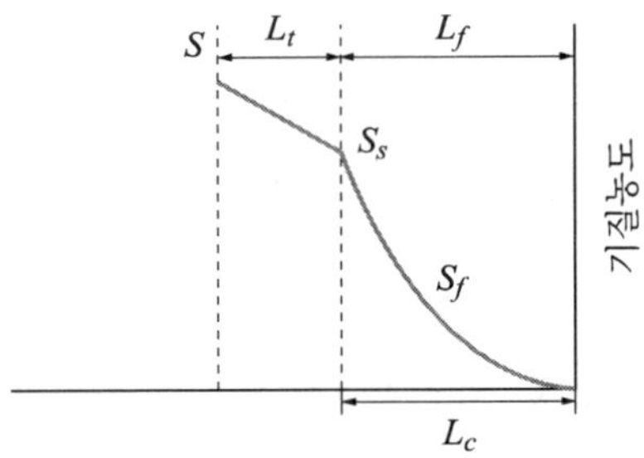

(c) 두꺼운 막 : $L_f = L_c$

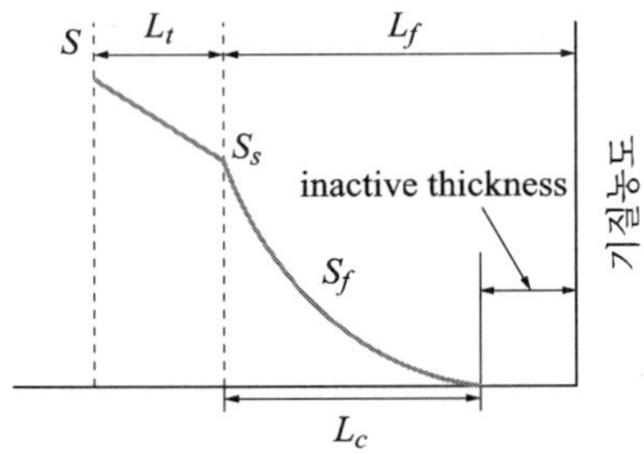

(d) 너무 두꺼운 막 : $L_f > L_c$

L_t : 수막 두께, L
L_f : 생물막 두께, L
L_c : 생물막의 유효두께, L
X_f : 생물막 내의 세포농도, $M_x L^{-3}$
S : 용액의 기질농도, $M_s L^{-3}$
S_s : 생물막 표면의 기질농도, $M_s L^{-3}$
S_f : 생물막 내의 기질농도, $M_s L^{-3}$

그림 5-60 • 생물막 내의 기질농도측단면곡선을 나타내는 모델

위의 분자확산계수 D와 수막깊이 L_t을 질량이동속도계수 k_1과 관련시키면,

$$k_1 = D / L_t \tag{5.177}$$

여기서, k_1 : 질량이동속도계수, m/day

따라서 질량의 대표면이동속도 N_s는,

$$N_s = N_f / A = -k_1 (S_0 - S_s) \tag{5.178}$$

여기서, N_s : 생물막 표면으로의 기질 flux, g/m^2 · day

수막을 통과한 질량은 생물막 표면으로부터 내부로 확산해 들어감에 따라, 저항으로 인하여 <그림 5-60>의 S_f곡선과 같은 하향농도경사를 나타낸다.

기질의 농도가 영이 될 때까지 확산해 들어갈 수 있는 생물막 두께, 또는 기질제거기능을 발휘할 수 있는 막 두께의 한계인 유효두께를 L_c라고 할 때, 생물막 두께는 다음의 세 유형으로 구분된다.

① 얇은 막 : $L_f < L_c$

② 두꺼운 막 : $L_f = L_c$

③ 너무 두꺼운 막 : $L_f > L_c$

생물막 속에서의 물질대사에 의한 기질제거속도는 Monod 식에 따른다. 즉, 그 반응식은,

$$\left(\frac{\partial S_f}{\partial t}\right)_{reac} = -\frac{k_{\max} \cdot X_f S_f}{K_s + S_f} \tag{5.179}$$

여기서, S_f : 생물막 내의 기질농도, g/m^3

$k_{\max}$: 기질제거속도최대치, g/g · day

X_f : 생물막 내의 세포물질농도, g/m^3

K_s : 기질의 반포화농도, g/m^3

$reac$: 반응

한편, 생물막 속에서의 확산에 의한 기질의 이동속도는 Fick의 제2법칙에 따른다. 즉,

$$\left(\frac{\partial S_f}{\partial t}\right)_{diff} = -D_f \cdot \frac{\partial^2 S_f}{\partial Z^2} \tag{5.180}$$

여기서, D_f : 생물막 속에서의 기질의 분자확산계수, m^2/day

Z : 기질침투방향의 길이, m

$diff$: 확산

정상적인 기질농도측단면곡선($\partial S_f / \partial t = 0$)을 가정하고, 식 (5.179)와 식 (5.180)을 합하면

$$D_f \cdot \frac{d^2 S_f}{dZ^2} = \frac{k_{\max} \cdot X_f S_f}{K_s + S_f} \tag{5.181}$$

식 (5.181)은 비선형이므로 분명한 해법이 없지만, Williamson과 McCarty가 몇 가지의 가정 하에 근사치방법으로 풀은 결과는 <표 5-18>과 같다.

표 5-18 • 생물막 표면 플럭스와 생물막 내의 기질농도

S_s와 K_s와의 비교	미분방정식	생물막 표면의 플럭스	생물막 내의 기질농도
$S_s \simeq K_s$	$\frac{d^2S_f}{dZ^2}=\frac{k_{\max}\cdot X_f\cdot S_f}{D_f(K_s+S_f)}$	분명한 답이 없음	분명한 답이 없음
$S_s \gg K_s$	$\frac{d^2S_f}{dZ^2}=\frac{k_{\max}\cdot X_f}{D_f}$	$N_s=A_f\cdot k_{\max}\cdot X_f\cdot L_f$	$S_f=S_s-\frac{k_{\max}\cdot X_f}{D_f}(L_c\cdot Z-Z^2/2)$
$S_s \ll K_s$	$\frac{d^2S_f}{dZ^2}=\frac{k_{\max}\cdot X_f\cdot S_f}{D_f\cdot K_s}$	$N_s=A_f\cdot S_s\left(\frac{D_f\cdot k_{\max}\cdot X_f}{K_s}\right)^{\frac{1}{2}}$	$S_f=S_s\frac{\cosh\left[(k_{\max}\cdot X_f/D_fK_s)^{\frac{1}{2}}(L_c-Z)\right]}{\cosh\left[(k_{\max}\cdot X_f/D_fK_s)L_c\right]}$

호기성 상태에서 기질의 제거는 세균에 의한 전자공여체(유기물질, D)의 산화와 전자수용체(산소, A)의 환원에 의한다. 즉,

$$dD+aA+\text{기타물질} \rightarrow \text{세포물질}+\text{반응생성물} \tag{5.182}$$

생물막 속에서의 위 반응은, 식 (5.179)와 식 (5.180)에서 보듯이 물질 (이 경우 D와 A)의 대사속도나 확산속도의 제한을 받게 된다. 그런데 한 물질의 확산부족은 세균의 대사속도 또는 생물막의 고유반응속도를 제한한다. 역으로 내부의 낮은 대사속도는 외부로부터의 확산속도를 제한하게 된다.

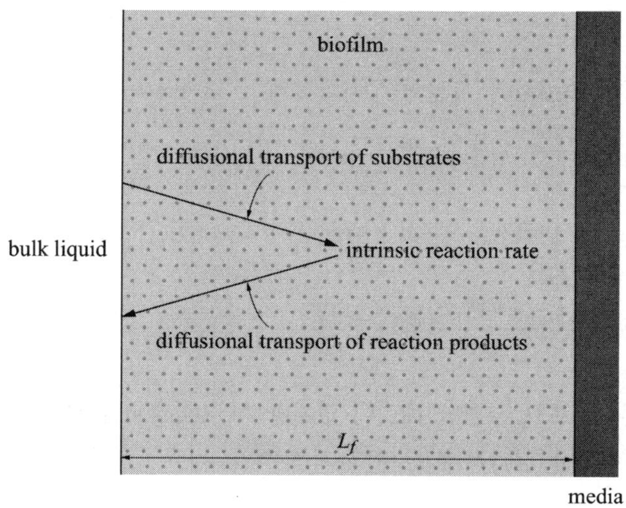

그림 5-61 • 생물막 내에서 기질의 확산이동과 제거반응을 나타내는 모델

Williamson과 McCarty에 따르면 다음 부등식이 성립될 경우에는 전자수용체의 확산이동이 제한조건이 되며, 그렇지 않을 경우에는 전자공여체의 확산이동이 제한조건이 된다.

$$S_A < \frac{aD_{f,D}(MW)_A}{dD_{f,A}(MW)_D} \cdot S_D \tag{5.183}$$

여기서, S_A : 전자수용체의 용액농도, g/m^3

D_f : 생물막 속에서의 기질의 분자확산계수, m^2/day

S_D : 전자공여체의 용액농도, g/m^3

a : 전자수용체의 화학양론적 몰수

d : 전자공여체의 화학양론적 몰수

A, D : 전자수용체와 전자공여체

MW : 전자량, g

또한 다음 부등식이 성립될 경우에는 전자수용체의 대사반응이 제한조건이 되며, 그렇지 않을 경우에는 전자공여체의 대사반응이 제한조건이 된다.

$$S_A < \frac{K_{s,A}}{K_{s,D}} \cdot S_D \tag{5.184}$$

여기서, $K_{s,A}$, $K_{s,D}$: A와 D의 반포화농도, g/m^3

<표 5-19>는 문헌에 의한 몇 가지 물질의 수중확산계수이다. 생물막 속에서의 분자확산계수 값은 <표 5-20>에서 보듯이 상태에 따라서, 그리고 실험자에 따라서 차이가 있지만, 대체로 수중값의 15～80%이다.

표 5-19 ◦ 순수에서 용해성 기질의 확산계수

	질산	산소	메탄올	아세트산	포도당
분자확산계수 D (10^{-10}m^2/sec)	15	15	12	12	4.7
온도 T (℃)	25	13	20	25	13

표 5-20 • 생물막에 의한 용해성 기질제거에 있어서의 반응속도상수

	생물막 두께 L_f (m)	1/2차 반응 속도상수 $k_{1/2}$ ($g^{1/2}m^{-1/2}sec^{-1}$)	0차 반응 속도상수 k_0 ($g/m^3 \cdot sec$)	분자확산계수 D_f (m^2/sec)	온도 T (℃)
탈질산화반응			NITRATE		
	$165-10^{-6}$	0.73×10^{-5}	0.061	4.3×10^{-10}	22
	250 -	0.99 -	0.21	2.3 -	21
	560 -	1.0 -	0.11	5.1 -	22
	595 -	3.0 -	0.37	12.4 -	22
유기물질의 산화	-		METHANOL		
	595 -	3.4 -	0.64	8.9 -	22
			OXYGEN(Methanol in Excess)		
	100 -	4.9 -	1.4	8.8 -	13
			OXYGEN(Acetic Acid in Excess)		
	45 -	4.8 -	2.7	4.3 -	10
			OXYGEN(Glucose in Excess)		
	40 -	4.0 -	3.0	2.6 -	10
			METHANOL		
	80 -	2.0 -	1.3	1.5 -	9
			ACETIC ACID		
	40 -	4.0 -	3.5	2.3 -	10
			GLUCOSE		
	-	3.7 -	6.7	1.0 -	1

(b) 물질이동과 대사반응의 차원

미생물의 물질대사로 인한 기질제거, 즉 생물막 자체의 고유반응은 Monod의 식을 따르지만, 대개의 K_s의 값이 적으므로 그것을 무시하고 X_f를 상수로 간주할 때 식 (5.179)는 0차 반응이 된다. 즉,

$$r_f = -k_{\max} \cdot X_f = -k_f \tag{5.185}$$

여기서, r_f : 생물막 고유의 기질제거속도, $g/m^3 \cdot day$

한편 확산에 의한 생물막 내부로의 기질이동은 막 표면에서 볼 때 영차 아니면 1/2차 반응이라고 한다. 즉, $\beta = \sqrt{(2D_f \cdot S_s)/(k_f \cdot L_f)}$ 라고 하면,

$$\beta \geq 1\text{일 때}, \ r_{su} = -k_0 = -k_f \cdot L_f \tag{5.186}$$

$$\beta < 1\text{일 때}, \ r_{su} = -k_{1/2}S_s^{1/2} = -\sqrt{2D_f \cdot k_f \cdot S_s^{1/2}} \tag{5.187}$$

여기서, r_{su} : 단위생물막 표면적당 기질제거속도, $g/m^2 \cdot day$

k_0 : 0차 반응 기질제거속도상수, $g/m^2 \cdot day$

$k_{1/2}$: 1/2차 반응 기질제거속도상수

위 식 (5.186)의 0차 반응은 기질이 생물막 심층까지 완전히 침투했을 때($L_f \leqq L_c$)이며, 식 (5.187)의 1/2차 반응은 낮은 기질농도에서 확산에 의한 침투가 완전치 못할 때($L_f > L_c$), 기질제거율이 기질농도에 1/2차로 의존함을 뜻한다.

<그림 5-62>는 기질농도와 기질제거속도와의 관계를 나타낸다. 용액의 기질농도가 낮은 초기에는 기질의 확산이 제한조건이 되어 그 제거율은 식 (5.177)과 같은 1/2차 반응으로 나타난다. 그 후 용액농도의 증가와 확산의 증가에 따라서 기질이 생물막 심층까지 완전히 침투하면, 그 때부터는 용액농도에 관계없이 식 (5.186)과 같은 생물막 고유의 기질제거속도가 제한조건이 된다. <그림 5-62>는 전자공여체와 수용체 중의 하나에 관한 것인데, 양자 중에서도 그러한 속도가 더 작은 것이 전반적인 기질제거속도를 제한하게 된다.

<그림 5-63>은 용액내의 전자공여체와 수용체의 농도비와 전반적인 기질제거속도와의 관계를 나타낸다. 전자공여체의 농도가 상대적으로 낮은 초기에는 그것이 전자수용체보다 확산속도가 낮으므로 후자의 확산속도(제거속도)를 제한하지만, 전자의 농도가 높아져서 그 비가 일정치를 초과하면서부터는 후자의 공급부족으로 전자나 후자의 제거속도는 더 증가되지 않는다. 이와 같이, 제한기질이 변할 때의 농도비 값은 식 (5.183) 또는 다음 식을 사용하여 화학량론적으로 구할 수 있다.

$$\frac{S_A}{S_D} = \frac{D_{f,D}}{D_{f,A}} \cdot \frac{k_{f,A}}{k_{f,D}} = \frac{a(MW)_A}{d(MW)_D} \cdot \frac{D_{f,D}}{D_{f,A}} \tag{5.188}$$

<표 5-20>은 Janson과 Harremoës에 의하여 보고된 식 (5.186) 및 식 (5.187)의 기질제거속도 상수와 확산계수의 값들이다.

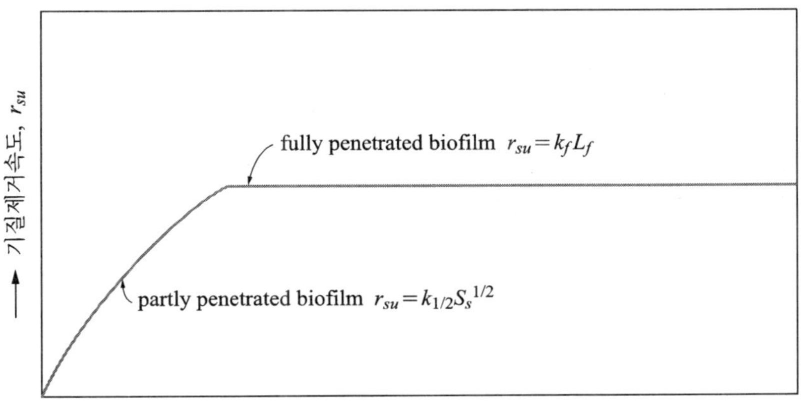

그림 5-62 • 한 구성기질에 있어서의 기질농도와 기질제거속도와의 이상적 관계

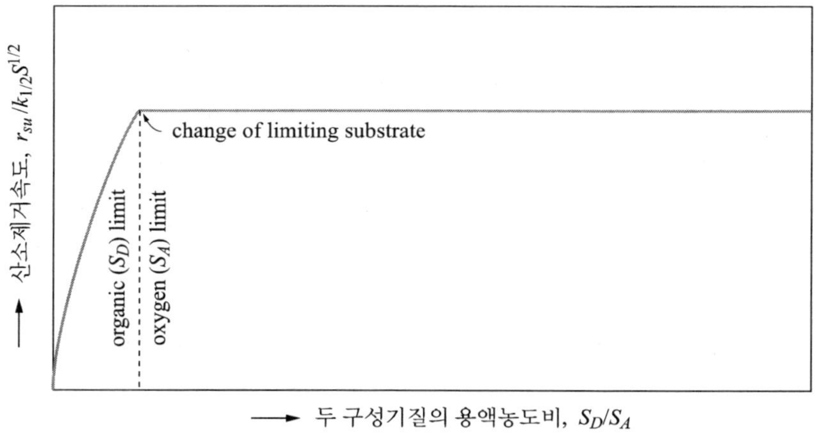

그림 5-63 • 두 구성기질에 있어서의 제한기질의 변화

(c) **생물막의 두께와 기질제거**

식 (5.186)은 기질이 생물막 심층까지 완전히 침투했을 때($L_f \leqq L_c$), 기질제거속도는 생물막 두께에 비례하며, 외부의 용액농도와 무관함을 뜻한다. 그리고 그것은 <그림 5-62>에 설명되어 있다.

한편 기질의 생물막 침투가 완전치 못할 때($L_f > L_c$), 기질제거속도는 식 (5.187)에서 보듯이 생물막 표면의 기질농도에 1/2차로 의존한다. 이 때 기질의 침투심은,

$$L_c = (2D_f S_s / k_f)^{1/2} \tag{5.189}$$

식 (5.187)은 다음과 같이 된다. 즉,

$$r_{su} = -k_f L_c \tag{5.190}$$

식 (5.190)과 식 (5.189)는 기질제거속도가 생물막의 유효두께에 비례하며, 유효두께는 생물막 표면의 기질농도에 1/2차로 의존함을 뜻한다. 그러나 생물막 표면의, 또는 나아가서 용액의 기질농도가 일정할 때, 기질제거속도는 생물막의 유효두께에 비례하며 초과두께와는 무관함을 뜻하기도 한다. <그림 5-64>는 그러한 이론을 나타낸다.

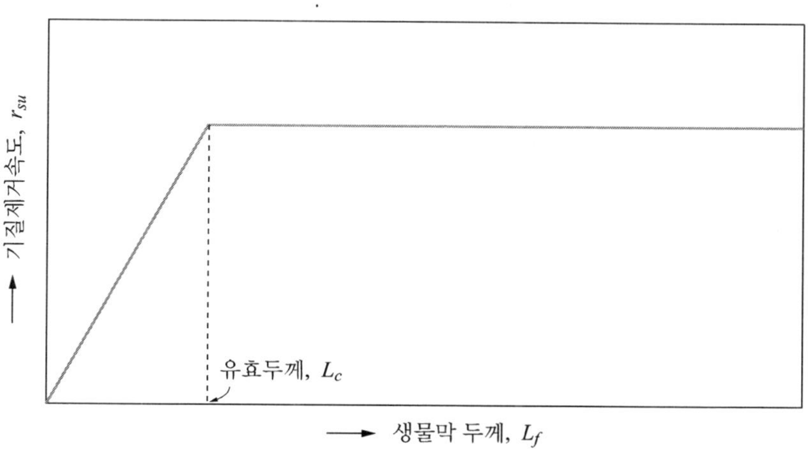

그림 5-64 • 생물막 두께와 기질제거속도

(2) 살수여상

1) 살수여상의 개요

살수여상은 가장 오래된 폐수처리방법으로서 1893년에 영국에서 시작되었다. 이 방법은 매체를 둘러싼 생물막의 심층에 혐기성 부분이 있기는 하지만, 호기성 부착증식(생물막)프로세스로 분류된다. 기질제거의 근본원리는 활성슬러지법과 같으며, 다만 미생물의 서식형태와 산소공급방법이 다르고, 그에 따라서 반응변수와 반응조의 구조도 다르다. 이름과는 달리 여과작용은 없다.

살수여상은 매체를 채운 여상과 여상위의 살수장치, 여상바닥과 집수장치, 그리고 부대설비 등으로 구성된다. 산소는 매체사이를 자연순환하는 공기에 의하여 공급된다. 활성슬러지프로세스의 경우처럼, 살수여상 앞에는 현탁고형물을 제거하는 1차 침전지가 있고, 뒤에는 매체로부터 탈리되는 세포물질을 제거하는 2차 침전지가 있다. 활성슬러지프로세스와는 달리 세포물질의 반송은 없다. 그러나 고속살수여상의 경우는 2차 침전지 상징수의 일부를 여상으로 다시 반송한다.

(a) 살수여상의 분류

살수여상은 수리적 부하율과 기질부하율에 따라서 다음과 같이 분류된다.

① 저속살수여상

이것은 표준살수여상이라고도 불리는 가장 오래된 그리고 가장 간단한 유형이다. 운전하기 쉽고, 동력이 덜 들고 BOD제거율이 높고, 질소물질을 고도로 산화시킬 수 있다. 그러나 수리적 부하율이나 기질부하율이 낮으므로 넓은 부지면적이 소요되며, 매체사이가 막히기 쉽고, 그럴 경우 표면의 연못화와 혐기성 냄새가 생기며, 살수여상에 특유한 *Psychoda*종의 파리가 크게 번식할 수 있다.

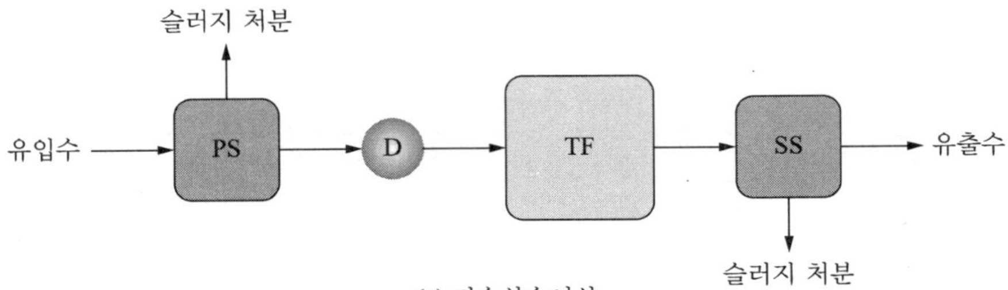

(a) 저속살수여상

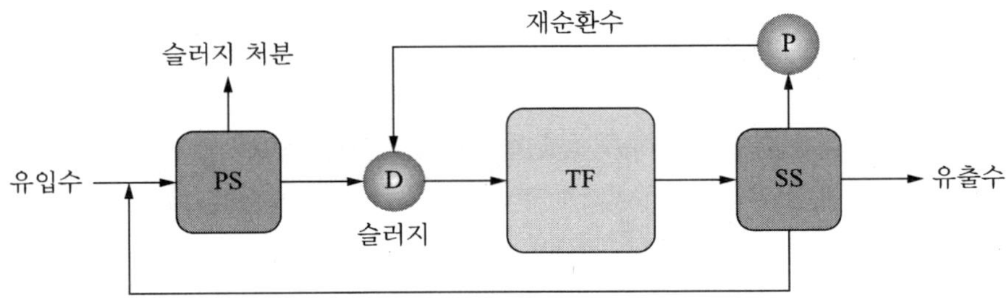

(b) 고속살수여상

PS : 1차 침전지, TF : 살수여상, D : 배수조, SS : 2차 침전지, P : 펌프

그림 5-65 ◆ 살수여상프로세스

매체로는 흔히 50mm 이하의 돌이나 쇄석을 사용한다. BOD제거는 위의 0.6～1.2m층에서 활발하게 수행되며, 따라서 위층의 매체는 아래층에 비하여 생물막이 두껍다. 아래층에서는 독립영양계세균에 의하여 질산화반응이 수행된다.

저속살수여상은 구조나 설비가 간단하고, 고도의 운전기술이 필요 없으며, 슬러지발생량도 비교적 적으므로, 조금은 넓은 공한지를 제공할 수 있는 촌락 등에 적합하다. 1차 침전지를 Imhoff조로 대치할 경우 운전은 더욱 쉬어지고, 슬러지 처리문제도 해결된다.

② 중속살수여상

이것은 부하율을 저속과 고속의 중간정도로 하는 것인데 설계는 고속살수여상에 가깝고, 따라서 운전할 때에는 처리수의 일부를 살수여상으로 재순환한다. 이것이 문제점은 살수부하율 만으로는 생물막의 증식과 탈리의 평형을 유지하기 어려우므로 매체사이의 공극이 막히기 쉽다는 것이다.

③ 고속살수여상

이것은 저속살수여상의 단점을 보완한 것으로서, 특히 다른 점은 2차 침전지 상징수나 살수여상으로부터의 혼합유출수를 살수여상으로 재순환시키는 것이다. 재순환수는 살수부하율을 증대시키고, 너무 두꺼워진 생물막의 탈리도를 높임으로써 공극을 트고, 표면의 연못화를 막으며, 파리번식과 냄새발생을 억제한다. 그리고 살수여상으로부터의 혼합유출수는 활성미생물을 반송함으로써, 또는 그 과정에 기질제거율을 더 높이는 기득효과도 있다. 이것은 전체적인 BOD제거율이 저속살수여상보다 떨어지지만, 단위용적당 기질제거율은 훨씬 더 높다. 폐수의 체류시간이 짧고, 기질부하율이 높으므로 질산화세균의 증식과 반응은 억제된다.

매체는 흔히 50mm 이상의 돌이나 쇄석 또는 플라스틱제품을 사용함으로써, 여과층의 공극을 높인다. 특히 플라스틱 매체는 비표면적과 공극률이 크므로, 보다 넓은 생물막부착면적을 제공하는 한편, 여과층이 막히지 않게 하고, 공기유통을 쉽게 한다.

고속살수여상의 단위면적당 폐수처리량은, 재래식활성슬러지법에 미치지 못하지만, 그런대로 상당히 높고, 고유의 장점이 있으므로 서방선진국의 도시에는 널리 보급되어 있다.

④ 초고속살수여상

이것은 비표면적과 공극률이 큰 플라스틱매체의 개발에 따라서 실용화된 공법으로서, 고농도의 폐수를 조처리하는 데에 많이 사용된다. 플라스틱매체는 가볍기도 하므로, 구조물높이가 큰 탑형여상의 실용을 가능케 하였다. 따라서 오늘날 초고속살수여상은 대체로 3～12m 높이의 탑형이며, 고농도의 폐수뿐만 아니라 단위면적당 대량의 폐수도 처리할 수 있다.

표 5-21 ∘ 살수여상의 분류와 설계 및 운전파라미터

파라미터	저속살수여상	중속살수여상	고속살수여상	초고속살수여상
수리적 부하율 (m^3 폐수/m^2 · day)	～4	4～10	10～40	40～200
기질부하율 (kg BOD_5/m^3 · day)	0.08～0.32	0.24～0.48	0.32～1.0	0.08～6.0
유효깊이(m)	1.5～3.0	1.25～2.5	1.0～2.0	4.5～12
매체의 종류	돌, 슬랙	돌, 슬랙	돌, 슬랙, 플라스틱	플라시트기, redwood
수리적 재순환율(%)	0	0～1	1～3, 2～1	1～4
동력소요(kW/1000m^3)	2～4	2～8	6～10	10～20
폐수부하 사이의 간격	5분 미만(간헐류)	15～60초(연속류)	15초 미만(연속류)	연속류
생물막의 탈리	간헐적	간헐적	연속적	연속적
살수여상파리의 번식	많음	약간 있음	거의 없음	거의 또는 아주 없음
BOD_5 제거율(%)	80～85	-	65～80	65 미만
질산화반응	거의 완전하게 됨	부분적으로 됨	낮은 부하율에서만 가능	낮은 부하율에서만 가능

(b) 살수여상에서 사용하는 매체

살수여상 용매체에는 <표 5-22>와 같은 것들이 있다.

① 돌

이 종류에 속하는 것은 자갈, 쇄석, 슬랙 등과 같은 자연재료이다. 살수여상 용매체의 바람직한 조건은, ⓐ 내구성이 있고, ⓑ 견고하고, ⓒ 표면이 거칠고, ⓓ 비표면적이 크고, ⓔ 공극률이 있을 것 등이다. 자갈, 쇄석, 슬랙 등은 견고성과 표면조도는 좋지만 플라스틱매체와 비교할 때, ⓐ 장기간에 걸쳐서 풍화되어 부스러기가 공극을 좁히고, ⓑ 비표면적이 적고, ⓒ 공극률이 작고, ⓓ 균일한 돌을 쌓을 수 없으므로 공극이 고르지 못하고, 따라서 생물막은 주로 여상의 윗부분에만 형성되며, ⓔ 공극이 막히기 쉬우므로 여상표면이 연못화되고, 그 밑이 혐기성화되어 냄새가 발생할 가능성이 있으며, ⓕ 단위면적당 살수량이 적으므로 파리가 번식하기 쉬우며, ⓖ 무거우므로, 높게 쌓는 것이 구조상 그리고 경제적으로 불리하게 되는 등의 단점이 있다.

쇄석은 석영조면암, 안산암, 화강암 등을 깨어서 쓴다. 그리고 25mm 이하의 작은 것들은 공극을 막히게 하기 쉬우므로 안 쓰는 것이 좋다. 이 종류는 부하율이 낮은 저속여상이나 중속여상에 쓰인다. 고속여상에도 쓰이고 있지만, 점차로 플라스틱 매체에 의하여 대치되고 있는 추세이다.

② 플라스틱 제품

플라스틱 매체는 돌 매체의 단점을 보완하여 개발된 것으로서, 고속여상과 초고속여상에 쓰인다. bulk형과 module형의 두 가지가 있는데, 전자는 대체로 납작한 원주의 둘레로부터 중심으로 여러 개의 수직면을 마련한 개체로서, 이러한 것들을 여상용적내에 서로 엉키도록 채운다. 후자는 플라스틱판을 조립하여 하나의 큰 단위로 만든 것으로서, 여상내에 원하는 높이대로 편리하게 조립할 수 있다. module형은 탑형여상에 더 쓰이는 것 같다.

표 5-22 • 살수여상용 매체의 종류와 물리적 특성

매체의 종류	공칭규격 (mm)	단위중량 (kg/m³ 용적)	비표면적 (m²/m³ 용적)	공극률 (%)
화강암쇄석	25 ~ 75	1440	60	46
용광로슬랙	50 ~ 75	1080	65	49
bulk형 플라스틱 매체	40×80	65	100 ~ 200	93 ~ 96
module형 플라스틱 매체	600×500×1000	35 ~ 60	80 ~ 200	94 ~ 97
redwood module	1200×1200×500	150 ~ 175	40 ~ 50	70 ~ 80

플라스틱 매체는 재질이 생물학적 및 화학적으로 불활성이어야 하며, 미생물서식에 지장이 없는 것이어야 한다. 이 종류는 비표면적과 공극률이 크고, 여상의 윗층부터 바닥까지 고르게 생물막을 부착시킬 수 있으므로, 전체적으로 미생물량을 크게 하고 공기유통을 좋게 하며, 나아가서 단위용적당 기질제거율을 증대시키는 효과가 있다.

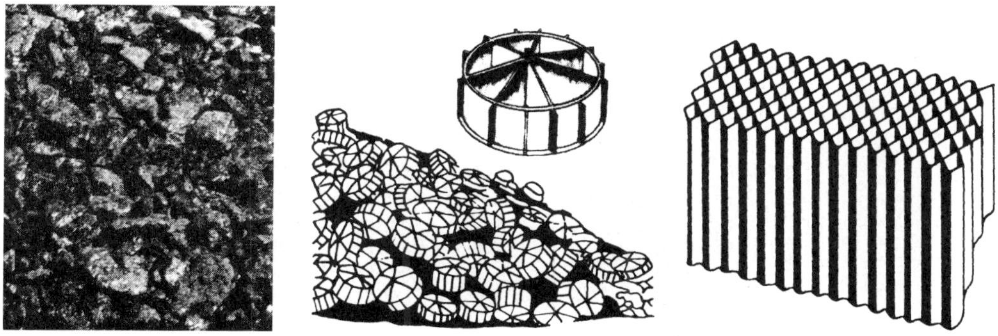

(a) 쇄석　　(b) bulk형 플라스틱 매체　　(c) module형 플라스틱 매체

그림 5-66 ◦ 살수여상에서 사용되는 생물막 매체

(c) **살수여상의 생물상**

살수여상의 경우, 미생물은 생물막과 더불어 안정되어 있으므로, 활성슬러지조에 비하여 먹이연쇄의 종이 보다 더 넓게 분포되어 있으며, 그 활동도 안정되어 있다.

생물막은 주로 세균으로 구성되어 있는데, 그 중에서도 조건성 세균이 우세하다. 생물막의 외부는 호기성 층이지만, 산소가 침투하지 못하는 심층은 혐기성이다. 생물막의 두께는 0.1～2mm이다.

살수여상에서 발견되는 세균의 속에는 *Achromobactor*, *Flavobacterium*, *Pseudomonas*, *Alcaliugenes* 등이 포함된다. 생물막의 환경이 이들 속에게 불리할 때에는 *Sphaerotilusnatans*, *Beggiatoa* 등 사형세균이 번식할 수도 있다. 기질부하율이 낮은 살수여상의 아래층에는 *Nitrosomonas*, *Nitrobactor* 등의 질산화 세균이 서식한다.

Fusazium, *Mucor*, *Penicillium*, *Geotrichum*, *Sporatichum* 등의 속을 포함하는 균류도 발견되는데, 이러한 것들은 환경조건이 세균에게 불리해질 때 크게 번식하는데, 심한 경우에는 매체 사이의 공극이 좁아지거나 막힌다.

조류는 햇빛이 닿는 상층에서 번식하는데, 흔히 발견되는 것은 *Phormidium*, *Chlorella*, *Ulothrix* 등이다. 조류는 균류처럼 기질사용에 있어서 세균과 경쟁하지 않고, 낮에는 산소를 생산하는 이점도 있지만, 공극을 좁히고 냄새를 발생하기도 하므로 바람직하지 않다.

원생동물은 주로 *Vorticella*, *Opercularia*, *Epistylis* 등의 섬모충류와 *Amoeba* 등의 근족충류인데, 세균이나 미세한 유기질입자를 섭식함으로써, 세균집단의 평형을 지키고 생물막 등을 섭식한다. 이 외에도 살수여상에는 달팽이, 벌레, 곤충 등이 서식한다. 곤충 중에서 *Psychoda* 속은 살수여상에 특유한 작은 파리인데, 크게 번식할 경우 사람들을 곤혹스럽게 한다.

위의 생물상은 기질의 종류와 부하율, 온도, pH, 환기상태 등의 환경조건, 그리고 살수부하율 등에 따라서 변한다.

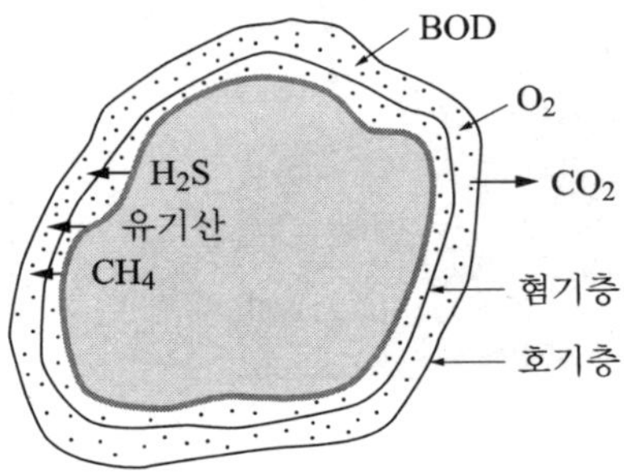

그림 5-67 • 매체 표면의 생물막

(d) **활성슬러지프로세스와의 비교**

활성슬러지프로세스와 비교할 때 살수여상의 장점은 다음과 같다.

① 쉬운 운전 : 살수여상은 미생물량을 조절하지 않으며, 복잡한 기계나 설비가 없으므로 운전하기가 쉽다.

② 낮은 운전유지비 : 살수여상은 폭기용 에너지가 불필요하고, 기타의 에너지소비량도 적다. 따라서 고속살수여상의 경우, 연간 에너지소비율은 재래식활성슬러지법의 절반 밖에 안된다. 고도의 운전기술이 덜 필요하므로 인건비도 적게 든다.

③ 부하변동과 유해물질에 대한 내성 : 생물막은 분산상태의 생물학적 플록과는 달리, 막 표면만이 액체에 노출되어 있고, 막 속으로의 물질이동속도나 열전도가 제한되어 있으므로, 막 표면의 충격이 막 속으로 그대로 전달되지 않는다. 이러한 구조적 강점 때문에, 살수여상은 충격부하나 부하변동, 유해물질 등에 대하여 적응력이 보다 더 크다.

④ 적은 슬러지발생량 : 살수여상은 생물막 심층의 내호흡, 혐기성 대사, 그리고 광범위한 포식생물의 활동 때문에 슬러지발생량이 비교적 적다.

⑤ 휴지기간에 대한 대응력 : 살수여상은 운전하지 않더라도 일정량의 미생물이 여상내에 있고, 충격에 덜 민감하면서도 회복력이 빠른 생물막이 있으므로, 휴일에 기질부하를 정지하더라도 순환수만 계속적으로 유지하면 오랫동안 견딜 수 있다. 기온이 낮은 겨울철에는 대사속도도 낮으므로 더욱 오랫동안 견딜 수 있다.

한편, 활성슬러지프로세스와 비교할 때 살수여상의 단점은 다음과 같다.

① 냄새와 파리의 발생. 생물막 심층의 혐기성 대사와 그러한 생물막의 탈리 때문에 각종 유기산과 H_2S 등 기체가 나타내는 냄새는 구조적으로 불가피하다. 그리고 *Psychoda* 속 파리의 번식도 억제하기 힘들다.

② 약간 낮은 처리효율과 처리수의 낮은 투시도. 생물막이 유지되려면 막 외부에 최저농도($S_{\min}$)의 기질이 있어야 한다는 이론과 생물막 속으로의 기질이동속도, 생물막 속의 기질농도, 기질반응속도 등이 생물막 외부의 기질농도에 의존한다는 이론[식 (5.178), 식 (5.179), <표 5-18>]은 생물막 외부, 즉 폐수 속에 일정농도 이상의 잔류기질이 있어야 된다는 것을 뒷받침한다. 그리고 그것은 살수여상의 기질제거효율을 낮추는 원인이 된다. 또, 활성슬러지법의 생물학적 응집기능이 살수여상에는 없다는 점과 유출수중의 잔류기질은 살수여상처리수의 투시도를 저하시킨다.

③ 비교적 큰 손실수두, 살수여상은 폐수를 여상위에서 살수하고 바닥 밑에서 모음으로 그 사이의 높이는 완전한 손실수두가 된다.

④ 비교적 큰 소요부지면적. 단위면적당 폐수처리장이 활성슬러지법보다 적다.

두 방법을 비교할 때, 폐수처리규모가 커지는 것에 따르는 경제성, 즉 척도효과는 활성슬러지법에 더 유리하다. 왜냐하면 규모가 커질 때 활성슬러지법에서는 조크기만 늘리면 되지만, 살수여상에서는 그 안을 채울 매체의 양도 따라서 늘기 때문이다. 일반적으로, 80% 이하의 BOD제거율, 그리고 특히 소규모처리용으로는 건설비면에서 살수여상이 더 경제적이며, 90% 이상의 BOD제거율에서는 활성슬러지법이 더 경제적이다. 경우에 따라서는 양자의 장점을 서로 살려서, 살수여상과 활성슬러지조를 결합하는 공법을 고려할만하다. 그럴 경우에는 살수여상을 활성슬러지조 앞에 배치한다.

2) 살수여상의 설계

(a) 반응이론에 의한 설계

살수여상 내의 미생물은 매체에 부착하고 있으므로 서식형태는 안정되어 있지만, 그 대사활동과 생물막의 증식 및 탈리 등은 유입폐수와 외부로부터의 환경조건에 순응하면서 자체적으로 조절되며, 인위적으로 일정하게 유지되기 어려우므로, 그 반응을 상시 적용할 수 있는 수학적 모델로 나타내는 것이 곤란하다. 그럼에도 불구하고, 반응이론에 기초를 둔 살수여상의 설계식들이 그동안 꾸준히 개발되어 왔으며, 최근에는 상당히 실용화되고 있다. 그 중에서 Atkinson 등과 Eckenfelder가 제안한 이론식들을 다음에 간추린다.

① 기질의 제거

Atkinson등은 기질의 생물막 침투속도가 생물막의 기질제거속도를 제한한다고($N_s = r_{su}$)

가정하고 아래와 같은 모델을 제안하였다. 즉,

$$r_{su} = -\frac{Ek_0 \cdot L_f \cdot \overline{S}}{K_s + S} \tag{5.191}$$

여기서, E : 유효계수

L_f : 생물막 두께, m

$\overline{S}$: 여상을 흐르는 기질농도의 평균치, g/m^3

k_0 : 반응속도상수, day^{-1}

위의 모델은 <그림 5-60>에서 기질이 수막 L_f를 통과할 때의 저항을 무시한, 그리고 식 (5.179)의 오른쪽 항에서 $k_{\max} \cdot X_f$를 $k_0 \cdot L_f$로, S_f를 S로 대치한 표현이다. 유효계수(E)란,

$$E = \frac{\text{실제로 관찰되는 반응속도}}{\text{질량이동에 대한 저항이 없을 때의 반응속도}} \tag{5.192}$$

생물막의 경우에는 <그림 5-60>의 S_f 저항에서 보듯이 저항으로 인한 기질의 농도경사가 있으므로, $E(\leqq 1.0)$는 그 영향을 나타낸 것이다. 유효계수값이 생물막 밖의 기질농도에 비례한다고($E = \alpha\overline{S}$) 볼 때,

$$r_{su} = -\frac{\alpha k_0 L_f \cdot \overline{S^2}}{K_s + S} \quad [M_s L^{-2} T^{-1}] \tag{5.193}$$

여기서, α : 비례계수

K_s값이 S값보다 충분히 적다고($K_s \ll S$) 보고, 그것을 무시하면,

$$r_{su} = -\alpha k_0 \cdot L_f \cdot \overline{S} \quad [M_s L^{-2} T^{-1}] \tag{5.194}$$

한편, <그림 5-68>의 폐수막에서, 미분용적 dV에서의 기질에 관한 질량평형식을 쓰면,

[축적률] = [유입률] − [유출률] + [제거율]

$$dV \cdot \frac{\partial \overline{S}}{\partial t} = QS - Q\left(S + dZ \cdot \frac{\partial S}{\partial Z}\right) + dZ \cdot W(-\alpha k_0 \cdot L_f \cdot \overline{S}) \tag{5.195}$$

여기서, dV : 폐수막 내의 미분용적, m^3

Q : 폐수유입량, m^3/day

S : 폐수의 기질농도, g/m^3

Z : 폐수가 흐르는 방향의 길이, m

W : 매체의 너비, m

정상상태를 가정할 때, 미분용적 내의 기질축적률은 영이므로,

$$\frac{dS}{dZ} = -\frac{\alpha k_0 L_f \cdot W\overline{S}}{Q} \tag{5.196}$$

위 식을 S_0와 S_e, 그리고 O와 Z의 한계 내에서 적분하면,

$$\frac{S_e}{S_0} = \exp\left[-(\alpha k_0 \cdot L_f)\frac{WZ}{Q}\right] \tag{5.197}$$

여기서, S_0 : 재순환수와 혼합된 유입수의 기질농도, g/m^3

S_e : 유출수의 상징액기질농도, g/m^3

위 식은 살수여상설계에 사용되는 이론식이다. W는 여상에서 수평단면 내에 있는 모든 매체의 둘레길이를 합한 것이고, Z는 여상의 유효깊이이다. 플라스틱매체를 채우는 경우 W값은 한 매체의 기하학적 형태로부터 쉽게 구할 수 있지만, 돌을 채우는 경우에는 그렇지 못하므로 전체 평균치를 사용한다. 여상의 수평단면적당 총 매체 둘레길이, 즉 비둘레길이는 동수반경의 역수이다.

한편, $(\alpha k_0 \cdot L_f)$의 값은 실험에 의하여 결정한다. 즉, 식 (5.197)을 대수식으로 고치면,

$$-\ln\frac{S_e}{S_0} = (\alpha k_0 \cdot L_f)\frac{WZ}{Q} \tag{5.198}$$

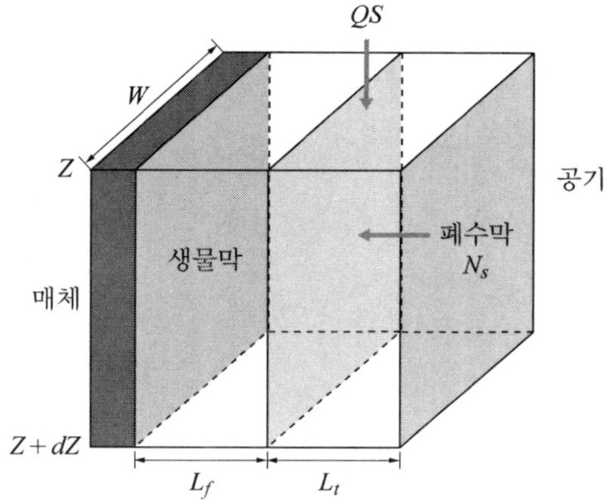

그림 5-68 • 이상적 살수여상에서 생물막과 폐수막의 접촉

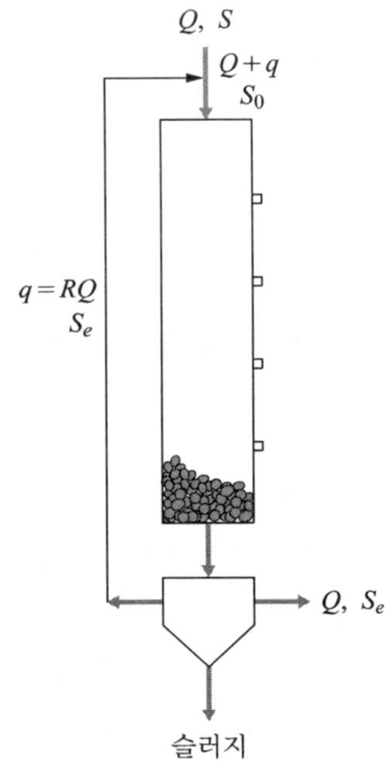

그림 5-69 • 살수여상 실험장치

<그림 5-69>와 같은 수직원통형 실험장치에 매체를 채우고, ⓐ 처리하고자 하는 기질을 부하시켜서 생물막을 적절하게 부착시킨 다음, ⓑ (재순환수가 없는 상태에서) 기질(S_0)을 연속적으로 부하시키면서 각 높이의 시험수채취구로부터 시험수(S_e)를 채취하고, ⓒ 그 농도를 분석하고, ⓓ 반로그모눈종이에, 각 높이에서의 (S_e/S_0)값을 세로좌표로, 그리고 (WZ/Q)값을 가로좌표로 하여 점들을 찍고, ⓔ 그러한 점에 가장 잘 맞는 직선의 기울기를 구하면, 그것이 ($\alpha k_0 \cdot L_f$)의 값이 된다.

한편, Eckenfelder의 식은 아래와 같다.

$$\frac{S_e}{S_0} = \exp\left[-kZA_s^{\,m}\left(\frac{A}{Q}\right)^n\right] \tag{5.199}$$

여기서, k : 반응속도상수, m/day

Z : 살수여상의 유효깊이, m

A_s : 매체의 비표면적, m^2/m^3

A : 살수여상의 수평단면적, m^2

Q : 폐수유입량, m^3/day

$m,\ n$: 상수

위 식에서, k, m, n의 값은 실험에 의하여 결정된다. 그리고 A_s값은 살수여상의 매체표면적을 용적으로 나눈 것이다. 위 식은 근본적으로 식 (5.197)과 같다. 위 식을 식 (5.177)과 같다고 볼 때, m과 n의 값은 각각 1이고, $k = \alpha k_0 \cdot L_f$이며, 또한 아래와 같은 관계가 성립된다.

$$\frac{A_s \cdot ZA}{Q} = \frac{A_s \cdot V}{Q} = \frac{WZ}{V} \cdot \frac{ZA}{Q} = \frac{WZ}{Q} \tag{5.200}$$

위의 관계를 고려할 때, 식 (5.197)과 식 (5.199)을 아래와 같은 하나의 식으로 집약할 수 있다.

$$\frac{S_e}{S_0} = \exp(-k_T \cdot A_s^a \cdot Q_v^{-b}) \tag{5.201}$$

여기서, S_e : 유출수의 상징액기질농도, g/m^3

S_0 : 재순환수와 혼합된 유입수의 기질농도, g/m^3

k_T : 반응속도상수(실험치), m/day

A_s : 매체의 비표면적, m^2/m^3

Q_v : 여상용적/폐수유입량(V/Q), $m^3 \cdot day/m^3$

a, b : 상수(실험치)

식 (5.197)의 ($\alpha k_0 \cdot L_f$), 식 (5.199)의 k, 식 (5.201)의 k_T 등 반응속도상수의 값은 살수여상이 받는 영향인자에 따라서 달라질 수 있으므로, 그것을 적용함에 있어서는 신중한 주의를 요한다. 영향인자 중에서도 가장 중요한 것이 온도인데, 그것을 van't Hoff-Arrhenius 변형식으로 나타냄에 있어서 θ값을 Eckenfelder는 1.035로 제안하고 있다. 즉,

$$k_T = k_{20}(1.035)^{T-20} \tag{5.202}$$

여기서, k_T : T℃에서의 반응속도상수

k_{20} : 20℃에서의 반응속도상수

k_T값은 미국의 경우 0.06~0.123m/day이며, 20℃에서의 대표치가 0.10m/day라고 한다.

한편, 유출수재순환에 다른 S_0의 값은 여상에 대한 질량평형식으로부터, 아래와 같이 구할 수 있다.

$$QS + qS_e = (Q+q)S_0 \tag{5.203}$$

여기서, Q : (1차 침전지로부터의) 폐수유입량, m^3/day

S : (1차 침전지로부터의) 폐수기질농도, g/m^3

S_0 : 혼합된 폐수의 기질농도, g/m^3

S_e : 유출수의 상징액기질농도, g/m^3

q : 재순환되는 유출수의 유량, m^3/day

$q/Q = R$라고 할 때,

$$S_0 = \frac{S + RS_e}{1+R} \tag{5.204}$$

유출수의 재순환율 R을 증가시킬 때, S의 농도는 희석되므로, 기질이 생물막속으로 침투하는 추진력이 낮아진다. 따라서 재순환수 내에서의 기질반응을 무시할 경우, 생물막의 기질제거율이 낮아지므로 살수여상의 효율도 떨어진다. 그러나 기타의 영향인자, 예를 들면 ⓐ 폐수의 보다 균등한 살포, ⓑ 산소이전의 증가, ⓒ 재순환수내에서의 기질반응, ⓓ 재순환수가 매체에 식종하는 효과 등은 재순환수로 하여금 살수여상의 효율을 증가시키는 원인이 된다.

② 유입기질의 최대허용농도

살수여상에서 부하되는 기질의 세포물질로의 전환을 제한하는 조건, 즉 기질제거법의 제한조건으로서는 보통 산소공급이 거론된다. 즉, 폐수로부터 제거할 수 있는 기질의 최대농도는 폐수막으로 이전되는 산소량을 초과할 수 없다고 보는 것이다. 공극의 기체상으로부터 폐수막으로의 산소이전속도는,

$$N_0 = k_L(C_s - C) \tag{5.205}$$

여기서, N_0 : 산소이전 flux, g O_2/m$^2 \cdot$ sec

k_L : 산소이전계수, m/sec

C_s : 용존산소포화농도, g O_2/m^2

C : 유지하는 최저산소농도, g O_2/m^2

위의 산소이전플럭스와 기질제거속도를 같다고($N_0 = r_{su}$) 볼 때, 그리고 살수여상의 일반적인 파라미터와 영향인자를 고려할 때, 살수여상에 부하시킬 수 있는 기질의 최대허용농도는 400mg BOD_L/L 정도이다. 그러나, 실제로는 폐수가 끊임없이 각 매체의 표면을 흐르지 않고, 또 그럴 때마다 생물막에는 기상으로부터 산소가 직접 공급되므로, 최대허용용도는 더 높아질 가능성이 있다. 일반적으로, 여상내의 환기가 충분할 때, 도시폐수를 처리하는 살수여상에서는 산소공급이 거의 제한조건이 되지 않는다.

③ 환기

살수여상이 설계상의 기질제거효율을 달성하기 위해서는 여상속이 적절하게 환기되어야 한다. 즉, 폐수로부터 제거될 수 있는 기질의 최대량은 공급받는 산소량을 초과할 수 없는데, 그

산소량은 매체사이를 통과하는 공기에 의하여 제공된다. 살수여상에서는 여상 밖의 외기와 여상속 내기와의 온도차가 환기의 추진력이 된다. 외기의 온도가 더 높으면 환기는 하향으로 이루어지며, 그 반대일 경우에는 환기는 상향으로 이루어진다. 흔히 이러한 온도차는 자주 변하기 쉬우므로 환기방향도 일정하지 않을 때가 있고, 공기가 여상속에 침체될 때도 있다. 환기가 상향일 경우에는 미생물의 대사활동이 가장 왕성한 상층에서 공기의 산소분압이 낮아지므로, 살수여상에게는 불리해진다. 그리고 외기와 내기의 온도차가 가장 적어지는 여름철에 공기의 침체현상이 일어나기 쉽다. 추가해서 여상내의 환기분포상태도 중요한데, 재래식살수여상내의 환기분포상태는 대체로 적절하다.

환기의 추진력은 서로 온도가 다른 두 공기주의 압력차로 그것을 수직기류 또는 드래프트라고 하며, 수두(cmH_2O)로 나타낸다. 즉,

$$H_D = 0.353\left(\frac{1}{T_c} - \frac{1}{T_h}\right)Z \tag{5.206}$$

여기서, H_D : 드래프트, cmH_2O

T_c : 찬 공기의 온도, °K

T_h : 더운 공기의 온도, °K

Z : 살수여상의 깊이, cm

그런데 여상속의 평균기온을 결정하기는 매우 어려우므로, 공극 내에서 기온과 수온이 같다고 보고, 대수평균온도 T_m을 사용하는 근사치방법이 편리하게 이용된다. 즉,

$$T_m = \frac{T_a - T_w}{\ln(T_a / T_w)} \tag{5.207}$$

여기서, T_m : 공극 내의 평균기온, °K

T_a : 기온, °K

T_w : 수온, °K

환기가 이루어지려면 여상 속을 통과하는 공기의 에너지 손실($\sum H_L$)이 드래프트(H_D)를 초과할 수 없으므로, 양자를 같다고 하면,

$$\sum H_L = H_D \tag{5.208}$$

여기서, $\sum H_L$: 통과하는 공기의 에너지 손실, cmH_2O

위에서 $\sum H_L$은 공기가 여상을 유입하고 통과하며 유출할 때의 손실에너지로서, 유속에너지($v^2/2g$)에 비례한다. 즉,

$$\Sigma H_L = \alpha\left(\frac{v^2}{2g}\right) \tag{5.209}$$

여기서, α : 비례계수

v : 공기의 통과속도, cm/sec

g : 중력계수, 980cm/sec^2

위의 공기통과속도(v)와 공극면적(A_p)으로부터 공기유량(Q_g)을 구할 수 있다. 즉,

$$Q_g = v A_p \tag{5.210}$$

여기서, Q_g : 여상을 통과하는 공기유량, cm^3 air/sec

A_p : 매체사이의 총 공극면적, cm^2

위의 Q_g로부터 산소공급량을 계산할 수 있다. 환기상태가 가장 나쁜 여름철의 산소공급량을 계산해봄으로써, 해당 살수여상이 설계상의 기질제거량을 제거할 수 있는지 검사할 수 있다. 그러나 적절히 설계된 재래식 살수여상의 경우, 자연환기에 의한 산소공급이 문제되는 일은 드물다.

예제 5-7 어떤 공장폐수를 〈그림 5-69〉와 비슷한 실험장치를 사용하여 실험한 결과는 〈표 5-23〉과 같다. 이 실험장치의 유효깊이는 1m이고, 수평단면적은 22cm^{2}이며, 매체의 총 넓이(둘레길이)는 20cm이다. 아래 조건을 가정하고, 적절한 고속살수여상을 설계하라.

설계유량	: q_{des} = 200m^3/hr
1차 침전된 유입수농도	: S = 800mg BOD$_L$/L
유출수농도	: S_e = 30mg BOD$_L$/L
최악상태의 기온	: T_a = 28℃
최악상태의 수온	: T_w = 30℃

답

표 5-23 • 살수여상실험장치에 의한 실험결과

Z (cm)	S_z (mg BOD$_L$/L)	
	Q = 0.12cm^3/sec	Q = 0.20cm^3/sec
20	152.6	217.8
40	70.0	150.0
60	52.8	105.0
80	28.6	77.8
100	18.6	52.6

S_0 = 300mg BOD$_L$/L, A = 22cm^2, W = 20cm

여상의 직경은,

$$Dia = \left(\frac{4A}{\pi}\right)^{1/2} = 20.6\text{m}$$

즉, 직경 20.6m, 유효깊이 1.8m인 살수여상을 2개 설치한다. 두 여상 사이에 중간침전지를 두어야 하므로, 1차 및 2차 침전지까지 합하면, 이 2단계프로세스에는 3개의 침전지가 있는 셈이다. 각 여상에는 각각의 후침전지로부터 4배 유입량의 상징수를 재순환시킨다.

2단계프로세스의 경우, 첫째 여상은 둘째 여상에 비하여 미생물의 기질제거속도가 높고 그 때문에 생물막증식속도도 빨라지므로, 매체사이의 공극이 막히기 쉽다. 2단계프로세스에서는 그러한 폐단을 줄이고 두 여상을 고르게 사용하기 위하여 때때로 프로세스 내의 폐수흐름을 반대방향으로 전환시킨다. 그럴 경우에는 1단계여상은 2단계여상이 되고, 2단계여상은 1단계여상이 된다.

(b) 살수여상의 배열

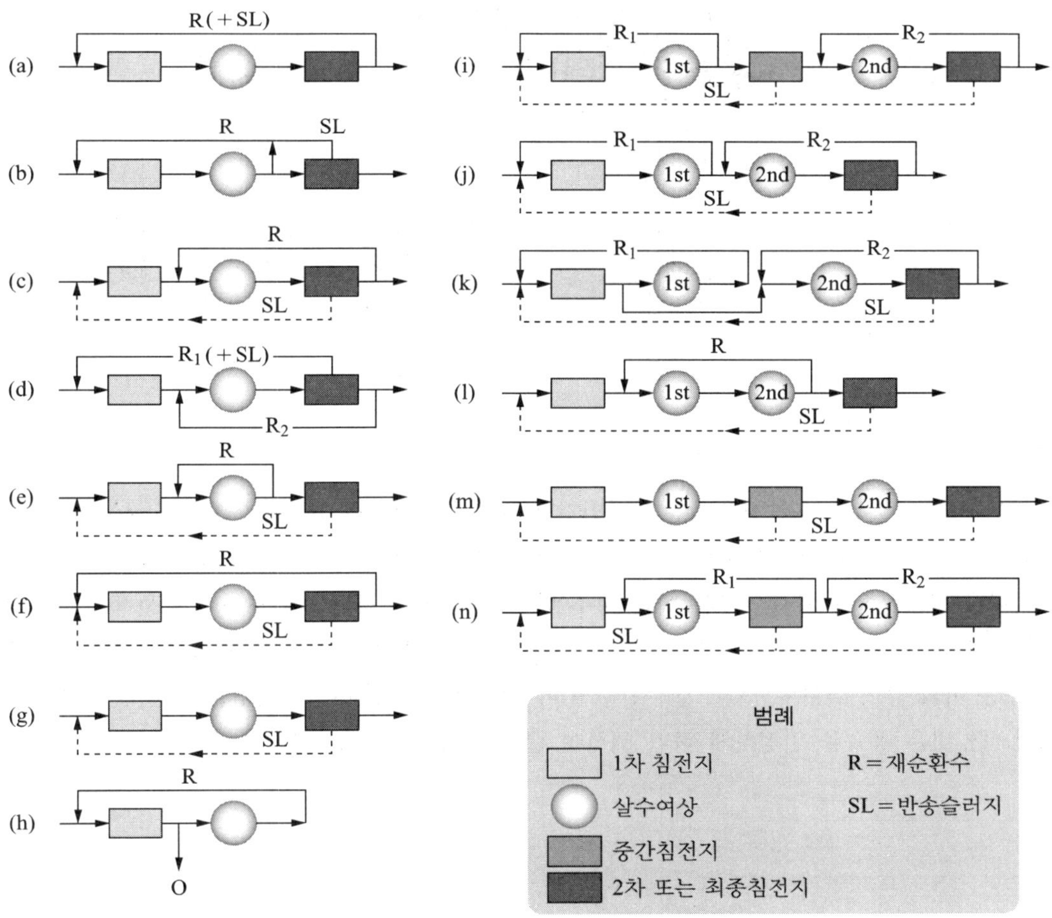

그림 5-70 • 살수여상의 배열

살수여상프로세스는 살수여상, 침전지 등의 기본단위조작과 상징수 재순환, 슬러지 인출 등을 위한 배관, 그리고 부대설비로 구성되는데, 단단계와 2단계프로세스에서의 배열방법은 <그림 5-70>에서 보듯이 다양하다. 설계자는 그 중에서 하나를 선택하게 된다.

3) 살수여상의 구조

우리나라의 도시폐수처리장에는 살수여상이 없으나, 서방선진국에서 도시폐수처리용으로 건설되고 있는 것은 대개 직경 50m 미만의 고속살수여상이다. 모양은 원형이고 매체는 돌과 플라스틱제품을 쓰고 있지만 요즘은 후자의 사용이 늘고 있는 것 같고, 살수는 회전살수기에 의존한다. 그러한 살수여상의 구조를 아래에 간단히 소개한다. 상세한 구조에 관해서는 「하수도시설기준」을 참조하기 바란다.

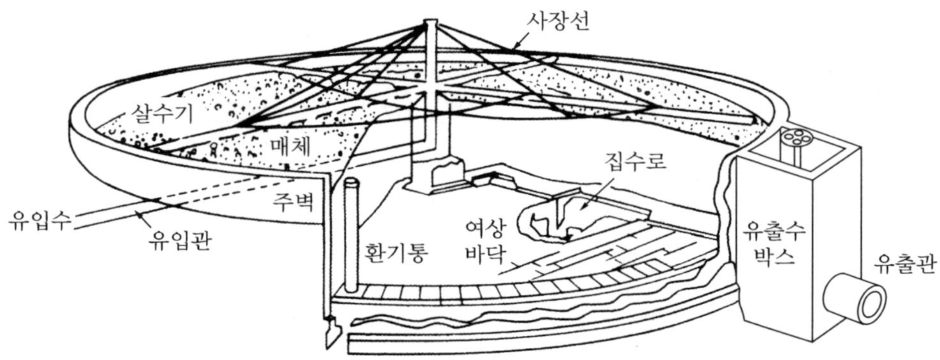

그림 5-71 • 살수여상의 구조

(a) 살수장치

전에는 고정살수장치가 사용되기도 하였지만, 요즘은 거의 다 회전살수기가 사용되고 있다. 회전살수기는 회전축위에 설치된 2개 또는 4개의 살수관으로 구성되어 있고, 수두나 전동기에 의하여 수평회전한다. 수두에 의존하는 경우에는 살수관에 부착된 노즐로부터 분출하는 폐수의 반동으로 살수관이 회전하는데, 이 때 필요한 수두는 50～100cm이다. 회전속도는 <표 5-24>에서 보는 바와 같이 살수부하율과 살수관수에 따라서 다르다. 살수관의 직경은 작은 것은 일정하지만, 큰 것은 유속을 일정하게 하기 위하여 끝으로 갈수록 작게 한다.

표 5-24 ∘ 회전살수기의 회전속도

살수부하율 (m^3 H_2O/m^2·일)	회전속도 (회/분)	
	살수관이 2개일 때	살수관이 4개일 때
15	2.0	1.0
20	3.0	2.0
25	4.0	2.0

(b) **여상바닥**

여상의 하부에는 집수용 유공판을 깐다. 이 유공판위에 매체를 채우는데, 그것이 돌일 경우에는 먼저 100～150mm 크기의 받침돌을 20～30cm 높이로 쌓는다. 유공판 밑은 유출수와 탈리된 생물막이 떨어져서 흐르는 한편 환기를 위한 공기통로도 되므로, 간격과 구배가 충분해야 한다. 대개, 간격을 10cm 이상으로, 구배를 1～2%로 한다.

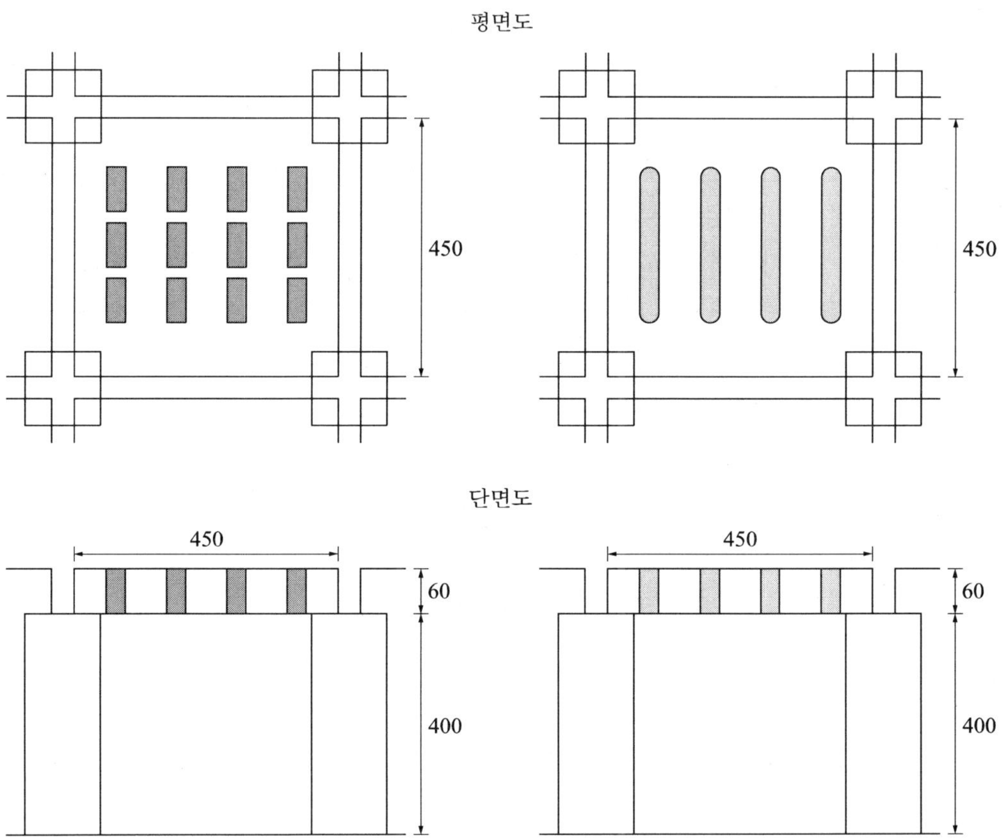

그림 5-72 ∘ 집수용 유공판의 예

(c) **여상의 주벽**

주벽은 철근콘크리트로 하고, 여상 내에 잠수할 수 있도록 튼튼하고 수밀하게 시공한다. 따라서 하부의 물 유출구나 통기구도 필요할 때 대할 수 있도록 시공한다. 그러한 목적을 위하여 주벽을 두 겹으로 하되 내벽의 하부주위에 유출구겸 통기구를 설치하고, 외벽하부에 개폐할 수 있는 단일 유출구를 마련하는 것도 한 방법이다. 벽의 여유고는 바람을 막기 위하여 30cm 이상으로 한다.

(d) **부대설비**

고속살수여상의 배수조는 저류실과 펌프실로 나누어지는데, 저류실에는 유입폐수와 재순환수가 연속적으로 들어오면, 실바닥 가까이에 설치된 흡입관을 통하여 혼합폐수가 다음실의 펌프로 연속적으로 이송된다. 저류실 구석에 폐수의 일부가 침체되지 않도록 흡입관쪽으로 구배를 마련하여야 한다.

한냉지방에서는 결빙을 막고, 최저온도를 유지하기 위하여 여상을 실내에 설치하기도 한다. 또 인근 주택에 냄새나 파리가 번지는 것을 막기 위하여 실내에 설치하기도 한다.

여상에 잎이 떨어지는 것을 방지하기 위하여, 살수여상부근에는 낙엽수를 심지 않는 것이 좋다.

(e) **2차 침전지**

살수여상의 2차 침전지(후침전지)가 활성슬러지프로세스의 2차 침전지와 다른 점은, ① 슬러지 반송이 없는 대신에 상징수일부의 재순환이 있고, ② 유입폐수와 재순환수를 합한 유량이 부하된다는 것이다. 그러나 탈수효율을 좋게 하기 위하여 슬러지를 1차 침전지로 반송하는 경우가 있기는 하다. 살수여상의 경우는 2차 침전지보다는 1차 침전지의 기능이 더 중요한데, 그 이유는 고형물이 덜 제거될 때 여상의 공극이 막힐 우려가 있기 때문이다.

4) 살수여상의 운전

살수여상은 활성슬러지법과 비교할 때 충격부하나 독성물질 그리고 낮은 온도에 덜 약하고, 슬러지발생량이 적으며, 운전하기가 쉬운 것으로 알려져 있다. 그러나 이것도 역시 미생물에 의한 호기성 반응을 수행하는 프로세스이므로 활성슬러지법의 경우와 비슷하게 환경조건을 적절하게 유지해야 한다. 살수여상의 특유한 문제점은 아래와 같다.

(a) **연못화**

여상표면에 물이 고이는, 이른바 연못화의 원인은 아래와 같다.

① 매체가 너무 작거나 균일하지 않다.

② 매체가 견고하지 못하여 심한 온도차 때문에 부서진다.

③ 1차 침전지에서 고형물이 충분히 제거되지 않는다.

④ 생물막이 지나치게 탈리되어 공극을 메운다.

⑤ 기질부하율이 너무 높다.

예방과 치유 대책은 아래와 같다.

① 여상표면의 매체를 잘 긁을 것.

② 여상표면을 고압수증기로 씻을 것.

③ 물이 고인 표면에 살수를 중단하고, 폐수를 연속적으로 유입시킬 것.

④ 고농도의 염소를 1주 간격으로 적용할 것. 유입수의 유리잔류염소농도가 5mg/L 정도 되도록 하고, 야간에 수시간씩 적용해 볼 것.

⑤ 별도의 처리시설이 있을 때에는 유입폐수를 그 쪽으로 돌리고, 연못화된 여상을 1일 이상 건조시킬 것.

⑥ 여상을 1일 이상 탐수할 것.

⑦ 위의 여러 방법이 효과를 거두지 못할 때에는 매체를 새 것으로 바꾸어 채울 것.

(b) **파리의 번식**

살수여상에는 *Psychoda* 속의 파리가 번식하여 귀찮음을 주기 쉬운데, 그것은 크기가 작으므로 창스크린을 통과하여 눈, 귀, 입, 콧구멍 등에 들어가기 쉽다. 날아가는 거리는 100m 정도이지만, 바람이 불 때에는 더 멀리까지 갈 수 있다. 수명은 일정치 않지만 15℃에서 약 22일, 그리고 29℃에서 약 7일간 살 수 있다. 예방과 치유대책은 아래와 같다.

① 살수를 연속적으로 할 것.

② 생물막이 지나치게 증식하지 않도록 할 것.

③ 1주일 간격으로 여상을 24시간 담수할 것.

④ 주벽의 내부를 씻어서 항상 젖어 있도록 할 것.

⑤ 1～2주 간격으로 유입폐수에 염소를 혼합할 것. 잔류농도 0.5～1mg/L이면 적당하다.

⑥ 4～6주 간격으로 살충제를 적용할 것.

(c) **냄새**

여상내부가 혐기성일 때 냄새가 심하게 난다. 예방 및 치유대책으로서는 통풍로를 청소하여 환기가 잘 되도록 하고, 재순환수 등의 방법으로 유입기질농도를 감소시키는 등 호기성 전환을 위한 노력이 필요하다.

(d) **동결**

예방 및 치유대책은 아래와 같다.

① 재순환유량을 줄이거나 정지시킬 것.

② 2단계여상의 경우에는 각 여상을 병렬로 배치하여 운전할 것.

③ 여상표면에 균등하게 살수할 것.

④ 바람을 막을 것.

(3) 회전원판법

회전원판법은 회전생물원판이라고도 불린다. 우리나라에서는 1970년대 초부터 이 방법에 의한 폐수처리가 시도되었지만, 국내기술(삼화기술단)에 의하여 처음으로 제작 및 건설되고, 성공적으로 운전되어 오고 있는 것은 용량 3,600m^3/일의 광양제철소 주택단지 폐수처리장이다. 회전원판방법은 호기성 부착증식프로세스로서 기질제거원리가 살수여상의 경우와 비슷하다.

1) 회전원판법의 개요

(a) **프로세스**

이 방법에서는 살수여상의 경우처럼 회전생물접촉조 앞에 현탁고형물을 제거하는 1차 침전지를 설치하며, 뒤에는 매체인 회전생물접촉판으로부터 탈리되는 세포물질을 제거하는 2차 침전지를 설치한다.

살수여상의 경우와는 달리, 2차 침전지상징수의 재순환은 없다.

한 회전생물접촉조내에는 폐수면보다 약간 높게 설치된 수평회전조에 여러 개의 원판이 수직으로 고정되어 있다. 원판표면적의 약 40%가 수면하에 잠기도록 설계되는데, 원판이 1～2rpm의 속도로 회전하면서, 그 표면에 생물막을 형성하고 있는 미생물로 하여금 액상과 기상에서, 교대로 기질과 산소에 접하도록 되어 있다. 이러한 회전생물접촉조를 2～4조 범위에서, 필요한 만큼 직렬로 배치한다. 원판에 형성되는 생물막의 두께는 1～3mm이다. 과도하게 증식된 생물막은 조내에서 탈리되고, 원판의 회전력에 의하여 액상에서 현탁상태로 된 후, 유량과 함께 2차 침전지로 유출된다. 폐수의 체류시간은 1시간 미만으로 짧지만, 원판에 부착된 미생물량이 많으므로 충분한 대사반응이 수행된다. 일반적으로 최종조유출수의 상징수는 BOD_5농도가 30mg/L 미만이 되도록 설계된다. 그리고 고도의 질산화반응도 시킬 수 있다.

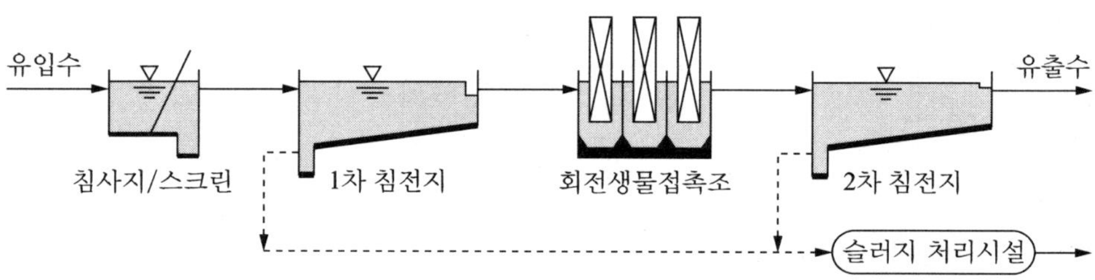

그림 5-73 • 회전원판법 프로세스

다단계 접촉조의 경우에는 첫째 조에 가장 많은 기질이 부하되며 다음 조로 갈수록 부하율이 감소된다. 그리고 첫째 조에서 역분해성 기질이 많이 제거되고, 다음 조로 갈수록 난분해성기질이 더 부하된다. 원판의 회전력에 의하여 액상에도 산소가 이전되므로 용존산소의 농도는 첫째 조에서 0.5～1mg/L 정도로 낮지만 다음 조로 갈수록 높아진다.

(b) **구조**

회전생물접촉조는 회전체, 구동장치, 접촉조, 덮개 등으로 구성되어 있다. 회전체는 수평회전축에 여러 개의 원판이 수직으로 고정된 것이다. 원판의 규격과 특징은 제작자에 따라서 다르지만, 대체로 직경은 3.0～4.0m이고 모양은 평판, 파판, 강판의 세 가지이며 재질은 폴리염화비닐(PVC), 폴리에틸렌, 발포폴리스타이렌, 섬유보강수지(FRP) 등의 합성수지이다. 원판의 두께는 PVC와 폴리에틸렌이 0.7～2mm, 폴리스타이렌이 7mm 정도이다. 조립방법은 단판을 직접 축에 고정시키는 방법과 분해된 것을 철골에 붙여서 고정하는 방법 등이 있다. 원판사이의 간격은 폐수의 기질농도가 높을수록 벌어지는데, 대체로 15～30mm이다. 대개 첫째 조에서는 기질부하율이 높으므로 과도한 생물막증식 때문에 간격이 막히는 것을 방지하기 위하여, 그 다음 조보다 간격을 넓게 한다.

회전체를 전력으로 구동시킬 때의 구동장치는, 전동기, 감속기, 전력체인, 스프로킷 등으로 구성된다. 회전체의 회전속도는 요구되는 산소공급능력, 교반강도, 생물막의 탈리도 그리고 동력비 등에 따라서 달라지지만, 주변속도가 15/분 전후 되도록 한다. 회전체를 공기의 힘으로 구동시키기도 하는데(Aero-Surf), 이 경우에는 조바닥으로부터 산기되는 공포와 원판에 부착된 공기컵에 의하여 회전체가 된다. 제작자의 주장에 따르면, 이 경우 전동기보다 에너지비가 절약된다고 한다.

접촉조는 유입폐수와 원판표면의 미생물이 접촉하는 조로서, 평면이 장방형이고 측단면은 반원형 아니면 장방형이다. 장방형 측단면의 경우에는 구석의 사각을 없앰으로써 슬러지가 쌓이지 않도록 한다. 회전체와 조의 주벽 및 바닥 사이에는 10～40cm 정도의 간격이 있도록 한다. 원판면적의 침적률은 35～45%이다.

접촉조는 철판이나 철근콘크리트로 만들어진다. 그리고 폐수흐름에 대하여 직각으로 하나이상의 칸막이를 설치하고, 각조에 회전체를 1기식 설치한다.

원판을 일광, 비바람, 낮은 기온 등으로부터 보호하고, 원판표면에 조류가 번식하지 않도록 하기 위하여, 접촉조에는 흔히 덮개를 씌운다. 덮개의 재료는 강판이나 FRP를 사용하며, 통기공과 검사용 창구를 마련한다.

(c) **생물상**

처음으로 회전생물접촉조를 운전한 후 안정된 생물막을 원판표면에 형성시키려면 2～3주간이 소요된다. 이 때 비로소 계획한 기질제거율을 얻을 수 있으며, 질산화반응까지 시키려면 2~3주간이 더 소요된다. 온도가 13℃ 미만의 한냉한 계절에는 이러한 소요기간이 2배 이상 더 걸릴 수 있다.

성숙한 생물막은 탄소계의 기질을 제거할 경우 덥수룩한 회색이며, 질산화단계에 이르면 보다 얇아지고 황갈색을 띠게 된다. 생물막의 미생물층은 포식생물의 활동 때문에 불규칙하다. 2단계 이상의 접촉조인 경우, 생물막은 뒤로 갈수록 얇아지는데, 100mg BOD_5/L 정도의 생활폐수를 처리할 때 첫 단계에서 1.2~7.0mg/cm^2, 넷째 단계에서 0.4~2.0mg/cm^2의 생물막량이 보고된 바도 있다.

회전생물접촉판이나 조에는 살수여상의 경우와 비슷하게 세균, 균류, 원생동물, 후생동물이 분포하고 있다. 그러나 조류의 번식이 제한되어 있고, 살수여상에 특유한 벌레와 곤충, 특히 파리는 서식하지 않는다.

(d) 특징

회전생물접촉판법의 장점은 다음과 같다.

① 쉬운 운전 : 활성슬러지프로세스의 경우처럼 유입폐수의 성상을 파악하면서 반응조의 여러 조건이 정상상태가 되도록 인위적으로 프로세스를 조작하는 노력이 필요없고 살수여상의 경우처럼 유출수의 재순환이 필요없으므로 운전하기가 매우 쉽다. 이 방법에서는 기질의 부하상태에 순응하여, 원판표면에 세균과 기타의 미생물의 독특한 생태계를 이룩하면서 기질을 제거한다.

② 낮은 운전유지비 : 접촉조에서 소요되는 에너지는 회전체를 구동시키기 위한 것뿐이므로, 에너지비가 적게 든다. 또, 고도의 운전기술이나 많은 종업원이 필요없으므로 인건비가 적게 든다.

③ 부하변동과 유해물질에 대한 내성 : 살수여상의 경우와 같은 이유로 부하변동과 유해물질에 대한 내성이 크다. 또, 쉽게 다단계 처리를 할 수 있으므로, 낮은 농도의 기질로부터 높은 농도의 기질에 이르기까지 광범위한 농도의 기질을 제거할 수 있다.

④ 짧은 반응시간 : 접촉조체류시간이 1시간 이하 정도로 짧으므로, 부지면적이 적게 소요된다. 따라서 단위면적당 폐수처리량이 활성슬러지법의 경우와 비슷하다. 반응 소요시간이 짧은 것은 기질부하량에 대응하는 미생물량이 엄청나게 많기 때문이다.

⑤ 높은 질산화반응 : 다단계 처리의 끝 단계에서 고도의 질산화반응을 시킬 수 있다. 그러나 질산화세균의 이화작용은 유출수의 pH를 낮추고, 동화작용은 BOD농도를 높이는 작용을 한다.

⑥ 적은 슬러지발생량 : 살수여상의 경우와 같은 이유로 슬러지발생량이 활성슬러지법에 비교하여 적다. 그리고 슬러지의 침강성도 좋다.

⑦ 휴지기간에 대한 대응력 : 살수여상의 경우처럼 휴지기간에 대한 적응력이 크다.

⑧ 기존 폐수처리장의 효율개선 : 이미 있는 폐수처리장의 폭기조, 1차 침전지 등의 액상에 회전체를 설치하거나, 폭기조와 병렬로 회전생물접촉조를 설치함으로써, 기존폐수처리효율 또는 폐수처리능력을 증가시킬 수 있다.

회전생물접촉판법의 단점으로서는 다음 사항을 들 수 있다.

① 처리수의 낮은 투시도 : 미세한 고형물이 유출되기 쉽고, 처리수의 투시도가 떨어진다.

② 한냉기온의 악영향 : 회전원판의 60% 정도가 기상에 노출된 후 액상에 침지되므로, 기온이 낮을 때에는 그 영향으로 대사활동이 저도해질 수 있다. 이러한 악영향을 감소시키기 위해서는 덮개의 설치가 필수적이다.

③ 회전체의 구조적 취약성 : 회전체의 축과 베어링이 덜 견고하거나 회전체가 부적절하게 설치될 경우, 그것이 파괴될 수 있다. 그러나, 이러한 취약점은 최근에 많이 개선되었다.

④ 폐수처리규모증가에 따르는 척도효과가 적은 것 : 처리장의 규모증가에 따르는 시설단가의 절약, 즉 척도효과가 별로 없다. 고로 회전생물접촉판법은 아직까지는 주로 소규모의 폐수처리장에서 적용되고 있다.

2) 회전생물접촉판법

(a) 접촉판의 소요면적

Kornegay에 의한 회전생물접촉판법의 반응이론식과 원판 소요면적의 결정방법은 다음과 같다. 회전생물접촉조에 있어서의 기질에 관한 질량평형식을 쓰면,

[축적률] = [유입률] − [유출률] + [제거율]

기질이, 원판에 부착된 미생물과 조에 현탁하고 있는 미생물에 의하여 제거된다고 보면,

$$V \cdot \frac{dS}{dt} = QS_0 - QS_e + \left[V_A\left(-\frac{dS}{dt}\right)_A + V_s\left(-\frac{dS}{dt}\right)_s \right] \tag{5.211}$$

여기서, Q : 폐수유량, m^3/day

V : 접촉조의 용적, m^3

V_A : 회전원판에 부착된 생물막 부피, m^3

V_s : 접촉조의 액체용적, m^3

S_0 : 유입수의 기질농도, g/m^3

S_e : 유출수의 기질농도, g/m^3

$\left(-\frac{dS}{dt}\right)_A$: 생물막 부피당 기질제거속도, $g/m^3 \cdot day$

$\left(-\dfrac{dS}{dt}\right)_s$: 현탁미생물의 액체용적당 기질제거속도, g/m^3 · day

위 식의 기질제거속도를 세포증식속도로 나타내면, 세포질량의 감쇄속도를 무시할 때,

$$\left(\frac{dX}{dt}\right)_A = -Y_A\left(\frac{dS}{dt}\right)_A \tag{5.212}$$

$$\left(\frac{dX}{dt}\right)_s = -Y_s\left(-\frac{dS}{dt}\right)_s \tag{5.213}$$

여기서, Y : 세포물질생산계수, g/g

X : 미생물농도, g/m^3

A : 부착(생물막)증식상태

S : 현탁증식상태

$dX/dt = \mu X$임을 고려하여, 위 식들을 다시 쓰면,

$$\left(-\frac{dS}{dt}\right)_A = -\frac{\mu_A \cdot X_f}{Y_A} \tag{5.214}$$

$$\left(-\frac{dS}{dt}\right)_s = -\frac{\mu_s \cdot X_s}{Y_s} \tag{5.215}$$

여기서, μ_A : 부착미생물의 비증식속도, day^{-1}

μ_s : 현탁미생물의 비증식속도, day^{-1}

X_f : 생물막 내의 세포물질농도, g/m^3

X_s : 접촉조의 세포물질농도, g/m^3

식 (5.214)과 식 (5.215)을 식 (5.211)에 대입하면,

$$V \cdot \frac{dS}{dt} = QS_0 - QS_e - V_A \cdot \frac{\mu_A \cdot X_f}{Y_A} - V_s \cdot \frac{\mu_s \cdot X_s}{Y_s} \tag{5.216}$$

<그림 5-74>에서 한 회전체의 총 유효원판표면적 A는,

$$A = 2N\frac{\pi}{4}\left(D_0^{\,2} - D_i^{\,2}\right) \tag{5.217}$$

여기서, N : 원판의 수

D_0 : 원판의 직경, m

D_i : 물에 안 젖는 원판의 직경, m

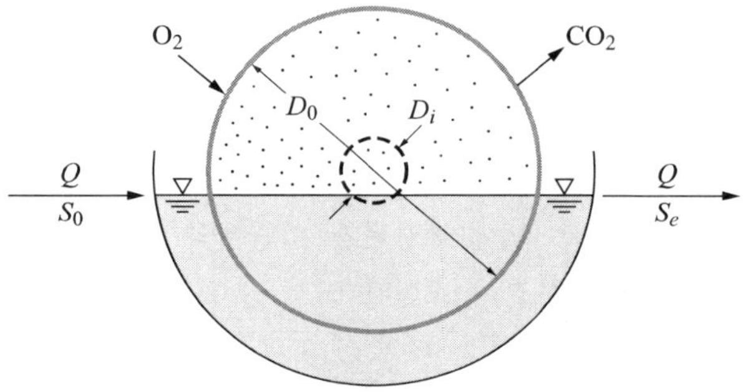

그림 5-74 • 회전생물접촉조내의 회전생물원판

그러므로, 생물막 부피 V_A는,

$$V_A = \frac{N\pi}{2}\left(D_0^2 - D_i^2\right)L_f \tag{5.218}$$

여기서, L_f : 생물막 두께, m

미생물의 증식이 Monod 식을 따른다고 가정하고,

$$\mu = \mu_{\max} \cdot \frac{S}{K_s + S} \tag{5.219}$$

이 표현과 식 (5.218)을 식 (5.216)에 대입하고, 정상상태를 가정하면,

$$QS_0 - QS_e - \frac{N\pi}{2}\left[\frac{(\mu_{\max})_A \cdot X_f \cdot L_f}{Y_A}\right]\left(\frac{S_e}{K_s + S_e}\right)\left(D_0^2 - D_i^2\right) - \left[\frac{(\mu_{\max})_s \cdot X_s \cdot L_s}{Y_s}\right]\left(\frac{S_e}{K_s + S_e}\right) = 0 \tag{5.220}$$

일반적으로, 회전생물접촉판법에서는 조내의 미생물농도가 낮고, 체류시간도 짧으므로 현탁미생물의 기질제거량은 부착미생물의 기질제거량에 비하여 상당히 적다. 고로 현탁미생물의 기질제거율을 무시하면,

$$Q(S_0 - S_e) = \left[\frac{(\mu_{\max})_A \cdot X_f \cdot L_f}{Y_A}\right]\frac{N\pi}{2}\left(D_0^2 - D_i^2\right)\left(\frac{S_e}{K_s + S_e}\right) \tag{5.221}$$

위에서,

$$\frac{(\mu_{\max})_A \cdot X_f \cdot L_f}{Y_A} = P \tag{5.222}$$

여기서, P : 기질제거속도상수, $g/m^2 \cdot day$라고 하면,

$$Q(S_0 - S_e) = \frac{1}{2} \cdot PN\pi\left(D_0^{\,2} - D_i^{\,2}\right)\left(\frac{S_e}{K_s + S_e}\right) \tag{5.223}$$

위 식은 단단계의 회전생물접촉판법에 해당된다. 다단계의 경우에는 각 단계의 원판수가 공히 N이고 P값이 같을 때, 아래와 같이 표현된다.

$$Q(S_0 - S_e) = \frac{1}{2} \cdot PN\pi\left(D_0^{2} - D_i^{2}\right)\sum_{i=1}^{N}\left(\frac{S_e}{K_s + S_e}\right) \tag{5.224}$$

여기서, S_i : 각 단계의 유출수기질농도, g/m^3

위에서 기질제거속도상수 P의 값과 기질의 반포화농도 K_s의 값은 파일럿규모나 실험대규모의 실험에 의하여 결정된다. 그것을 위하여 먼저 식 (5.223)이나 식 (5.224)을 선형으로 고쳐야 하는데, 식 (5.223)의 경우는,

$$\frac{1}{Q(S_0 - S_e)} = \frac{K_s + S_e}{\frac{1}{2} \cdot PN\pi\left(D_0^{2} - D_i^{2}\right)S_e}$$

또는

$$\frac{\frac{1}{2} \cdot N\pi\left(D_0^{2} - D_i^{2}\right)S_e}{Q(S_0 - S_e)} = \frac{1}{P} + \frac{K_s}{PS_e} \tag{5.225}$$

실험자료를 정리하고, 기질제거속도의 역수를 세로좌표로, 유출수기질농도의 역수를 가로좌표로 하여 <그림 5-75>와 같이 점을 표시하여, P값과 K_s값을 결정한다.

한 회전체의 총 유효원판표면적은 식 (5.223)으로부터 아래와 같이 구한다.

$$Q(S_0 - S_e) = PA\left(\frac{S_e}{K_sS_e}\right) \tag{5.226}$$

$$A = Q(S_0 - S_e)\left(\frac{PS_e}{K_s + S_e}\right)^{-1} \tag{5.227}$$

2단계 처리의 경우에는, 식 (5.226)을 S에 관한 기호만을 달리하여 적용한다. 즉,

$$1단계 : \; Q(S_0 - S_1) = PA\left(\frac{S_1}{K_s + S_1}\right) \tag{5.228}$$

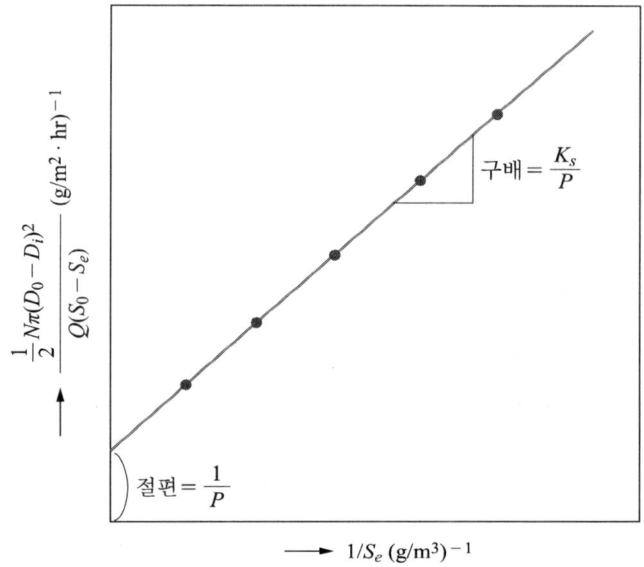

그림 5-75 ◦ 회전생물접촉판의 P값과 K_s값의 결정

$$2단계\ :\ Q(S_1 - S_2) = PA\left(\frac{S_2}{K_s + S_2}\right) \tag{5.229}$$

여기서, S_1 : 1단계 유출수기질농도, g/m^3

S_2 : 2단계 유출수기질농도, g/m^3

위의 두 식을 합하면,

$$Q(S_0 - S_2) = PA\left(\frac{S_1}{K_s + S_1}\right) + PA\left(\frac{S_2}{K_s + S_2}\right) \tag{5.230}$$

각 단계에서 같은 총 유효원판표면적을 갖는 ($A = A_1 = A_2$) 2단계 처리에서는 시행착오법에 의하여 A를 결정하게 된다. 즉, 적절한 A값을 가정한 후 식 (5.229)을 S_1에 관하여 풀면,

$$S_1 = \frac{PA}{Q}\left(\frac{S_2}{K_s + S_2}\right) + S_2 \tag{5.231}$$

위의 S_1값을 식 (5.228)에 대입하고 A에 관하여 풀면,

$$A = Q(S_0 - S_1)\left(\frac{PS_1}{K_s + S_1}\right)^{-1} \tag{5.232}$$

위 식으로부터 구한 A값이 처음에 가정한 A값과 다를 때에는 그것을 다시 다른 값으로 가

정하고, 위의 계산을 반복한다.

3단계 이상의 처리를 할 경우에는 위의 시행착오법을 확대한다. 그럴 경우 각 단계의 유출기질농도는,

$$S_2 = \frac{PA}{Q}\left(\frac{S_3}{K_s + S_3}\right) + S_3 \tag{5.233}$$

$$S_{n-1} = \frac{PA}{Q}\left(\frac{S_n}{K_s + S_n}\right) + S_n \tag{5.234}$$

회전원판법의 합계소요면적은 처리단계, 즉 접촉조의 수를 증가시킴에 따라서 <그림 5-76>에서 보듯이 감소한다. 이러한 현상은 직렬배치 CFSTR의 이론과 부합된다.

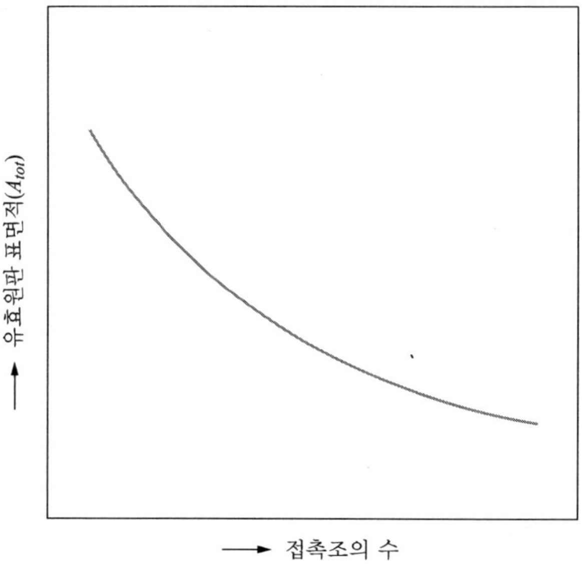

그림 5-76 • 접촉조수의 증가와 소요원판표면적의 감소

예제 5-8 어떤 폐수를 회전원판법에 의하여 처리하고자 한다. 아래의 조건을 가정하고, (1) 단단계 처리를 할 때와 (2) 2단계 처리를 할 때에 소요되는 총 유효원판표면적을 결정하라.

설계유량 : $Q_{des} = 100\text{m}^3/\text{hr}$
유입수기질농도 : $S_0 = 300\text{mg BOD}_5/\text{L}$
유출수기질농도 : $S_e = 20\text{mg BOD}_5/\text{L}$
기질제거속도상수 : $P = 1.2\text{g BOD}_5/\text{m}^2\cdot\text{hr}$
기질의 반포화농도 : $K_s = 80\text{mg BOD}_5/\text{L}$

답

(1) 단단계 처리를 할 때

식 (5.227)로부터,

$$A = \left(100\frac{m^3}{hr}\right)(300-20)\frac{g}{m^3}\left(\frac{1.2\frac{g}{m^2\cdot hr}\times 20\frac{g}{m^3}}{80\frac{g}{m^3}+20\frac{g}{m^3}}\right)^{-1} = 116{,}666.7m^2$$

(2) 2단계 처리를 할 때

첫째 가정 : 각 단계의 A값을 52,000m^2로 가정하면, 식 (5.231)과 식 (5.232)으로부터,

$$S_1 = \left(\frac{1.2\frac{g}{m^2\cdot hr}\times 52{,}000m^2}{100\frac{m^3}{hr}}\right)\left(\frac{1.2\frac{g}{m^3}}{80\frac{g}{m^3}+20\frac{g}{m^3}}\right)+20\frac{g}{m^3} = 144.8\text{ g BOD}_5/m^3$$

$$A = \left(100\frac{m^3}{hr}\right)(300-144.8)\frac{g}{m^3}\left(\frac{1.2\frac{g}{m^2\cdot hr}\times 144.8\frac{g}{m^3}}{80\frac{g}{m^3}+144.8\frac{g}{m^3}}\right)^{-1} = 20{,}079m^2$$

위에서 가정한 A값은 계산된 A값과 맞지 않는다. 고로, 몇 번의 시행착오를 반복한 후, 아래와 같이 최종가정을 한다.

최종가정 : $A = 31{,}350m^2$

식 (5.231)과 식 (5.232)의 계산으로부터 아래와 같은 값을 얻었다.

$$S_1 = (375.2)(0.2)+20 = 95.2\text{g BOD}_5/m^3$$

$$A = (100)(204.76)(0.6522)^{-1} = 31{,}396m^2$$

가정된 A값을 적용하면 2단계 처리에 소요되는 총 유효원판 표면적은,

$$A_{tot} = (2)(31{,}350) = 62{,}700m^2$$

이 값을 단단계 처리를 할 때의 A값과 비교하면, 그 54% 밖에 되지 않는다. 이러한 이점 때문에, 그리고 최종유출수의 수질을 좋게 하기 위하여, 흔히 4단계 처리가 적용된다.

(b) 회전원판법의 소요용적

회전생물접촉조의 소요용적 V는 아래 식으로부터 구한다.

$$V = A\,V_s \tag{5.235}$$

여기서, V : 접촉조의 유효용적, m^3

V_s : 비용적(V/A), m^3/m^2

A : 총 유효원판표면적, m^2

V_s는 접촉조의 실용적인 액체량을 회전체의 총 유효원판표면적으로 나눈 값으로서, 5L/m^2 이상이 값이 적용된다.

예제 5-9 예제 5-8의 2단계 처리에 필요한 회전원판법의 유효용적을 결정하라.

답

V_s값을 5L/m^2로 기준하면, 식 (5.235)에 의하여,

$$V = (62{,}700\text{m}^2)(0.005\text{m}^3/\text{m}^2) = 313.5\text{m}^3$$

유입폐수의 수리적 체류시간 SRT는,

$$SRT = \frac{V}{Q_{des}} = \frac{313.5\text{m}^3}{100\text{m}^3/\text{hr}} = 3.14\text{hr}$$

유효원판표면적당 수리적 부하율 Q/A는,

$$\frac{Q_{des}}{A} = \frac{100\text{m}^3/\text{hr}}{62{,}700\text{m}^2} = 1.6 \times 10^{-3}\text{m}^3/\text{m}^2 \cdot \text{hr}$$

위에서 각 단계의 수리적 체류시간은 평균 1.6시간이다. 그러나 200mg BOD_5/L 정도의 도시폐수를 4단계 처리할 경우, 각 단계의 체류시간은 대개 1시간 이하이다.

(c) **설계파라미터**

회전원판법은 제작자에 따라서 특징이 다를 수 있고, 파일럿 실험장치를 만들기도 어려우므로, 대개 신용있는 제작자가 제공하는 파일럿 실험자료나 설계파라미터를 이용하게 된다. 그럴 때에는 온도변화에 따르는 기질제거속도상수의 변화와 기타 영향에 의한 처리효율의 변화 등도 아울러서 확인해야 한다.

(4) 침지여상

침지여상이란 액상에 미생물 매체를 완전히 심지시킨 생물학적 반응조이다. 크게 호기성 여상과 혐기성 여상으로 분류된다.

1) 개요

호기성 침지여상은 일반적으로 접촉산화조라고 불린다.

접촉산화조는 폐수의 2차 처리에 사용되므로, 일반적으로 그 전후에 1차 침전지와 2차 침전지를 설치한다. 매체로서는 ① 벌집형, ② 강형 등의 module형과 ③ bulk형 플라스틱제품, ④

돌 등이 사용된다.

이들 매체의 바람직한 조건으로서는 ① 생물막의 부착성이 좋고, ② 비표면적이 크고 ③ 공극률이 크고, ④ 통수저항이 크고, ⑤ 화학적 및 생물학적으로 안정되어 있고, ⑥ 물리적 강도가 클 것 등이다. 매체의 표면이 불규칙할 경우에는 현탁입자의 포착력이 커서 2차 침전지가 불필요하지만, 폐색을 막기 위한 세정작업을 정기적으로 실시해야 한다. 그리고 세정작업의 빈도가 잦으면, 원생동물과 후생동물들이 유출되고 폭넓은 생물막이 파괴되므로, 생물막공법의 장점이 줄어든다.

반대로 표면이 편편할 경우에는 폐색의 염려는 없지만 생물막의 부착성이 좀 떨어지고, 현탁입자의 포착력이 없으므로 2차 침전지가 필요하게 된다.

산소는 조내에 설치된 폭기장치로부터 직접 공급되기도 하고, 조밖으로부터 유입폐수와 함께 간접적으로 조내에 공급되기도 한다. 직접폭기의 경우에는 표면폭기기계나 송풍기에 연결된 산기장치가 사용된다. 조내의 유형은 상향류, 하향류, 선회류 등이 있다. 그리고 조내에서 또는 조내외를 통하는 (간접폭기)순환류방법을 적용하는 경우가 많다.

이 방법은 반응조내에 많은 미생물집단을 안정되게 유지하기 힘들고, 또 2차 침전지로부터 세포물질의 일부를 반송해야 하는 활성슬러지법의 결점을 보완하기 위하여 개발된 것인데, 1980년을 전후하면서부터, 서방선진국에서 우선 소규모의 폐수처리장에 차츰 적용되고 있다. 그러나 아직도 개발여지가 남아 있다.

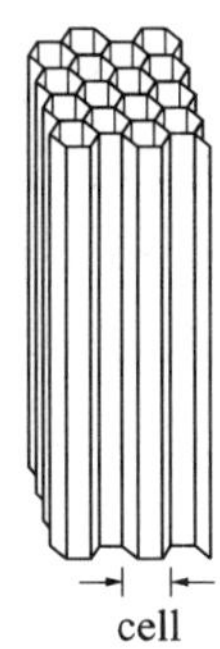

(a) 벌집형

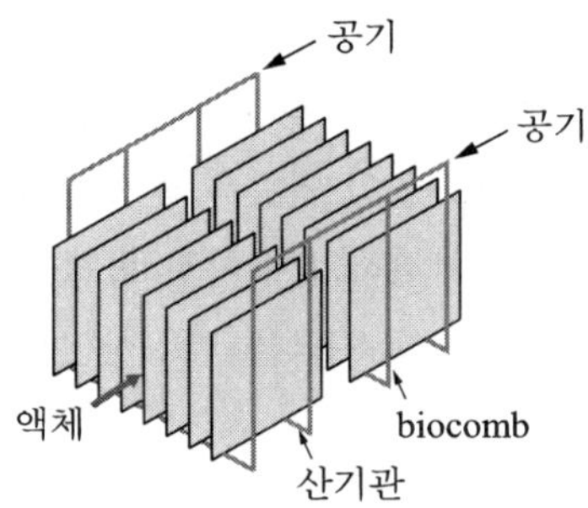

(b) 강형

그림 5-77 • 접촉산화조의 매체일부

2) 특징

이 방법의 특징은 아직까지 설명한 생물막방법과 비슷하다. 먼저, 장점을 간추리면 아래와 같다.

① 쉬운 운전.

② 낮은 운전유지비.

③ 부하변동과 유해물질에 대한 내성.
④ 적은 슬러지발생량.
⑤ 처리수의 높은 투시도.
⑥ 휴지기간에 대한 적응력.

단점은 아래와 같다.
① 미생물량과 영향인자를 정상상태로 유지하기 위한 조작이 안 된다.
② 폭기용 동력비가 약간 높다.
③ 증가에 따르는 척도효과가 없다.

이 방법의 특징 중의 하나는 조내의 생물상이 다양하고, 그 일령이 길며, 안정되어 있다는 점이다. 이러한 특징 때문에 조내에 유입되는 난분해성기질도 비교적 쉽게 분해되고 슬러지발생량도 비교적 적다. 이 점과 관련하여 대형 포식생물의 활동이 슬러지 발생량감소에 기여하는 바도 크다. 폭기비용이 더 소요되는 것은 조내에 미생물량이 많은 것에도 기인하지만, 생물막의 심층까지 산소를 침투시키기 위해서는 그 추진력이 되는 액상의 산소농도수준을 약간 높게 유지하는 것이 바람직하기 때문이다.

3) 반응이론

접촉산화조에 유입하는 기질은 매체에 부착된 미생물과 액상에 현탁미생물에 의하여 사용 또는 제거된다. 회전원판법의 경우와는 달리, 반응조 내에는 상당량의 현탁미생물이 있고, 그 일령도 길므로, 현탁미생물의 기질제거율은 무시될 수 없다. 그리고 조 내의 부착미생물, 즉 생물막은 기질이나 산소의 침투속도에 따라서 변하는 것에 더하여, 레이놀즈수도 표현되는 물의 난류도와 나아가서 수리적 부하율의 영향을 받으며, 대형 포식생물의 활동 때문에 박리되기도 한다. 이러한 변수를 정확하게 파악하고 수학적 모델을 제시하기는 어렵다. 그러한 점을 감안하고, 그리고 <그림 5-78>과 같은 CFSTR을 가정하면서 Characklis의 이론을 인용하면 아래와 같다.

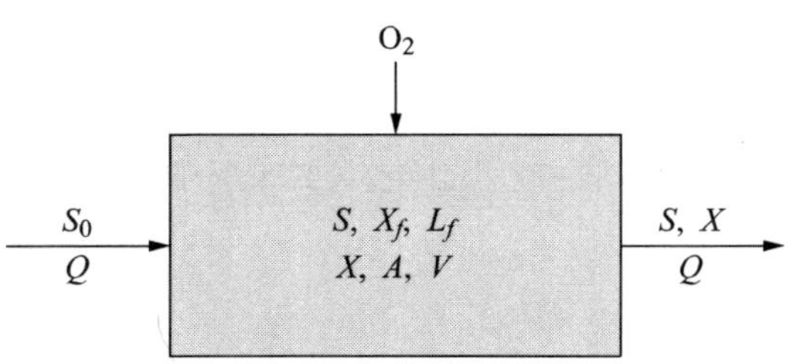

그림 5-78 • 접촉산화조의 반응

먼저 기질에 관한 질량수지는,

$$V \cdot \frac{dS}{dt} = Q(S_0 - S) - N_s A - (\mu - k_d) X V Y_s^{-1} \tag{5.236}$$

여기서, dS/dt : 기질의 미분변화속도, g/m^3 · day

V : 접촉산화조의 용적, m^3

Q : 폐수유량, m^3/day

S_0 : 유입수의 기질농도, g/m^3

S : 유출수의 기질농도, g/m^3

A : 생물막의 표면적, m^2

X : 현탁세포물질농도, g/m^3

N_s : 생물막 표면으로의 기질 flux, g/m · day

μ : 세포의 비증식속도, g/g · day

k_d : 세포의 감쇄속도상수, g/g · day

Y_b : 현탁미생물의 세포생산계수, g/g

위 식에서 오른쪽의 첫째 항은 유입기질과 유출기질에 관한 것이고, 둘째 항은 생물막에 침투하는 기질이며, 셋째 항은 현탁미생물에 의하여 세포물질로 전환되는 기질이다.

생물막의 세포물질수지는,

$$\frac{dB}{dt} = N_s A Y_A - r_s A + r_A A - r_E B \tag{5.237}$$

여기서, B : 생물막의 세포질량($= X_f \cdot L_f \cdot A$), g

Y_A : 생물막의 세포생산계수, g/g

r_D : 생물막의 탈리속도, g/m^2 · day

r_A : 현탁세포가 생물막으로 흡착되는 속도, g/m^2 · day

r_E : 생물막의 감쇄속도, g/g · day

위 식에서 오른쪽의 첫째 항은 침투기질로부터 전환되는 세포물질이고, 둘째 항은 탈리되는 생물막이고, 셋째 항은 현탁세포가 생물막에 흡착되는 것이고, 넷째 항은 내호흡, 자기분해 등으로 감쇄하는 생물막이다.

현탁세포물질의 질량수지는,

$$V \frac{dX}{dt} = Q(X_0 - X) - \mu X V - r_A A + r_D A \tag{5.238}$$

여기서, X_0 : 유입되는 현탁세포농도, g/m^3 · day

위 식에서 오른쪽의 첫째 항은 유입 및 유출되는 세포물질에 관한 것이고, 둘째 항은 반응조에서 증식되는 세포물질이고, 셋째 항은 생물막으로 흡착되는 세포이고, 넷째 항은 생물막으로부터 탈리되는 세포물질이다.

반응조내의 전체 세포물질수지는,

$$\frac{dM_{tot}}{dt} = \frac{dB}{dt} + V\frac{dX}{dt} = Q(X_0 - X) + \mu XV + N_s A Y_A - r_E B \tag{5.239}$$

정상상태를 가정하고, $N_s = (r_{su})_A$, $\mu X Y_s{}^{-1} = (r_{su})_s$ 등을 적용하고, k_d를 무시하면, 식 (5.236)은 아래와 같이 된다.

$$S = S_0 - (r_{su})_A \frac{A}{V} \cdot HRT - (r_{su})_s \cdot HRT \tag{5.240}$$

여기서, $(r_{su})_A$: 생물막의 기질제거속도, g/m^2 · day

$(r_{su})_s$: 현탁미생물의 기질제거속도, g/m^2 · day

A_s : 반응조용적당 매체의 표면적(A/V), m^2/m^3

HRT : 수리학적 체류시간(V/Q), day

역시 정상상태를 가정하고 X_0을 무시하면, 식 (5.239)는 아래와 같이 된다.

$$X - \mu X \cdot HRT = (r_{su})_A \frac{A}{V} \cdot Y \cdot HRT - r_E \cdot B \cdot \frac{HRT}{V} \tag{5.241}$$

그러나 위 식으로부터 반응조 내의 전체 세포물질량을 구할 수는 없다.

4) 설계파라미터

접촉산화법은 매체의 특징, 폭기방법, 유형 등이 다양하므로, 모든 공법에 적용될 수 있는 설계파라미터는 없다. 고로 그러한 파라미터는 파일럿 실험에 의하여 결정하거나, 제작자가 공급하는 자료에 의존할 수밖에 없다. 주요 파라미터는 아래와 같다.

① 기질부하율
② 수리학적 부하율
③ 기질제거속도
④ 산소소비속도
⑤ 수리학적 체류시간
⑥ 슬러지 발생량
⑦ 온도의 영향

이 방법은 유입 BOD의 90% 정도까지도 제거할 수 있으며, 질산화반응도 시킬 수 있다.

5) 유동층 반응조

이 방법은 반응조내에 가는 매체를 유동시키고, 매체표면에 부탁된 미생물막과 상향류하는 폐수를 접촉시킴으로써, 미생물의 대사작용에 의하여 기질을 제거하는 방법이다.

매체로서는 모래, 알루미나, 무연탄 등의 입상체가 사용된다. 이들 입상매체의 비표면적은 타의 생물막공법에 비하여 월등하게 크다. 예를 들면, 0.6mm의 모래층을 2배로 팽창시켜서 미생물을 부착시키는 경우, 비표면적은 3,000m^2/m^3 정도가 되고 미생물량은 8～40g/L가 된다. 이렇듯 다량의 미생물을 매체층에 유지하게 되면 공극이 막히기 쉬우므로 그것을 방지하기 위하여 매체층을 유입폐수의 상향유속으로 하여금 팽창시키고 공극을 늘린다. 이렇게 팽창된 상태로 반응조에 머물고 있는 매체층이 즉, 유동층이다.

매체의 유동상태로 머물려면, 매체의 침강속도와 폐수의 상향유속이 같아야 한다. 그리고 이때 생기는 유량의 손실수두는 유동층의 실무게와 같다. 즉,

$$\rho g H_L = (1 - P_e) L_e (\rho_f - \rho) g \tag{5.242}$$

여기서, H_L : 손실수두, cm

유입폐수를 재순환시키게 되는데, 기질부하율, 산소소비속도, 매체특성 등에 따라서는 재순환율이 지나치게 커질 수 있다. 또한 현탁고형물은 유동층을 폐색시키고 그 기능을 저하시키므로, 이 방법은 주로 용해성기질의 제거방법으로 사용된다.

5.3 혐기성 반응을 이용한 처리법

1. 혐기성 반응의 원리

1970년대에 2차에 걸친 세계에너지위기를 경험한 후, 폐수처리분야에서는 혐기성 반응의 효율향상에 관하여 활발한 연구가 추진돼 오고 있다. 이미 알려진 바와 같이 호기성 처리에서는 폭기용 에너지가 소요되며, 유입기질의 40% 정도가 세포물질로 전환되는 까닭에 잉여슬러지의 처분이라는 과제가 뒤따른다. 그러나 혐기성 처리에서는 폭기가 불필요하며, 호기성의 경우와는 달리, 유입기질의 90% 이상을 혐기성 처리 그리고 4% 정도만을 세포물질로 전환시킬 수 있는 장점이 있다. 반면에 혐기성 방법에는 긴 반응시간, 산 생성상과 메탄 생성상간의 반응차이에서 오는 운전곤란, 냄새발생 등의 단점이 있으며, 이 때문에 그 공법이 기피되어 왔다.

혐기성 반응에 종사하는 미생물의 물질대사를 살펴 볼 때, 주된 이화작용은 발효이다. 그 것에 관해서는 5.1.1 미생물에서 상술하였다. 포도당의 발효반응 예[식 (5.17)]에서 보듯이 발효반

응에 있어서의 ATP생산량은 호기성 호흡의 약 1/20 정도 밖에 되지 않으며, 최초 기질의 많은 부문은 아직도 에너지함유도가 높은 물질로 1차 전환된다. 동화작용, 즉 세포합성에서는 이화작용에서 생산된 ATP형태의 에너지를 사용하므로, 혐기성 반응에 종사하는 세균의 증식속도는 호기성 세균의 경우에 비하여 이와 같이 구조적으로 훨씬 낮을 수밖에 없다.

혐기성 세균의 낮은 증식속도는 폐수처리와 관련하여 두 가지 점에서 중요하다. 첫째로, 반응조에 적정농도의 세균을 유지하면서 유입기질을 대사시키려면 체류기간이 길어야 한다. 둘째로, 세균의 낮은 증식속도는 질소, 인 등 영양물질의 소요량이 적음과 처분대상이 되는 잉여세균생산량이 적음을 뜻한다.

(1) 복합유기물질의 가수분해

혐기성 반응조에서 처리대상이 되는 유입기질은 주로 탄수화물, 지질, 단백질의 세 가지이다. 이들은 탄수화물의 경우 주로 섬유소, 반섬유소, 전분 등의 복합고분자의 형태로 유입되며, 지질과 단백질의 경우에도 비슷한 고분자의 형태로 유입된다. 그런데 이러한 고분자물질이 세포에 의하여 최종적으로 대사되려면 먼저 물에 용해되어 저분자로 분해되어야 한다. 따라서 그러한 기질에 대한 혐기성 반응의 선행단계는 가수분해이며, 그러한 가수분해는 여러 세균으로부터 각각 특이하게 분비되는 세포외효소에 의하여 연쇄적으로 수행된다.

탄수화물은 가수분해에 의하여 포도당으로 분해되며, 지질은 지방산으로, 그리고 단백질은 아미노산으로 분해된다. 이렇게 분해된 저분자물질은 세포에 의하여 섭취된 후 이화 및 동화된다.

섬유소의 경우는 아래와 같은 3단계의 가수분해를 거쳐서 포도당으로 전환된다.

$$\text{천연 cellulose} \xrightarrow{C_1} \text{직쇄 cellulose단편} \xrightarrow{C_2} \text{cellobiose} \xrightarrow{C_3} \text{포도당} \qquad (5.243)$$

위에서 C_1, C_2, C_3는 각각 특이한 가수분해효소이다. 이렇게 분해된 포도당이나 기탕의 단당류는 세포에 흡수되어 에너지공급을 위한 해당경로를 거쳐서 피루브산까지 중간분해 된 후 혐기성 상태에서 다시 여러 지방산, 알데하이드, 알코올, CO_2, H_2 등 다양한 물질로 생성된다. 이때의 생성물질분포상태는 pH, 온도, 수소분압 등 환경조건에 따라서 달라진다.

지질은 주로 단순지질과 복합지질로 구분되는데, 단순지질에는 중성지방과 기름 또는 wax가 포함되며, 복합지질에는 인지질과 당지질이 포함된다. 그리고 앞의 두 가지 분류에 속하지 않는 전구물질이나 대사산물은 유도지질로 분류된다. 지질 중에서 가장 많은 것이 중성지질인데, 이는 지방산과 글리세롤의 에스테르이다. 지방산은 C_{14}부터 C_{22}까지의 탄소수를 가진 것이 많다.

지질은 세포외 효소인 lipase에 의하여 가수분해되는데, 단순지질의 경우 1몰의 중성지질로부터 1몰의 글리세롤과 3몰의 고급지방산이 생성된다. 글리세롤은 알코올의 분해경로를 따라서 더 분해되며, 고급지방산은 Knoop의 β산화처리에 따라서 보다 저급의 지방산을 거쳐 아세트산과 수소로 분해된다. 그러나 조건에 따라서, 프로피온산과 부티르산으로 될 때도 있다.

단백질은 *Pseduomonas*, *Proteus*, *Bacteriaceae*, *Bacillaceae* 속 세균의 효소에 의하여 다음과 같이 가수분해된다.

$$\text{Protein} \xrightarrow{P_1} \text{Proteoses} \xrightarrow{P_2} \text{Peptones} \xrightarrow{P_3} \text{Peptides} \xrightarrow{P_4} \text{Amino acids} \tag{5.244}$$

아미노산은 세포에 섭취되어 암모니아, 이산화탄소, 아세트산, 포름산, 프로피온산 등으로 생성된다.

탄수화물, 지질, 단백질 등이 가수분해된 후 발효세균에게 섭취되어 생성된 이러한 물질들은 아직도 상당수준의 에너지를 함유하고 있지만, 일반발효세균이 그것들을 더 대사하지 못한다. 그 후의 대사는 별도그룹의 세균군에 의하여 수행되며, 그 결과 메탄, 이산화탄소 등 최종지질이 생성된다.

(2) 혐기성 반응의 각 단계

현재까지 알려진 바에 의하면, 메탄이 생성되기까지의 혐기성 반응은 산 생성, 아세트산 생성, 메탄 생성에 종사하는 세균군에 의하여 단계적으로 수행된다.

1) 산 생성

산 생성은 전항에서 설명한 바와 같이 기질이 가수분해된 후부터 세포에 의하여 이산화탄소, 수소, 그리고 여러 카르복시산으로 생성될 때까지의 과정을 가리킨다. 산 생성의 이화작용은 다음 둘 중의 한 경로를 밟는다.

$$\text{경도} \rightarrow CO_2 + H_2 + \text{아세트산} \tag{5.245}$$

$$\text{기질} \rightarrow \text{프로피온산} + \text{부티르산} + \text{에탄올} \tag{5.246}$$

첫 경로에서 생성된 기질은, 셋째 단계의 세균그룹에 의하여 직접 메탄으로 전환될 수 있다. Bryant 등에 의하면, 이 첫 경로의 반응은 열역학적으로 볼 때 시스템 내의 수소분압이 충분히 낮을 때에 일어난다. 그것은 또한 자유에너지의 변화 $\Delta G°$가 음이어야 함을 뜻하기도 한다. 시스템 내의 수소분압이 높을 때에는 위 반응은 둘째 경로를 밟게 되며, 그 결과로 프로피온산, 부티르산, 에탄올 등 환원물질이 생성된다. <그림 5-79>는 탄수화물의 발효반응에 있어서 수소분자의 분압에 따른 산 생성의 두 경로를 나타낸 것이다.

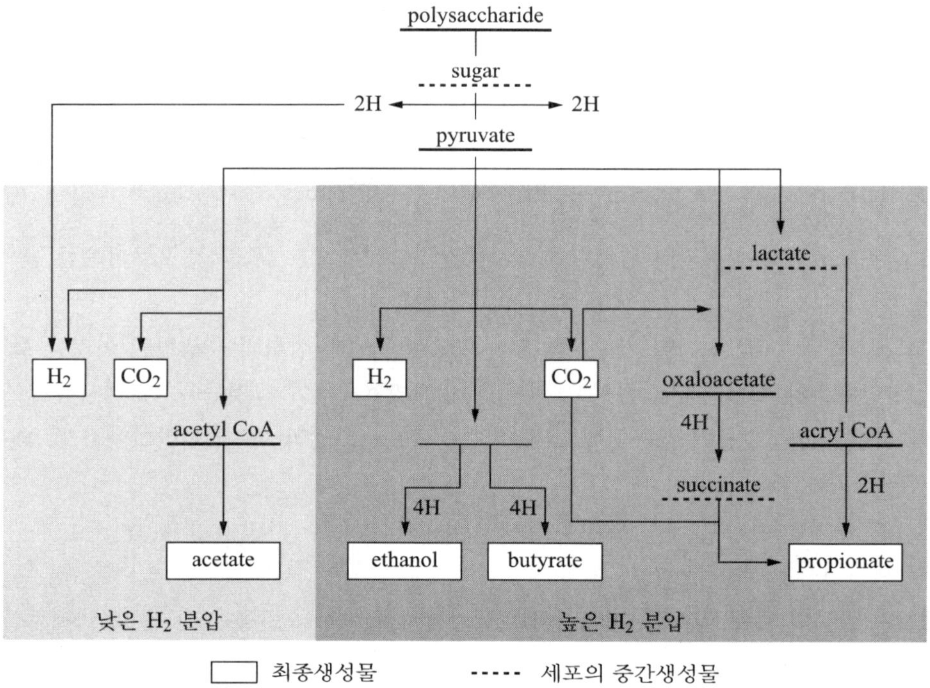

그림 5-79 • 탄수화물의 발효반응에 있어서 수소분압별 반응경로와 생성물질 분포상태

2) 아세트산 생성

이 둘째 단계의 세균그룹은 첫 단계에서 생성된 프로피온산, 부티르산 등 유기산과 에탄올 등을 아래와 같이 대사한다.

$\Delta G°$(kJ/mol)

$$\underset{\text{프로피온산}}{CH_3CH_2COOH} + 3H_2O \rightarrow \underset{\text{아세트산}}{CH_3COOH} + HCO_3^- + H^+ + 3H_2 \qquad +75.4 \tag{5.247}$$

$$\underset{\text{부티르산}}{CH_3CH_2CH_2COOH} + 2H_2O \rightarrow \underset{\text{아세트산}}{2CH_3COOH} + 2H_2 \qquad +42.3 \tag{5.248}$$

$$\underset{\text{에탄올}}{CH_3CH_2OH} + H_2O \rightarrow \underset{\text{아세트산}}{CH_3COOH} + 2H_2 \qquad +9.6 \tag{5.249}$$

위의 아세트산 생성반응이 외부로부터의 에너지 공합 없이 진행되려면, 자유에너지 변화값 $\Delta G°$는 음이어야 한다. 그런데 발생되는 수소가스를 시스템에 축적시키지 않고, 신속히 제거하여 분압을 낮게 유지하면 $\Delta G°$값은 음이 된다. 그러한 역할을 하는 것이 메탄 생성세균과 황산 환원세균이다. 즉,

$$4H_2 + CO_2 \rightarrow CH_4 + 2H_2O \quad (5.250)$$

$$4H_2 + SO_4 + H^+ \rightarrow HS^- + 4H_2O \quad (5.251)$$

이와 같이 아세트산 생성세균의 대사활동은 메탄 생성세균 등에게 크게 의존하는 것 같다. 어떤 종들은 후자의 세균과 같은 배지에 공생할 때에만 증식할 수 있는 것으로 알려져 있다.

3) 메탄 생성

메탄 생성세균은 형태상으로 *Methanobacterium*, *Methanococcus*, *Methanosarcina*, *Methanospirillium*의 4속으로 분류되고 있다. 이러한 세균들이 직접 이용할 수 있는 기질은 아세트산, 수소, 이산화탄소, 포름산, 메탄올 등이며, 이 외의 지방산과 알코올 등은 비메탄세균과 메탄세균의 상조하에 메탄과 이산화탄소로 전환된다. 그러한 비메탄세균이 일부의 아세트산 생성세균이다. Jeris와 McCarty에 의하면 탄수화물, 지질 및 단백질을 혐기성으로 발효시킬 때 가장 많이 생성되는 중간물질이 아세트산이며, 최종발효산물인 메탄의 약 70% 가 그것으로부터 전환된다고 한다.

$$\underset{\text{아세트산}}{CH_3COOH} + H_2O \rightarrow \underset{\text{메탄}}{CH_4} + \underset{\text{중탄산}}{HCO_3^-} + \text{에너지} \quad (5.252)$$

위의 중탄산은 다시 이산화탄소로 전환되는데, 그 율은 pH에 따라서 다르다. 식 (5.252)는 메탄 생성의 첫 경로이며, 둘째 경로는 앞에 설명된 식 (5.250)이다. 그 식의 이산화탄소를 용존형태로 바꾸어서 다시 쓰면,

$$4H_2 + HCO_3^- + H^+ \rightarrow CH_4 + 3H_2O + \text{에너지} \quad (5.253)$$

첫 경로를 제외한 메탄 생성의 대부분은 이 둘째 경로를 통하여 이루어지는데, 이 둘째 경로는 혐기성 반응 전체를 좌우할 만큼 중요하다. 왜냐 하면 이 경로의 반응은 시스템 내의 수소를 제거하고, 그 분압을 낮게 유지함으로써 아세트산 생성을 가능케 하는 역할을 하기 때문이다. 만약, 시스템 내의 수소분압이 허용수준, 예컨대 10^{-4}기압을 초과하면, 아세트산 생성은 중단되고 기타의 산이 생성된다. 기질을 최종적으로 메탄으로 전환시키는 주경로가 아세트산 생성임을 감안할 때, 그러한 수소분압의 상승은 바람직하지 않다.

메탄 생성세균은 약하고, 증식속도가 낮으므로, 온도, pH 등의 조건을 적합하게 안정시키는 것이 중요하다. 수소분압은 시스템 내의 전반적인 발효반응속도에 대하여 중요한 영향을 주지만, 시스템 내에는 프로피온산 등 비아세트산이 축적됨으로써 pH가 저하되는 현상을 볼 수 있다.

메탄 생성세균은 절대혐기성 세균이므로 자유산소 O_2는 이들 세균에게 독하며, NO_3^- 등의 결합산소조차도 그 증식을 저해한다.

(3) 혐기성 반응의 영향인자

혐기성 반응이 효과적으로 수행되려면 반응조의 환경이 앞에서 설명한 세 그룹의 세균군에게 적합하여야 한다. 그 중에서도 수소를 제거하는 메탄 생성세균이 특히 중요한데, 이 세균군이 활성을 잃게 되면, 그 전의 수소 그룹의 세균군도 활동을 억제당한다. 메탄 생성세균은 세 그룹3 중에서 증식속도가 가장 더디고, 환경변화에도 가장 민감하다.

1) pH값

메탄 생성을 위한 반응조의 최적 pH는 대체로 6.8～7.4인데, 메탄 생성세균이 증식할 수 있는 pH범위는 <그림 5-80>에서 보듯이 첨예하다. 이와 같이 메탄 생성세균은 pH에 매우 민감함을 알 수 있다.

반응조 내에서의 pH영향을 살펴볼 때, 주요 생물분해가스의 하나인 CO_2는 무척 잘 녹되 pH에 따라서 그 용해도가 달라지므로, 반응조 용액의 pH는 생물분해가스의 CO_2함량에 영향을 미친다. 반면에 CH_4는 물에 잘 녹지 않으며, pH영향을 받지 않는다.

반응조의 pH는 아래의 식들을 포함하는 여러 산과 염기의 복합적인 평형에 의하여 결정된다.

$$CO_2(g) \rightleftharpoons CO_2(aq) \tag{5.254}$$

$$CO_2(aq) + H_2O \rightleftharpoons H_2CO_3(aq) \tag{5.255}$$

$$H_2CO_3(aq) \rightleftharpoons HCO_3^- + H^+ \tag{5.256}$$

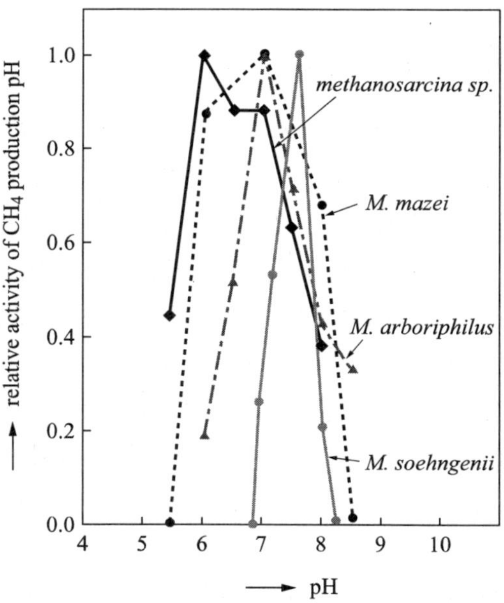

그림 5-80 • pH와 메탄 생성세균활동과의 관계

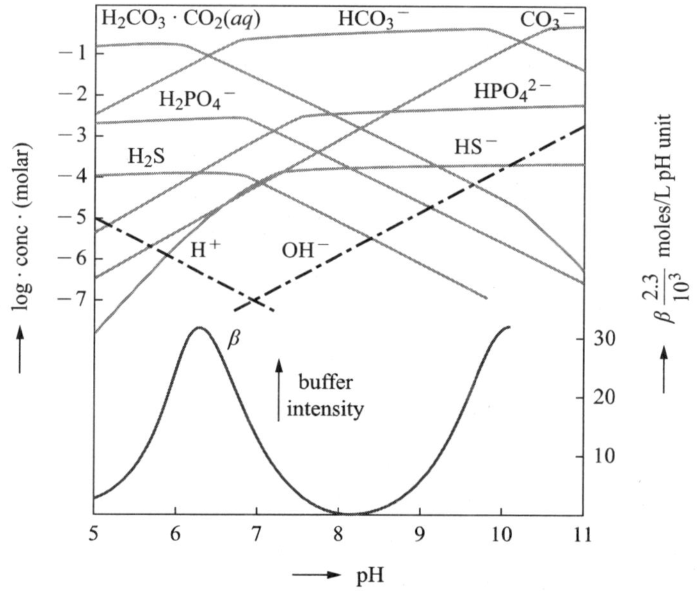

그림 5-81 • 혐기성 슬러지소화조 상징액의 pH 완충물질분포도

$$H_2S \rightleftharpoons HS^- + H^+ \tag{5.257}$$

$$H_3PO_4 \rightleftharpoons H_2PO_4^- + H^+ \tag{5.258}$$

$$H_2PO_4^- \rightleftharpoons HPO_4^{2-} + H^+ \tag{5.259}$$

$$HPO_4^{2-} \rightleftharpoons PO_4^{3-} + H^+ \tag{5.260}$$

위의 식 (5.254)부터 식 (5.256)까지는 CO_2와 평형상태에 있는 자연수의 완충시스템을 나타낸 것이며, 식 (5.257)은 반응생성물의 평형을 나타낸 것이다. 인은 세균이 대량으로 섭취하는 영양물질이므로, 식 (5.258)부터 식 (5.260)까지 나타낸 평형식의 영향은 비교적 적다. 대개, 혐기성 반응조에는 고농도의 기질이 부하되고, 따라서 이온강도가 크므로, 평형된 pH값을 정확하게 계산하려면 활동도계수를 감안하여야 한다.

<그림 5-81>을 보면, pH값이 8로부터 약 6.3으로 내려감에 따라서 혐기성 슬러지소화조의 pH 완충능력이 급격히 상승하는데, 그러한 완충능력에 크게 기여하는 것이 탄산수소산(HCO_3^-)이다. 탄산수소산은 중요한 pH완충기능을 수행하지만, 기질의 충격부하 등 반응조의 운전상태가 고르지 못할 경우에는, 그것이 고갈되어 조내의 pH가 불리하게 변화 될 수 있다. 즉, 산 생성세균의 증식속도는 메탄 생성세균보다 빠르므로, 기질부하율이 갑자기 커지면, 메탄 생성세균이 그것을 미처 대사할 수 없을 정도로 유기산이 조내에 쌓이고, 탄산수소산 등의 완충능력이 깨어지면서 반응조의 pH는 적정치 이하로 떨어진다. 그렇게 되면 메탄 생성세균의 증식이 억제되고 반응조는 기능이 정지된다. 그럴 때에는 조내의 유기산농도가 적정수준으로 내려갈 때까지 기질

부하를 중단하던가 pH상승제를 투입하던가 하는 교정방법에 의하여 반응조를 치유하게 된다.

낮은 pH는 중금속의 용해도를 높이는 등 타 영향인자와의 상승작용으로 혐기성 반응을 저해하기도 한다.

2) 온도

미생물의 물질대사와 증식속도는 그 내성한계 내에서 온도상승에 따라 증가하지만, 내성한계를 지나치면서 효소의 변성 때문에 정지된다. 그런데 각 미생물의 최적온도와 온도에 대한 내성한계는 종에 따라서 특이하게 다르다.

메탄 생성세균은 혐기성 반응조 내의 타 세균보다 온도변화에 더 민감하다. 그리고 타 세균은 번식속도가 비교적 빠르므로, 온도변화가 있을 때 반응조 내의 pH 등 환경조건은 메탄 생성세균에게 보다 더 불리해질 수 있다. 그러나, 반응조 내의 여러 세균종들은 2시간 미만 정도로 지속되는 역온도에 대해서는 상당한 회복력이 있으므로, 온도가 너무 늦기 전에 정상화되면 세균군의 대사활동과 증식은 원상복구된다. 혐기성 반응에 역효과를 미칠 수 있는 온도변화는 중온(~35℃)에서 2℃이고 고온(~55℃)에서 0.5℃이다.

도시슬러지를 혐기성 소화시킬 때에 최적온도는 중온에서 35℃이고 고온에서 55℃이며, 45℃ 부근에서 효율이 감소되는 것으로 알려져 있다. 그리고 이러한 최적온도는 <그림 5-82>의 메탄 생성세균이 받는 온도영향과 관련이 있는 것 같다.

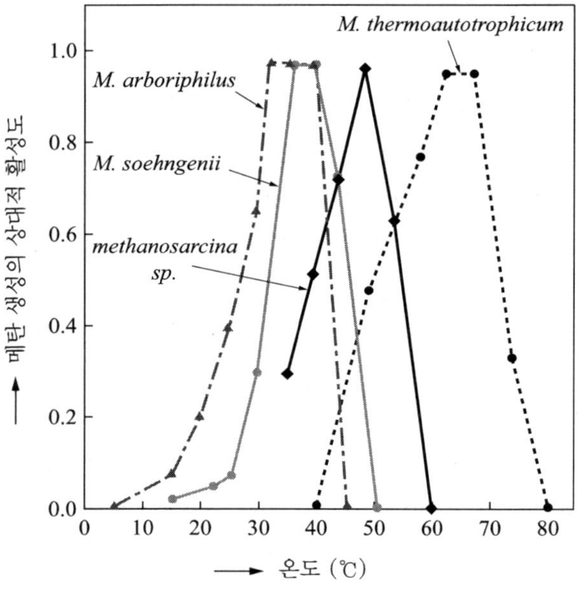

그림 5-82 • 온도와 메탄 생성세균활동과의 관계

고온소화는 중온소화에 비하여, 메탄생산속도가 2배 정도 빠르고 따라서 조의 소요용적도 반 정도로 감소되지만, 온도변화와 기계적 운전부조 등에 보다 더 민감한 것 같다.

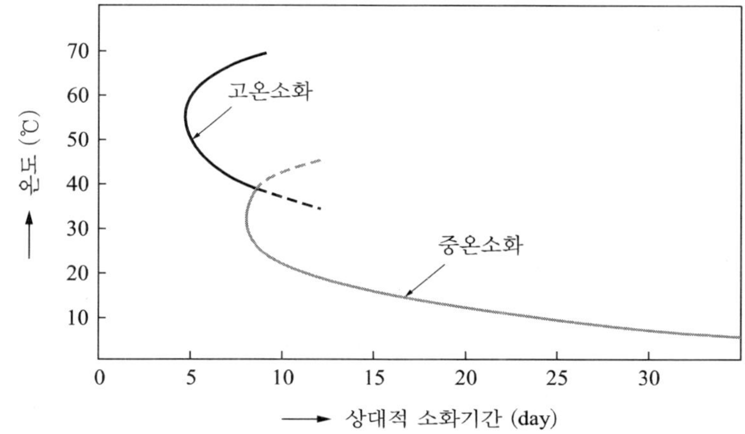

그림 5-83 • 하수슬러지소화시간의 온도별 비교

3) 영양물질

혐기성 세균이 필요로 하는 영양물질은 질소와 인 그리고 무기질이온이며, 내용이 비교적 단출하다. 영양결핍에도 메탄 생성세균이 가장 민감하므로, 반응조 내의 영양수준은 이 세균그룹에게 적합해야 한다. 그러나 도시슬러지, 분뇨, 가축분 등에는 대개 필요한 영양물질이 과잉으로 포함되어 있으며, 일부 공장폐액이나 퇴비용 볏짚과 풀 등에 그러한 영양물질이 결핍될 수 있다.

영양물질의 소요량은 대부분이 세포생산량과 관련되는데, 부하되는 기질 중에서 생물분해되어 세포물질로 합성될 때 그러한 영양물질이 필요하게 된다. 그리고 합성된 세포물질의 일부분은 내호흡 끝에 자기분해된다. 이렇게 볼 때 영양물질 소요량은 세포의 실생산계수(Y_{obs})와, 더 나아가서 생물분해되는 기질량(COD_{bio}) 및 슬러지일령(SRT) 등 관련 변수의 영향을 받는다.

퇴비화공법에서는 다량의 탄수화물을 발효시키기 위하여 적절한 C/N비율이 하나의 중요한 파라미터로서 강조된다. 그러나 반응조 내에서 질소의 농도가 지나치면 암모니아의 농도가 독성을 미칠 수 있는 수준 이상으로 높아질 수 있으므로, 지나친 질소물질의 농도는 오히려 해롭다. 이러한 질소의 양면성 영향을 감안하여 최적 C/N비율로서 흔히 30이 인용된다.

4) 독성물질

혐기성 반응에 있어서, 반응조 내의 많은 물질은 일정수준의 농도를 넘으면서부터 그 독성으로 세균의 증식을 억제한다. 억제를 가리키는 지표로서는 메탄가스발생속도의 감소와 휘발산농도의 증가가 흔히 인용되는데, 후자만이 인용되는 것은 적절하지 못하다. 독성을 판단하는 방법으로서는 회분식 생물학적 분석방법이 있다. 대체로 회분식 시스템보다는 연속류시스템에서, 그리고 특히 그 농도를 서서히 증가시킬 때, 세균이 견딜 수 있는 독성물질 서한농도는 높아진다. 그리고 그러한 서한농도는 길항작용과 상승작용의 영향을 받기도 하고, 미생물집단의 구성, 고형물의 흡착, pH 등에 따라서 달라지기도 하므로 반복확인할 수 있을 정도로 결정되기는 어렵다.

(a) **암모니아**

혐기성 반응조 내의 암모니아는 대개 단백질분해과정에서 탈아미노기반응에 의하여 생성된다. 암모늄이온(NH_4^+)보다는 암모니아분자(NH_3)가 훨씬 더 독성이 있는데, 이들 두 물질은 pH에 따라서 아래와 같이 평형을 이룬다. 즉,

$$NH_4^+ \rightleftharpoons NH_3 + H^+ \tag{5.261}$$

암모니아 분자의 서한농도는 80mg/L 정도지만, 암모늄이온의 경우는 1,500mg/L 정도나 된다.

(b) **휘발산**

혐기성 반응조 내의 휘발산은 고농도에서 반응을 억제하는데, 그것 자체에 독성이 있는지 또는 그 축적 때문에 pH가 저하되어 독성이 생기는지는 분명치가 않다. 여러 휘발산 중에서 다만 프로피온산만이 1,000mg/L 이상의 고농도에서 반응을 억제한다는 것이 보고되었을 뿐이다. 반응조의 pH가 중성일 경우, 6,000mg/L 정도의 휘발산이 있어도 반응이 억제되지 않는다는 설도 있다.

(c) **무기염 및 중금속**

Ni, Na, Ca, K, Mg 등은 낮은 농도에서 반응을 촉진하지만, 높은 농도에서는 반응을 억제한다. Stuckey는 여러 원소와 화합물을 반응억제정도에 따라서 ① 높은 서한농도 물질 : 황화물, 칼슘, 마그네슘, 칼륨, 나트륨, 암모니아, ② 중간서한농도물질 : Cd, Cr, Cu, Fe, Hg, Ni, Zn, 기타, ③ 낮은 서한농도물질 : 방향족, 프로피온산, 합성세제, ④ 가장 독성이 강한 물질항생물질, 아세틸렌, 아민류, 아지드화물, 2-bromethane, 시안화물, 수소이온 등으로 분류하고 있다.

중금속의 독성은 그 용해도와 관련되는데, 용해된 부분이 독성을 미친다. 그런데 황산이온 등 일부의 황은 이들 중금속과 화합하여 그것을 불용성황화물로 바꾸며, 수산화이온도 그것을 수산화물로 침전시킴으로써 독성을 저하시킨다. 0.3pH 단위의 상승은 Ni, Zn, Cu 등의 농도를 30~50% 정도 감소시키기도 한다. 반대로, 농도의 상승은 금속황화물의 용해도를 높이는 효과도 있다.

중금속은 세포물질에 흡착된다는 보고도 있다. 이러한 흡착과 용해도 등이 관련되기 때문에 혐기성 소화조에 유입될 수 있는 중금속의 최고 허용농도는 조내의 제한농도보다 훨씬 높아진다(표 5-25 및 5-26).

표 5-25 • 혐기성 반응을 50% 억제하는 용해성 중금속물질의 농도

중금속	대체적인 농도 (mg/L)
Fe^{2+}	10^{-1}
Zn^{2+}	10^{-4}
Cd^{2+}	10^{-7}
Cu^{+}	10^{-12}
Cu^{2+}	10^{-16}

표 5-26 • 혐기성 슬러지소화에 지장을 안주는 중금속의 최고투입농도

중금속	연속유입농도 (mg/L)	
	1차 침전슬러지	혼합슬러지
크롬(VI)	50	50*
동	10	5
니켈	40	10*
아연	10	10

* 더 높은 투입농도는 조사되지 않았음.

(4) 혐기성 반응에 의한 생물분해

1) 생물분해가스의 발생량

혐기성 반응에서 생성되는 생물분해가스는 주로 CH_4와 CO_2인데, 에너지로서 가치가 있는 것은 전자이다. 그런데 이 두 가스의 구성비율은 <그림 5-84>에서 보듯이 기질에 따라서 다르다. 즉, CH_4와 CO_2의 탄소원자를 비교하여 보면 전자는 가장 환원된 상태에 있고 후자는 가장 산화된 상태에 있는데, 이러한 최종적 산화환원상태는 최초 기질의 탄소원자의 산화상태와 관련이 있다. 따라서 투입기질의 분자구성을 알면 그 생물분해가스의 구성화율을 판단할 수 있다. 예를 들면, 탄수화물이 완전히 혐기성 분해될 때 생성되는 두 가스의 몰비율은 같다.

$$C_6H_{12}O_6 + H_2O \rightarrow 3CO_2 + 3CH_4 \qquad (5.262)$$

기질의 혐기성 분해에 관한 보다 더 상세한 표현은 아래와 같다.

$$C_nH_aO_bN_c + H_2O \rightarrow CH_4 + CO_2 + C_5H_7O_2N + NH_4^+ + HCO_3^- \qquad (5.263)$$

위 식을 평형시키면,

$$C_nH_aO_bN_c + \left(2n + c - b - \frac{9Sd}{20} - \frac{ad}{4}\right)H_2O = \left(\frac{da}{8}\right)CH_4 + \left(n - c - \frac{Sd}{5} - \frac{ad}{8}\right)CO_2 + \left(\frac{Sd}{20}\right)C_5H_7O_2N + \left(c - \frac{Sd}{20}\right)NH_4^+ + \left(c - \frac{Sd}{20}\right)HCO_3^- \qquad (5.264)$$

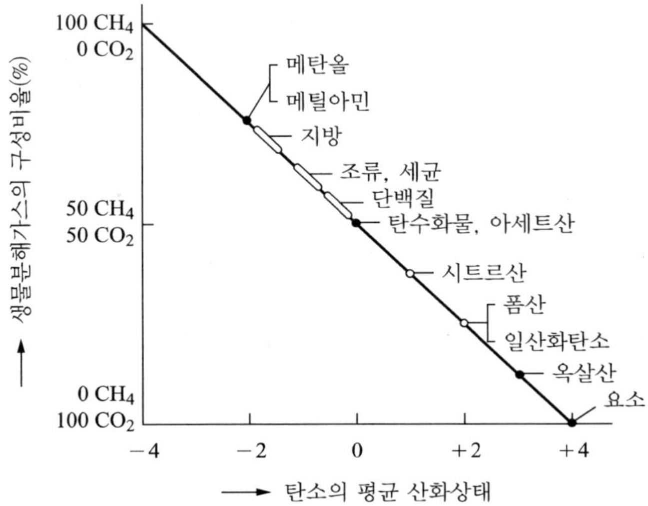

그림 5-84 • 기질이 완전분해될 때 탄소원자의 산화상태별 생물분해가스의 구성

위에서, $d = 4n + a - 2b - 3c$이고, $S + a = 1$이다. S는 동화작용에 사용된 기질의 비율이고, a는 이화작용에 사용된 기질의 비율이다. S값은 아래와 같이 결정된다.

$$S = S_m \cdot \frac{(1 + f_{nb} \cdot k_d \cdot SRT)}{(1 + k_d \cdot SRT)} \tag{5.265}$$

여기서, S_m : S값의 최대치

f_{nb} : 생물분해 안되는 세포물질의 비율, 0.23

k_d : 세포질량의 감쇄속도상수, g/g · day

SRT : 슬러지일, day

S_m의 값은 <표 5-27>과 같다.

표 5-27 • 메탄발효에 있어서의 S_m값

기 질	화학식	S_m	세포생산계수 Y
Carbohydrate	$C_6H_{10}O_5$	0.28	0.20
Protein	$C_{16}H_{24}O_5N_4$	0.08	0.056
Fatty Acids	$C_{16}H_{32}O_2$	0.06	0.042
Domestic Sludge	$C_{10}H_{19}O_3N$	0.11	0.077
Ethanol	C_2H_6O	0.11	0.077
Methanol	CH_4O	0.15	0.11
Benzoic Acid	$C_7H_6O_2$	0.11	0.077

식 (5.264)는 혐기성 반응이 완전하게 진행될 경우, 즉 중간생성물이 하나도 남지 않고 다 최종생성물로 전환되고, 환경인자의 악영향이 없는 경우를 가정한 것이다. 실제로는 그러한 이상적 반응이 없지만, 체류시간이 길고 반응이 순조로울 때, 이 식은 상당한 실용성이 있다. 그리고 이 식의 $C_nH_aO_bN_c$는 기질 중에서 생물분해되는 부분의 평균적 구성을 나타낸 것이다.

예제 5-10 어떤 도시폐수처리장에서 매일 10톤의 슬러지고형물이 발생하고 있다. 아래의 조건을 가정하고, 이 슬러지를 혐기성 소화시킬 때 발생되는 생물분해가스의 구성비율과 양을 예측하라.

휘발성 고형물의 비율 : VS/TS = 0.65
생물분해효율 : $E = 0.75$
슬러지일령 : $SRT = 10\text{day}$
세포물질감쇄속도상수 : $k_d = 0.02\text{day}^{-1}$

답

(1) 생물분해가스의 구성비율

<표 5-27>로부터, 슬러지의 화학식 $C_{10}H_{19}O_3N$와 S_m값 0.11을 인용한다. S값은 식 (5.265)로부터,

$$S = \frac{(0.11)(1+0.23\times 0.02\text{day}^{-1}\times 10\text{day})}{(1+0.02\text{day}^{-1}\times 10\text{day})} = 0.096$$

식 (5.264)로부터,

$$\begin{aligned} &C_{10}H_{19}O_3N + \left[(2)(10)+1-3\frac{(9)(0.096)(50)}{20} - \frac{(0.904)(50)}{4}\right]H_2O \\ &= \frac{(0.904)(50)}{8}CH_4 + \left[10-1-\frac{(0.096)(50)}{5} - \frac{(0.904)(50)}{8}\right]CO_2 + \frac{(0.096)(50)}{20}C_5H_7O_2N \\ &\quad + \left[1-\frac{(0.096)(50)}{20}\right]NH_4^+ + \left[1-\frac{(0.096)(50)}{20}\right]HCO_3^- \end{aligned}$$

위 식을 다시 쓰면,

$$C_{10}H_{19}O_3N + 4.5H_2O = 5.65CH_4 + 2.39CO_2 + 0.24C_5H_7O_2N + 0.76NH_4^+ + 0.76HCO_3^-$$
$$CH_4 : CO_2 = 5.65 : 2.39 = 0.703 : 0.297$$

즉, 기타의 가스를 무시하면 이 생물분해가스는 부피비율 약 70%의 메탄과 30%의 이산화탄소로 구성된다.

(2) 생물분해가스의 발생량

생물분해되는 슬러지량은 (TS)(VS/TS)(E)이고, 슬러지 1몰은 201g이고, 슬러지 1몰당 5.65몰의 메탄가스가 발생되고, 1몰의 가스는 표준상태에서 0.0224m³이므로, 메탄가스발생량 V_{CH_4}는,

$$V_{CH_4} = \left(10\times 10^6\frac{\text{g}}{\text{day}}\right)(0.65(0.75)\left(201\frac{\text{g}}{\text{mol}}\right)^{-1}(5.65)\left(0.0224\frac{\text{m}^3}{\text{mol}}\right) \simeq 3{,}070\text{m}^3\ \text{STO/day}$$

전체 생물분해가스 발생량 V_{gas}는,

$$V_{gas} = (3070)(0.703)^{-1} \simeq 4{,}366\text{m}^3\ \text{STP/day}$$

메탄가스는 35.800kJ(8,556kcal)/m^3 CH_4 STP의 열량이 있는 것으로 알려져 있다. 대개의 경우, 생물분해가스에는 N_2, H_2, H_2S 등의 가스도 포함되는데 그 양은 흔히 무시할 만큼 적다.

생물분해가스의 발생량은 반응조에서 액상으로부터 제거된 기질의 COD량으로부터 추산할 수도 있다. 즉, 아래 식에서,

$$CH_4 + 2O_2 \rightarrow CO_2 + 2H_2O \tag{5.266}$$

메탄 1몰은 2몰의 산소 또는 64g의 산소를 필요로 하고, 1몰의 메탄은 표준상태에서 22.4L의 가스이므로,

$$\frac{22.4L_{CH_4}}{64g\ O_2} = 0.35\frac{L_{CH_4}}{g\ COD_{bio}} = 0.35\frac{L_{CH_4}}{g\ BOD_L} \tag{5.267}$$

위에서 COD_{bio}는 생물분해된 COD이므로 BOD_L값과 같고, 생물분해된 ThOD값과도 같다.

2) 기질의 혐기성 분해율

혐기성 생물분해율은 일반적으로 COD분해율이나 VS(휘발성고형물)분해율로 나타내며, 반응조내의 슬러지일령(SRT) 및 온도 등의 영향을 받는다. <표 5-28>은 각종 기질의 혐기성 분해율을 나타낸 것이다. <표 5-29>에 나타낸 바와 같이 리그닌은 거의 100% 분해 안 되는데, 그러한 리그닌의 영향이 <표 5-28>의 기질에도 포함되어 있다. 즉, 이탄(peat)은 리그닌함유도가 매우 높은 까닭에 분해도가 매우 낮으며, 그 반대인 옥수수가루(corn meal)는 분해도가 높다. 리그닌은 이와 같이 그것과 결합된 탄수화물의 생물분해를 억제하는데, 리그닌화된 세포는 영양물질을 물리적으로 잡아두기도 하고, 셀룰로오스섬유에의 접근을 막는다고도 한다. 리그닌은 식물조직에서 구조재 열학을 한다. 생물분해율은 기질의 용해성과도 관련된다. 예를 들면 반섬유소는 순수한 상태에서 산에 용해되고 생물분해되는 편이지만, 리그닌과 결합된 원상태에서는 용해되지 않으며 덜 분해된다.

혐기성 분해율을 결정하는 실험방법에 관해서는 문헌을 참조하기 바란다. 기질은 비가열 또는 가열상태에서 산, 알칼리 등으로 예비처리함으로써 분해율을 향상시킬 수도 있지만 그 경제성이 문제되는 것 같다.

표 5-28 • 기질의 혐기성 분해율

기 질	*SRT* (일)	온도 (℃)	COD분해율 (%)	VS분해율 (%)	비 고
Broiler Chicken litter	10	60	13	20	high lignin content age for one uear
Peat(Minnesota)	60	35		11.1	
	56	55		16.7	
Swine manure	15	35	58	60	14% protein ration
Dairy Bull manure	15	32.5	11.27	26.7	10% TS feed
Swine manure	15	32.5	54.6	60.9	〃
Poultry mnure	15	32.5	78.1	67.8	〃
	28	31	45.3	-	
Meatworks effluent 140	15.1	26	-	44.3	
Yeast waste	-	30	67.1	62.6	
Cattle manure	80	-	-	28.1	
Kelp 159	12	35	57.7	45.1	
Dairy manure + barley straw	25	35	30.2	28.9	80% alfala, 15% barley, 80% manure, 20% straw
Hyacinth-Bermuda grass -MSW-sludge blend(25% each)	12	35			
Beef Cattle manure(varying feed)					constant through temp.
9% corn silage, 88% corn		30.6	72.5	-	range = biodeg. at
91.5% corn silage, 0% corn			52.1	-	infinite detention
40.0% corn silage, 53.4% corn			55		67.1
7% corn silage, 87.6% corn		55	73.5	-	
6~8weeks old feed lot		55	60.0	-	
Municipal reguse	15	35	45.6	36.2	12.5% sewage solids added
Corn stover(Illinoos)	40	35	64.8		batch
(Missouri)	40	35	59.1		batch
Wheat straw	120	35		55.4	batch
Corn stalks	120	35		77.2	batch
Corn leaves	120	35		71.8	batch
Cattails	120	35		59.3	batch
Treated kelp	120	35		62.0	batch
Water hyacinth	120	35		58.8	batch
Corn meal	90	35		84.9	batch
Newsprint	90	35		28.1	batch
Elephant manure	120	35		52.5	batch
Chicken manure	120	35		75.6	batch
Swine manure	120	35		72.7	batch
Dairy cow manure R_1	120	35		58.8	batch
Dairy cow manure R_2	120	35		57.5	batch
Dairy cow manure R_3	120	35		52.8	batch
Dairy cow manure	120	35		52.8	batch

표 5-29 ◦ 식물구성물질의 혐기성 분해율

기 질	생물분해율
리그닌	거의 분해 안 됨. 관련된 탄수화물의 분해를 억제함
탄수화물	용해된 것은 고도로 분해됨.
단백질, 아미노산, 핵산	고도로 분해됨.
펙틴	고도로 분해됨.
섬유소	결정체(규칙배열)는 고도로 분해됨. 비결정체(비규칙배열)는 덜 분해됨.
반섬유소	순수한 것은 산에서 용해되고, 비교적 분해됨. 원상태의 것(리그닌과 결합된 것)은 용해되지 않음.

(5) 반응속도

혐기성 반응조에서도 미생물의 비증식속도를 Monod의 Michaelis-Menten 식으로 표현할 수 있다. 즉,

$$\mu = \mu_{\max} \cdot \frac{S}{K_s + S} \tag{5.268}$$

여기서, μ : 세포물질의 비증식속도, g/g · day

$\mu_{\max}$: μ의 최대치, g/g · day

S : 제한기질의 농도, g/m^3

K_s : 제한농도의 반포화농도, g/m^3

따라서 미생물의 증식속도는 연속배양의 경우 식 (5.44), 식 (5.45), 식 (5.46)으로부터,

$$r_{g,obs} = \frac{dX_a}{dt} = Y \cdot \frac{dS}{dt} - k_d X_a = \frac{\mu_{\max} \cdot S \cdot K_a}{K_s + S} - k_d X_a \tag{5.269}$$

여기서, $r_{g,obs}$: 세포의 실증식속도, g/m^3 · day

X_a : 활성세포의 농도, g/m^3

Y : 세포물질생산계수, g/g

k_d : 세포물질감쇄속도상수, day^{-1}

한편 기질의 제거속도 또는 사용속도는 식 (5.45) 및 식 (5.51)로부터,

$$r_{su} = -\frac{dS}{dt} = -\frac{k_{\max} \cdot S \cdot X_a}{K_s + S} \tag{5.270}$$

여기서, r_{su} : 기질사용속도, g/m^3 · day

$k_{\max}$: 기질사용최대속도, g/g · day

반응속도상수 등의 결정방법에 관해서는 5.2의 2항을 참조하기 바란다. 문헌에 의한 Y와 k_d 값은 <표 5-30>과 같다.

표 5-30 ◦ 지방산의 메탄발효에 있어서의 세포물질생산계수(Y)와 세포물질감쇄속도상수(k_d)의 평균치

기질의 구분	Y (g VSS/g COD)	k_d (g VSS/g VSS · day)
지질함량이 적은 기질	0.044	0.019
지질함량이 높은 기질(생활폐수슬러지)	0.04	0.015

<표 5-30>의 값은 메탄발효를 혐기성 반응의 속도제한단계로 가정하여 제안한 것으로서, 기질이 생물분해될 수 있는 20℃에서부터 35℃까지의 온도에 적용되며, 그 범위에서는 기질변화의 영향을 무시할만하다고 한다. 한편 $k_{\max}$와 K_s값은, 그러한 범위에서 온도 영향을 받는데, 아래와 같이 제안되고 있다.

$$(k_{\max})_T = (6.67\text{g COD/g VSS} \cdot \text{day})10^{-0.015(35-T)} \tag{5.271}$$

$$(K_s)_T = (2{,}224\text{mg COD/L})10^{0.046(35-T)} \tag{5.272}$$

여기서, T : 반응온도, ℃

2. 혐기성 프로세스

이 절에서 설명하는 혐기성 프로세스는 ① 혐기성 소화법, ② 혐기성 접촉프로세스, ③ 혐기성 생물막법, ④ 혐기성 슬러지상 공정 네 가지인데, 첫째 및 둘째 방법은 현탁증식프로세스에 속한다.

혐기성 소화는 유럽에서 19세기 말엽부터 시도되었으나, 본격적으로 폐수처리분야에 적용된 것은 20세기 초엽부터이며, 그 후 경험과 연구개발을 거듭하여 오늘날의 공법으로 발전하였다. 1904년에 독일의 Karl Imhoff가 연구개발한 Imhoff조는 오늘날에도 사용되고 있다. 우리나라에는 1976년 춘천시 근화동에 분뇨처리를 위한 100m^3/일 규모의 혐기성 소화조가 최초로 준공되었으며, 1979년 서울시 성동구 군자동에 21만m^3/일 규모의 중량하수처리장과 함께 슬러지처리를 위한 최초의 혐기성 소화조가 준공되었다.

혐기성 접촉프로세스는 1950년대 중엽에 개발된 변법이며, 혐기성 생물막방법은 최근 조심스럽게 적용되기 시작했으나, 아직도 더 개발되어야 할 수준에 있다.

호기성 처리와 비교할 때 혐기성 처리의 장점은 아래와 같다.

① 산소공급의 불필요 : 따라서 산소공급을 위한 에너지도 들지 않는다.

② 적은 슬러지발생량 : 세포생산계수(Y)의 값이 활성슬러지법의 1/10 정도로 작으므로, 슬러지발생량도 따라서 매우 적다.

③ 고농도의 기질처리 : 산소이전속도의 제한을 받지 않으므로, 물리적 한계 내에서 고농도의 기질을 처리할 수 있다.

④ 유가가스의 생산 : 혐기성 반응에서 생물분해에 의하여 생산되는 메탄가스를 에너지원으로 활용할 수 있다.

반대로, 혐기성 처리의 단점은 아래와 같다.

① 긴 반응시간 : 이것은 긴 체류기간과 그것을 만족시키기 위한, 보다 큰 반응조 용적 그리고 넓은 부지면적으로 귀결된다.

② 냄새의 발생 : 혐기성 대사의 중간 및 최종생성물질인 여러 휘발산, 머캅탄, 황화수소, 암모니아 등은 특유한 냄새를 갖고 있다.

③ 반응조의 가온 : 반응온도를 35℃ 정도로 유지하여야 한다. 그러나 소요되는 열량의 대부분을 반응생성물인 메탄가스로부터 얻을 수도 있다.

④ 불안한 침강성 : 혐기성 반응이 끝나가는 혼합액에서는 가스발생이 활발하므로, 세포물질의 침강이 어려움을 겪을 수도 있다. 그러나 잔류고형물이 많을 경우에는 그러한 어려움을 극복할 수도 있다.

⑤ 높은 유출수의 농도 : 재래식 혐기성 프로세스는 구조적으로 휘발성 고형물의 소화와 고농도기질을 처리하는 데에 적합하며, 호기성의 경우와 같이 저농도의 기질을 처리하는 공법이 덜 개발되어 있다. 그리고 유출수의 농도를 낮게 유지하려면 매우 긴 반응시간이 소요되는데 그것을 끝까지 충족시키는 것은 비경제적이다. 따라서 혐기성 반응조의 유출수는 상당히 높은 잔류기질농도를 가지게 되므로, 법정방류수수질기준에 맞추기 위해서는 호기성 방법 등의 후속처리를 하게 된다.

⑥ 쉽지 않은 운전 : 혐기성 반응은 충격부하와 pH, 온도, 독성물질 등 영향인자에 보다 더 민감하므로 정성스러운 운전을 요한다. 그리고 반응조의 상징액 표면에 부사가 잘 쌓이며, 조바닥에 퇴적물질이 쌓일 경우에는 청소하기도 힘들다.

(1) 혐기성 소화법

혐기성 소화는 슬러지처리의 경우, 주로 ① 안정화와 ② 감량화에 사용된다. 즉, 슬러지의 주된 구성물질인 유기질고형물을 가수분해하고, 액화된 고분자유기물질을 메탄, 이산화탄소 등의 기체와 물로 전환시키고, 반응이 끝난 혼합액을 침전방법에 의하여 잔류고형물과 상징수로 분리하기 위하여 사용된다. 잔류고형물은 다시 슬러지로서 인출되고 탈수된 후 처분되는데, 최초상태보다 생화학적으로 안정되어 있고, 물리적으로 상당히 감량되어있다. 그러한 최종슬러지는 에너지함량이 적고 대체로 난분해성물질이므로, 방치되더라도 악취가 없으며, 질병매개생물을 포함한 먹이연쇄도 없다. 상징수는 덜 반응된 유기물질을 상당히 함유하고 있으므로, 재처리를 위하여 폐수처리공정으로 반송된다. 소화의 대상이 되는 유기질 고형물은 휘발성 고형물인데, 그 가수분해율과 분해된 유기물질의 무기화율은 반응효율에 따라서 다르다.

혐기성 소화는 수거된 생분뇨의 처리방법으로도 사용되는데, 이 경우에도 상징수는 호기성 방법 등의 후속처리를 요하며, 분해된 슬러지는 탈수 후 처분된다.

1) 혐기성 소화법의 분류

혐기성 소화법은 저속소화법과 고속소화법으로 구분된다. 저속소화법은 표준소화법 또는 재래식 소화법이라고도 불리는 다단계 소화법으로서, 단일조로 구성되어 있고, 교반은 안하고 가열은 대체로 하며, 슬러지의 주입과 인출은 간헐적으로 한다. 이 방법에서는 교반을 하지 않으므로, 조내부에는 <그림 5-85>에서 보듯이 물질별로 층이 생긴다. 따라서 유효반응용적은 전체 유효용적의 반 이하 밖에 안되며, 체류기간도 30～60일 정도로 길다. 이러한 단점 때문에 저속소화법은 소규모 처리에 한하여 사용된다.

고속소화법은 <그림 5-86>과 같은 2단계 소화법인데, 첫째 조에서 대부분의 반응이 수행되고, 둘째 조에서는 남은 반응을 허용하면서 침전법에 의하여 고액분리가 되도록 설계된다. 첫째 조는 교반, 가열 등을 함으로써, 전체 유효용적이 유효반응용적이 되도록 한다. 따라서 체류기간도 10～15일 정도로 단축된다. 둘째 조는 교반을 하지 않으며, 일반적으로 가열도 하지 않는다. 흔히 둘째 조의 용적도 첫째 조와 같게 설계된다. 생슬러지는 첫째 조에 연속 또는 반 연속적으로 주입되며, 상징수와 소화된 슬러지는 둘째 조로부터 인출된다.

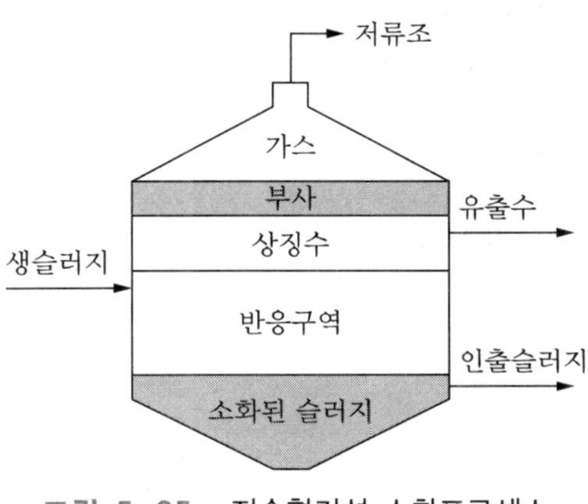

그림 5-85 • 저속혐기성 소화프로세스

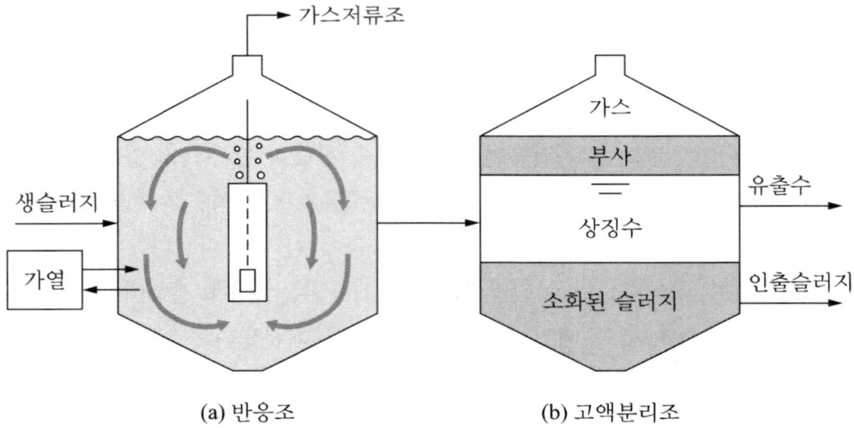

그림 5-86 • 고속혐기성 소화프로세스

저속소화법은 요즈음은 설계되는 것이 거의 없는 형편이므로, 이 절에서는 주로 고속소화법을 대상으로 하여 설명을 계속한다.

2) 혐기성 소화법의 설계

(a) **반응이론에 의한 설계**

혐기성 반응조를 슬러지 반송이 없는 정상적 CFSTR로 가정할 때, 그리고 Monod의 모델을 적용할 때 한계슬러지일령과 유출수기질농도는 아래와 같이 표현된다.

$$\frac{1}{SRT_c} = \frac{k_{max} \cdot Y \cdot S_0}{S_0 + K_s} - k_d \tag{5.273}$$

여기서, SRT_c : 한계슬러지일령, day

Y : 세포물질생산계수, g/g

k_{max} : 기질제거최대속도, g/g · day

K_s : 기질의 반포화농도, g/m^3

S_0 : 생물분해가능한 기질의 유입농도, g/m^3

k_d : 세포물질감쇄속도상수, g/g · day

$$S = \frac{K_s(1 + k_d SRT)}{SRT(k_{max} \cdot Y - k_d) - 1} \tag{5.274}$$

여기서, S : 생물분해가능한 기질의 유출수농도, g/m^3

SRT : 슬러지일령, day

위 식들은 슬러지 반송이 없는 CFSTR형 활성슬러지프로세스의 경우와 같다. 기질농도를 BOD_5, BOD_L, COD 등으로 나타낼 수 있는데 BOD_L로 나타내는 것이 가장 정확하다. K_s, $k_{\max}$, Y, k_d 등의 값은 대상기질을 실험대규모의 혐기성 CFSTR로 실험한 결과치로부터 계산하거나, 아니면 믿을 만한 경험치를 사용한다.

한편, 생물분해 불가능한 것까지를 포함한 유출수의 기질농도는 아래와 같이 표현된다.

이 식의 첫째 항은 생물분해 불가능한 것이고, 둘째 항은 생물분해 가능한 것이며, 셋째 항은 새로 생산된 세포물질이다. 그리고, 기질의 농도는 COD이다.

$$S_{tot} = S_{nb,0} + \frac{K_s(1 + k_d \cdot SRT)}{SRT(k_{\max} \cdot Y - k_d) - 1} + \frac{1.42\,Y(S_0 - S)(1 - 0.2k_d \cdot SRT)}{(1 + k_d \cdot SRT)} \tag{5.275}$$

여기서, S_{tot} : 총 기질의 유출수농도($= S_{nb} + S_{bio}$), g/m³

$S_{nb,0}$: 생물분해불가능한 기질의 유입수농도, g/m³

S_0 : 생물분해가능한 기질의 유입수농도, g/m³

슬러지 발생량은,

$$P_X = \frac{QY(S_0 - S)}{1 + k_d SRT} = Y_{obs} \cdot Q(S_0 - S) \tag{5.276}$$

또는

$$P_X = \frac{QYES_0}{1 + k_d SRT} \tag{5.277}$$

여기서, P_X : 슬러지생산량, kg VSS/day

Q : 유량($L^3 T^{-1}$), m³/day

Y_{obs} : 세포물질생산계수[$= Y(1 + k_d SRT)^{-1}$], g/g

E : 기질제거효율[$= (S_0 - S)S_0^{-1}$]

메탄가스발생량은,

$$V_{CH_4} = 0.35\left[Q(S_0 - S) - 1.42P_X\right] \tag{5.278}$$

또는

$$V_{CH_4} = 0.35(QES_0 - 1.42P_X) \tag{5.279}$$

여기서, V_{CH_4} : 메탄가스발생량, m³ STP/day

S_0 : 유입수기질농도, kg BOD_L/m³

S : 유출수기질농도, kg BOD_L/m^3

0.35 : BOD_L의 메탄가스전환계수, m^3 STP/kg BOD_L

식 (5.122)의 한계고형물체류시간 또는 한계슬러지일령 SRT_c는, 슬러지일령이 그것보다 작을 경우($SRT < SRT_c$), 조내의 세포물질이 유실될 수 있는 이론적 값이다. 고속혐기성 소화법을 설계하는 경우에는 안전 등을 고려하여 $SRT > 2SRT_c$가 되도록 하는 것이 관례가 되고 있다. 그리고 이 경우 슬러지일령은 수리적 체류기간과 같다($SRT = HRT$). 온대지방에서는 고온소화법이 경제성에서 떨어지므로, 일반적으로 중온소화법을 적용하고 있는데, <표 5-31>은 중온고속소화법을 설계할 경우, 첫째 조의 유기용적을 결정하기 위한 슬러지일령의 권고값이다.

휘발성 고형물의 감소율은 그 주입농도에 관계없이 슬러지일령에 의존한다는 보고가 있다. 따라서 슬러지를 혐기성 소화시키는 경우에는 고형물을 농축하여 주입하는 것이 경제적이다.

표 5-31 ◦ 고속혐기성 소화법의 반응조 용적 결정을 위한 온도별 슬러지일령 권고값

조의 온도 (℃)	한계슬러지일령 (SRT_c, day)	권고되는 슬러지일령 (SRT, day)
18	11	28
24	8	20
30	6	14
35	4	10
40	4	10

슬러지처리의 경우처럼 유기질 고형물을 소화대상으로 할 때에는 소화조 내에 그러한 고형물과 세균이 혼합되어 있으므로, MLVSS방법으로 세균의 농도를 X_v를 결정할 수가 없다. 한편 슬러지처리의 경우에는 주된 목표가 유기질고형물의 감량화와 안정화이다. 이러한 사정들을 감안할 때, 슬러지일령과 유출수기질농도 등에 관한 위의 이론식들은 농후한 용해성 유기물질의 혐기성 처리를 설계하는 데에 보다 더 적합하다.

슬러지의 감량화와 관련하여 소화율이란 용어가 사용된다. 즉, 소화율이란 주입슬러지의 휘발성 고형물이 가스화 및 액화되는 비율로서, 아래와 같이 표현된다.

$$D = 1 - \frac{FSS_1 \times VSS_2}{VSS_1 \times FSS_2} \tag{5.280}$$

여기서, D : 소화율

FFS_1 : 주입고형물의 열작잔량비율

VSS_1 : 주입고형물의 열작감량비율

FFS_2 : 소화된 고형물의 열작잔량비율

VSS_2 : 소화된 고형물의 열작감량비율

일반적으로 도시폐수처리장 생슬러지의 열작감량은 65~75%이며, 혐기성 소화에 의한 소화율은 50% 전후이다. 열작감량은 휘발성고형물을 뜻한다.

예제 5-11 도시폐수처리장의 농축조를 거친 혼합슬러지를 고속혐기성 소화법에 의하여 처리하고자 한다. 아래의 조건을 가정하고, 소화조용적, 소화율, 가스발생량 등을 결정하라.

계획 1일 평균생슬러지량	: $Q_{des} = 200\text{m}^3$/일
생슬러지의 기질농도	: $S_0 = 42\text{kg BOD}_L/\text{m}^3$
생슬러지의 고형물농도	: 4%($FSS_1 = 0.30$, $VSS_1 = 0.70$)
기질제거효율	: $E = 0.70$
소화된 슬러지의 고형물농도	: 8%($FSS_2 = 0.50$, $VSS_2 = 0.50$)
소화온도	: $T = 35℃$

답

(1) 소화조용적

<표 5-31>에서 체류기간 10일을 선택하면 첫째조의 유효용적은,

$$V_1 = Q_{des} \cdot SRT = \left(200\frac{\text{m}^3}{\text{day}}\right)(10\text{day}) = 2{,}000\text{m}^3$$

둘째 조의 유효용적도 같게 하면, $V_2 = 2{,}000\text{m}^3$

(2) 소화율

식 (5.280)으로부터,

$$D = 1 - \frac{(0.3)(0.5)}{(0.7)(0.5)} \simeq 0.57 \text{ 또는 } 57\%$$

(3) 슬러지의 감량

슬러지고형물 중의 열작잔량은 소화과정에서도 변하지 않음을 알고(FSS_1 절대량 = FSS_2 절대량), 열작잔량(fixed solid)의 비중 2.5와 열작감량(volatile solid)의 비중 1.0을 가정하면서 아래와 같이 계산한다.

① 생슬러지의 고형물비중

$$\frac{1}{S_{s1}} = \frac{0.3}{2.5} + \frac{0.7}{1.0} = \frac{2.05}{2.5}, \quad S_{s1} = 1.22$$

② 젖은 생슬러지의 비중

$$\frac{1}{S_1} = \frac{0.04}{1.22} + \frac{0.96}{1.0} = \frac{1.21}{1.22}, \quad S_1 = 1.008$$

③ 생슬러지의 건조무게

$$W_{s1} = \left(200\frac{\text{m}^3}{\text{day}}\right)(0.04)(1.008)\left(\frac{1{,}000\text{kg}}{\text{m}^3}\right) = 8{,}064\text{kg/day}$$

④ 소화슬러지의 고형물비중

$$\frac{1}{S_{s2}} = \frac{0.5}{2.5} + \frac{0.5}{1.0} = \frac{1.75}{2.5}, \quad S_{s2} = 1.43$$

⑤ 젖은 소화슬러지의 비중

$$\frac{1}{S_2} = \frac{0.08}{1.43} + \frac{0.92}{1.0} = \frac{1.39}{1.43}, \quad S_2 = 1.03$$

⑥ 소화슬러지의 건조무게

$$W_{s2} = \left(8{,}064\frac{\text{kg}}{\text{day}}\right)(0.3) + \left(8{,}064\frac{\text{kg}}{\text{day}}\right)(0.7)(1-0.57) = 4{,}846\text{kg/day}$$

⑦ 젖은 소화슬러지의 부피

$$V_{s2} = \frac{4{,}846\text{kg/day}}{(1{,}000\text{kg/m}^3)(1.03)(0.08)} = 58.8\text{m}^3\text{/day}$$

⑧ 슬러지의 부피감량률

$$\frac{V_{s2}}{V_{s1}} = \frac{58.8\text{m}^3\text{/day}}{200\text{m}^3\text{/day}} = 0.294 \text{ 또는 } 29.4\%$$

부피감량률 = 1 − 0.294 = 0.706 또는 70.6%

(4) 가스발생량

세포물질생산량은 $Y = 0.04\text{g VS/g BOD}_L$, $k_d = 0.015\text{day}^{-1}$를 가정하고, 식 (5.277)로부터,

$$P_X = \frac{QYES_0}{1+k_d SRT} = \frac{\left(200\frac{\text{m}^3}{\text{day}}\right)(0.04)(0.7)\left(42\frac{\text{kg}}{\text{m}^3}\right)}{1+(0.015\text{day})^{-1}(10\text{day})} = 204.5\text{kg/day}$$

메탄가스발생량은 식 (5.279)로부터,

$$V_{CH_4} = 0.35(QES_0 - 1.42P_X)$$
$$= 0.35\left[\left(200\frac{\text{m}^3}{\text{day}}\right)(0.7)\left(42\frac{\text{kg}}{\text{m}^3}\right) - (1.42)\left(204.5\frac{\text{kg}}{\text{day}}\right)\right] = 1{,}956\text{m}^3\text{ STP/day}$$

메탄가스의 부피비율을 약 70%로 볼 때, 전체 생물분해가스발생량은,

$$V_{gas} = \frac{1{,}956}{0.7} = 2{,}794\text{m}^3\text{ STP/day}$$

위의 메탄가스발생량은 예제 5-10의 방법으로 결정되는 양의 80% 정도이다. 약 20% 의 차이는

예제 5-10에서 가정한 생슬러지의 화학식 등과 휘발성 고형물함량, E, k_d 등 값의 차이에서도 생기겠지만, 예제 5-10의 경우는 생성된 세포물질을 인출하지 않으므로, 세포물질산화량($1.42P_X$)이 기여하는 메탄가스발생량 때문에도 생긴다.

(b) **경험에 의한 설계**

기타의 설계방법은 ① 부하율방법, ② 인구당량방법, ③ 부피감소율방법 등이 있다. 그 중에서 첫째 및 둘째 방법은 오랜 경험에 의하여 뒷받침되어 왔다. 혐기성 소화의 역사는 100년이 넘는데, 반응이론에 의한 설계방법이 적용되기 시작한 것은 1970년경으로 경험에 의한 설계방법은 아직도 널리 사용되고 있는 방법이다.

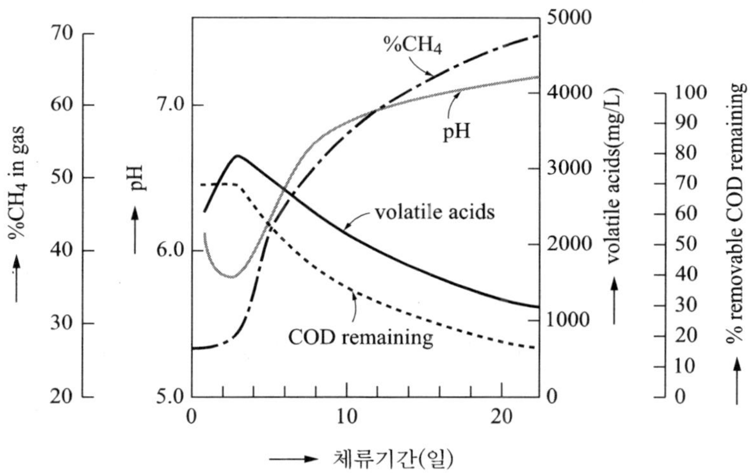

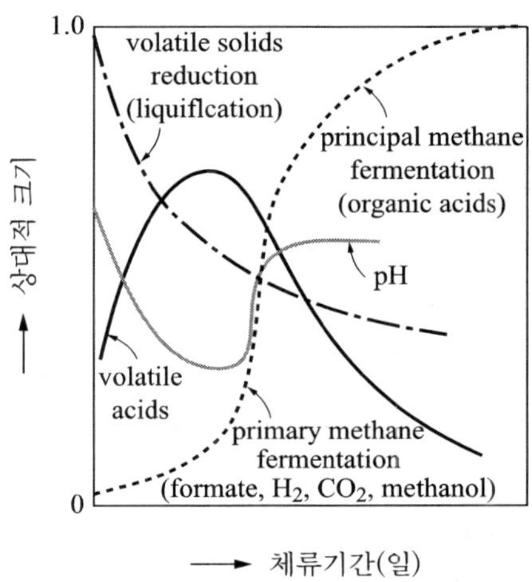

그림 5-87 ∘ 고속혐기성 소화의 반응내용

표 5-32 • 혐기성 소화에 있어서 메탄발효를 위한 환경조건의 최적치

환경조건	최적치	극한치
pH	6.8～7.4	6.4～7.8
산화환원전위(mV)	－520～－530	－490～－550
휘발산(mg HAc/L로서)	50～500	>2,000
알칼리도(mg $CaCO_3$/L로서)	1,500～5,000	1,000～3,000
무기염료		
NH_4(mgN/L로서)		300
Na(mg/L)		3,500～5,500
K(mg/L)		2,500～4,500
Ca(mg/L)		2,500～4,500
Mg(mg/L)		1,000～1,500
메탄가스의 비율	65～70	
온도(℃)	32～38	

첫째의 부하율방법에서 사용되는 설계파라미터는 ① 1일 단위용적당 휘발성고형물부하율(kg VS/m^3·day)과 ② 수리적 체류기간(HRT)이다. 도시폐수처리장의 고속소화법의 경우 일반적으로 적용되고 있는 이들 파라미터의 값은 ① 1.5～6.5kg VS/m^3·day 및 ② 10～20일이다.

<그림 5-87>은 고속혐기성 소화법에 있어서, 체류기간에 따른 반응의 진행상태를 나타낸 것으로 수리학적 체류기간은 반응의 진행상태를 판단하는데 있어 매우 중요하다. 특히 메탄가스의 생성은 반응기간을 충분히 하여야 증식속도가 느린 메탄 생성세균이 왕성해짐을 알 수 있다. 그러나 최근의 설계경향은 첫째 조의 체류기간을 20일보다는 10일쪽으로 단축시키는 것이다. 왜냐 하면, 메탄발효를 끝까지 진행시키는 경우 조의 용적이 과대해지므로, 첫째 조에서 90% 정도만 발효시키고 둘째 조에서 남은 발효를 수행시키는 것이 경제적이다. 덧붙여서 강조할 점은 혐기성 소화법은 주입슬러지 농도가 대체로 5,000mg COD/L 이상일 때에 경제성이 있다는 것이다. 최근에 거론되고 있는 또 하나의 설계파라미터는 1일 단위 휘발성고형물당 휘발성고형물 부하율(kg VS/kg VS·day)으로 이것은 F/M비와 비슷한 개념의 파라미터이다.

<표 5-32>는 고속혐기성 소화법에서 일반적으로 통용되고 있는 환경조건 등이다.

둘째의 인구당량방법에서 사용되는 설계파라미터는 ① 도시폐수처리장에서 배출되는 생슬러지를 인구당량(kg 고형물/인·일 또는 L 생슬러지/인·일)으로 나타내고, 그것에 고형물부하율이나 체류기간을 적용하는 방법과 ② 인구당소화조용적의 기준치(m^3 용적/1,000인)를 적용하는 것이다.

셋째의 부피감소율방법은, 주입슬러지의 고형물부피가 소화의 진행에 따라서 감소하는 경우, 경과일별 고형물잔량의 곡선을 포물선으로 보고, 아래 식을 적용하는 것이다. 즉,

$$V = \left[Q_1 - \frac{2}{3}(Q_1 - Q_2)\right] HRT \qquad (5.281)$$

여기서, V : 소화조의 유효용적, m^3

Q_1 : 주입슬러지량, m^3/day

Q_2 : 인출슬러지량, m^3/day

HRT : 소화조의 슬러지체류시간, day

위 식에 의하여 계산 할 때 소화조용적은 비교적 작아진다. 소화조용적을 보다 안전하게 하는 식은 아래와 같다.

$$V = \left(\frac{Q_1 + Q_2}{2}\right) HRT \qquad (5.282)$$

예제 5-12 예제 5-11에서 부여된 조건을 가정하고 부피감소율방법에 의하여 고속혐기성 소화법의 소화조용적을 결정하라. (단, 합계체류기간을 20일로 할 것.)

답

(1) 인출슬러지량

휘발성고형물($VSS_1 = 0.7$)의 2/3가 가스화 및 액화되는 것으로 보고, 고형물의 최초 및 최종농도를 감안하면,

$$Q_2 = 200\frac{m^3}{day}\left(1 - 0.7 \times \frac{2}{3}\right)\left(\frac{4}{8}\right) = 53.3m^3/day$$

이 인출량은 예제 5-10에서 계산된 $58.8m^3/day$보다 약간 적다.

(2) 소화조 용적

두 조의 합계용적을 식 (5.281)에 의하여 계산하면,

$$V_{1+2} = \left[200\frac{m^3}{day} - \frac{2}{3}(200 - 53.3)\frac{m^3}{day}\right](20day)$$

식 (5.282)에 의하여 계산하면,

$$V_{1+2} = \left[\frac{(200 + 53.3)m^3/day}{2}\right](20day) = 2533m^3$$

이 값은 앞의 값보다는 크지만, 예제 5-10에서 계산된 $V_{1+2} = 4,000m^3$보다는 매우 적다. 따라서 안전을 고려한다면, 예제 5-10의 방법을 사용하던가 아니면 슬러지체류기간을 더 늘려 잡는 것(30일 정도)이 좋다.

(c) 소화조의 가열

고속혐기성 소화법에서는 첫째 조의 내부를 최적온도로 유지하기 위하여 가열하게 된다.

이때의 열원은 생물분해가스이며, 그것이 부족할 경우에는 보조연료에 의존하게 된다. 소화조는 온대지방의 경우 혹한기의 열손실을 최소한으로 줄이기 위하여, 비표면적이 적어지도록 모양을 설계하고, 상당부분을 지면하에 묻고, 필요하면 보온재료를 사용한다. 요즘은 대개, 보일러와 조내부를 연결하는 순환열 교환기에 혼합액을 통과시키는 가열방법이 사용되고 있다. 소요열량은 일년 중 가장 추울 때를 기준하여, ① 주입슬러지의 온도를 최적온도로 높이는 데 필요한 열량과 ② 소화조의 손실열량을 보충하기 위한 열량, 그리고 ③ 열교환기 등의 손실열량을 보충하기 위한 열량으로 구성된다.

첫째로, 주입슬러지의 온도를 높이기 위한 열량은 아래와 같다.

$$q_S = W_S Q_S (T_D - T_S) \times 1{,}000 \tag{5.283}$$

여기서, q_S : 주입슬러지의 온도를 높이기 위한 열량, kcal/hr

W_S : 주입슬러지의 비열(≃1kcal/kg · ℃)

Q_S : 주입슬러지량, m^3/hr

T_D : 최적소화온도, ℃

T_S : 주입슬러지의 온도, ℃

1,000 : 슬러지, kg/m^3

둘째로, 소화조의 손실열량은 아래와 같다.

$$q_V = \Sigma UA(T_D - T_E) \tag{5.284}$$

여기서, q_V : 소화조의 손실열량, kcal/hr

U : 구조물재료의 열전도계수, kcal/m^2 · ℃ · hr

A : 구조물재료의 방열면적, m^2

T_E : 구조물재료 밖의 온도, ℃

중온소화법의 경우 T_D는 대개 35℃이며, T_E는 혹한기의 1일 최저기온월평균치 및 동등한 지중온도치를 사용한다. <표 5-33>과 <표 5-34>는 U값을 결정하기 위한 구조물재료와 보온재료의 열전도계수를 나타낸 것이다.

셋째로, 열교환기 등의 열손실량은 아래와 같다.

$$q_H = \Sigma UA(T_M - T_E) \tag{5.285}$$

여기서, q_H : 열교환기 등의 손실열량, kcal/hr

U : 열교환기 등의 방열전도계수, kcal/m^2 · ℃ · hr

A : 열교환기 등의 방열면적, m^2

T_M : 보일러유입수와 유출수 온도의 평균치, ℃

T_E : 외기온도, ℃

열교환기 등에 관한 자료에 관해서는 제작자의 문헌을 참조하기 바란다.

표 5-33 ◦ 소화조 구조물의 열전도계수

구조물 재료	열전달계수 (kcal/m^2 · ℃ · hr)
15cm 두께의 콘크리트 지붕	2.44
공간으로 단열된 30cm 두께의 콘크리트 벽	1.71
습한 흙으로 덮여진 30cm 두께의 콘크리트 벽	1.22
건조한 흙으로 데워진 30cm 두께의 콘크리트 벽	0.88
바닥	0.59

표 5-34 ◦ 보온재료의 열전도계수

재 료	열전달계수 (kcal/m^2 · ℃ · hr)	재 료	열전달계수 (kcal/m^2 · ℃ · hr)
아스베스토	2.84	광물성섬유	0.52 ~ 0.58
벽돌	9.60	콜크판	0.47 ~ 0.58
몰칼	23.00	섬유	0.52 ~ 0.56
경량콘크리트	10.40	아스팔트	12.86
철근콘크리트	23.00	공기	2.21
콘크리트블록	1.54 ~ 1.92	목재	1.34 ~ 1.92
유리섬유	0.52	흙(함수율에 따라서)	7.68 ~ 26.9

예제 5-13 다음 그림과 같은 모양의 혐기성 소화조가 있다. 이 소화조의 유효용적은 1,766m^{3}이고, 생슬러지유입량은 176.6m^3/day이다. 아래의 조건을 가정하고 소화조가열에 필요한 총 열량을 계산하라. 생슬러지의 성상이 예제 5-10의 경우와 같을 경우, 혹한기에 보조연료가 필요할 것인가?

주입슬러지량 : q_S=7.4m^3/hr

주입슬러지온도 : T_S=10℃

소화온도 : T_D=35℃

정월의 1일 최저기온평균치 : −15℃

소화조벽주변의 흙온도 : 0℃

소화조바닥밑의 흙온도 : 15℃

열교환기 등의 손실열량 : q_H=0.3q_S

지붕재료 : 15cm 두께의 콘크리트

벽재료 : 공간으로 단열된 30cm 두께의 콘크리트

바닥재료 : 30cm 두께의 콘크리트

1m^3 CH_4 STP의 열량 : 8,556kcal=35,800kJ

답

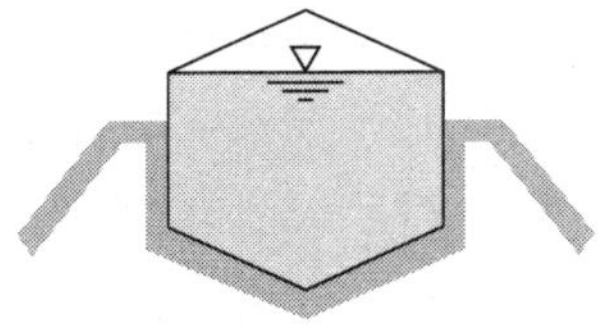

직경 = 15m
중앙높이 = 15m
벽높이 = 9m
지하 벽높이 = 6m

(1) 가열에 필요한 총 열량

① 주입슬러지가열에 필요한 열량

$$q_S = \left(1\frac{\text{kcal}}{\text{kg}\cdot ℃}\right)\left(7.4\frac{\text{m}^3}{\text{hr}}\right)(35-10)℃\left(1{,}000\frac{\text{kg}}{\text{m}^3}\right)$$
$$= 185{,}000\text{kcal/hr}$$

② 소화조의 손실열량

- 구조물의 방열면적

지붕면적 : $\pi(7.5)(7.5^2+3^2)^{1/2} \simeq 190\text{m}^2$

외기에 노출된 벽면적 : $\pi(7.5)^2(3) \simeq 530\text{m}^2$

흙에 덮인 벽면적 : $\pi(7.5)^2(6) \simeq 1{,}060\text{m}^2$

바닥면적 : $\pi(7.5)(7.5^2+3^2)^{1/2} \simeq 190\text{m}^2$

- 구조물의 방열량

지붕 : $q_1 = \left(2.44\frac{\text{kcal}}{\text{m}^2\cdot ℃\cdot \text{hr}}\right)(190\text{m}^2)[35-(-15)]℃ = 23{,}180\text{kcal/hr}$

외기에 노출된 벽 : $q_2 = (1.71)(530)[35-(-15)] = 45{,}315\text{kcal/hr}$

흙에 덮인 벽 : $q_3 = (1.22)(1{,}060)(35-0) = 45{,}262\text{kcal/hr}$

바닥 : $q_4 = (0.59)(190)(35-15) = 2{,}242\text{kcal/hr}$

$$q_V = q_1 + q_2 + q_3 + q_4 = 115{,}999\text{kcal/hr}$$

③ 열교환기 등의 손실열량

$$q_H = 0.3q_S = (0.3)(185{,}000\text{kcal/hr}) = 55{,}500\text{kcal/hr}$$

④ 가열에 필요한 총 열량

$$q_{tot} = q_S + q_V + q_H = 356{,}499\text{kcal/hr}$$

(2) 메탄가스발생량과 보조연료의 필요성

메탄가스발생량은 예제 5-10의 답을 참조할 때 아래와 같다.

$$V_{\text{CH}_4} = \left(\frac{1{,}956\frac{\text{m}^3}{\text{day}}}{25\frac{\text{hr}}{\text{day}}}\right)\left(\frac{7.4\frac{\text{m}^3}{\text{hr}}}{200\frac{\text{m}^3}{\text{day}}\Big/24\frac{\text{hr}}{\text{day}}}\right) = 72.4\text{m}^3\ \text{STP/hr}$$

생물분해가스열량은,

$$H_{bio} = \left(8{,}556\frac{\text{kcal}}{\text{m}^3\ \text{CH}_4}\right)\left(72.4\frac{\text{m}^3\ \text{CH}_4}{\text{hr}}\right) = 619{,}454\text{kcal/hr}$$

그러므로, $q_{tot} < H_{bio}$. 따라서 혹한기에도 보조연료는 필요없다.

3) 혐기성 소화법의 구조

<그림 5-88>은 혐기성 소화법의 공정도이다. 도시폐수처리장에서 발생되는 생슬러지는 제1소화조에 주입되기 전에 대개 고형물농도가 4% 이상이 되도록 농축된다. 흔히, 제1소화조와 제2소화조의 용적을 같게 하고, 전자만을 교반 및 가열한다. 제2조의 상징수는 호기성 처리시설로 반송하고, 소화슬러지는 탈수시설로 보낸다. 생물분해가스는 탈황장치를 거쳐서 가스저류탱크로 보낸다. 아래에 소화조와 부수장치를 요약하여 설명한다. 상세한 것은 하수도시설기준을 참조하기 바란다.

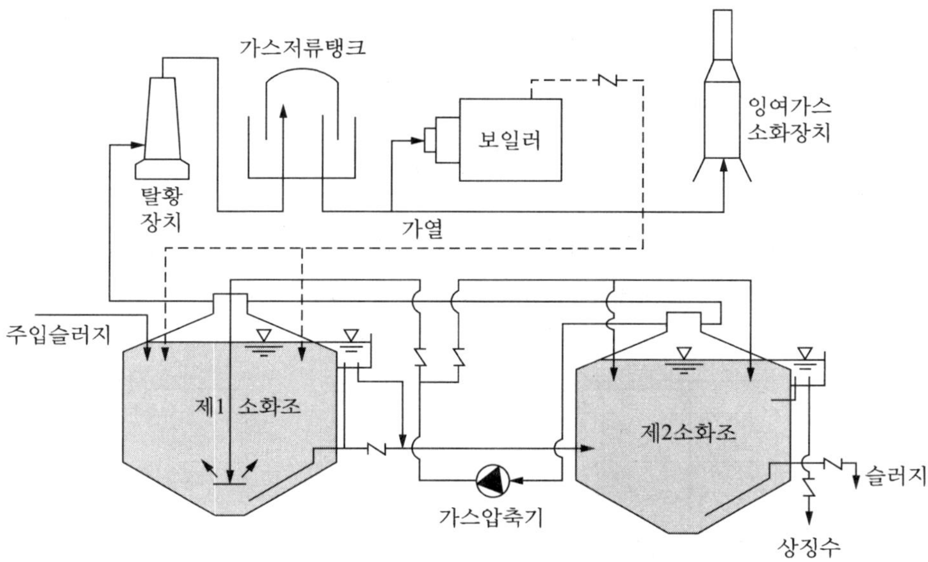

그림 5-88 • 고속혐기성 소화법의 공정도

(a) 소화조의 구조

소화조의 모양은 교반, 가열 등을 위한 기계장치의 소요공간과 경제성 및 안정성 등을 고려하여 결정된다. 기본적으로 원주형과 난형이 있는데, 후자는 교반효율과 보온성 등이 탁월하지만, 시공하기가 힘들다. 원주형은 일반적으로 직경이 25m 이하, 측심이 직경의 1/2 정도, 바닥구배가 25/100 이상 되도록 설계된다. 난형은 장경이 단경의 1.7배 정도 되도록 한다.

소화조는 철근콘크리트로 시공하되 수밀, 기밀 등을 유지하고 부식에 견딜 수 있도록 한다. 덮개 또는 지붕은 고정형과 부동형이 있는데, 부동형은 요즘 거의 사용되지 않고 있다. 부동형은 조내의 수위상승에 따라서 덮개가 상하로 움직이는 형식인데, 시공비가 크고 장치가 고장나거나 조가 부동침하될 때 상하움직임이 곤란해지는 단점이 있다. 소화조는 방열로 인한 열손실을 최소한으로 줄이기 위하여 필요한 보온시공을 하고, 조의 상당깊이를 흙으로 덮는다. 소화조의 수위는, 제1조의 혼합액이 제2조로 자연 유하되도록, 제2조의 수위를 제1조보다 약간 낮게 한다.

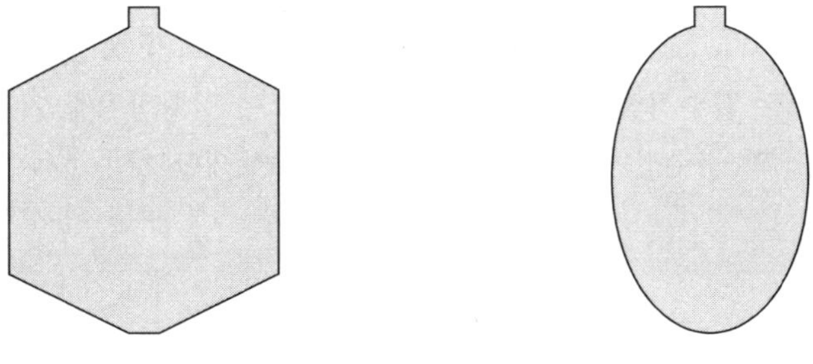

(a) 원주형 (b) 난형

그림 5-89 • 혐기성 소화조의 모양

(b) **교반장치**

소화조를 교반하는 목적은 생슬러지와 미생물과의 접촉, 조내 온도의 균일화, 고형물에 붙어 있는 기포의 제거, 부상층 형성의 방지 등을 통하여 반응 효율을 향상시키는 것이다.

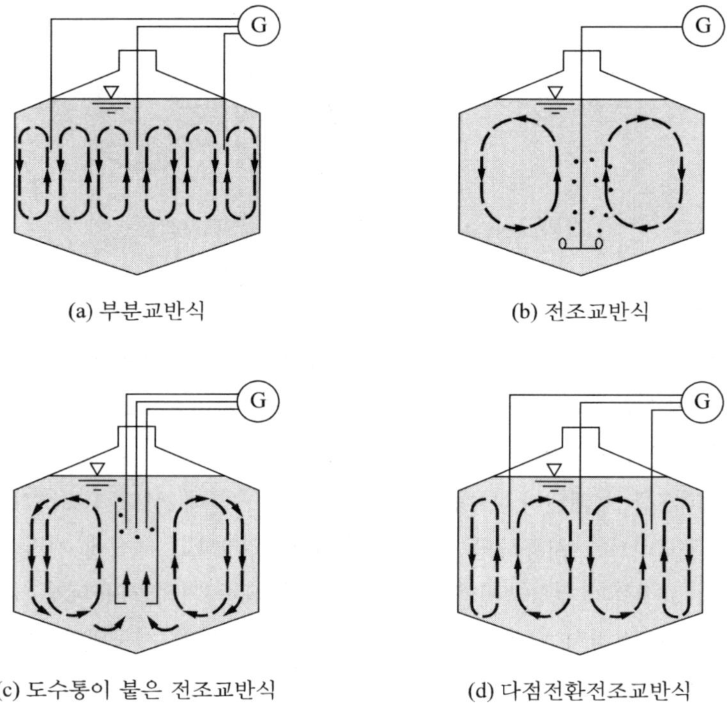

그림 5-90 • 가스교반방법

교반방법에는 ① 기계교반방법과 ② 가스교반방법이 있다. 기계교반방법에는 조중앙에 수직 교반기를 설치하는 방식, 조내의 몇 곳에 도수통이 붙은 교반기를 설치하는 방식, 조 밖에 순환 펌프를 설치하는 방식 등이 있다. 그런데 기계교반방법은 장치가 간단하지만, 교반력이 약하고, 단류흐름이 생길 수 있고, 섬유 등이 기계에 감길 수 있고, 교반축과 지붕 사이로 가스가 샐 수 있는 단점이 있다.

가스교반방법은 생물분해가스를 가압하고 관을 통하여 조내의 액상으로 흡입함으로써 그 상승력으로 혼합액을 교반하는 방법이다. <그림 5-90>과 같은 여러 방식이 있는데, 그 중에서 다점전환전조교반식이란 조의 중앙과 여러 곳에 가스흡입관을 설치하고, 가스흡입이 한 관으로부터 다른 관으로 자동전환되도록 고안된 방식이다.

가스교반방법은 아래와 같은 장점이 있으므로, 보다 더 널리 보급되고 있다.

① 조내수위변동에 관계없이 일정한 교반효과를 얻을 수 있다.

② 기계고장이나 마모가 없다.

③ 교반력이 크다.

(c) **가열장치**

가열방법에는 ① 수증기흡입방법과 ② 순환열교환기에 의한 외부가열방법이 있다.

첫째 방법은 고온의 수증기를 직접 액상에 흡입하는 방법으로서 설치와 조작이 간단하다. 그러나 조내 교반이 불량할 경우에는 미생물에게 악영향을 줄 수 있고, 조내의 수량이 증가하는 단점이 있다.

둘째 방법은 소화조 밖에 열교환기를 설치하고, 보일러와 열교환기를 순환하는 고온수와 산화조와 열교환기를 순환하는 혼합액을 접촉시키는 방법이다. 열교환기는 <그림 5-91>에서 보듯이, 고온수가 외관을 흐르고 혼합액이 내관을 반대방향으로 흐르는 이중관이다. 유속은 공히 1.0 ~2.0m/sec이다. 이 방법은 시설비가 비싸지만 열전도율이 높고, 장치가 조밖에 있는 까닭에 보수유지가 쉬우므로 널리 보급되고 있다.

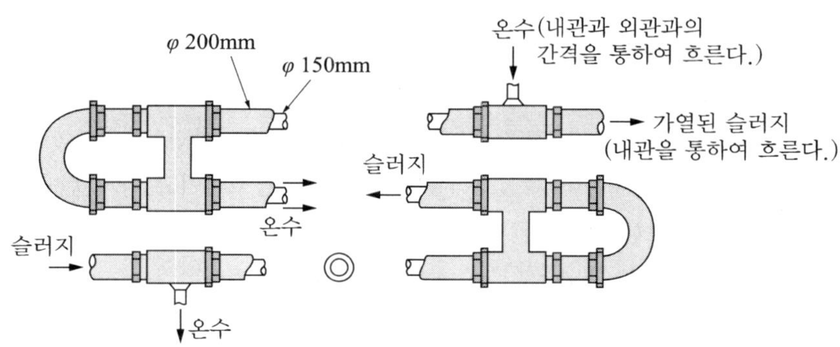

그림 5-91 ∘ 이중관식 열교환기의 예

(d) **주입관 및 인출관**

생슬러지유입관은 생슬러지가 조내 전체에 잘 퍼지도록 위치시킨다. 슬러지의 유출관 또는 유입관은 조바닥중심부에 위치시킨다. 상징수유출관은 적당한 높이의 수개소에 설치한다.

(e) **가스의 포집과 저장**

가스의 포집과 저장은 그 발생량과 압력변동에 대응할 수 있어야 한다. 생물분해가스에는 2% 미만의 수소, 6% 미만의 질소, 0.02% 미만의 황화수소가 포함되는데, 그 중에서 황화수소는 부식성이 있고, 연소할 때 대기를 오염시키므로 대책이 필요하다. 고로, 가스저류조와 배관재료는 방부식 시공된 것을 사용하고, 가스는 탈황 후 저장조에 보낸다. 생물분해가스는 3~15배 양의 공기가 혼합할 경우 폭발하는 위험성이 있으므로, 항상 적절한 압력하에 저장되어야 한다. 그리고 저류조의 이상고압과 부하에 대처할 수 있도록 안전변을 갖추어야 한다. 덧붙여서 가스배관에는 역화방지장치를 해야 한다.

(f) **부대시설**

부사방지장치, 맨홀, 시료채취장치, 온도측정장치, 수위계 등 소화조부대설비와 보일러 등에 관해서는 하수도시설기준을 참조하기 바란다.

4) 혐기성 소화조의 운전

(a) **시운전**

운전을 개시할 때의 순서는 아래와 같다.

① 모든 배관계통을 점검하고 물을 채운다.

② 가열계통의 운전을 시작하고 수일간 계속한다.

③ 소화된 슬러지나 상징액을 넣어서 식종한다. 그 양은 조용량의 20% 정도로 한다. 소화된 슬러지나 상징액이 없으면 생폐수를 넣는다.

④ 조내온도를 약 35℃로 유지한다.

⑤ 생슬러지의 주입을 시작한다. 적어도 처음 15일간은 계획량의 1/2 이하를 주입하고, 그 후부터 서서히 증가시킨다.

⑥ 정기적으로 유기산농도, pH, 알칼리도, 생물분해가스의 CH_4함량 등을 분석한다. 알칼리도가 상승하고, 적정 pH가 유지되면서 가스의 CH_4함량이 증가하면, 정상반응이 시작됐음을 뜻한다. 만약 이러한 지표들이 의심스러우면 부하량을 감소시키고 다시 반응을 조절한다. 반응조가 평형리에 정상기능을 발휘하려면 상당히 오랜 기간을 요한다.

(b) pH

반응조의 pH는 중성이 적당하며, 6.8~7.4범위를 벗어나지 않도록 노력해야 한다. 산 생성세균과 메탄 생성세균의 활동이 평행되지 않으면, 유기산이 쌓여서 pH가 저하되고, 황화수소가 액상으로부터 탈기되므로 냄새가 심해지며 부사가 많아진다. 항상 pH와 함께 산도와 알칼리도를 검사해야 한다. 저하된 pH를 상승시키기 위해서 흔히 석회를 넣는데, 그럴 때에는 석회성분이 바닥에 쌓이지 않도록 해야 한다. pH가 너무 저하되어 소화조의 기능이 상실되면 조의 운전을 새로 시작해야 될 때도 있다.

(c) 충격부하

혐기성 반응은 충격부하에 대하여 매우 민감하다. 부하율이 급격히 증가되면, 전체반응의 평형이 깨져서 유기산이 증가하고, pH가 저하되면서 냄새가 나고, 반응조의 기능이 저하된다. 경우에 따라서는 독성물질이 유입되면서, pH가 서서히 저하되고 메탄발효가 감소될 때도 있다.

(2) 혐기성 접촉프로세스

1) 혐기성 접촉프로세스의 개요

<그림 5-92>는 혐기성 접촉프로세스와 활성슬러지프로세스를 결합한 공정도이다.

이 프로세스는 휘발성 고형물의 감소를 통한 슬러지의 감량화와 안정화보다는 용해성 기질과 콜로이드를 주성분으로 하는 중간농도의 유기질폐액을 처리하는 데에 사용되고 있다. 따라서 이 프로세스는 육가공폐수 등 농후한 유기질공장폐수를 처리하기 위하여 많이 사용되고 있다.

유입액의 농도는 1,000mg BOD_5/L 이상이 적합한데, 농도가 낮으면 혐기성 접촉조 가열에 필요한 열량을 얻을 수 없게 된다. 그런 점에서 Lawrence는, 보조연료를 쓰지 않으려면 유입액농도가 5,000mg COD/L 이상 되는 것이 바람직하다고 말하고 있다.

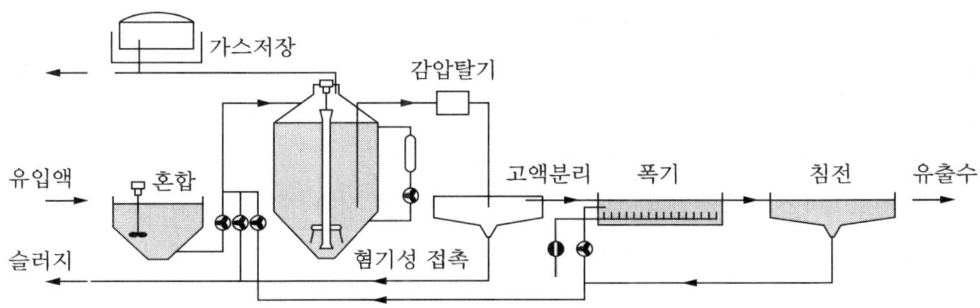

그림 5-92 • 혐기성 접촉프로세스와 활성슬러지프로세스를 결합한 공정도

표 5-35 • 혐기성 접촉프로세스에 의한 공장폐액처리결과

종 류	처리규모	반응온도 (℃)	수리학적 체류기간(일)	파라미터	유입수농도 (mg/L)	유출수농도 (mg/L)	제거율 (%)
도살장	파일럿	33	1.25	BOD	2100	90	96
도살장	파일럿	〃	〃	Org.C	940	92	90
육가공	실규모	32	0.54	BOD	1380	130	91
육가공	실규모	〃	0.34	SS	990	200	80
옥수수녹말	실규모	외기온도	3.3	BOD	6280	755	88
옥수수녹말	실규모	외기온도	〃	Org.C	3250	317	90
옥수수녹말	실규모	외기온도	〃	VS	6556	623	90
알코올증류	실규모	30	7.2	COD	22400	540	98
알코올증류	실규모	〃	5.3	〃	12600	400	97
감귤가공	파일럿	34	2.32	BOD	3440	1100	68
효 모	파일럿	30	1.7	〃	5076	761	85
껌	실규모	-	11.7	〃	1840	740	60

혐기성 접촉조의 MLVSS농도(X_v)는 3～4g/L로, 그리고 슬러지일령(SRT)은 한계슬러지일령(SRT_c)의 2～10배로 유지되며, 그를 위하여 2～4의 슬러지반송률(R)이 적용된다. 혐기성 접촉조로부터 유출된 혼합액은 다음 침전조나 부상조에서 고액분리되는데, 전자의 경우는 가스발생 때문에 고형물침강이 곤란하여지므로, 대개 진공감압방법에 의하여 미리 발생가스를 제거하게 된다. 유입액 중에 적당한 고형물농도가 있는 경우 미생물은 그것에 붙어서 비교적 쉽게 분리되지만, 순수한 용해성기질만이 유입될 경우에는 미생물이 고액분리조의 액상에 분산하므로 그것을 분리하는 데에 어려움을 겪게 된다. 따라서 유입액 중에는 적당하게 고형물이 포함되는 것이 바람직한 것 같다. 이것과 관련하여 순수한 용해성의 기질은 긴 슬러지일령을 쉽게 유지할 수 있는 혐기성 침지여상에 의하여 처리하는 것이 더 바람직할 수 있다. 덧붙여서 혐기성 접촉프로세스의 반응영향인자는 혐기성 소화법의 경우와 같다.

혐기성 접촉프로세스에서 고액분리된 상징수에는 아직도 상당한 농도의 유기물질이 잔류하고 있으므로, 활성슬러지프로세스 등 호기성 공법에 의하여 그것을 후속처리하게 된다.

2) 혐기성 접촉프로세스의 설계

혐기성 접촉조는 활성슬러지프로세스 중에서 슬러지 반송이 있는 CFSTR와 비슷한 이론에 의하여 설계된다.

예제 5-14 어떤 육가공폐수를 혐기성 접촉프로세스에 의하여 처리하고자 한다. 아래의 조건을 가정하고 접촉조 용적, 유출액농도, 가스발생량 등을 결정하라.

계획 1일 평균폐수량 : $Q_{des}=176.6\text{m}^3/\text{day}$
폐수의 유기물질농도 : $S_0=3.5\text{g COD/L}$
생물분해가능한 농도 : $S_{0,bio}=3.0\text{g COD}_{bio}/\text{L}$
생물분해불가능한 농도 : $S_{0,nb}=0.5\text{g COD}_{nb}/\text{L}$
조내의 MLVSS농도 : $X_v=3.0\text{g/L}$
조내의 반응온도 : $T_D=35℃$
$K_s=2.224\text{mg COD}_{bio}/\text{L}$
$k_{\max}=6.67\text{g COD}_{bio}/\text{g VSS}\cdot\text{day}$
$Y=0.04\text{g VSS/g COD}_{bio}$
$k_d=0.015\text{g VSS/g VSS}\cdot\text{day}$
$\text{COD}_{bio}=\text{BOD}_L$

답

(1) 슬러지일령

식 (5.122)로부터,

$$\frac{1}{SRT_c}=\frac{k_{\max}\cdot YS_0}{S_{0,bio}+K_s}-k_d=\frac{(6.67\text{day}^{-1})(0.04)(3\text{g/L})}{(3+2.224)\text{g/L}}-0.015\text{day}^{-1}=0.138\text{day}^{-1}$$

$$\therefore\ SRT_c=7.2\text{day}$$

안전계수를 5로 하면,

$$SRT=(5)(7.2\text{day})=36\text{day}$$

(2) 유출수의 농도

식 (5.115)로부터,

$$S_{bio}=\frac{K_s(1+k_d\cdot SRT)}{SRT(k_{\max}\cdot Y-k_d)-1}$$
$$=\frac{(2.224\text{g/L})(1+0.015\text{day}^{-1}\times 36\text{day})}{(36\text{day})(6.67\text{day}^{-1}\times 0.04-0.015\text{day}^{-1})-1}=0.425\text{g COD}_{lio}/\text{L}$$

식 (5.275)에 의하면,

$$S_{tot}=S_{nb}+\frac{K_s(1+k_d\cdot SRT)}{SRT(k_{\max}\cdot Y-k_d)-1}+\frac{1.42Y(S_{0,bio}-S_{bio})(1+0.2k_d\cdot SRT)}{(1+k_d\cdot SRT)}$$
$$=0.5+0.425+\frac{(1.42)(0.04)(3-0.425)\text{g/L}(1+0.2\times 0.015\text{day}^{-1}\times 36\text{day})}{(1+0.015\text{day}^{-1}\times 36\text{day})}$$
$$=0.5\text{g COD/L}+0.425\text{g COD}_{bio}/\text{L}+0.105\text{g COD}_n/\text{L}=1.030\text{COD/L}$$

즉, 유출수의 총 유기물질농도는 1,030mg COD/L이고, 그 중에서 생물분해불가능한 것이 605mg COD_{nb}/L이며, 생물분해가능한 것이 425mg COD_{bio}/L이다.

(3) 혐기성 접촉조의 용적

식 (5.141)로부터

$$X_v = \frac{SRT \cdot Y(S_{0,bio} - S_{bio})}{HRT(1+k_d SRT)}$$

$$\therefore \; HRT = \frac{SRT \cdot Y(S_{0,bio} - S_{bio})}{X_v(1+k_d SRT)} = \frac{(36\text{day})(0.04)(3-0.425)\text{g/L}}{(3\text{g/L})(1+0.015\text{day}^{-1} \times 36\text{day})} = 0.80\text{day}$$

$$V = Q_{des} \cdot HRT = \left(176.6\frac{\text{m}^3}{\text{day}}\right)(0.8\text{day}) = 141\text{m}^3$$

(4) 메탄가스발생량

식 (5.153)으로부터

$$P_X = \frac{QY(S_{0,bio} - S_{bio})}{1+k_d SRT} = \frac{(176.6\text{m}^3/\text{day})(0.04)(3-0.425)\text{kg/m}^3}{(1-0.015\text{day}^{-1} \times 36\text{day})} = 11.8\text{kg/day}$$

메탄가스발생량은 식 (5.278)로부터

$$V_{CH_4} = 0.35\left[Q_{des}(S_{0,bio} - S_{bio}) - 1.42P_X\right]$$

$$= 0.35\frac{\text{m}^3}{\text{kg COD}_{bio}}\left[176.6\frac{\text{m}^3}{\text{day}}(3-0.425)\frac{\text{kg}}{\text{m}^3} - 1.42\left(11.8\frac{\text{kg}}{\text{day}}\right)\right]$$

$$= 153.3\text{m}^3 \text{ STP/day} \;\text{또는}\; 6.4\text{m}^3 \text{ STP/hr}$$

이 메탄가스량의 열량은,

$$H_{bio} = \left(6.4\frac{\text{m}^3 \text{ CH}_4}{\text{hr}}\right)\left(8{,}556\frac{\text{kcal}}{\text{m}^3 \text{ CH}_4}\right) = 54{,}758\text{kcal/hr}$$

이 열량은 예제 5-13의 조건에서 필요한 열량 356,499kcal/hr보다 적다.

(3) 혐기성 생물막법

혐기성 반응은 식 (5.122)와 식 (5.141)을 볼 때, 낮은 세포생산계수(Y) 때문에 반응조 내의 세포농도(X_v)가 낮아지고, 반응기간(SRT_c)이 길어진다. 그러한 단점을 개선하기 위하여 혐기성 접촉프로세스가 개발되었지만, 그것은 용해성 기질만을 처리하는 경우 세포의 분리가 곤란하고, 적당한 고형물이 있는 경우 그것과 함께 분리는 되지만 역시 반송해야하는 번거로움이 있다. 그리고 활성생물을 고농도로 유지하는 데에는 한계가 있다. 따라서 현탁증식방법의 그러한 결함을 보완하기 위하여 시도된 것이 혐기성 생물막방법이다.

1) 혐기성 침지여상

혐기성 침지여상은 호기성 침지여상의 경우처럼 액상에 미생물매체를 완전히 침지시킨 것인데, 후자와는 달리 산소공급을 안하며 조내의 유형이 상향류이다. 사용되는 매체의 종류와 바람직한 조건은 호기성 침지여상의 경우와 같다.

미생물은 침지된 매체의 표면에 부착하거나, 매체 사이의 공극에 현탁하면서 증식한다. 기질이 상향류하므로 조의 바닥 가까이에서 미생물의 대사활동이 가장 활발하며, 맨 윗 층에서는 기질농도가 부족해지면서 미생물이 내호흡상태로 존속하게 된다. 이 방법은 조내에 미생물량이 많고 안정되어 있으며, 수리적 체류시간을 짧게 하면서도 매우 긴 슬러지일령을 유지할 수 있다. 고로, 고농도의 용해성기질뿐만 아니라 저농도기질의 제거용으로 그리고 20℃ 정도의 저온처리용으로 시도되고 있다.

혐기성 침지여상의 장점으로는 다음과 같은 것이 거론되고 있다.

① 높은 기질부하율
② 부하율변동과 충격부하에 강하다.
③ 환경변동에 대한 적응력, pH, 온도 등의 일시적 변동에 대처하는 회복력이 크다.
④ 구조가 간단하고 운전이 쉽다.
⑤ 적은 슬러지발생량, 유가가스의 생산, 적은 영양물질소요 등 혐기성 프로세스의 모든 장점을 갖추고 있다.

반대로 단점은 아래와 같다.

① 매체공극이 막히기 쉽다. 고로, 현탁고형물이 있는 폐액의 처리에는 적합하지 않다.
② 「수로화(channelization)」의 문제가 있다. 수로화란 공극이 막히면서 조내 흐름이 편중되게 고정되는 현상이다. 그렇게 되면, 「흐름의 재분산」이 제한받고, 단로흐름이 생기고 기질과 미생물과의 접촉이 제한되면서 전반적인 기질제거율이 떨어진다.
③ 매체층의 폐색을 방지하는 청소방법이 확립되어 있지 않다.

혐기성 침지여상에 관한 현재의 개발연구는 주로 위의 단점을 개선하는 방향으로 경주되고 있다. 따라서 돌 등의 매체층으로 플라스틱 module에 이르기까지, 그 안에서 현탁증식반응조의 혼합과 비교할 만한 흐름의 재분산이 양호가게 이루어질 수 있는 매체와 그 배치구조의 개발이 과제가 되고 있다. 양호한 매체층 또는 매체매트릭스란 ① 비표면적이 크고 ② 공극내에 양질의 미생물 플록을 유지할 수 있고, ③ 흐름을 최대한으로 재분산시킬 수 있고, ④ 막히지 않는 것 등의 조건을 갖춘 것이라야 한다.

<표 5-36>은 실험실 규모의 혐기성 침지여상에 대하여 성능을 실험한 결과이다.

표 5-36 • 실험실 규모의 혐기성 침지여상 실험결과

폐수의 구분	반응온도 (℃)	수리적 체류기간 (일)	파라미터	유입수농도 (mg/L)	유출수농도 (mg/L)	제거율 (%)
도시하수	4	1.5	BOD	180	<40	67
〃	25	〃	〃	180	10~35	82
식품가공폐수	35	3.56	COD	8475	546	93.5
〃	〃	〃	BOD	5200	975	81.4
〃	〃	〃	Org.C	2400	115	95.2
〃	〃	〃	SS	1508	455	70.0
〃	〃	0.54	COD	8475	5000	41.0
〃	〃	〃	BOD	5200	3890	25.2
〃	〃	〃	Org.C	2400	1720	28.3
〃	〃	〃	SS	1508	1855	-

2) 혐기성 슬러지상 공정

혐기성 처리기술 중 가장 주목할 만한 공정 중 하나는 1970년대 후반 네덜란드의 Lettinga와 그의 연구원들에 의해 개발된 상향류 혐기성 슬러지상 공정(Upflow Anaerobic Sludge Blanket ; UASB)이다. 혐기성 슬러지상 공정의 주요 형태는 ① 최초의 UASB 공정과 그 개량형, ② 혐기성 정류판 반응조(anaerobic baffled reactor: ABR), ③ 혐기성 기동 슬러지상 반응조(anaerobic migrating blanket reactor: AMBR)를 포함한다. 이러한 슬러지상 공정 가운데 UASB 공정은 매우 일반적으로 사용되고 있다.

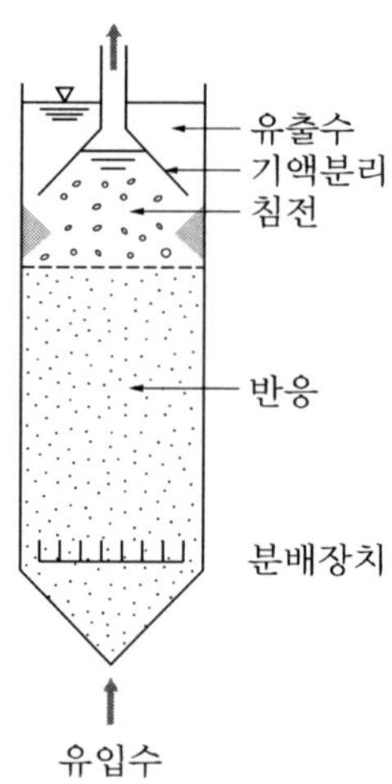

그림 5-93 • 상향류 혐기성 슬러지블랭킷프로세스

UASB 공정의 구조는 <그림 5-93>과 같다. 이 프로세스는 다른 생물막공법과는 달리, 미생물이 부착하는 매체가 없다. 기질이 상향류하는 반응조내에서 미생물은 스스로 뭉치면서 1mm 전후의 과립(슬러지알)을 생성하고 모여서 층을 이루는데 그것을 슬러지블랭킷이라고 부른다. 기질은 슬러지블랭킷을 통과하면서 미생물과 접촉하고, 그 대사활동에 의하여 제거된다. 반응조의 윗부분에서 슬러지 과립은 상향유속과 맞먹는 침강속도에 의하여 상징수와 분리되고 경계면 이하에 머무른다. 반응조의 맨 윗부분에는 그림과 같은 기액분리장치가 있다. 이 프로세스에는 유동층 생물막반응조와는 달리 유출수의 재순환이 없다.

기질이 상향류하므로 조의 아랫부분에서 미생물의 대사활동이 보다 더 활발하며, 위로 갈수록 기질농도가 낮아지고 미생물은 보다 더 내호흡을 하게 된다. 따라서 VS/SS비가 위로 갈수록 약간 떨어지는데, 평균 80%가 보고되고 있다. 이 프로세스에서는 10g/L 이상의 MLSS를 유지할 수 있으며, 다단식의 경우는 100g/L 이상의 MLSS농도도 보고되고 있다. 이렇듯 엄청나게 높은 미생물질을 유지할 수 있기 때문에 이 프로세스는 보다 더 높은 기질부하율을 허용할 수 있으며, 저농도기질의 처리와 저온처리가 보다 더 가능하다. 그러나 최근에는 탈질산화용으로 더 시도되는 경향이 있다.

이 프로세스의 장점은 다음과 같다.

① 높은 기질부하율
② 부하율 변동, 충격부하, 환경변화 등에 대한 강한 적응력
③ 공극이 막히는 어려움이 없다.
④ 유출수 등의 재순환이 없다.
⑤ 혐기성 프로세스의 모든 장점

단점은 아래와 같다.

① 미생물과립의 형성이 쉽지 않다. 과립의 형성은 세포외 다당물질의 분비에 의존하는데, 폐수의 성분과 식종에 따라서 성공률이 다르며, 기술과 정성이 필요하다.
② 슬러지블랭킷을 안정되게 유지하고, 과립의 유실을 방지해야 한다.
③ 안정된 조작방법이 확립되어 있지 않다.

5.4 기타의 처리법

1. 연속회분식 활성슬러지법(SBR: Sequencing Batch Reactor)

이 방법은 용어에도 나타나 있듯이 기존 활성슬러지법의 변법 중 하나에 속하지만 프로세스의 운영방식이 현저히 다르므로 기타의 처리법에서 언급하고자 한다. 회분식 혹은 반연속식 활성슬러지 공법은 연속식 처리에 비해 대등하거나 나은 처리효율이 인정되어 왔으나 운전에 필수적인 자동화부속설비의 실용화가 어려워 오랫동안 관심의 대상이 되지 못하였다. 그러나 계측 및 제어시스템의 괄목할 만한 발전에 힘입어 자동개폐 Valve, 전기 Timer 설비, 수위 조절장치 및 Microprocessor등 부속설비의 보급이 용이하게 되면서 재조명되기 시작하였다. 1950년대의 Hoover등에 의해 낙동폐수의 처리에 회분식 방법이 성공적으로 적용되었으며, 그 후 산화구(Oxidation ditch)를 이용한 도시하수처리에 반연속식 혐기성 반응기간을 두어 탈질소처리가 가능한 것이 여러 연구자에 의해 보고되었다.

하나의 반응조 내에서 반응과 침전이 반복되는 방법에 대하여 회분식(Batch), 반연속식(Semi-continuous, intermittent), 주기식(Periodic, cyclic) 등으로 불려지다가 1970년대 이르러 Notre Dame 대학의 Irvine 교수 등에 의해 연속회분식 반응조(Sequencing Batch Reactor: SBR)로 명명되었고, 미국 EPA에 의해 새로운 대체 기술로 인정됨으로써 더욱 많은 연구가 계속되고 있으며, 최근에는 SBR에 관한 국제적 학술회의가 개최되어 실제 적용가능성을 높여 가고 있다.

특히 다양한 수질특성을 갖는 폐기물 매립지 침출수나 산업폐수는 수질변화가 급격하게 된다. 이러한 폐수는 유기화합물이나 염류와 중금속 등의 억제 물질을 함유하게 되므로 생물학적 처리시 지장을 초래하거나 충격을 주게 된다. 그리하여 다양한 유입수의 조건에 따른 고농도의 폐수를 처리하기 위한 처리공법이 요구된다. 연속회분식 활성슬러지 공법은 주로 매립지에서 발생되는 침출수를 대상으로 연구된 것이 많으며, 페놀계, 석탄·석유계, 고염함유폐수 등의 산업폐수에 관하여도 연구된 바 있다 이러한 연구 결과를 토대로 보면 대체로 난분해성 유기물 또는 억제물질이 함유된 폐수를 처리함에 효과적인 공법으로 여겨진다.

아울러 최근의 연구추세가 처리효율성제고와 운영비용절감, 에너지절약 및 자연조화형프로세스의 선호 등에 역점을 두고 있음을 감안한다면 이러한 목적에 부합될 수 있는 방법으로서 많은 기대가 되고 있다.

(1) 연속회분식 활성슬러지법의 특성

기존의 활성슬러지공법은 하수가 폭기조와 침전지를 차례로 이동하며 처리가 이루어지는데 반해 SBR은 하나의 반응조에서 시차를 두고 유입, 반응, 침전, 유출, 휴지의 각 과정이 이루어진다. 즉, SBR은 활성슬러지 처리에서의 공간개념이 시간개념으로 바뀐 것이라 할 수 있다. 활성슬러지 처리에서 추가로 처리가 필요할 경우에 공간적으로 반응조가 추가되어야 하나 SBR에서는 시간적으로 제공하면 되다.

SBR은 <그림 5-94>에서 보듯이 기본적으로 유입, 반응, 침전, 유출, 휴지의 5단계로 이루어진다. 유입, 반응 및 휴지기는 필요에 따라 전부 혹은 일부를 호기나 혐기상태로 운전할 수 있다. 휴지기는 상징액의 유출이 종료된 시점부터 새로운 유입이 시작되는 시점까지의 시간을 뜻하며, 휴지기 없이도 운전이 가능하다. 수위는 휴지기에서 최저이고 반응 및 침전기에서 최고로 된다. 유입 및 유출기에는 폐수체적이 계속적으로 증가 혹은 감소한다. SBR 처리에서는 슬러지의 반송이 필요없고, 혼합액 부유고형물(MLSS: Mixed Liquou Suspended Solids) 및 유출수의 부유고형물(SS: Suspended Solids) 농도를 적정수준으로 유지하기 위하여 휴지기에 슬러지가 폐기가 이루어진다. 이와 같이 SBR은 유입, 반응기의 폭기와 혼합에 의하여 혐기, 호기, 무산소의

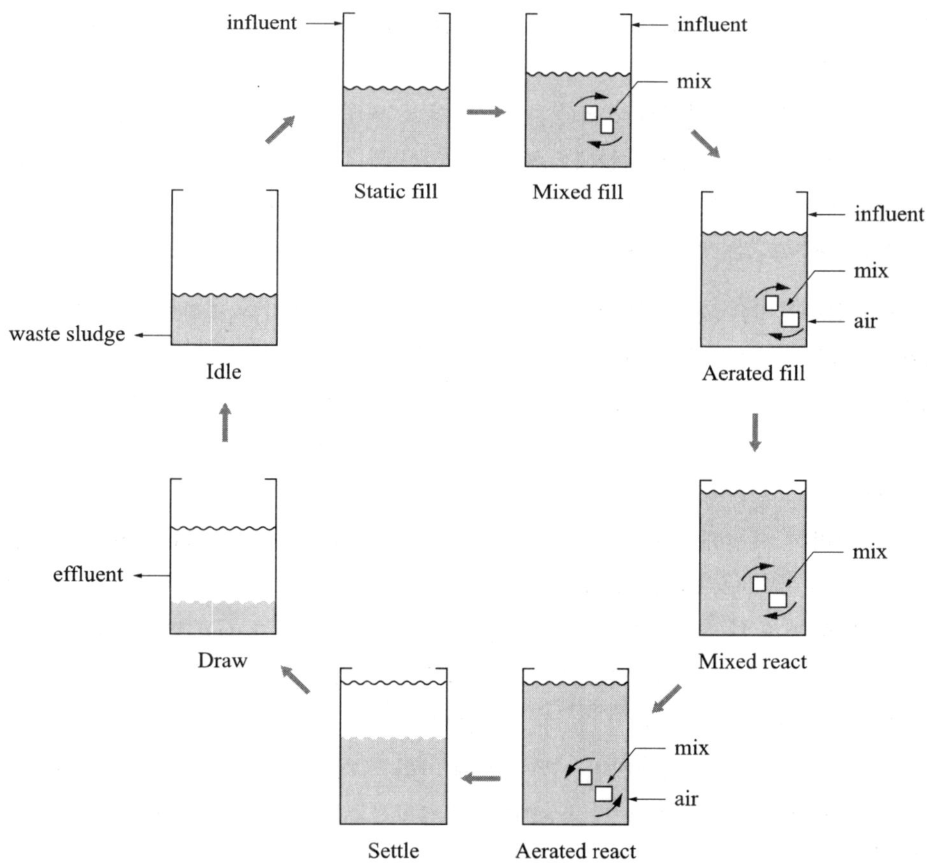

그림 5-94 • SBR의 주기별 개념

조건을 임의로 조절할 수 있으며, 호기성 조건에서의 탄소계 기질 제거와 인 섭취 및 질산화 과정이 일어나고, 무산소조건에서는 탈질산화과정이, 그리고 혐기성 조건에서 인을 방출시킴으로써 탄소계 기질과 질소 그리고 인을 동시에 제거할 수 있는 장점을 지니고 있다.

Arora 등은 SBR의 특징을 다음과 같이 기술하였다.

① SBR반응조는 유입기에 균등조로 작용하여 일시적인 과부하에 따른 충격을 최소화 한다.

② 유출수 방류가 주기적으로 이루어지므로 방류수질이 기준치에 미달할 경우 처리시간을 연장하여 수질을 향상시킬 수 있다.

③ 실제수량이 설계치보다 훨씬 적을 경우 수위를 낮게 조정하여 반응조의 일부만을 사용함으로서 폭기에 소요되는 동력을 줄일 수 있다.

④ 수리학적 과부하로 인한 미생물 유실이 없다.

⑤ 슬러지 반송이 필요없다.

⑥ 정적인 상태에서 침전이 되므로 단로(short circuiting)현상도 없고 침전효율이 높다.

⑦ 유입기를 혐기상태로 할 경우 용존산소가 거의 없도록 유지할 수 있어 폭기시 산소전달효율을 극대화시킬 수 있다.

⑧ 유입기의 폭기와 혼합시간의 조정을 통해 사형 미생물 증식의 억제가 용이하다.

⑨ 운전 유형의 조정에 의해 생물화학적 산소요구량과 부유고형물의 제거는 물론 질산화, 탈질산화, 탈인 처리가 가능하다.

⑩ 미생물의 RNA 함량이 기존 활성슬러지 처리에 비해 3～4배 높으므로 처리속도가 빠르다.

SBR 처리의 다양성은 장점이지만, 한편으로는 운전이 복잡해지는 경향이 있으므로 단점으로 지적되기도 한다. 그러나 미국, 캐나다, 호주 등 8개소의 SBR 처리시설에서 조사된 바에 따르면, SBR이 기존 활성슬러지 공법과 비교해 볼 때 오히려 운전이 용이하다고 보고된 바 있다.

(2) 반응이론

반응조는 수리적 특성에 따라 크게 연속류교반반응조(CFSTR: continuous flow stirred tank reactor)와 플러그흐름반응조(PFR: plug flow reactor)로 나눌 수 있다. 이들 두 반응조와 비교하여 볼 때 SBR은 전혀 다른 수리학적, 동력학적 특성을 갖고 있다. Irvine 등은 SBR을 CFSTR과 PFR을 직렬로 연결한 것과 같은 수리학적 특성을 갖는다고 언급하면서 이 시스템을 두 반응조의 동력학적 장점만을 취했기 때문에 가장 효율적인 반응조라 하였다.

연속회분식 반응조는 연속류교반반응이 시간에 따라 플러그흐름반응으로 비정상 상태의 특성을 갖는다. <그림 5-94>는 시간에 따른 SBR의 운전형식을 개념적으로 표현하고 있는데, <그림 5-95>에서 보는 바와 같이 CFSTR과 PFR을 차례로 연결한 형태를 갖는다. SBR의 유입시간은 연속류교반반응에 해당된다고 할 수 있는데, 더 정확하게 표현하면 유출은 되지 않고 유입만 되므로 완전혼합되는 Fed-Batch 반응조의 특성을 가지며, 유입이 끝난 후부터 반응이 종료 될 때까지는 회분식 반응으로 볼 수 있고, 회분식 반응의 시간변수를 위치변수로 바꾸어 준다면 PFR로 나타낼 수 있다.

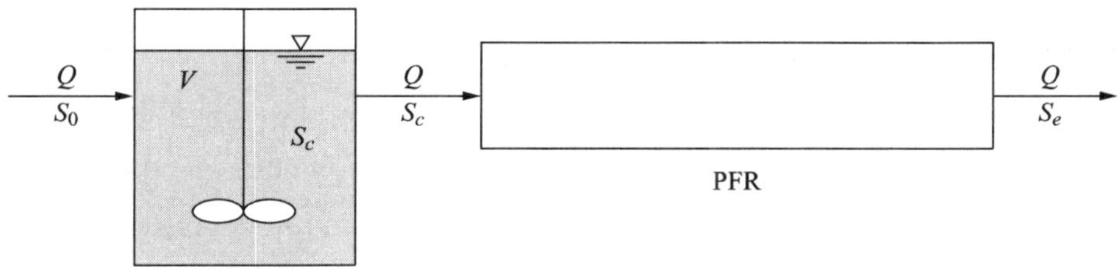

그림 5-95 • 연속흐름 시스템으로 표현된 SBR의 반응특성

SBR 공정에 동력학을 적용하기 위해서는 반응기간 동안 회분식 동역학을 적용한다. 시간에 따른 기질의 농도변화는 연속흐름 완전혼합반응조(CFSTR)에서의 기질물질수지로부터 계산할 수 있다.

$$\frac{dS}{dt}V = QS_0 - QS + r_{su}V \tag{5.139}$$

여기서, $$r_{su} = -\frac{dS}{dt} = -\frac{k_{\max}XS}{K_s + S} \tag{5.82}$$

회분식 반응이므로 $Q = 0$이고 기질농도는

$$\frac{dS}{dt} = -\frac{\mu_{\max}XS}{Y(K_s + S)} \tag{5.286}$$

식 (5.286)을 적분하여 무차원항으로 표시하면 다음 식과 같다.

$$K_s \ln\frac{S_0}{S_t} + (S_0 - S_t) = X\left(\frac{\mu_{\max}}{Y}\right)t \tag{5.287}$$

식 (5.287)의 t는 호기성 반응시간을 의미하는데 혐기성이나 무산소 조건으로 운전하면 $\mu_{\max}$ 및 K_s가 변하게 된다.

SBR은 CFSTR과 PFR을 직렬로 연결하여 놓은 형태의 반응공정이므로 미생물에 의한 폐수처리에 적용할 때 여러 가지 장점이 나타나게 된다.

SBR의 전체 운전시간(T_C)는 주입시간(t_F), 반응/포기(t_A), 침전(t_S) 그리고 유출시간(t_D)로 구성된다. 휴기시간(idle time, t_I)이 포함될 수도 있다. 따라서 전체 운전시간은 $T_C = t_F + t_A + t_S + t_D + t_I$이다. 경우에 따라 하나의 조가 채워지는 시간(t_F)동안 다른 조에서 다음 사이클 : 포기, 침전 그리고 폐기 주기가 수행되기 위한 최소한 2개의 조가 필요한 경우도 있다.

2. 혐기호기법

혐기호기법도 활성슬러지법의 변법에 속한다, 활성슬러지를 혐기성 조건과 호기성 조건에 교대로 노출시킴으로써 혐기성 조건에서는 인을 방출하고 호기성 조건에서는 정상적인 활성슬러지의 인섭취율보다 월등히 높은 인이 섭취되는 현상을 이용하는 것이다. 인의 제거가 주요 목적이기는 하지만 탄소계 기질도 혐기성 조건과 호기성 조건에서 공히 제거된다. 이러한 현상을 설명하는 몇 가지 이론은 7장에서 상세하게 기술하기로 한다.

3. 세포고정화법

(1) 세포고정화법의 개요

최근까지의 연구에 의하면 세포 고정화 방법의 주된 목표는 특정 기질을 전환하여 부가가치가 있는 생성물을 얻는데 주력하였다. Bucke는 Kappa carrageenan, Cdlcium alginate, 천연 중합체 등에 의해 고정화하는 방법을 '능동(Active)' 고정화법이라고 하였고, 고체나 다공성 메디아의 표면에 고정화 하는 것은 '수동(Passive)' 고정화법이라고 표현하였다. 대부분의 능동 고정화법은 단일종의 세포를 고정화 하여 다성분 효소(Multienzyme)에 의해 단일 기질을 다루는 것으로서 의약품, 화공약품, 식품 등의 분야에서 많은 발전과 실용화를 이루어 왔으며, 근래에는 하폐수처리 분야에서도 질소, 페놀, 색도 등의 처리에 응용되고 있다. 이러한 고정화 방법의 진보와 응용기술의 개발이 수반된다면 활용면에서 무한한 잠재력을 지니고 있으나 아직까지는 값비싼 방법이다. 수동 고정화법과 비교해 볼 때 능동 고정화법은 ① 미생물과 효소에 대한 선택적 취급과 ② 입자의 크기조절이 가능한 장점이 있으나, ① 고정화된 입자의 기계적 전단력이 약하고 ② 고정화 과정에서 생균수가 감소되며 ③ 물질전환 및 이전의 제한효과가 크다는 단점이 있다. 수동 고정화법은 메디아를 사용한 거의 모든 공법이 해당된다고 할 수 있다. 즉, 살수여상을 포함하여 '생물여과(Biofilters)'로 불리는 생물막법의 전부가 해당된다. 수동 고정화법은 5장에서 부착증식 프로세스로서 설명된 바 있으므로 여기서는 부착(고정화)매체를 중심으로 기술하고자 한다. 한편 부착증식 프로세스와 수동고정화법을 면밀히 비교한다면 전자는 다량의 세포물질이 생물막을 형성하며 비교적 매체의 표면적이 넓은 경우이고, 후자는 소량의 세포물질 또는 개개의 세포가 매우 작은 매체에 정전기적 하전에 의하여 흡착되는 현상을 일컫는 경우가 많다.

(2) 고정화 매체의 종류

세포를 지지하는 수단인 매체(Matrix, Carriers 또는 Supports)는 크게 유기매체와 무기매체가 있는데, 성상에 따라 세포의 표면과 상호작용하지만 그 역할에 대하여는 잘 알려져 있지 않다. 따라서 아직도 경험적으로 선택하는 경향이 많으나 표면에 마니노기, 카르복실기, 하이드록실기 등을 가지고 있는 유기매체쪽이 더 광범위하게 쓰이고 있다.

1) 유기매체

유기매체에는 <표 5-37>에 나타낸 것과 같이 다당류, 단백질 그리고 합성중합체의 3계열이 있다. 세포와 매체는 Entrapment 또는 교차결합(Cross-linking)이 있거나 없는 캡슐화(Encapsula-tion)를 통하여 고정화되며, 공유결합 Covalent-link에 의할 수도 있다.

표 5-37 ◦ 세포고정화에 사용되는 유기매체의 종류

Polysaccharides	Cellulose Agar/Agarose Chitosan Dextran Carrageenan Alginate Xanthan gum
Proteins	Collagen Gelatin Albumin Fibrin
Synthetic Polymers	Polyacryamide Methacrylate Polyurthane Epoxy resin Polystyrene Polypropylene Polypropylene oxide Polyphenylene oxide Polyvinyl alcohol Polyvinyl chloride

2) 무기매체

무기매체는 수종의 산화물을 포함하고 있으며, 내열성이고 유동성이 좋다. 또한 용액 내에서 가수분해되어 하이드록실기는 세포표면의 카르복실 또는 아미노기와 직접 반응한다. 주된 부착 기작은 흡착과 공유결합이다.

Ungrafted	Alumina Zirconia Magnesia Silica Glass Ceramics Sand Titania Ferromagent
Grafted	Ferromagnet Supports grafted with various Copling agents

3) 매체특성

세포가 매체에 부착되는 기작에는 다음과 같은 것이 있다.

① 하전된 세포와 매체간의 정전기적 상호작용

② 세포표면의 아미노 카르복실기와 매체의 반응기와의 이온결합

③ 세라믹이나 유리형태 매체표면의 하이드록실기와 세포표면의 카르복실 또는 아미노기와의 부분적 공유결합

④ 세포표면의 생물학적 특성에 의한 흡착

⑤ 세포표면의 반응기와 활성매체간의 공유결합

⑥ 중합체에 의한 물리적인 Entrapment

위에서 ①~④까지의 기작은 흡착으로 분류될 수 있으며 흡착에 의한 고정화에서 세포는 음으로 하전되므로 매체는 양으로 하전되는 것이라야 유리할 것이다. 그 외 매체가 지녀야 할 일반적 성질로서는 온도, pH, 압력의 영향에 견딜 수 있어야 하며, 기질과 기체의 확산이 용이하려면 공극률도 높아야 한다. 아울러 모양과 크기를 조절하여 제조하기 쉽고 값도 싸야 할 것이다. 한편 세포 - 매체간에 작용하는 부착력으로는 미생물이 분비하는 Guns, Glues, Slins 등도 기여하고 있다.

참고문헌

1. 金東玟, 「環境保護에 貢獻하는 微生物」, 「化學과 工業의 進步」, 「大韓化學學會誌」 第16卷 4號 (1977) p.215.
2. Hoover, S.R. and Porges, N., "Assimilation of Dairy Wastes by Activated Sludge Ⅱ : The Equation of Synthesis and Oxygen Utilization," Sewage and Ind. Wastes, vol.24 (1952).
3. McCarty, P.L., "Phosphorus and Nitrogen Removal by Biological System." Proceedings, Wastewater Reclamation and Reuse Workshop, Lake Tahoe, Calif. (1970) p.226.
4. Colling,R.W., "The Effect of Algal Growth on the Quality of Treated Water," Biological Indicators of Water Quality, edited by James A. and Evison, L., Wiley(1979) p.10-1.
5. Fair, G.M., et al., elements of water supply and wastewater disposal, John Wiley & Sons (1971) p.531
6. Gunsalus, I.C., and Stanier, R.Y.(eds.), The Bacteria, vol. I, Academic Press Inc. (1960).
7. Stanier, R.Y., et al., Introduction to Microbial World, Prentice-Hall (1979) p.63.
8. Karlson, P., Kurzes Lehrbuch der Biochemie, 7th ed., Thieme, Stuttgart (1970)
9. Racker, E., Mechanisms in Bioenergetics, Academic Press(1975)
10. Doele, H.W., Bacterial Metabolism, 2nd ed., Academic Press (1975).
11. Arnon, D.I., et al., "Photosynthetic Phosphorylation and Electron Transport," Nature, 207 : 1367 (1965).
12. La Rivére, J.W.M., Microbiology(lecture note), Delft University of Technology (1984).
13. Painter, P.R. and Marr, A.G., "Mathematics of Microbial Populations," Annu. Rev. Microbial. 22 : 519 (1968).
14. Monod, J., Recherches sur la croissance bactériene, MAsson, Paris (1942)
15. Málek, I. and Fencl, Z., Theoretical and Methodological Basis of Contimuous Culture of Microorganisms, Academic Press(1966).
16. Atlas, R.M. and Bartha, R., Microbial Ecology : Fundamentals and Application, Addison-Weskey (1981).
17. 金東玟, 趙光明, 申應培, 「環境工業(Ⅱ)化學을 中心으로」 大韓土木學會誌, 第26卷 第2號 (1976) p.54.
18. la Riviére, J.W.M., Microbiology (lecture note), Delft University of Technology (1984).
19. Levenspiel, O., Chemical Reaction Engineering, 2nd ed., John Wiley (1972) pp.8, 253.
20. Doelle, H.W., Bacterial Metabolism, 2nd ed., Academic Press (1975) p.38.
21. Dixon, M. and Webb, E.C., Enzymmes, 2nd de., Longmans, Green, New York (1964).
22. Metcalf and Eddy, Wastewater Engineering, McGraw-Hill(1979) p.149.
23. Eckenfelder, W.W.Jr., "Principles of Biological Treatment," Theory and Practice of Biological Wastewater Theatment, edited by Kriton, C. and Eckenfelder W.W.Jr., Sijthoff & Noordhoff (1980).
24. Downing, A.L., et al., "Nitrification in the Activated Sludge Process." J. Proc. Inst. Sew. Purif, vol. 64 (1964) p.2
25. Nam Sang Ho, Contribution á l'utilisation de l'adenosine triphosphate(ATP) au coontrole et audimensionnement des stations d'epuration biologiques a boues activees, Doctoral thesis, DEVANT L'UNIVERSITE DE RENNES(1978).
26. 河村清史, 「活性汚泥法による都市下水處理に關する基礎的 研究」, 京都大學工學博士學位請求論集 (1982).
27. Dold, P.L., et al., "A General Model for the Activated Sludge Process," Prog. Water Tech. vol. 12(1980) p.47
28. van Gils, Bacteriology of Activated Sludge, Research Institute of Public Health Engineering, Report No. 32, the Netherlands, p.18.
29. Gaudy, A. and Gaudy, E., Microbiology for Environmental Scientists and Engineeris, McGraw-Hill(1980) p.448
30. Tenney M.W. and Stumm W., "Chemical flocculation of microorganisms and biological waste treatment," J. Water Pollit. Control Fed., vol. 37 (1965) p.1370.
31. Englande, A.J. and Eckenfelder, W.W., Jr., "Oxygen Concentrations and Turbulence as Parameters of Activated Sludges Up," 6th Water Resources Symposium Proceedings, Univ. of Texas (1972).
32. Mueller, J.A., Oxygen Diffusion Through a Pure Culture Floc of Zoogloea Ramigera, Univ. of Wisconsin Ph.D

Thesis (1966).
33. Finstein, M.S., "Gross Dimensions of Activated Sludge Floc," Bacteriological Proceedings, 6th Amer. Soc. for Micro Mtg., (1965) p.13.
34. METCALF & EDDY, Wastewater Engineering : Treatment, Disposal Reuse, McGraw-Hill (1979).
35. Benefield, L.D., and Randall, C.W., Biological Process Design for Wastewater Treatment, Prentice-Hall(1980) p.199.
36. Ardern, E. and Lockett, W.T., "Experiments on the Oxidation of Sewage without the Aid of Filter," J. Soc. Chem. Ind. vol. 33 (1914) pp.523, 1122.
37. McKinney, R.E. and Ooten, R.J., "Concept of Complete Mixing Activated Sludge," Treansactions of 9th Annual Conference on Sanitary Engineering, Univ. of Kansas Publications, The Bulletin of Engineering and Agriculture No. 60 (1969).
38. Lawrence, A.W. and McCarty, P.L., "A United Basis for Biological Treatment Design and Operation," J. San. Eng. Div., American Society of Civil Engineeris, (1970) p.7365.
39. Hanisch, B. Aspects of Mechanical and Biological Treatment of Municipal Waste Water, Delft University of Technology (1980).
40. Ohron, D.M. and Jenkins, D., "The mechanism and design of the contact stabilization activated sludge process," Adv. Water Pollut. Res. vol. 6 (1972) p.353
41. Benefield, L.D. and Randall C.W., "Design procedure for a contact stabilization activated sludge process," J.Water Pollut. Control Fed. vol. 48 (1976) p.147.
42. Alexander, W.V., et al., "The Activated Sludge Process Part 2. Application of The General Kinetic Model The Contact Stabiliztion Process," Water Res. vol. 14 (1980) p.1737.
43. 安松燁, 「接觸安定法의 特性과 最適化에 關한 研究」, 全北大學校工學博士學位論文 (1984).
44. Albertson. J.G., et al., Investigation of the Use of High Purity Oxygen Aeration in the Conventional Activated Sludge Process, FWQA Report No. 17050 DNW05/07 (1970).
45. Kalinske, A.A., "Comparison of Air and Oxygen Activated Sludge Systems," J.Water Pollut. Control Fed. vol. 48 (1976) p.2472.
46. Chapman, T.D., et al., "Effect of Hogh Dissolved Oxygen Concentration in Activated Sludge," J.Water Pollut. Control. Fed. vol. 48 (1976) p.2486.
47. Parker, D.S. and Merill, M.S. "Oxygen and Air Activated Sludge : Another View," J.Water Pollut. Contril Fed. vol. 48 (1976) p.2511.
48. Schulze, W.G., "Fouling biofilm development : A process Analysis," Biotechnology and Bioengineering, vol. 23 (1981) pp.1923~1960.
49. Schulze, K.L., "Experimental vertical screen trickling filter," Sewage and Ind. Wastes, vol. 29 (1957) p.458.
50. Zelver, N., Biofilm development and associated energy losses water conduits, M.S. thesis, Rice University (1979).
51. Trulear, M.G. and Characklis, W.G., "Dynamics of biofilm prosesses," J.Water Pollut. Control Fed. vol. 54 (1982) pp.1288~1301.
52. Bryers, J.D., Rates of initial biofouling in Turbulent flow systems, Ph. D. thesis, Rice University (1979).
53. Laudenberger, G. and Hartmann, C., "Physical structure of activated sludge in aerobic stabilization," Water Research, vol. 5 (1971) p.335.
54. Rittmann, B.E., and McCarty, P.L., "Model of steady-state biofilm Kinetics," Biotechnology and Bioengineering, vol. 22(1980) pp.2343~2357.
55. Rittmann, B.E. and McCarty, P.L., "Evaluation of steady-state biofilm Kinetics," Biotechnology and Bioengineering, vol. 22 (1980) pp.2359~2373.
56. Wiliamson, K. and McCarty, P.L., "Verification studies of the biofilm model for bacteri-al substrate itilization," J.Water Pollut. Control Fed., vol. 28 (1976) pp.281~296.
57. Jansen, J. la C. and Harremoes, P., "Removal of soluble cucstrates in fixed films," Water Science Technology,

vol. 17 (1984) pp.1~4.

58. LaMotta, E.J., "Internal diffusion and reaction in biological films," Environmental Science and Technology, vol. 10 (1976) p.766.
59. METCALF & EDDY, Wastewater Engineeing : Treatment, Disposal, Reuse, McGraw-Hill (1979).
60. Liptak, B.G., Environmental Engineer's Handbook, vol. 1, Chilton Book Co. (1974).
61. 河擇用編著, 「生物膜法」, 思考社 (1982) p.20
62. Eckenfelder, W.W., Jr., "Trickling Filtration Design and Performance," Trans. ASCE, vol. 128 (1963).
63. Eckenfelder, W.W., Jr Closure to "Trickling Filtration Design and Performance," J.San. Eng. Div., ASCE, vol. 89 (1963) pp.3, 65.
64. Atkinson, B., et al., "The overall rate of substrate uptake by microbial films, parts Ⅰ and Ⅱ," Trans. Inst. Chem. Eng. (1974).
65. National Research Council, "Sewage Treatment at Military Installations," Sew. Works Jour., vol. 18 (1946) p.787.
66. 建設部0햏 「下水道施設基準」, (1980).
67. Water Pollution Control Federation, MOP/8, Wasterwater Theatment Plant Design (1977).
68. Autotrol Corporation 00 (1981).
69. 須藤隆一, 「廢水處理の 生物學」 産業用水調査會.
70. 金東珉, 「都市廢水의 接觸酸化處理에 관한 硏究」, 『市政硏究』 第6卷, 서울特別市市政硏究團 (1986) pp.25~58.
71. 失口淳一外, 「嫌氣性昭和にぉけるセルロースの分解に及ぼす pHの影響」, 『土木學會 第360回學術0講演會講演概要集』 Ⅱ-455(1984) pp.909~910.
72. Deuel, H.J., Jr. The Lipids, Their Chemistru and Biochemistru,m Interscience (1951) p.1.
73. Smith, E.L., et al., Principles of Biochemistry : General Aspects, McGraw-Hill (1983) p.514.
74. Bryant, M.P., et al., "Methanobacillus omelianskii, a symbiotic association of two species of bacteria," Arch. Microbiol. vol. 59 (1967) pp.20~32.
75. McInerney, M.J., et al., "Anaerobic bacterium that degrades fatty acids in syntrophic assocation with methanogens," Arch. Microbiol. 122(1979) pp.129~135.
76. Boone, D.R. and Bryant, M.P., "Propionate-degrading bacterium Syntrophobactor wolinii, sp. nov., gen. nov. from methanogenic ecosystems," App. Environ. Microbiol. 40 (1980) pp.626~632.
77. Stanier, R.Y., et al., The Microbial World, Prentice-Hall(1976) pp.705~706.
78. Woife, R.S., "Microbial Formation of Methane," Adv. Microbiol. 114(1971) pp.1231~1240.
79. Zeikus, J.G., "Biology of Methanogenic Bacteria," Bact. Rev. vol. 41(1977) pp.514~541.
80. Bryant, M.P., et al., "Methanobacterium omelianskii, A symbiotic Association of Two Species of Bacteria," Arch. Microbiol. vol. 59(1967) pp.20~32.
81. Bryant, M.P., et al., "Growth of Desulfovibrio in lactate or ethanol media low in sulfate in association with H_2-utilizing methanogenic bacteria," Applied and Environ Microbol. vol. 33(1977) pp.1162~1169.
82. Jeris, J.C. and McCarty, P.L., "The Biochemistry of Methane Fermentation" J. Water Poll. Control Fed., vol. 37 (1965) pp.178~192.
83. McCarty, P.L., "Anaerobic Treatment of Soluble Wastes," Advances in Water Quality Inprovement, ed. by E.F. Gloyna and W.W. Eckenfelder, Univ. of Texas PRedd(1968).
84. McInerney, M.J. and Bryant, M.P., "Review of methane fermentation fundamentals," Fuel Gas Production from Biomass, vol. Ⅰ, ed. by Wise, D.L., CRC Press(1981) pp.19~46.
85. Zehnder, A.J.B., et al., "Microbiology of methane bacteria," Anaerobic Digestion 1981, ed. by Hughes, D.E., et al., Elsevier Biomedical(1982) pp.45~68.
86. Gunnerson, C.G. and Styckey, D.C., Anaerobic Digestion, World Bank Technical Paper No. 49(1986).
87. Buhr, H.O. and Andrews, J.F., "Review paper : The thermophilic anaerobic digestion process," Water Research, vol. 11(1977) pp.129~143.
88. Shelef, G. et al., "High-rate thermophilic anaerobic digestion of agricultural wastes," Biotech. and Bioeng. symp.

10(1980) pp.341~351.

89. Graber, W.F., "Certain aspects of anaerobic digestion of wastewater solids in the thermophilic range at the Hyperion treatment plant," Prog. Water Tech. vol. 8(1977) pp.401~406.
90. Hashimoto, A.G., et al., "Ultimate methane yield form beef cattle manure : Effect of Temperature, ration constituents, antibiotics and manure age," Agricul. Wastes, vol. 3(1981) pp.24~256.
91. Biogas fertilizer system. Technical Report on a Training Seminar in China, United Nations Environmental Programme, Bairobi(1981).
92. Owen, W.F., et al.,"Bioassay for monitoring biochemical methane potential and anaero-bic toxicity," Water Research, vol. 13(1979) p.485.
93. Anderson. G.K., et al., "Identification and cintrol of inhibition in the anaerobic treatment of industrial wastewaters," Process Biochemistry, vol. 17(1982) pp.28~32.
94. McCarty, P.L., "Anaerobic waste treatment fundamentals," Public Works, September to December(1964).
95. Hobson, P.N. and Shaw, B.G., "Inhibition of methane production by Methanobacterium formicicum," Water Research, vol. 10(1976) pp.849~852.
96. Khan, A.W. and Mes-Hartree, M., "Metabolics of acetate and hydrogen by a mixed population of anaerobes capable of converting cellulose to methane," J. Applied Bacteriology, vol. 50(1981) pp.283~8.
97. Heys, T.D. and Theis, T.L., "The distribution of heavy metals in anaerobic degestion," J.Water Pollu. Control Fed., vol. 50(1978) pp.61~72.
98. McCarty, P.L., Anaerobic PRocess. Presented at birmingham Short Course on Design Aspects of Biological Treatment, IAWPR, Birmingham, UK(1974).
99. McCarty, P.L., Stoichiometry of biological reactions, Presented at the International Congerence Towards a Unified Concept of Biological Waste Treatment Design, Atlanta, Georgia(1972).
100. van Soest, P.J. Forages Fiber and the Rumen, Freeman, SanFrancisco(1979).
101. METCALF & EDDY, Wastewater Engineering : Treatment, Disposal, Reuse, McGraw-Hill(1979).
102. Lawrence, A.W. and Milnes, T.R., "Discussion paper," Journal of Sanitary Engineering Division, ASCE vol. 97(1971) p.121.
103. McCarty, P.L., "One hundred years of anaerobic Treatment," Anaerobic Digestion, ed. by Hughes, D.E. et al., Elservier Biomedical(1982) pp.3~22.
104. Sawyer, C.N. and Roy, H.K. "A laboratory Evaluation of high-rate sludge digestion," Sewage and Industrial Wastes, vol. 27(1955) p.1356.
105. O'Rourke, J.T., Kinetics of Anaerobic Treatment at Reduced Temperatures, Ph. D. Thesis, Stanford University (1968).
106. Eckenfelder, W.W. Jr., "Mechanisms of Sludge Digestion," Theory and Practice of Bio-logical Wastewater Treatmrnt, edited by Kriton, C. and Eckenfelder, W.W. Jr., Sijthoff & Noordhoff (1980).
107. 申丘澈, 金秀生번역, 『下水道 · 廢水處理핸드북』, 産業公害硏究所 (1982) .200.
108. 建設部발행, 『下水道施設基準』 (1980).
109. Downing, A.L. and Kell, A.D.K., "General Concepts of Anaerobic Treatment," Theory and Practice of Biological Wastewater Treatment, edited by Kriton, C. and Eckenfelder, W.W. Jr., Sijthoff and Noordhoff (1980).
110. Lawrence, A.W., "Application of Process Kinetics to Design of Anaerobic Processes," Anarobic Biological Treatment Processes Symposium, American Chemical Society (1971).
111. Benefiled, L.D. and Randall, C.W., Biological Process Design for Wastewater Treatment, Prentice-Hall (1980).
112. Young, J.C. and McCarty, P.L., "The Anaerobic Filter for waste treatment," J. Water Pollu. Control Fed. vol. 41(1969) p.160.
113. Schroeder, E.D.,Water and Wastewater Treatment, McGraw-Hill(1977) p.329.
114. Song, K.H. and Young, J.C., "Media design factors for fixed-bed filters," J. Water Pollu. Control Fed., vol 58(1986) p.115.
115. 申錫雨, 『Sludge Blangket 및 Fluidized Reactor에 의한 有機性廢水의 嫌氣性處理에 관한 硏究』, 建國大學校 工學

博士學位請求論文 (1987).
116. 原田秀樹 외,「多段型上昇流スラッジバシド反應に器よゐ高效率脫窒素プロセスの處理特性」,『土木學會衛生工學硏究論文集』, vol. 21(1985).
117. 日本下水道協會發行,『下水道施設設計指針と解說』
118. Hanisch, B., Aspects of Mechanical and Biological Treatment of Municipal Wastewater, Delft University of Technlogy (1980)
119. Paulsrud, B. and Eikum, A.S., "Lime Stabilization of Sewage Sludges," Water Research, vol. 9(1975).
120. Adams, C. and Eckegenlder, W.W. jr., Process Design Techniques for Industrial Waste, Treatment, Enviro PRess (1974).
121. Cummings, R.J. and Jewell, W.J., "Thermophilic Aerobic Digestion of Dairy Waste," 9th Cornell University Waste Management Congerence(1977).
122. Carmen P.C., "A Study of the Mechansim of Filtration, Part Ⅰ~Ⅲ," J. Soc. Chem. Ind., vols. 52, 53(1933,1934)
123. Coackley, P. and Jones, B.R.S., "Vacuum Sludge Filtration," Sew. and Ind. Wastes, vol. 28 (1956).
124. Arora, M.C., et al., 1985, Technology evaluation of sequencing batch reactors, JWPCF, vol. 57, No. 8, 1985, p.867-875.
125. Silverstein, J., Shroder, E.D., "Performance of SBR activated sludge processes with nitrification/denitfication," J.WPCF, vol. 55, No. 4(1983).
126. Manning, Jr., J.F. and Irvine, R.I., "The biological removal of phosphorus in a sequencing batch reactor," J. Water Pollu. Control Fed. 57, pp.87(1985).
128. Irvine, R.L., Fox, T.P., "investigation of fill and batch periods of Sequencing batch biological eactors," Water Res., vol. 11, 713~717,1977.
129. Ketchum, L.H. Jr., Desugn and Phusical features of SBR reactor, pp. 7~14 (1966).
130. Harris, J.M. and Gasper, J.A., Management of Leachate from Sanitary Landfills, In Resource Recovery of Municipal Solid Wastes, AIChE Symposium Series, 84, 265, Am. Inst. Chem. Eng., NY, 171~184 (1988).
131. Herzbrun, P.A., et al., Biological Treatment of Hazardous Waste in Sequencing Batch Reactors, J. Water Pollut. Control Fed., 57, 12, 1163~1167 (1985).
132. Invine, R.L. and Ketchum, L.H. Jr., "Sequencing batch for biological wastewater treatment," CRC Critical reviews, vol. 18, No. 4, pp.255~294(1989).
133. 日本下水道事業團, 回分式活性汚泥法の評價しご關すゐ第2次報告書, 昭和 63年.
134. Irvine, R.L., et al., "Periodic processes for in site and on-site bioremediation of leachates and soils," Wat. Sci. Tech, vol. 27, No. 7~8, pp. 97~104 (1993).
135. 이응택, 연속회분식 반응조의 수리학적 특성 및 영양물질 제거, 한국과학기술단 석사학위논문 (1992).
136. Monod, K., Recherches sur la croissance bacteriene, Masson, Paris (1942).
137. Bucke, C., "Immobilised Cells," Trans. R. Soc. Lond. B. (1983), PP.300~369.
138. Hollo, J., Toth, J., Tengerdy, R.P., and Johnson, J.E., "Immobilized Microbial Cells," ASC symposium series, vol. 106(1979), 73~86.
139. 富澤 建二, "固定化微生物によゐ窒素除去", 下水道協會誌, vol. 23, No. 267(1986·8).
140. H. Myoga, H. Asano, Y. Nomura and H. Yoshida, "Effects of immobilization conditions on the nitrification treatabity of entrapped cell reactors using the PVA freezing method," Wat. Sci. Tech. vol. 23(1991), Kyoto. pp.1117~1124.
141. Fukui, S. and Tanaka, A., "Immobilised Microbial Cells," Ann. Rev. Microbiol., vol. 36 (1982), pp.145.
142. Brodelius, P. and Nilsson, K., "Entrapment of Plant cell in Different Matrices. A comparative study," FEBS Letters, vol. 122(1980), pp.312.
143. Mattiasson, B., "Immobilised Viable Cells," In B. Mattuasson(ed.), "Immobilised Cells and Organelles," vol. 2(1983), CRC Press, Cleveland, pp.23.
144. Atkinson, B. and Mavituna, F. "Biochemical Engineering and Biotechnology Handbook," Macmillan, Chapter 10.(1983).

145. Atkinson, B., Cuuningham, J.D. and Pinches, A., The Biomass Hold-ups and Overall Rates of Substrate(glucose) Uptake of Support Particles.
146. Hung-suck Park, Simulatneous Nitrogen and Phosphorus Removal in Sequencing Batch Reactor with Porous Biomass Carrier, Ph. D. Dissertation Dept. of Civil Engineering, KAIST. 1990.
147. Nilsson, K., Birnbaum, S., Flygare, S., Lines, L., Schroder, U., Jeppson., U., Lasson, P. O., Mosbach, K., and Brodelius, P., 1983a, Eur. J. Appl. Microbiol. Biotechnol. 17;319~326.
148. Nilsson, K., Scheirer, W., Merten, O.W., Ostberg, L., Leihl, E., Katinger, H.W.D., and Mosbach, K., 1983b, Nature 302;629~630.
149. Klein, J., and Schara, P., 1981, Appl. Biochem. Biotechnol. 6;91~117.
150. Fukui, s., and Tanaka, A., 1982, Annu. Rev. Microbiol. 36;145~172.
151. Klein, J., and Kluge, M., 1981, Biotechnol. Lett. 3;65~70.
152. Atkinson, B., Black, G.M. Lewis, P.J.S. and pinches, A., 1979, Biotechnol. Bioeng., 21;193.
153. Atkinson, B., Black, G.M.and Pinches, A., 1981, Ellis Horwood, Chichester;75.
154. Nagashiman, M., Azuma, M., and Noguchi, s., 1983, Ann. N.Y. Acad. Sci. 413;457~468.
155. Vorlop, K.D., and Klein, J., 1981, Biotechnol. Lett.2;9~14.
156. Kan, J.K. and Shuler, M.L., 1978, Biotechnol. Bioeng. 20;217~230.
157. Mattiasson, B., Larsson, P.O., Lindhal, L., and Sahlin, P., 1982, Enzyme Microb. Technol. 4;153~157.
158. Enfors. S.O. and Mattiasson, B. "Oxygenation of Processes Involving Immobilised Cells," In B. Mattiasson(ed.) Immobilised Cells and Organelles, vol. 2(1983), CRC Press, Cleveland, pp.41.
159. Atkinson, B., "Biochenical Reactors," Pion Press, London (1974).
160. Atkinson, B. and Fowler, H.W., "The Significance of Microbial Film in Fermeners," In T.K. Chose, A. Fiechter and N. Blakevrough (eds.) Advances in Biochemical Engineering, vo. 3(1974), Springer Verlag, Berlin, pp.221.
161. Atkinson, B. and Daud, I.S., "Microbial Flocs and Flocculation Their Present and Future Applications," Biotech & Bioeng., vol.17, pp.1245.
162. Atkinson, B. and Daud, I.S., "Microbial Floce and Flocculation in Fermentation Process Engineering," In T.K. Gjose, A. Fiechter and N. Blakebrough(eds.) Advances in Biochemical Engineering, vol. 4(1976), Springer-Verlag, Berlin, pp.42.
163. Andersonm J.G., "Immobilised Cell and Film Reactor Systems for Filamentous Fungi," In J.E. Smith, D.R. Berry and B. Kristiansen(eds.) "The Filamentous Fungi vol. 4(1983), Fungal Technology," Edward Arnold, London, pp.145.
164. 이병인, "전해처리와 연속회분식 활성슬러지 공법을 이용한 도시폐기물 매립지 침출수의 처리", 서울시립대학교 대학원 박사학위 논문(1996.6.).
165. 홍성철, "포기순환상법에 의한 쓰레기 매립지 침출수의 처리에 관한 연구", 서울시립대학교 대학원 박사학위 논문(1992.12.).
166. 하수도시설기준, 2011, 한국상하수도협회
167. Metcalf & Eddy, Inc. : Wastewater Engineering : Treatment and Reuse, McGraw-Hill, New York, 2004.

Chapter 6

슬러지 처리

6.1 슬러지 처리의 개요 및 필요성

슬러지란 폐수처리공정에 포함되는 여러 단위조작과 단위프로세스에서 발생하는 각종 찌꺼기를 뜻하며 대부분이 물로 구성된 액체 또는 반고형의 액체형태로서 중량비로 0.25～12%의 고형물질을 함유한다.

Water Environment Federation(WEF 1998)의 정의에 따르면 생물고형물(biosolids)이라는 용어는 하수처리에서 발생하는 고형물이 안정화 및 퇴비화 같은 공정으로 처리된 후에 유익하게 사용될 수 있는 유기생성물이라는 사실을 반영한 것이다. 슬러지라는 용어는 유용성 기준을 달성하기 전의 상태를 칭한다. 슬러지는 부패성 유기물질의 함량이 높고 질병매개생물을 유인하여 경우에 따라서는 병원균을 포함할 수 있다. 유용성 기준을 만족하는지가 불명확할 경우에는 고형물(solids)이라는 용어를 사용한다. 슬러지는 1차 침전지에서 발생하는 1차 슬러지와 그 후속처리인 생물학적 프로세스에서 발생하는 2차 슬러지, 그리고 예비처리와 고도처리 등에서 발생하는 기타 슬러지로 구분되는데, 1차 슬러지와 2차 슬러지가 주종을 이루며, 규모와 운전방법에 따라 차이가 있지만 그 부피는 유입폐수량의 1% 전후이다. 1차 침전지에서는 유입 BOD의 30% 정도가 주로 고형물의 형태로 제거되며, 2차 처리에서는 제거되는 BOD의 40% 정도가 세포물질로 전환된다.

최근 폐수처리기술이 널리 보급됨에 따라 발생하는 슬러지량은 막대하고 또한 폐수중의 유해물질이 함유되어 있는 경우에는 슬러지 중에 유해물질이 많이 함유된 채로 농축되기 때문에 슬러지는 다른 어떤 산업폐기물보다 문제가 큰 환경오염인자가 되어 그 처리·처분 문제는 매우 신중하게 고려하여야 한다. 즉, 슬러지는 무기물의 비율, 안정성, 함유 유해물질의 종류와 양 등에 따라 여러 가지 종류로 구분되고 그 종류, 성질, 발생상황, 발생원 및 처분의 사정과 기타 조건에 의해 그 특성이 다르므로 처리·처분시 이러한 점을 고려하여 처리방법을 선택하여야 한다.

표 6-1 • 우리나라 슬러지 처리현황(2007년)

구 분	계	처 리			
		육상매립	소 각	재활용	해양배출
물량(톤/일)	7,631	164	829	1,411	5,227
비율(%)	100	2.1	10.9	18.5	68.5

2006년 3월부터 발효되고 있는 “런던협약 96의정서”에 따라 국제적으로 폐기물의 해양배출에 대한 한층 강화된 규제가 요구되고 있다. 우리나라의 경우 2007년 말 기준으로 하수슬러지의

68.5%를 해양투기 방법으로 처리하였으나(표 6-1) 해양환경보전 및 수산물 안전을 위해 이러한 유기성폐기물 중 하수슬러지 및 가축분뇨는 2012년 1월부터 해양배출이 금지되고 있어 육상처리 대책이 시급한 실정이다. 그러나 매립의 경우 매립지의 안전과 악취문제, 소각처리의 경우 다이옥신 등 대기오염과 높은 처리비용 등의 문제로 어려움이 많다.

따라서 육상처리 대체수단으로 매립·소각처리 보다는 유기성폐기물 바이오가스화 등의 대책이 마련되어야 하며 신·재생에너지의 생산과 온실가스 감축 등의 생산적 처리로 적극 활용되어야 한다.

6.2 슬러지의 발생원

슬러지의 적정처리 및 처분시설을 설계하기 위해서는 대상슬러지의 고형물질 및 발생원, 특성, 발생량 등에 대한 것 등을 알아야 한다. 그러므로 이 절의 목적은 이에 관한 기초자료와 정보를 제공하는 것에 있다.

표 6-2 • 전형적인 하수처리장에서 고형물의 주요 발생원과 형태

단위 조작 및 공정	고형물질 또는 슬러지 형태	비 고
스크린	굵은 고형물	굵은 고형물질은 봉 스크린의 기계적 혹은 인위적인 청소로 제거된다. 소규모 플랜트에서 스크린 찌꺼기는 흔히 분쇄되어 폐수와 함께 처리된다.
침사지	모래와 스컴	스컴 제거 시설은 침사지 시설에서 생략되기도 한다.
예비폭기	모래와 스컴	스컴 제거 설비가 예비폭기조에 없는 처리장도 있다. 침사지 설비가 예비폭기조에 선행되지 않는다면, 예비폭기조에서 모래의 침전이 발생한다.
1차 침전	1차 슬러지와 스컴	슬러지와 스컴의 양은 하수관거의 특성과 집수계통내로 유입되는 산업폐수의 성질에 따라 다르다.
생물학적 처리	부유 고형물질	부유물질은 BOD가 생물학적으로 전환됨으로 생성된다. 생물학적 처리로부터 폐기되는 슬러지의 농도를 높이는 여러 가지 농축방법이 요구된다.
2차 침전	2차 슬러지	U.S.EPA는 2차 침전조에 스컴 제거 설비를 요구하고 있다.
슬러지가공 시설	슬러지, 퇴비 및 회분(재)	최종 생성물의 특성은 처리 전 슬러지의 특성과 슬러지 처리방법 및 운전의 형태에 따라 다르다. 최종 부산물의 처분에 대한 규정이 시급히 요구되고 있다.

① 특성 : 폐수처리장에서 생성되는 슬러지를 가장 효율적으로 처리 혹은 처분하려면, 취급하고자 하는 고형물질과 슬러지의 특성을 파악하는 것이 중요하다. 슬러지 특성은 고형물질과 슬러지의 발생원, 슬러지가 보관된 시간 및 슬러지의 처리형태에 따라 달라진다.

② 발생원 : 폐수처리장의 고형물질 발생원은 처리공법과 운전방법에 따라 다양하다. 고형물질 및 슬러지의 주요 발생원과 형태를 <표 6-2>에 나타내었다.

1. 슬러지의 종류

슬러지는 폐수처리공정의 단위조작과 그 운전방법에 따라서 다른데, 각 출처별로 보면 다음과 같다.

(1) **스크린으로 제거된 것** : 예비처리장치인 스크린에서 제거되는 것은 플라스틱, 헝겊, 막대기, 부엌찌꺼기 등 부유성 협잡물들이다. 이런 것들은 더 처리하지 않고 소각, 매립 등의 방법으로 처분한다.

(2) **침사지에서 제거된 것** : 이것은 주로 모래이므로, 수거하여 매립한다. 유기물이 상당량 포함될 경우에는 미리 물로 씻고, 세정수를 다음 폐수처리공정으로 보낼 때도 있다.

(3) **부사**(浮渣 : Scum) : 이것은 주로 1차 침전지와 2차 침전지의 상등수 표면으로부터 제거된 것으로서 유지, 부엌찌꺼기, 머리카락, 종이, 담배꽁초, 플라스틱과 고무 성분으로 구성되며, 비중이 1.0 미만이다. 대개 탈수 후 처분된다.

(4) **1차 슬러지** : 이것은 1차 침전지에서 상등수로부터 분리된 유기질고형물과 수분이다. 악취가 있고, 부패성이 강하며, 쉽게 혐기성 소화된다. 화학적으로 응집된 1차 슬러지는 좀 찐득하고, 냄새가 덜 나고, 비중이 좀 크고, 염도도 좀 높다.

(5) **2차 슬러지** : 이것은 생물학적 반응조의 후침전지 또는 2차 침전지에서 상등수로부터 분리된 세포물질이 주종을 이룬다. 신선한 활성슬러지는 악취가 없지만 쉽게 부패하며, 따라서 쉽게 소화된다. 신선한 살수여상슬러지는 악취가 없지만, 벌레가 많이 포함되면 곧 악취가 난다. 쉽게 혐기성 소화된다.

(6) **호기성 소화 슬러지** : 슬러지는 색이 갈색내지 흑갈색이고, 플록형이고, 악취가 없고, 잘 소화된 것은 쉽게 탈수되며 생화학적으로 안정되어 있다.

(7) **혐기성 소화 슬러지** : 슬러지의 색이 흑갈색이고, 가스를 포함하고, 악취가 없고, 쉽게 탈수되며, 생화학적으로 안정되어 있다. 여상 위에 얕게 부하시킬 경우, 고형물이 처음에는 기포와 함께 액면에 부상하지만, 물이 빠지면서 다시 가라앉고, 건조하면서 균열이 생기고, 슬러지 케이크가 된다.

2. 슬러지의 성상

외관이나 색깔 등에 의해서 슬러지의 상태를 알 수 있다. 도시하수의 생슬러지는 회색, 황색으로 분변(糞便) 또는 종이, 야채류가 혼합되어 있고 냄새를 풍기면서 탈수가 어렵고 그의 상등액도 탁하고 냄새를 풍긴다.

소화된 슬러지는 흑색으로(유화철 생성으로) 타르 냄새를 풍긴다. 0.2cm 두께로 사상(砂上)위에서 1주일 정도면 딱딱하게 된다.

호기성 처리가 된 슬러지는 갈색을 띠고 흙냄새를 풍기는 것이 특색이다. 여름철에 이 슬러지는 2주 정도면 사상(砂上)에서 냄새가 나지 않고 건조된다.

열작감량에 의해서 슬러지 중에 어느 정도의 유기물과 무기물이 함유정도를 알 수 있다.

생슬러지는 일반적으로 70% 유기물과 30% 정도의 무기물이 포함되어 있고 소화슬러지는 유기물 양의 2/3 정도가 무기화, 가스화 또는 액화되어 슬러지는 45%의 유기물과 55% 정도 무기물로 구성되어 진다(표 6-3).

표 6-3 ◦ 소화조 슬러지의 이화학적 성상

항 목	평균값	표준편차	변이계수
수분(%)	95.3	2.55	26.8
pH	6.6	0.58	8.8
열작감량(%)	3.48	2.35	69.0
회분(%)	1.27	0.92	72.4
유류(ppm)	750.0	498	66.4
조섬유(ppm)	7043.0	4587	65.1
총 질소(ppm)	2168.0	1397	64.4
암모니아성 질소(ppm)	80.0	183	228.5
알부미노이드 질소(ppm)	1364.0	778	57.0
유기성 질소(ppm)	1677.0	741	44.2
염소이온(ppm)	124.0	29	23.4
COD(ppm)	9440.0	4963	52.8
BOD(ppm)	7420.0	5446	73.4
BOD/COD(ppm)	0.88		

3. 슬러지의 발생량과 부피

처리대상이 되는 계획슬러지량은 계획 1일 최대 폐수량을 기준하여 결정되는데, 대개 1차 슬러지와 2차 슬러지의 건조고형물발생량을 추정하고, 적절한 함수율을 적용함으로써 부피가 결정된다. 첫째로 1차 슬러지의 발생량은 아래와 같이 추정된다.

$$Q_{SS,\,des} = Q_{\max} \cdot E(SS)\left[\frac{1}{1-(MC)}\right](1{,}000)^{-1} \tag{6.1}$$

여기서, $Q_{SS,\,des}$: 계획슬러지량, m^3/day

$Q_{\max}$: 계획1일 최대폐수량, m^3/day

E : SS제거율

SS : 폐수의 SS농도, kg/m^3

MC : 제거되는 SS의 함수율

1,000 : 1,000kg/m^3

1차 침전지의 SS제거율은 운전이 양호할 경우 50～65%이다. 만약에 응집제가 투여될 경우에는 SS제거율이 증가되며, 응집제량도 제거된 SS에 추가된다. 둘째로 2차 슬러지 건조고형물발생량에 관해서는 해당 생물학적 처리의 설명을 참조하기 바란다. 여러 가지 공정과 운전방법에 따라 발생되는 고형물의 발생량에 관한 자료를 <표 6-4>와 <표 6-5>에 나타내었다. 처리장의 단위 슬러지발생량은 처리규모의 증대에 따라서 증가하는 경향을 나타낸다.

표 6-4 ◦ 하수처리 조작 및 공정에서 발생하는 슬러지 발생량과 물리적 특성

처리 조작 및 공정	고형물 비중	슬러지 비중	건조고형물($kg/10^3m^3$)	
			범 위	대표값
1차 침전	1.4	1.02	110～170	150
활성슬러지	1.25	1.005	70～100	80
살수여상	1.45	1.025	60～100	70
장기폭기	1.30	1.015	80～120	100
호기성라군	1.30	1.01	80～120	100
여과	1.20	1.005	12～24	20
인 제거를 위해 1차 침전지에 첨가된 화학약품				
소량의 석회(350～500mg/L)	1.9	1.04	240～400	300
다량의 석회(800～1,600mg/L)	2.2	1.05	600～1300	800
부유성장 질산화	-	-	-	-
부유성장 탈질산화	1.20	1.005	12～30	18
초벌 여상	1.28	1.02	-	-

표 6-5 • 하수처리 조작 및 공정에서 예상되는 고형물 농도

처리 조작 및 공정	고형물 농도(% 건조고형물)	
	범 위	대표값
1차 침전		
1차 슬러지	5~9	6
사이클론 그릿제거기에서의 1차 슬러지	0.5~3	1.5
1차 슬러지와 폐활성슬러지	3~8	4
1차 슬러지와 살수여상 슬러지	4~10	5
인 제거를 위해 첨가한 철염을 함유한 1차 슬러지	0.5~3	2
인 제거를 위해 첨가한 소량의 석회를 함유한 1차 슬러지	2~8	4
인 제거를 위해 첨가한 다량의 석회를 함유한 1차 슬러지	4~16	10
스컴	3~10	5
2차 침전		
폐활성슬러지와 1차 슬러지	0.5~1.5	0.8
폐활성슬러지	0.8~2.5	1.3
순산소 활성슬러지와 1차 슬러지	1.3~3	2
순산소 활성슬러지	1.4~4	2.5
살수여상 슬러지	1~3	1.5
회전식 생물학적 접촉조 폐슬러지	1~3	1.5
중력농축		
1차 슬러지	5~10	8
1차 슬러지와 폐활성슬러지	2~8	4
1차 슬러지와 살수여상 슬러지	4~9	5
부상농축		
응집제가 첨가된 폐활성슬러지	4~6	5
응집제가 첨가되지 않은 폐활성슬러지	3~5	4
원심분리 농축(폐활성슬러지만)	4~8	5
벨트형 중력농축(응집제가 첨가된 폐활성슬러지)	4~8	5
혐기성 소화		
1차 슬러지	2~5	4
1차 슬러지와 폐활성슬러지	1.5~4	2.5
1차 슬러지와 살수여상 슬러지	2~4	3
호기성 소화		
1차 슬러지	2.5~7	3.5
1차 슬러지와 폐활성슬러지	1.5~4	2.5
1차 슬러지와 살수여상 슬러지	0.8~2.5	1.3

예제 6-1 1,000m^3의 폐수 중에서 SS의 농도가 300mg/L일 때 처리효율 60%인 처리시설에서 발생되는 슬러지의 양은 얼마인가? (단, 슬러지 비중 : 1, 함수율 95%로 가정함)

답

$$Q_{SS,des} = Q_{\max} \cdot E(SS)\left[\frac{1}{1-(MC)}\right](1{,}000)^{-1}$$ 에 대입하면

$$Q_{SS,des} = 1{,}000\frac{\mathrm{m}^3}{\mathrm{day}} \times 0.6\left(0.3\frac{\mathrm{kg}}{\mathrm{m}^3}\right)\left[\frac{1}{1-(0.95)}\right](1{,}000)^{-1} = 3.6\frac{\mathrm{m}^3}{\mathrm{day}}$$

슬러지의 감량화와 관련하여, 슬러지의 부피는 슬러지의 고형물함유량과 밀접한 관계가 있다. 그리고 그러한 관계를 정립하기에 앞서서, 젖은 슬러지의 비중과 그 구성물질의 비중과의 상호관계를 규명하는 것은 매우 중요한데, 그 상호관계는 아래와 같다.

$$\frac{P_s}{S_s \cdot \rho_w} = \frac{P_f}{S_f \cdot \rho_w} + \frac{P_v}{S_v \cdot \rho_w} \tag{6.2}$$

여기서, P_s : 건조고형물의 비율(여기서는 1.0)

P_f : 고형물의 FS 비율

P_v : 고형물의 VS 비율

S_s : 건조고형물의 비중

S_f : FS의 비중

S_v : VS의 비중

ρ_w : 물의 비중

다음으로, 젖은 슬러지의 비중은 아래의 관계식으로부터 구할 수 있다.

$$\frac{1}{S} = \frac{P_s}{S_s} + \frac{P_w}{\rho_w} \tag{6.3}$$

여기서, S : 젖은 슬러지의 비중

P_w : 함수율

젖은 슬러지의 부피는 아래와 같이 계산된다.

$$V_s = \frac{M_s}{\rho_w \cdot S \cdot P_s} \tag{6.4}$$

여기서, V_s : 젖은 슬러지의 부피, m^3

M_s : 건조슬러지의 무게, kg

ρ_w : 물의 밀도, kg/m^3

젖은 슬러지는 함수율이 감소됨에 따라서 부피가 감량된다. 이 때의 부피 감량률을 아래 식에 의하여 계산할 수 있다. 이 식은 젖은 슬러지의 비중을 다 1.0으로 가정한 것이다.

$$\frac{V_{s_2}}{V_{s_1}} = \frac{P_{s_1}}{P_{s_2}} \tag{6.5}$$

여기서, V_{s_1}, V_{s_2} : 첫째 및 둘째 건조 슬러지의 부피

P_{s_1}, P_{s_2} : 첫째 및 둘째 건조 슬러지의 비율

예제 6-2 아래와 같은 슬러지를 가정하고, 이 슬러지의 (1) 건조고형물 비중, (2) 젖은 슬러지 비중, (3) 건조고형물 발생량이 8,064kg/day일 때의 젖은 슬러지의 부피 등을 계산하고, (4) 함수율이 96%에서 92%로 감소될 때의 젖은 슬러지의 부피감량률을 판단하라.

고형물의 VS 비율(P_v) : 0.75	고형물의 FS 비율(P_f) : 0.35
VS의 비중(S_v') : 1.0	FS의 비중(S_f) : 2.5
물의 비중(ρ_w) : 1.0	

답

(1) 건조고형물의 비중(S_s)

$$\frac{1.0}{S_s(1.0)} = \frac{0.35}{(2.5)(1.0)} + \frac{0.75}{(1.0)(1.0)} = 0.89 \qquad \therefore\ S_s = 1.123$$

(2) 젖은 슬러지의 비중(S)

$$\frac{1}{S} = \frac{0.04}{1.123} + \frac{0.96}{1.0} = 0.9957 \qquad \therefore\ S = 1.004$$

(3) 젖은 슬러지의 부피(V_s)

$$V_s = \frac{8{,}064\text{kg/day}}{(1{,}000\text{kg/m}^3)(1.004)(0.04)} = 200.8\text{m}^3/\text{day}$$

(4) 부피감량률(V_{s_2}/V_{s_1})

$$\frac{V_{s_2}}{V_{s_1}} = \frac{0.04}{0.08} = \frac{1}{2}$$

즉, 함수율은 96%로부터 92%로 감소되지만 고형물 함량은 4%로부터 8%로 2배 증가된다. 그리고 부피감량률은 그것에 반비례한다. 슬러지의 비중을 정확히 결정하는 것이 곤란하고, 또 부피감량률을 이렇게 계산하더라도 실용적으로는 충분하므로, 이러한 계산방법이 통용되고 있다.

6.3 슬러지 처리법

1. 슬러지의 처리계통도

슬러지의 처리방법에는 농축, 개량, 소화, 탈수, 소각 등 여러 가지가 있으며 이들 방법은 통상 <그림 6-1>의 (a)에 나타낸 바와 같은 계통을 따른다. 그러나 반드시 그 순서를 지킬 필요는

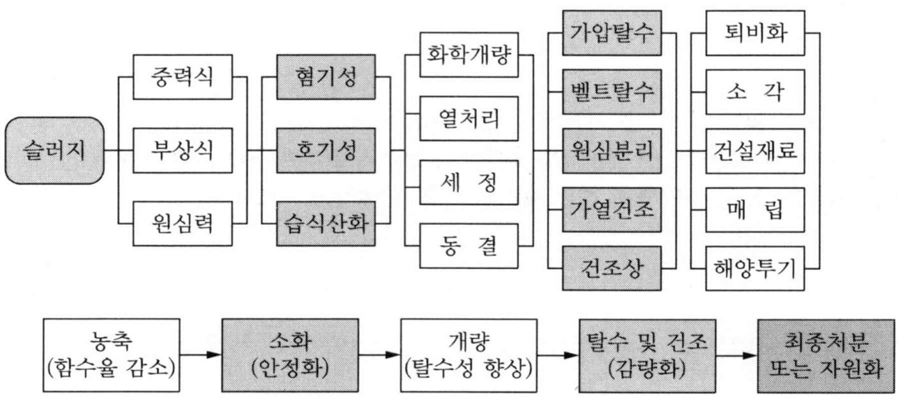

(a)

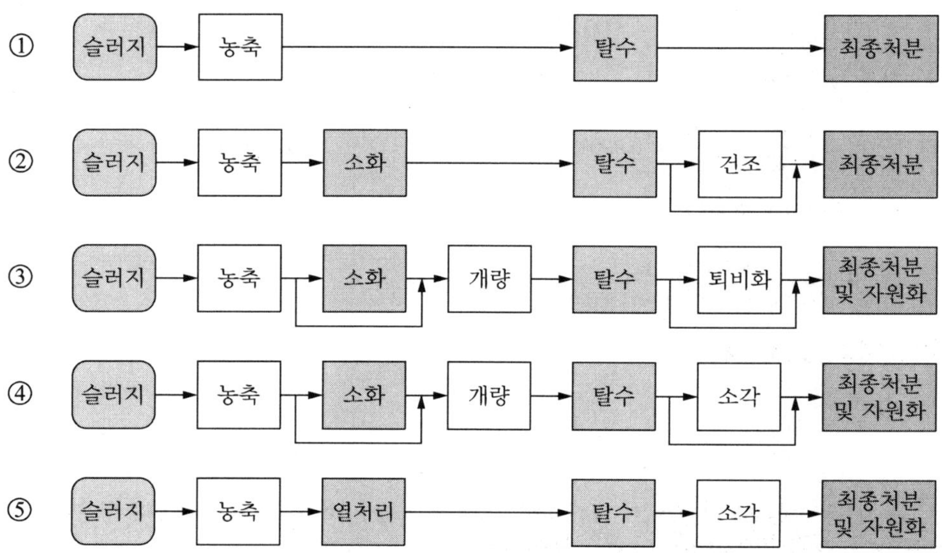

(b)

그림 6-1 • 슬러지처리계통도(a) 및 처리·처분방법(b)의 예

없다. 슬러지의 최종처리 및 처분방법은 (b)와 같은 여러 가지 방법이 있으며, 이 요구되는 방법을 선택 조합하여 사용할 수 있다.

①의 방법은 슬러지를 함수율만 낮추어서 최종 처분하는 것으로, 슬러지내의 유기물이 안정화되어 있지 않으며 위생적으로도 안전하지 못하나 소규모 시설에 이용가능하다. 원심농축 탈수기를 이용하여 별도의 농축공정 없이 직접 탈수하기도 한다.

②의 방법은 슬러지를 소화시킨 후 탈수·건조시켜 최종 처분하는 것으로 유기물을 안정화시키고 슬러지 부피도 감소시킬 수 있다. 보통 슬러지의 건조를 위해서는 건조기나 건조상을 이용하여야 하지만 경제성 또는 부지확보의 어려움 때문에 잘 적용하지 않는다.

③의 방법은 탈수케이크를 퇴비로 사용하는 것으로 탈수케이크는 함수율이 높아 퇴비화가 곤란하므로 수분함량을 조정하여야 한다. 슬러지를 녹지에 투여하는 경우에는 슬러지의 직접 주입이 고려되는 경우도 있다.

④의 방법은 탈수 후 소각하는 방법으로 도시지역 등과 같이 매립지 확보가 어렵거나 매립처리가 어려운 경우에 검토할 필요가 있다. 슬러지를 소각하는 경우에 혐기성 소화의 채택 여부는 슬러지 소화시 슬러지의 감량화로 인한 후속 처리시설의 규모, 소화가스의 이용, 슬러지의 저류효과 등의 장점과 수처리시설에 미치는 상징수의 영향, 슬러지 발열량의 저하, 부지면적, 가온의 필요성, 시설의 복잡정도 등의 단점을 종합적으로 판단해서 결정한다.

표 6-6 • 슬러지 처리방법별 장·단점

방 법	장 점	단 점
소각법	- 감량화가 크다 - 위생적으로 안정 - 생화학적으로 안정 - 폐열회수 활용가능	- 건설비 및 유지비 과다 - 고급기술 필요 - 가연성물질 분리수거
재활용법	- 처리비 저렴 - 고급기술 필요 - 폐자원 활용가능	- 위생적 불안전 - 재생가공물 납부처 필요
매립법	- 처리비 저렴 - 고급기술 불필요 - 대량처리	- 매립지 확보곤란, 넓은 부지 필요 - 수질, 토양오염 및 악취발생 - 건설비 및 유지비 과다
퇴비화	- 토양개량제나 저급비료로 이용 - 함수율을 감소시켜 취급성 개량	- 처리기간 장기화로 부지과다 소요 - 중금속등 유해물질 유입가능 - 위생적 불안전 및 함수율 조정필요 - 처리량 제한

⑤의 방법은 열처리에 의해 탈수성을 향상시키는 것으로 가열에너지가 필요하므로 슬러지 소각시 발생하는 폐열 이용을 전제로 하며 탈리액은 BOD가 높고 슬러지에서는 독특한 악취가 난다. 또한 유지관리가 어려운 단점이 있다. 이와 같이 슬러지처리는 처리방법에 따라 각각 그 특성이 다르다(표 6-6).

<그림 6-2>는 호기성 소화법으로 슬러지를 처리하는 경우의 고형물 물질수지를 <표 6-7>은 각 단위조작에서의 고형물 회수율을 나타낸 것이다.

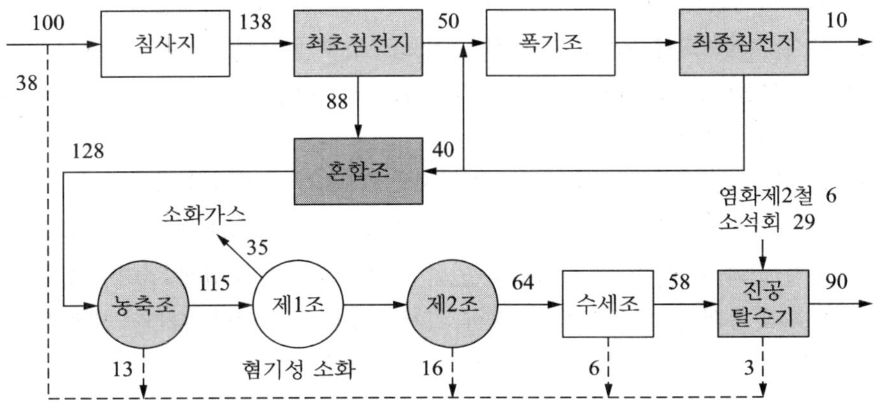

그림 6-2 • 슬러지 처리공정에 있어서의 고형물 수지

표 6-7 • 각종 슬러지 처리 단위조작의 고형물 회수율

	슬러지 처리 단위조작	고형물 회수율(%)
농 축	중력농축 원심농축 부상농축	80～90 80～90 90전후
소 화	가스화에 의한 고형물 감소율 소화후의 고형물 회수율	25～35 75～85
슬러지 개량	수세 열처리 : 가스화 등에 의한 고형물 감소율 열처리 후의 고형물 회수율	80～90 25전후 90전후
탈 수	감압(진공탈수) 가압 벨트여과 원심분리	95～98

슬러지 처리공정의 각 단위조작은 이러한 고형화 수지와 슬러지의 함수율, 체류시간, 운전시간 등을 고려하여 실계용량을 결정하게 된다. 그리고 탈수기계의 용량은 고형물이 누출되어 재반송되는 것을 극소화할 수 있도록 충분히 커야 한다.

2. 슬러지의 전처리

슬러지 전처리 또는 조절이란 후처리를 경제적으로 행하기 위해 슬러지의 성질을 계획적으로 개량하는 것으로 주로 탈수작용에 영향을 미치게 한다. 농축슬러지나 소화슬러지는 여러 유기물과 형상이 다양한 미세고형물 및 콜로이드로 구성되어 있는데, 물과의 친화력이 강하므로 쉽게 탈수되지 않기 때문에 탈수 전에 아래와 같은 방법이 적용된다.

(1) 수세

수세방법은 염기성 소화된 슬러지를 대상으로 하여 실시되지만, 소화슬러지를 기계탈수 할 때 고분자응집제를 적용하는 경우에는 생략될 때가 많다. 그리고 수세조 유출수를 폐수처리공정에 재반송하여 그중의 미세고형물을 제거할 때, 그 제거효율이 만족할만하지 못하므로, 미국 등 지역에서는 수세방법이 차츰 사용되지 않고 있다.

혐기성 소화된 슬러지는 중탄산염 등의 생성 때문에 2,000～3,000mg/L의 알칼리도를 갖고 있고, 기계탈수를 쉽게 하고자 응집제를 투여할 경우 그러한 알칼리도 때문에 응집제소요량이 과대해진다.

그러므로 소화 슬러지액을 알칼리도가 낮은 물로 씻음으로써 소화슬러지의 알칼리도를 낮춤과 동시에 콜로이드상물질도 아울러서 제거하고, 응집제투여량을 절약하는 한편 슬러지 탈수성을 개량할 수 있다.

슬러지의 수세방법에는 슬러지액을 일반적으로 수배의 물로 희석하고, 교반하고, 침전시킴으로써 알칼리도를 400～600mg/L의 수준으로 낮춘다. 수세조의 고형물질 부하율은 60～90kg/m^2 · day 정도이다. 이러한 수세비용은 대체로 절약되는 응집제비용보다 적다.

(2) 화학적 조정

슬러지의 화학적 조정이란 슬러지액에 화학적 응집제를 투여함으로써 콜로이드와 미세입자군의 중합을 유도하여 플록을 만들고, 고액분리를 쉽게 하여 슬러지의 탈수성을 개량하는 것이다. 사용되는 응집제에는 무기응집제와 유기응집제가 있는데, 전자는 염화제2철($FeCl_3 \cdot 6H_2O$), 황화제1철($FeSO_4 \cdot 7H_2O$), 황화제2철($Fe_2(SO_4)_3 \cdot 3H_2O$), 황화알루미늄($Al_2(SO_4)_3 \cdot 18H_2O$) 등이며, 후자는 대개 양이온계의 고분자응집제이다. 그 외에 소석회($Ca(OH)_2$) 등의 응집보조제가 사용된다. 사용되는 응집제는 탈수기의 종류에 따라서 달라지는데, 대개 진공처리기와 압착여과기로 슬러지를 탈수할 때에는 무기계를 그리고 원심탈수기와 벨트여과기로 탈수할 때에는 유기계의 응집제를 사용한다. 그리고 무기계의 경우에는 염화제2철과 소석회를 병용할 때가 많다.

응집제와 응집보조제의 투여량은 슬러지의 특성에 따라서 다른데, 대개 건조고형물량에 대하여 결정수를 제외한 염화제2철을 3～10%, 시판되는 소석회를 20～50% 정도로 투여하되, 시판품을 희석농도 10～20%의 수용액으로 만든 후 투여한다. 고분자응집제의 경우는 건조고형물에 대하여 0.5～1.5%의 분체를 희석농도 0.1～0.3%의 수용액으로 만들어서 투여한다. 응집투여장치에는 저장조, 주입기, 계량기, 용해조, 혼합조, 펌프 등이 포함되는데, 그것에 관해서는 하수도 시설기준을 참조하기 바란다.

(3) 열처리

이 방법은 슬러지액을 밀폐된 상태에서 160～210℃의 온도로 30～60분간 처리함으로써 슬러지 속의 콜로이드와 겔(gel)구조를 파괴하여 탈수성을 개량하는 방법이다. 이렇게 열처리된 슬러지는 농축성이 좋아지고, 응집제를 첨가하지 않더라도 탈수효율이 높아진다.

만약에 최종슬러지를 제거하는 경우에는 소각설비의 폐가스가 갖고 있는 열을 회수하여 이용함으로써 연료비를 절약할 수 있다. 이 방법에서는 슬러지액을 높은 압력으로 반응조에 주입하고, 그 성상변화가 일어나는 온도가 되도록 가열한다. 이렇게 고열처리된 슬러지의 일부분은 가스화되고, 고형물과 분리액형태의 남은 부분은 농축조로 보내진다.

고온처리법과 저온처리법이 있는데, 전자는 반응온도 180～210℃, 반응압력 10～17kg/cm^2, 그리고 반응시간이 30～60분이다. 후자는 반응온도, 160～170℃, 반응압력 10kg/cm^2 미만, 그리고 반응 시간이 60분 전후이다. 열처리장치에는 고압펌프, 열교환기, 반응기, 보일러, 농축조 등이 포함되는데, 그것에 관해서는 하수도시설기준을 참조하기 바란다.

(4) 슬러지회에 의한 입자구성의 개선

물과 고형질과의 결합력은 입경의 분포상태에 따라서도 좌우된다. 슬러지의 미립자는 탈수가 비교적 곤란하며 작은 입자가 큰 입자에 흡착되어 슬러지의 입경이 균일하게 된다. 이렇게 입경이 균등하면 여과효과도 높아진다. 실제에는 여과할 슬러지와 같거나 다른 소각재(슬러지의 입경＝0.05～0.1mm)를 슬러지의 고형물질량에 1～3배 정도 가하면 응집제를 쓰지 않고 진공여과기 혹은 압력여과기에 걸어서 탈수되는 경우가 많다.

3. 슬러지의 본처리

(1) 슬러지의 농축

농축은 액상슬러지의 함수율을 줄이고 고형물농도를 증가시킴으로써, 생슬러지의 부피를 감량하기 위한 방법이다. 가령, 생슬러지의 함수율이 98%로부터 96%로 줄어들면, 고형물함량은 2%로부터 4%로 증가되고 생슬러지의 부피는 약 반으로 감량된다. 생슬러지의 감량은 ① 운반비와 후속처리시설의 용량절약, ② 소화조가열과 슬러지의 건조, 소각 등에 소요되는 연료의 절약, ③ 슬러지개량에 소요되는 약품절약 등을 통하여, 전체적으로 슬러지처리비용을 줄이고, 슬러지의 취급과 처리를 쉽게 한다. 슬러지 농축방법에는 ① 중력식 농축, ② 부상농축, ③ 원심농축의 세 가지가 있는데, 일반적으로 중력식 농축방법이 사용된다. 그리고 농축은 1차 침전지나 슬러지 소화시설에서도 수행되므로, 소규모처리장에서는 별도로 실시되지 않는다.

1) 중력식 농축조

중력식 농축조의 구조와 원리는 재래식 침전조의 그것과 근본적으로 같다. 조내 슬러지를 조내 슬러지를 체류시켜 중력을 이용하여 농축한 후 바닥에 침강한 농축슬러지를 슬러지제거기(scraper)로 배출구에 모으는 것이다(그림 6-3(a)). 조는 대개 수밀한 철근콘크리트로 시공되는데, 모양은 원형이고, 유효수심은 4m 정도이며, 상등수와 슬러지와의 경계면이 수면하 1m 정도 되도록 한다. 농축된 슬러지를 스크레이퍼기계로 중앙의 인출관쪽으로 밀어 모으는 경우에는 바닥구배를 5/100 이상이 되도록 한다. 그러지 않고 중력만으로 슬러지를 중앙 인출관으로 유도하는 경우에는 하부에 경사가 60도 이상 되는 호퍼를 만든다.

액상슬러지는 중앙 상부의 도수관을 통하여 유입한 후 상향하면서 고액 분리되는데, 이 때 상등수는 둘레의 월류조로 방사류하며, 고형물은 침강한 후 농축된다. 고형물의 침강형태는 제2 및 제3형이므로, 농축조의 침강역은 적절한 수심과 체류시간을 유지할 수 있어야 한다(그림 6-3(b)). 그러나 체류시간이 지나치면 여름철에 고형물이 부패되어 부상하거나 악취가 날 우려가 있다. 하수도 시설기준에서는 농축조의 용량은 계획슬러지량의 18시간 분량 이하로 하고 고형물 부하는 25～75kg/m^2·day을 표준으로 하나 대상 슬러지의 특성에 따라 변경될 수 있다고 제시하고 있다.

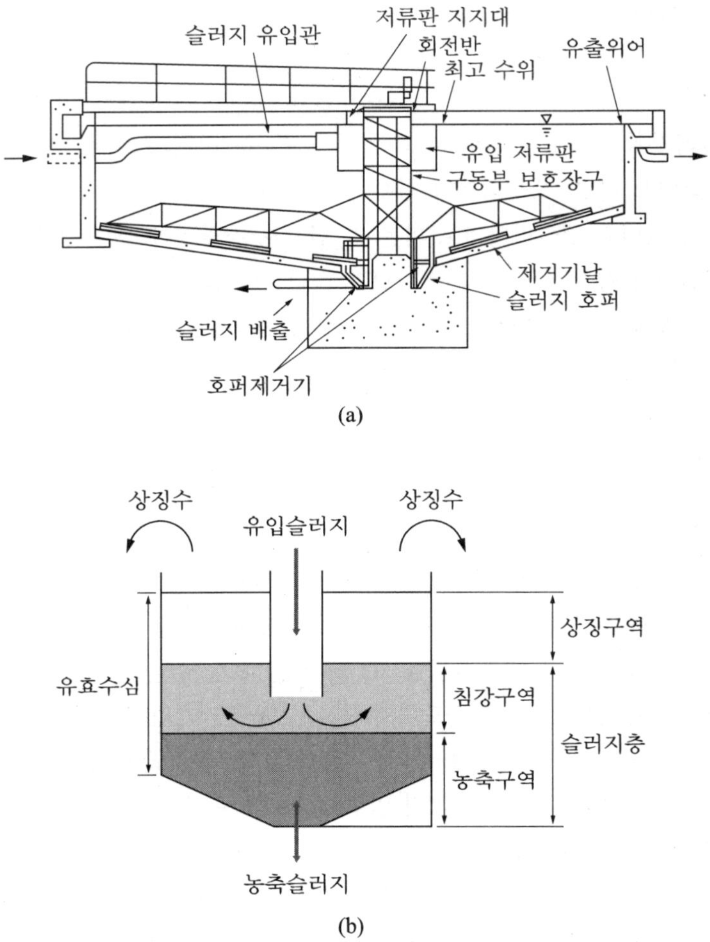

그림 6-3 ∘ 중력식 농축조의 예(a) 및 침강농축영역(b)

2) 부상식 농축조

부상농축법이란 액상 중의 고형물입자에 미세한 기포를 붙여서 유효크기를 증대시켜 비중을 작게 함으로써 고형물을 수면으로 부상시키는 방법이다. 기포 발생방법에 따라서 ① 공기용해법, ② 산기법, ③ 전해법 등으로 구분되는데, 공기용해법은 다시 가압법과 감압(진공)법으로 나누어진다.

슬러지농축용으로 사용되는 방법은 주로 공기용해법인데, 감압법은 조절할 수 있는 압력범위가 좁으므로 그것보다는 가압법이 더 많이 사용된다. 가압법이란 액상과 접하고 있는 기체상의 압력을 일시적으로 높였다가 다시 감압할 때 과잉으로 용해되었던 기체가 미세기포의 형태로 상승하는 원리를 응용한 것이다. 슬러지농축용으로는 <그림 6-4>와 같은 방법들이 적용된다.

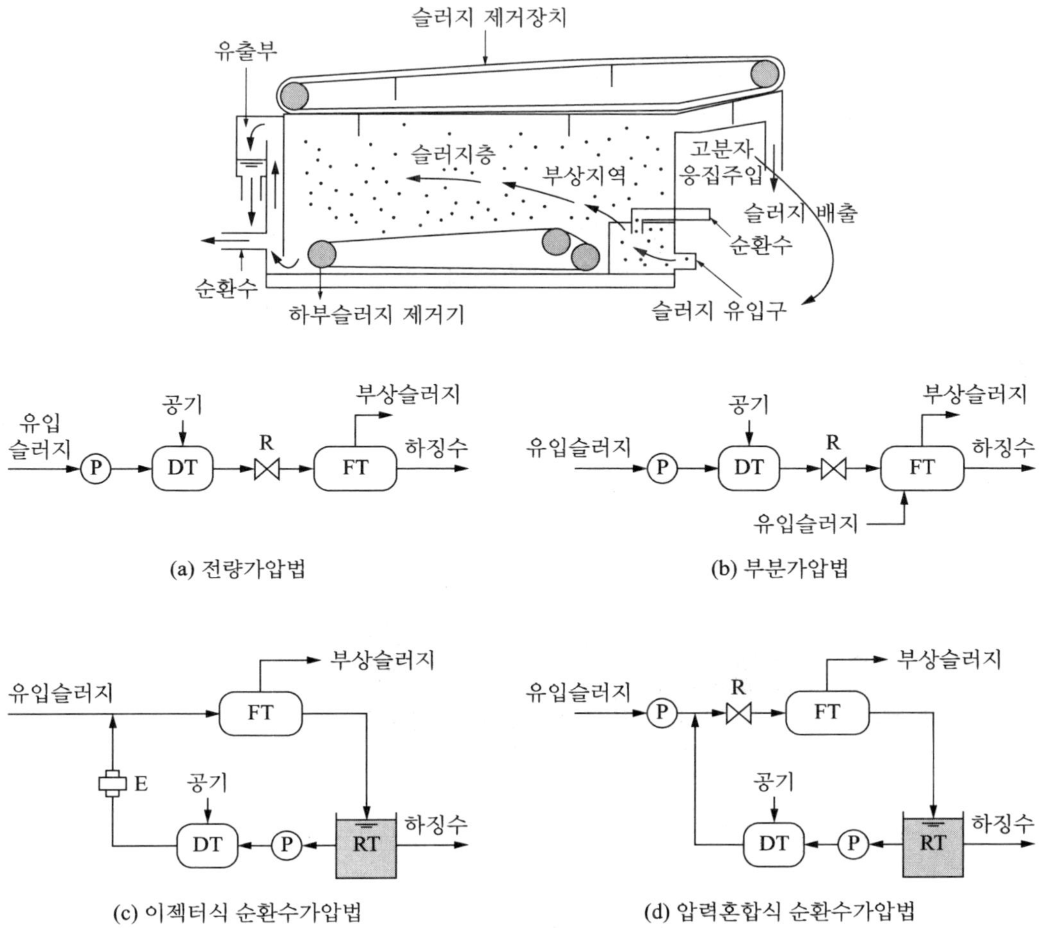

DT : 공기용해조, FT : 부상조, RT : 압력혼합식 순환수가압법
P : 가압펌프, R : 감압펌프, E : ejector

그림 6-4 • 부상식 농축조

발생시킬 수 있는 기포량은 순환수가압법, 총량가압법, 부분가압법의 순서로 크며, 일반적으로 기포량이 클수록 높은 슬러지농도에 대처할 수 있다. 이러한 이유로 부분가압법은 슬러지농축에 잘 사용되지 않고 있다. 그리고 부상농축법은 중력식으로 잘 농축되지 않는 가벼운 슬러지를 농축시키는 경우에 사용되며, 경우에 따라서는 응집제를 병용하기도 한다.

부상농축조는 대개 수밀한 철근콘크리트로 시공되고 모양이 원형, 정방형 또는 장방형이며 공기용해조와 가압펌프 그리고 순환수조 등의 부대설비를 갖춘다. 권고되는 고형물 부하율은 80 ~ 150kg/m^2 · day 범위이며, 순환수가압법의 합계체류시간은 2시간 이상이고 가압펌프의 토출압력은 2 ~ 4kg/cm^2 범위이다.

잉여슬러지의 경우 고형물에 대한 기체의 비율은 0.02～0.04kg이고, 농축된 슬러지의 함수율은 96～97% 정도이다. 농축된 슬러지는 수면에 설치된 슬러지제거기로 수집한다. 부상조의 바닥에도 슬러지제거기가 설치된다.

3) 원심농축기

원심농축기는 중력만으로는 침강농축하기 어려운 슬러지를 원심력을 이용해 효과적으로 농축하는 것으로 ① 횡형의 솔리드 - 보울 컨베이어형(solid-bowl conveyer type), ② 입형의 디스크 - 노즐형(disk-nozzle type), ③ 배스킷형(basket type)의 세 가지가 있다. 그러나 최근에는 입형 원심농축기는 폐쇄와 마모 등 유지관리상의 어려움이 많아 슬러지농축에는 거의 사용하지 않는 추세이다.

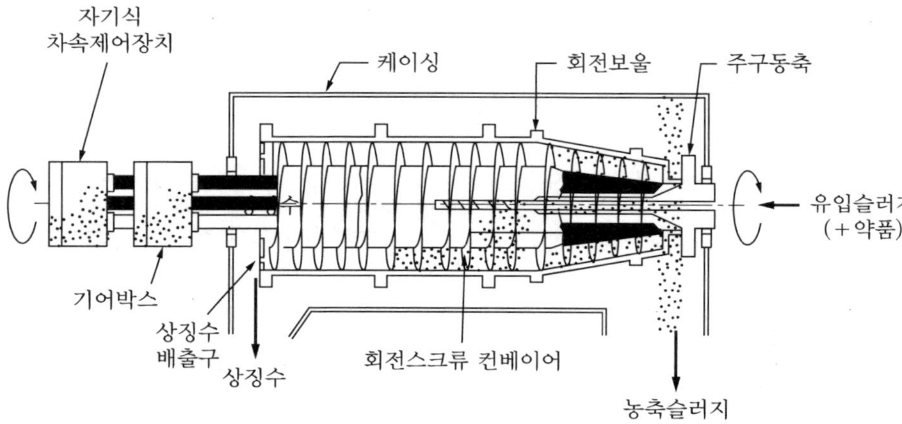

(a) 정류형

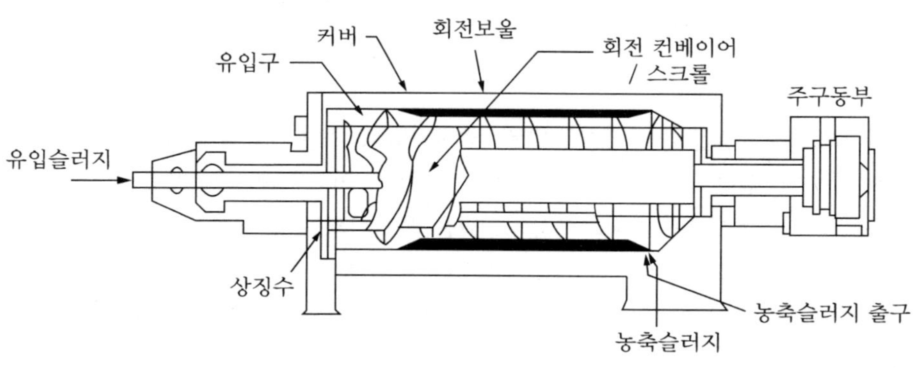

(b) 역류형

그림 6-5 ∘ 원심농축기의 예

솔리드 - 보울 컨베이어형 원심농축기는 슬러지 유입방향과 농축된 슬러지의 이동방향이 같은 정류형과 그 방향이 서로 반대인 역류형으로 구분된다(그림 6-5). 솔리드 - 보울 컨베이어형 원심농축기는 원심탈수기와 외형이 비슷하며 보울(bowl)에서 유출되는 분리액의 액측수심을 슬러지측의 배출구 높이 정도까지 높게 운전하고 농축슬러지가 보울의 경사부를 올라가도록 쉽게 설계되어 있다.

원심농축기는 일반적으로 85% 이상의 고형물회수율과 96% 이하의 함수율을 목표로 운전되며 그러한 목표에 따라서 각 형의 원심효과가 결정된다.

농축슬러지의 농도, 고형물회수율 등 농축효과가 유입슬러지의 성사에 따라 최적 상태가 되도록 운전하기 위해서는 운전상의 주요 인자인 유입슬러지량, 회전수, 보울과 스크루의 속도차, 액측수심 등이 설치 후에도 조절가능한 설비를 선정하는 것이 중요하다.

(2) 슬러지의 탈수

탈수 전의 슬러지는 액상의 슬러지인데 그것으로부터 수분을 최대한으로 제거하여 소성상태 또는 그것과 비슷한 상태로 만드는 작업이 탈수작업이다. 그렇게 함으로써 ① 최종처분장소까지의 운반비 절약, ② 취급의 용이, ③ 소각시 슬러지의 발열률 향상, ④ 매립시 침출수발생량 감량효과, ⑤ 부패성 액체를 제거할 수 있는 이점이 있다.

탈수는 기계력을 이용하는 물리적 방법과 햇볕 및 바람을 이용하는 자연에너지방법에 의존하는 법으로 구분되는데, 전자의 경우에는 탈수효율을 높이기 위한 슬러지의 개량이 필요하다.

1) 감압탈수

이 방법은 진공탈수법 또는 진공여과법으로서 더 알려져 있다. <그림 6-6>에서 보듯이 회전드럼의 일부를 액상슬러지조에 침지시키고 드럼내부로부터 공기를 흡입(감압)함으로써 고형물을 드럼표면의 여포에 흡착시켜서 밖으로 노출시킨 후 케이크 상태로 떨어뜨린다. 슬러지케이크의 함수량은 대체로 70～80%가 된다.

(a) 여과이론

오늘날 적용되고 있는 진공여과이론은 Carmen이 제안하고 Coackley가 발전시킨 것이다. 즉,

$$\frac{dV}{dt} = \frac{PA^2}{\mu(rCV + R_m A)} \tag{6.6}$$

여기서, V : 여과액의 양, m^3

t : 시간, sec

P : 진공압력, N/m^2

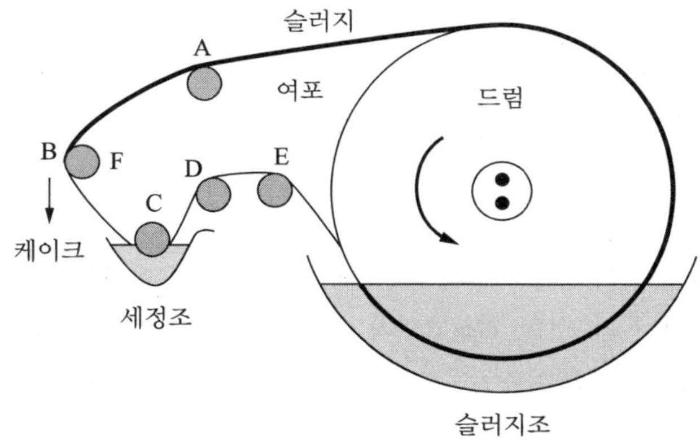

그림 6-6 • 벨트식 진공여과기의 원리

A : 여과면적, m^2

μ : 여과액의 점성계수, $N \cdot sec/m^2$

r : 슬러지케이크의 비저항계수, m/kg

C : 단위여과액당 슬러지케이크의 건조중량, kg/m^3

R_m : 여포의 저항계수, m^{-1}

압력이 일정하다고 보고, 위 식을 적분하면

$$\frac{t}{V} = \frac{\mu rCV}{2PA^2} + \frac{\mu R_m}{PA} \tag{6.7}$$

위에서 슬러지의 비저항계수 r의 값은 흡입여과기를 사용하여 슬러지의 흡입시간(t)별 여과액(V)의 자료를 얻고 그래프에 t/V와 V와의 관계를 나타내는 직선을 그은 후, 그 경사로부터 구할 수 있다. 즉, 그 경사가 S일 때 위 식으로부터

$$r = \frac{2PA^2S}{\mu C} \tag{6.8}$$

문헌에 의한 각종 슬러지의 비저항계수 값은 <표 6-8>과 같다.

실용목적을 위해서는 식 (6.7)을 아래와 같이 수정하여 사용하는 것이 편리하다. 즉,

$$L_f = \frac{CV}{A \cdot t_f} \tag{6.9}$$

여기서, L_f : 슬러지 여과속도, kg 건조고형물/m^2 여포면적·hr

t_f : 고형물 흡착시간, hr

표 6-8 · 슬러지의 비저항계수(r) 값

슬러지의 구분	비저항계수 r (m/kg)
1차 슬러지	$1.5 \sim 5.0 \times 10^{14}$
활성슬러지	$1 \sim 10 \times 10^{1 \sim 3}$
소화된 슬러지	$1 \sim 6 \times 10^{14}$
응집제를 첨가한 소화슬러지	$3 \sim 40 \times 10^{11}$

위에서 t_f는 회전드럼의 한 점이 액상에 들어가서 나올 때까지의 경과시간, 즉 1회전당 침지시간이다. 식 (6.7)에서 여포의 저항계수를 무시하고($R_m \to 0$), $t = t_f$라고 하면

$$\frac{t_f}{V} = \frac{\mu RCV}{2PA^2} \quad \text{또는} \quad \frac{V^2}{A^2} = \frac{2Pt_f}{\mu RC} \tag{6.10}$$

위 식을 t_f^2/t, $C = C^2/C$로 대치하고 다시 쓰면

$$\left(\frac{CV}{At_f}\right)^2 = \frac{2PC}{\mu r t_f} \tag{6.11}$$

식 (6.9)과 식 (6.11)으로부터

$$L_f = \left(\frac{2PC}{\mu r t_f}\right)^{\frac{1}{2}} \tag{6.12}$$

여기서, L_f : 슬러지 여과속도, kg 건염고형물/m^2 여포면적·hr

P : 진공압력, kg/m^2

C : 단위여과액당 슬러지케이크의 건조중량조

μ : 슬러지케이크의 비저항계수, m/kg

t_f : 고형물 흡착시간, hr

(b) **여과기의 운전**

식 (6.12)를 살펴볼 때 슬러지의 여과속도는 진공압력, 여과액당 슬러지케이크중량, 여과액의 점성계수, 슬러지의 비저항계수, 흡착시간에 의존하다. 그 중에서 운전자가 선택할 수 있는 변수는 진공압력과 흡착시간인데, 그것은 대상슬러지에 대한 여과판시험(filter leaf test)을 실시함으로써 선택할 수 있다. 이 실험은 여과속도를 결정하기 위한 것으로서 시험장치의 액상에 여과판을 침지시켜서 일정압력(P)으로 일정시간(t_f) 동안 고형물을 흡착한 후 여과판을 꺼내서 다시

일정시간(t_d) 동안 탈수한다. 그리고 시험자료의 압력값(P)과 탈수시간값(t_d)을 그래프에 곡선으로 나타내어 적절한 압력과 탈수시간을 선택하게 된다.

여포의 한 순환시간은(t_c)은 흡착시간(t_f), 탈수시간(t_d), 세수시간(t_w)으로 구성된다. 즉

$$t_c = t_f + t_d + t_w \tag{6.13}$$

회전드럼의 침지율은 10~60%이고 회전속도는 0.1~0.5rpm의 범위에서 조정되며 여포의 한 순환시간은 1~6분이다.

여포는 재질이 대개 내구성 합성조직이고 막히지 않고 갈아 끼우기 쉬운 것을 사용한다.

진공여과기는 매일 일정시간을 연속운전 한다. 여과하기에 알맞은 고형물농도는 대개 8~10%인데 농도가 너무 높으면 액상에서의 분포상태가 나빠지므로 흡착하는 데에 어려움이 있으며 너무 낮으면 여포의 소요면적 또는 여과기의 소요용량이 과대하여진다. 슬러지는 탈수효율을 높이기 위하여 대개 미리 개량시킨다. 일반적으로 적용되는 여과속도는 농축슬러지의 경우 7~13kg/m^2·hr이다.

예제 6-3 혐기성 소화된 그리고 미리 성상을 개량시킨 슬러지를 진공여과기를 사용하여 탈수하고자 한다. 아래의 조건을 가정하고 이 슬러지의 여과속도와 소요되는 여포의 면적을 결정하라.

탈수해야 할 슬러지량 : Q_{des} = 10m^3/hr
탈수해야 할 슬러지의 고형물농도 : 8%
탈수된 슬러지케이크의 함수율 : 75%
슬러지케이크의 비저항계수 : $r = 20\times10^{11}$m/kg
여과액의 점성계수 : μ = 20℃ 물의 점성계수
여과압력 : P = 500mmHg
여포의 한 순환시간 : t_c = 5분
여포의 흡착시간 : $t_f = t_c/2$

답

(1) 여과속도

여러 파라미터의 단위를 고쳐 쓰면

$$P = (500\text{mmHg})\left(133.322\frac{\text{N/m}^2}{\text{mmHg}}\right)\left(0.101972\frac{\text{kg}}{\text{N}}\right) = 6797.5\text{kg/m}^2$$

$$C = \left(\frac{\omega_i}{100-C_i} - \frac{\omega_f}{100-C_f}\right)^{-1} = \left(\frac{92}{100-92} - \frac{25}{100-25}\right)^{-1} = 0.0895\text{kg/L}$$

$$\mu = \left(1.0087\times10^{-2}\frac{\text{g질량}}{\text{cm}\cdot\text{sec}}\right)\left(1{,}000\frac{\text{g}}{\text{kg}}\right)^{-1}\left(100\frac{\text{cm}}{\text{m}}\right)$$

$$\left(9.80665\frac{\text{kg질량}\cdot\text{m}}{\text{sec}^2}/\text{kg}\right)^{-1}\left(3{,}600\frac{\text{sec}}{\text{hr}}\right)^{-1} = 2.875\times10^{-8}\text{kg}\cdot\text{hr/m}^2$$

$$r = 20\times10^{11}\text{m/kg}$$

$$t_f = \left(\frac{5\text{min}}{2}\right)\left(60\frac{\text{min}}{\text{hr}}\right)^{-1} = 0.04166\text{hr}$$

위의 값을 식 (6.12)에 대입하면

$$R = \left[\frac{2\left(6797.5\dfrac{\text{kg}}{\text{m}^2}\right)\left(89.5\dfrac{\text{kg}}{\text{m}^3}\right)}{\left(2.857\times10^{-8}\dfrac{\text{kg}\cdot\text{hr}}{\text{m}^2}\right)\left(20\times10^{11}\dfrac{\text{m}}{\text{kg}}\right)(0.04116\text{hr})}\right]^{\frac{1}{2}} = 22.6\text{kg/m}^2\cdot\text{hr}$$

전체 여포면적의 여과속도는

$$L_c = 0.5L_f = 11.3\text{kg/m}^2\cdot\text{hr}$$

(2) 여포의 소요면적

여포의 소요면적은 아래 식으로부터 구할 수 있다.

$$A = 1{,}000\left(1-\frac{\omega_i}{100}\right)\frac{Q_{des}}{L_c}$$

여기서, A : 전체여포의 소요면적, m^2

ω_i : 슬러지의 함수율, %

Q_{des} : 설계슬러지량, m^3/hr

L_c : 전체여포면적의 여과속도, $kg/m^2\cdot hr$

1,000 : 환산계수, kg/m^3

그러므로

$$A = 1{,}000\left(1-\frac{92}{100}\right)\frac{10}{11.3} = 70.8\text{m}^2$$

2) 가압탈수

이 방법은 압착여과법으로서 더 알려져 있다. <그림 6-7>에서 보듯이 액상슬러지는 여과실내에서 가압탈수되는데 탈수된 슬러지케이크는 진공여과기에 비하여 함수율이 낮다.

압착여과기는 수평형과 수직형이 있는데 <그림 6-7>은 수평형이다. 여과실은 두 압착판과 여포속에 갇힌 공간인데 이 공간을 압착함으로써 수분을 여과액의 형태로 짜 내보내고 남은 슬러지케이크는 압착이 끝난 후 털어 낸다. 압착여과기의 운전은 이와 같이 회분식인데 유입, 압착, 슬러지제거, 준비 등에 요하는 1회분 시간은 기계의 종류, 운전방법, 압착압력 등에 따라서 다르다.

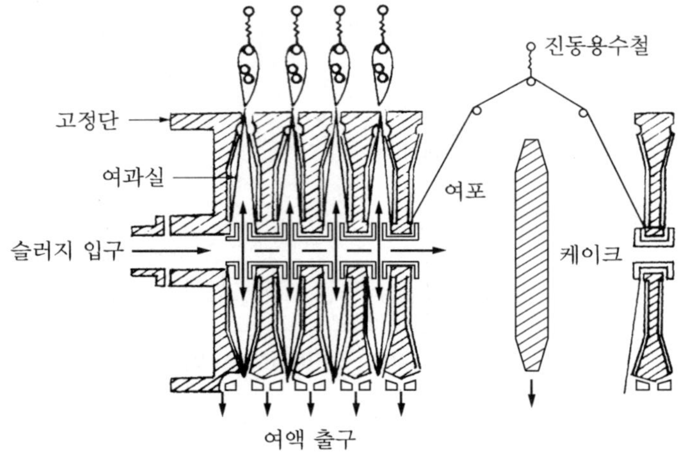

그림 6-7 • 수평형 압착여과기의 원리

표 6-9 • 압착여과기의 여과속도와 탈수케이크 함수율

구 분	농축슬러지	소화슬러지	열처리슬러지
여과속도($kg/m^2 \cdot hr$)	2～4	2～5	8～15
탈수케이크의 함수율(%)	60～70	55～70	45～55

운전방법은 수동, 반자동, 완전자동 등이 있는데, 최근에는 완전자동식이 많이 채택되고 있다. 유입압력은 3～5kg/cm^{2}이고, 압착압력은 15kg/cm^2 정도인데, 이럴 경우 1회분 시간은 20～40분이 소요된다. 15kg/cm^{2}의 압착압력 대신 3～5kg/cm^{2}의 여과압력을 적용할 경우에는 1회분 시간 1.5～4시간이 소요된다. 적용압력이 크면 1회분 시간이 절약되는 반면에 여포의 수명이 짧아진다.

<표 6-9>는 압착여과기의 여과속도별 탈수율을 슬러지의 종류별로 나타낸 것이다. 이 표의 여과속도는 식 (6.26)에 의하여 계산된다. 탈수된 슬러지케이크의 함수율은 슬러지의 성상, 투여된 응집제의 종류와 양, 그리고 여포의 막힘 정도에 따라서 달라진다.

압착여과법은 진공여과법과 비교할 때 탈수효율이 높고, 여과액이 보다 더 맑지만, 자동화가 안 될 때 노동력이 더 소요되고, 여포의 수명이 짧다.

3) 수평벨트여과

이 방법은 액상슬러지를 수평으로 이송시키면서 탈수시키는 방법이다. <그림 6-8>에서 보듯이 슬러지는 상하의 두 연속벨트 사이로 주입되는데, 처음의 배수구역에서는 중력으로 탈수되고, 둘째의 가압구역에서는 롤러의 압력으로 탈수되며, 셋째의 전단구역에서는 전단작용으로 탈수된다. 그리고 탈수된 슬러지케이크는 끝부분에서 제거날에 의하여 벨트로부터 분리되고 아래로 떨어진다. 이 기계 외에도 비슷한 수평이송식 탈수기들이 개발되고 있는데, 최종슬러지케이크의 함수율은 75% 정도이다.

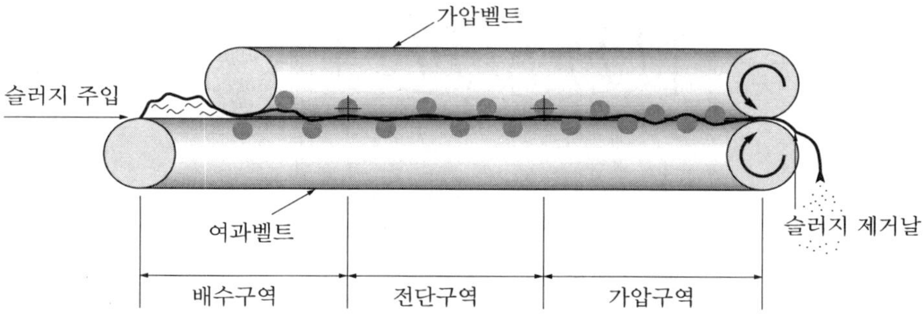

그림 6-8 • 수평벨트여과기

4) 원심탈수

이 방법은 원심분리의 원리를 이용하여 액상슬러지를 액체와 고형물로 분리하는 방법이다. 이 방법에서 탈수효율은 기계의 구조 외에 슬러지주입률, 슬러지의 온도, 고형물농도, 밀도와 크기 등에 의존한다. 주입률이 지나치게 크면, 미립자의 손실량이 많아지면서 분리액의 수질이 나빠지고, 고형물의 과부하 때문에 기계 속에 체적되는 등 역효과가 커진다. 슬러지의 온도는 주로 점성과 관계되는데, 온도가 증가하면 고형물의 침강속도가 향상되므로 고액분리효과가 커진다. 반면에 온도가 지나치게 높으면 슬러지의 구조가 약해지고 분리효과는 떨어진다. 고형물농도가 높아지면, 분리액의 유출률이 줄어들고, 고형물 회수율이 높아지는 등 이점이 증대한다. 고형물의 밀도와 크기가 증가하면, 침강속도가 커지므로 고액분리효과가 크게 개선된다. 이와 관련하여 원심탈수법에서는 응집제의 투여가 중요하다. 위의 영향인자 중에서 운전자가 선택할 수 있는 것은 슬러지주입률을 조절하는 것과 응집제를 투여함으로써 고형물의 밀도와 크기를 증가시키는 것이다.

<그림 6-9>는 역류식 원심탈수기이다. 이것은 겉의 회전통(bowl)과 속의 회전컨베이어, 그리고 부속장치로 구성되어 있다. 주입관으로 액상슬러지와 응집제를 연속적으로 유입시키면 통(筒)과 컨베이어의 회전속도가 조금 다르므로 응집된 고형물은 주입관쪽으로, 분리액은 그 반대쪽으로 역류되어 각각 유출된다. 고형물은 주입관쪽의 경사를 넘어서 떨어지며, 분리액은 유출구 높이까지 수위를 이루고 그것을 넘어서 낙하한다.

역류식원심탈수기는 여러 형태가 있으나, 최근의 것은 대체로 78～80%의 탈수케이크 함수율을 목표로 하고 있다.

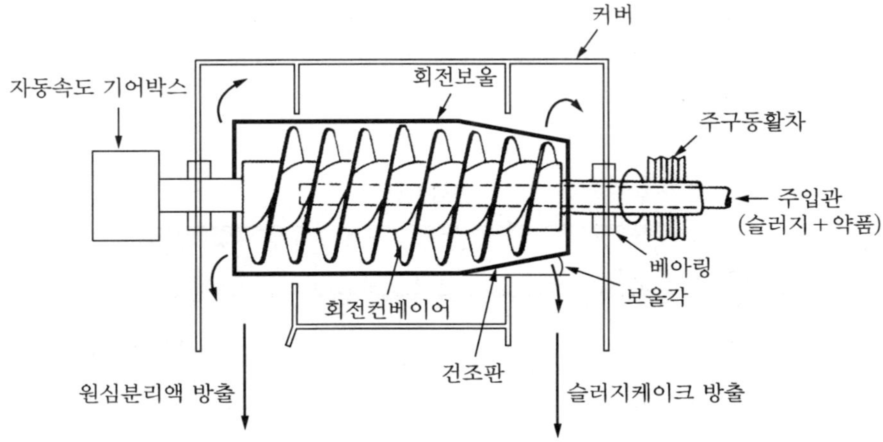

그림 6-9 • 역류식 원심탈수기

5) 건조상

슬러지건조상(햇볕건조상)이란 지면에 설치된 <그림 6-10>과 같은 구조물이다. 건조상의 수면은 장방형인데, 20～30cm 두께의 자갈층 위에 역시 20～30cm 두께의 굵은 모래층을 만들고 그 위에 액상슬러지를 유입시킨다. 자갈층 밑에는 안쪽으로 적당한 구배를 만들고 유공관을 설치하여 여과액을 건조상 밖으로 유도한다. 모래층 위에서 건조한 슬러지케이크는 긁어모은 후 기중기나 컨베이어 등에 의하여 밖으로 반출한다. 이러한 단위건조상 여러 개를 붙여서 설치하고, 각각을 회분식으로 사용한다.

이러한 자연건조방법은 잘 소화된 액상슬러지를 탈수하는 데에 적합하다. 그리고 자연에너지를 사용하므로, 넓은 부지를 사용할 수 있거나 슬러지발생량이 적을 경우, 기타의 탈수방법에 비하여 운전하기가 쉽고 경제적이다. 건조효율은 일기, 기온, 습도, 풍속 등 가변적인 자연조건에 의존하므로 일정하지 않지만, 소화슬러지의 경우 슬러지케이크의 함수율이 대체로 60% 미만이다.

소화조 바닥으로부터 인출되어 건조상에 살포된 액상슬러지는 용존기체가 압력감소 때문에 기포로 전환되어 부상하므로, 고형물층은 처음에 팽창되고, 갇혀 있던 수분은 중력에 의하여 모래층을 밑으로 통과한다. 그런 후 고형물과 함께 남아 있던 수분은 표면으로부터 서서히 증발한다. 이러한 건조기간은 15～20일이다.

생슬러지나 덜 안정된 슬러지는 더 긴 건조기간을 요하며, 건조기간 중에 악취를 풍기고, 먹이연쇄의 양분공급처가 되면서 파리 등의 질병매개생물을 유인한다. 따라서 필요한 경우에는 방취와 방충을 위하여 약품을 투여하게 된다.

슬러지건조상의 소요면적은 아래 식에 의하여 결정된다.

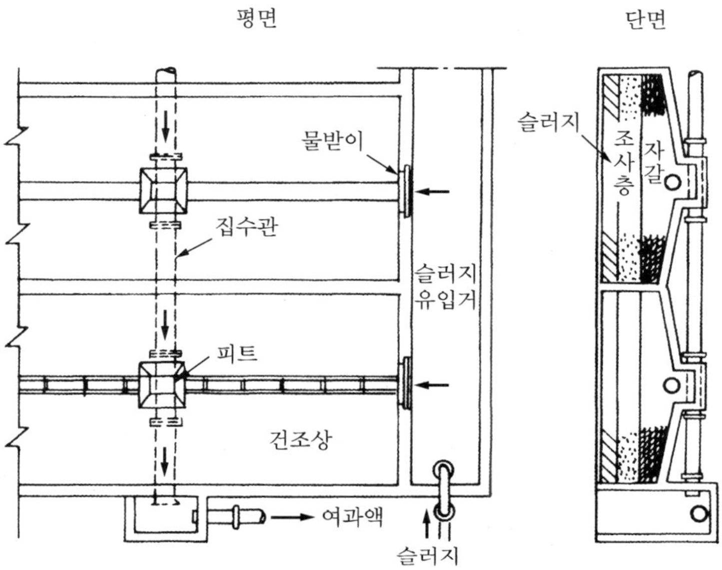

그림 6-10 ■ 슬러지 건조상

$$A = \frac{Q\,t_d}{d} \tag{6.14}$$

여기서, A : 건조상의 소요면적, m^2

Q : 투입슬러지량, m^3/day

t_d : 건조일수, 15～20일

d : 투입슬러지의 살포두께, 0.10～0.20m

전체건조상의 소요면적은 건조일수 이상의 단위건조상으로 나누는 것이 바람직하다.

(3) 슬러지의 소화

소화는 공기가 존재하지 않는 조건에서 환원반응에 의하여 진행한 혐기성 소화(anaerobic digestion : 생물환원처리)와 공기가 존재하는 조건에서 산화반응에 의하여 진행하는 호기성 소화(aerobic digestion : 생물산화처리)로 크게 분류된다. 단순히 슬러지의 소화라고 말할 때는 혐기성 소화를 말하는 것이 통례이고 혐기성 소화의 중요성이 최근 점차 밝혀지고 있다.

(4) 슬러지의 소각

1) 소각

탈수슬러지는 대부분의 경우 매립, 해양투기 등의 방법으로 처리되나 매립장확보가 어렵거나 해양투기가 제한될 경우는 소각 처분한다. 소각방식은 슬러지처분의 목적에서 볼 때 가장 뛰어난 방법이라고 생각되나 소각시설은 시설투자비와 운전유지비가 높게 소요되는 문제점이 있다. 탈수슬러지를 소각하면 슬러지 중의 수분은 수증기로 유기질은 연소가스로 대기 중으로 휘발되고, 무기물질은 극히 소량의 재로 되어 초기 슬러지의 수십분의 1로 감량화된다. 한편 슬러지 소각 중의 연소가스는 약 1,000℃ 고온이 되므로 슬러지 중의 세균류는 사멸하여 위생학적으로 안전 무해하게 된다. 소각에 의해 슬러지를 효율적으로 처리하기 위해서는 수분을 휘발하는 데 필요한 에너지를 최소한으로 하기 위해 탈수슬러지의 함수율을 가능한 한 낮게 할 필요가 있으며, 소각로 내에서 적절한 온도, 교반 및 체류시간 등이 유지되어야 한다.

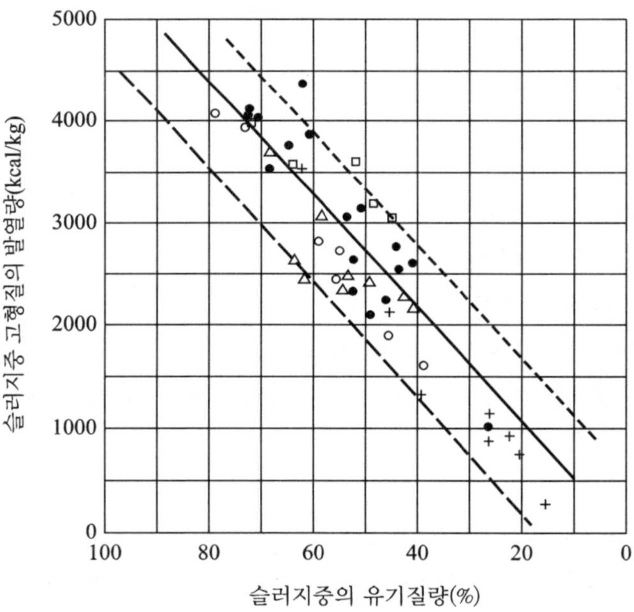

○ 생슬러지(최초침전슬러지 및 생물학적 처리 슬러지)
□ 미국의 소화슬러지(최초침전슬러지 및 생물학적 처리 슬러지)
△ 소화슬러지(최초침전슬러지 및 생물학적 처리 슬러지)
+ 소각탄을 혼합한 생슬러지(최초침전슬러지 및 생물학적 처리 슬러지)
● 석탄의 분말을 함유한 생슬러지(루-르엠샤 지방 최초침전슬러지)

그림 6-11 ∘ 슬러지의 유기질량(강열감량)과 발열량

건조와 연소는 대체로 소각로 내로 전후해서 행하여진다. 즉, 건조 및 소각공정은 다음의 단계로 구별된다.

① 슬러지를 80～100℃까지 가열하여 그 때의 내부결합수 이외의 수분을 휘발시킨다.
② 다시 180℃까지 가열하여 내부결합수를 휘발시킨다.
③ 300～400℃까지 가열하여 건조한 케이크에서 생기는 가연성가스의 인화가 시작된다.
④ 1,000～1,200℃로 슬러지 중의 가연성 고형질에 인화시켜 연소케 한다.

슬러지의 함수율, 가연성 물질의 함유량 및 발열량이 연소시의 중요한 요소가 된다. 발열량은 일반적으로 슬러지 고형질을 기준으로 하여 구한다. 그 값은 슬러지의 유기질함유량, 특히 탄소함유량에 크게 좌우되지만 슬러지의 종류에 따라 차이가 있다(그림 6-11).

생슬러지 중의 고형질 유기질함유량을 65%로 하면 그의 고형질의 1kg당 발열량은 약 2,000～4,000kcal/kg이며, 석탄의 약 25～50%이다(그림 6-12).

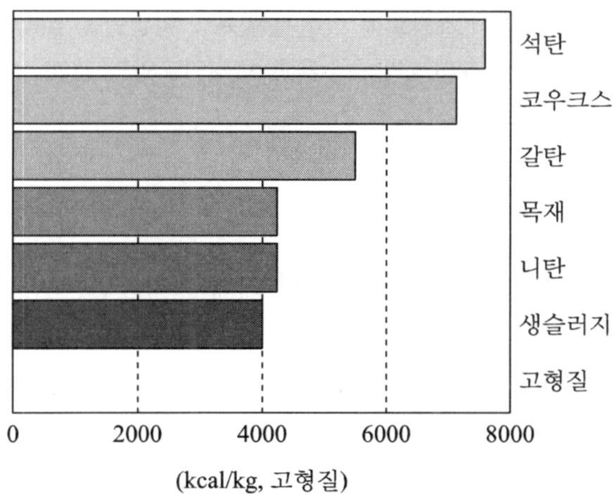

그림 6-12 • 슬러지와 다른 연료와의 발열량 비교

함수율과 건조슬러지의 발열량에 따라 그대로 타는 슬러지도 있으나 일반적으로는 중유나 폐유와 같은 보조연료를 필요로 한다. <그림 6-13>에 4종류의 탈수슬러지에 대한 유동층식 소각로의 소각특성 곡선이다. 이 그림에서는 소각실온도의 기준을 최저 800℃로 하고 있다. 예를 들면 C선의 소화슬러지는 함수율 55%에서 자연연소하며 함수율 60%에서는 연소공기를 300℃로 예열하지 않으면 안 된다. 함수율 70%의 경우는 100kg의 슬러지 고형질당 8kg의 보조연료가 필요하다.

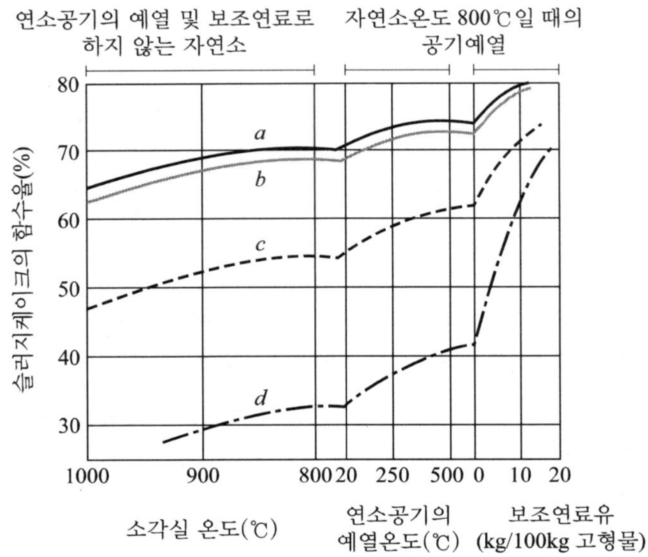

그림 6-13 • 유동층식 소각로에 있어서 별표의 발열량을 유지하는 4종의 슬러지 케이크의 함수율과 보조연료와의 관계

(a) **슬러지 소각로**

① 입형다단식 소각로

입형다단식 소각로는(그림 6-14) 이미 1855년 이래 화학공업용으로 사용되고 있으나 근년 슬러지 케이크의 연소에도 쓰이며, 현재까지 미국에 약 40개소, 독일에서 2개소의 처리장에서 사용되고 있다. 이 로는 2～18단의 중합원반으로 된 입형다단식 건조기와 유사한 구조이나 로의 상층부를 건조용으로 쓰며 중층부는 연소대, 다시 하층부를 재의 냉각대로 하고 있다. 따라서 중층부가 최고온도로 된다. 이 단에는 열을 유효적으로 이용한다는 이점이 있다.

로는 다단식의 내화벽돌제로 외장에는 철판을 사용해서 중앙부에 회전축과 이것에 부속하는 교반봉으로 구성되어 있다. 소각로는 1,100℃의 고온으로 운전되고 있으므로 주축 및 교반봉 어는 것이나 공기로 냉각된다. 봉의 수는 각 로상마다 2개 이상으로 되어 있어 이것에서 중심부에 관이 있어 이 가운데를 걸쳐서 회전축의 냉각용 공기가 봉의 선단까지 이끌고 있다.

연소공정은 다음과 같다.

우선 탈수케이크를 상부에서 투입해서 제1로상으로 봉에 의해서 이것을 교반하면서 중심부로 쓸어 모아 중앙개공부에서 제2로상에 낙하시킨다. 제2로상의 봉은 제1로상의 것과는 역방향으로 비스듬하게 설치되어 있어 케이크는 외주부에 날라져서 그 곳의 개공부에서 다음의 제3로상으로 떨어진다. 이와 같이 순차 하방의 로상으로 떨어져서 최후에는 재가 자동적으로 배출된다.

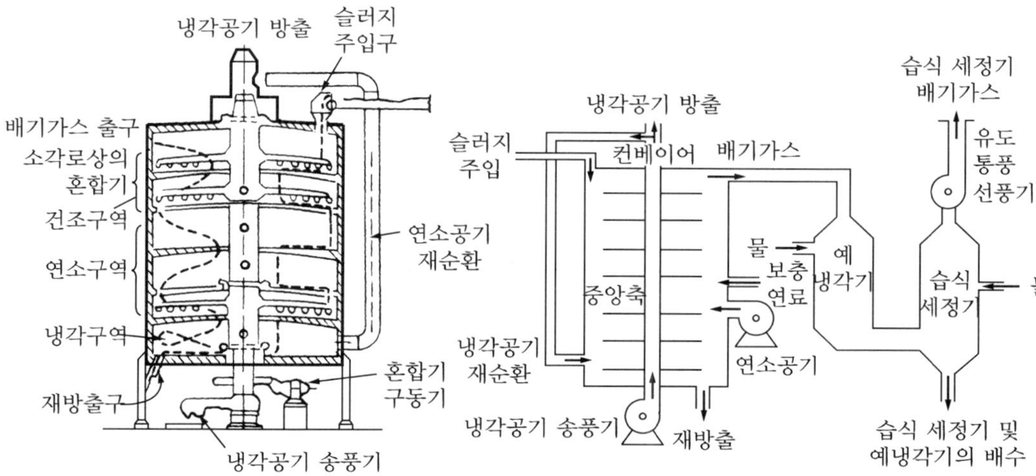

(a) 입형다단식 소각로의 단면도 (b) 다단로에서의 물질의 이동 및 장치설명도

그림 6-14 ∘ 입형다단식 소각로

이 로를 대상으로 하는 탈수슬러지케이크가 항상 동량·동성분일 때에 가장 연소효과가 좋다. 케이크의 함수율이 낮고 가연물이 많다는 호조건의 경우는 보조연료를 쓰지 않아도 건조연소가 가능하다. 또 발열량이 부족한 슬러지에 대해서는 중층부에 설치되어 있는 보조 버너를 사용해서 발열량을 결합해서 작업을 원활히 할 필요가 있다. 석탄분이나 분진은 슬러지의 발열량을 높이는데 유효하다. 슬러지 외에 스크린찌꺼기나 분진을 섞어서 같이 소각하는 경우는 로 내에서의 이송을 고려해서 미리 이것들의 첨가물을 파쇄해 둘 필요가 있다. 또 슬러지의 스컴, 유지 등의 악취를 유발하는 것을 소각하는 경우는 이것들을 직접 연소대에 투입해서 악취의 발생을 피한다. 배기가스는 연소공기예열실을 거쳐 배출되어 냉각공기는 수직회전축에 들어가 축을 냉각한다. 배기가스의 온도는 배기를 사이클론으로 정화하는 경우는 약 400℃로, 혼합정화 때는 150℃ 가량이다.

② 머플로

머플로(muffle furnace, Muffelofen)는 기류건조와 소각로를 조합한 것으로 <그림 6-15>에 표시하였다. 이 방식은 기류건조로 슬러지를 건조해서 다시 연소로에서 소각하는 것이다. 그림에 보는 바와 같이 농축슬러지(함수율 90%)와 건조슬러지(함수율 10~15%)를 혼합기로 혼합해서 함수율을 50% 가량까지로 낮춘다. 이렇게 조절된 슬러지케이크를 기류건조장치에 보내서 건조시킨다. 건조슬러지는 사이클론으로 포집되고 일부는 농축슬러지와 혼합되어서 원슬러지의 함수율을 저하시키는데 쓰이며, 나머지 일부는 소각로 안에서 슬러지 버너에 의해서 소각된다. 로 내는 약 1,350℃로 가열되어 있다. 배기가스에 함유되어 있는 미립자는 사이클론에 의해서 포집된다. 또 이 가스는 취기를 함유하고 있으므로 재가열되어서 탈취된다.

이 방식은 슬러지의 건조와 소각을 따로 행하므로 합리적임과 동시에 슬러지를 열원으로서 이용하므로 중유가 절약되는 이점이 있다.

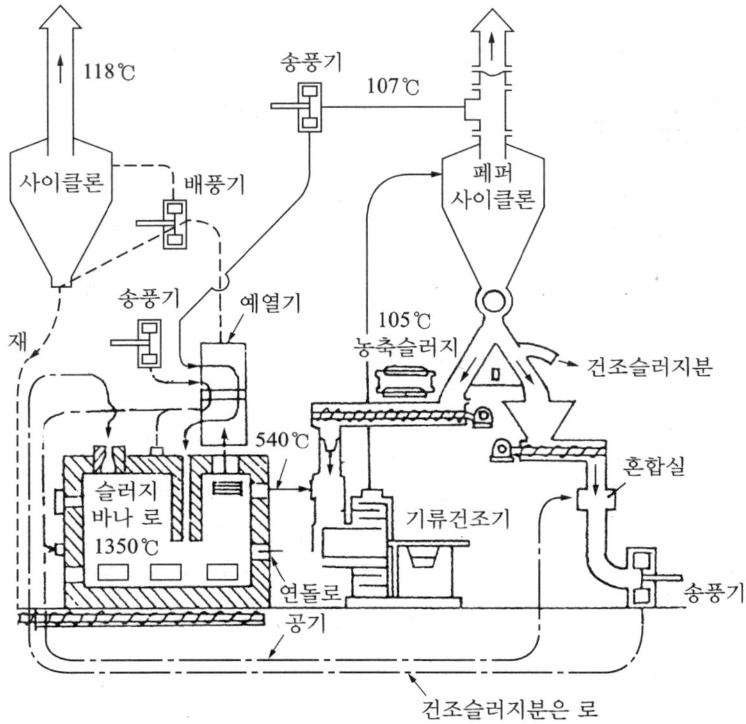

그림 6-15 ◦ 연소로(Combustion Engineering 社)

③ 유동층식 소각로(fluidized bed incinerrator)

유동층식 소각로(그림 6-16)의 원리는 오래전부터 화학공업에 응용되어 왔고 미국에서는 1962년부터 상업적인 목적으로 석유, 제지공장과 하수슬러지의 소각처리에 이용되고 있다. 유동층식 소각로는 송풍기에서 공급되는 공기가 Plenum Chamber에 유입된 다음 분배기를 통해 수직으로 상승하여 불활성입자로 충전된 소각로로 유입된다. 일반적으로 불활성물질로는 모래가 이용되며, 유입되는 공기와 모래층은 함께 난류현상을 일으켜 유동층을 형성한다. 이러한 유동층상태에서 기체와 소각로 위에서 투입되는 고형미립자가 접촉혼합되어 건조, 접촉반응 및 열교환이 일어난다. 수분함량이 60%를 초과하거나 불활성물질이 많은 경우에는 슬러지를 예열하거나 소각로 연소실에 분사되는 공기를 필요한 온도까지 가온하여 가동할 필요가 있으며 유동층에서 배출되는 공기는 재가 된 슬러지와 함께 배출된다. 유동층식 소각로의 적합한 연소온도는 800~1,000℃로서 소각물질에 따라 차이는 있지만, 400~600℃에서는 점화가 일어나며 600~750℃에서는 연소속도보다 느려서 미연 CO 또는 휘발분의 유출이 많아지고 연소효율은 떨어진다. 1,000℃ 이상의 온도에서는 연소반응속도는 빨라지지만 유동층 매질이 용융될 가능성이 커지며 알칼리염의 증발이 발생된다. 유동층식 소각로의 장점은 비교적 낮은 800~1,000℃의 연소온도로 가동되므로 회분의 슬래그나 클링커의 생성억제와 필요한 과잉공기량이 적으므로 질소산화물의 발생이 적고, 유동층에 의한 연소열은 삽입된 전열관 혹은 연소로벽의 전열면에 의해서 추출되며 전열계수는 다른 소각로보다 약 10배 정도 크기 때문에 연소로의 규격을 작게 할 수 있다.

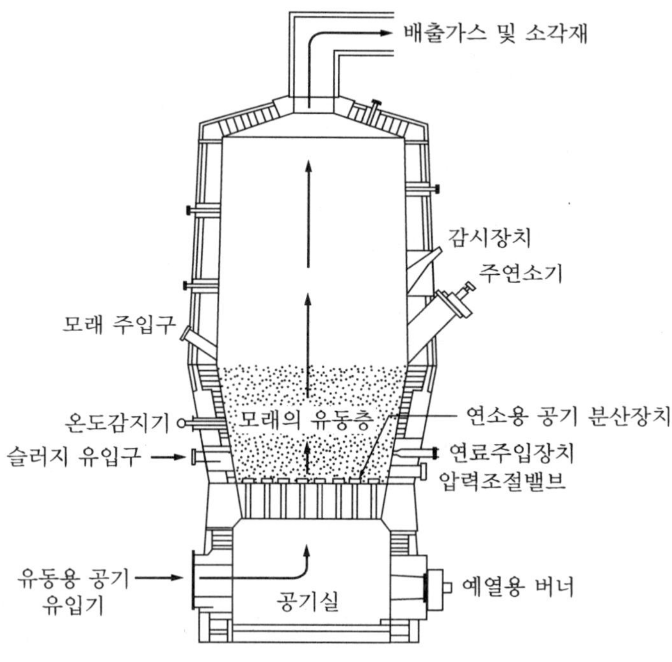

그림 6-16 • 유동층식 소각로

④ 로타리 - 킬른식 소각로

로타리 - 킬른식 소각로는 상업용으로 시멘트산업을 주축으로 이용되어 오다가 1970년대 오일파동이 일어나 대체에너지 개발의 일환으로 폐기물의 자원화 에너지화가 많은 관심을 갖게 되면서 산업용연소로나 반응로로 이용되던 로타리 - 킬른식 소각로를 폐기물의 소각시 에너지를 회수할 수 있는 공정으로 개발이 진행되었다.

로타리 - 킬른식 소각로의 구조는 회전드럼건조기와 같은 형태로 소각로의 내부 드럼은 내화벽돌로 도포되어 있다. 로타리 - 킬른에 투입된 탈수슬러지는 킬른 경사와 회전에 의해서 이동되는데, 폐기물과 연소가스의 흐름에 따라 향류식과 병류식으로 분류된다. 향류식의 경우에는 수분이 많은 폐기물이나 타르 및 원유 등 반응성이 극히 낮은 물질을 소각할 경우에 적합하고 반면에 폐합성수지, 목재 및 폐섬유 등과 같은 반응성이 크고 고열량의 물질은 병류식 형태를 이용하게 된다. 로타리 - 킬른식 소각로는 소각로 안에서 건조, 열분해, 가스화, 기체상 연소 및 미연탄소분의 산화 등 일련의 연속반응이 일어나며, 각 반응단계는 폐기물의 특성, 소각로내의 온도, 산소공급량과 전열특성 등에 의하여 결정되고 완전히 연소되지 않은 기체상물질들은 2차 연소실 또는 후연소실에서 재연소되어 배출하게 된다(그림 6-17).

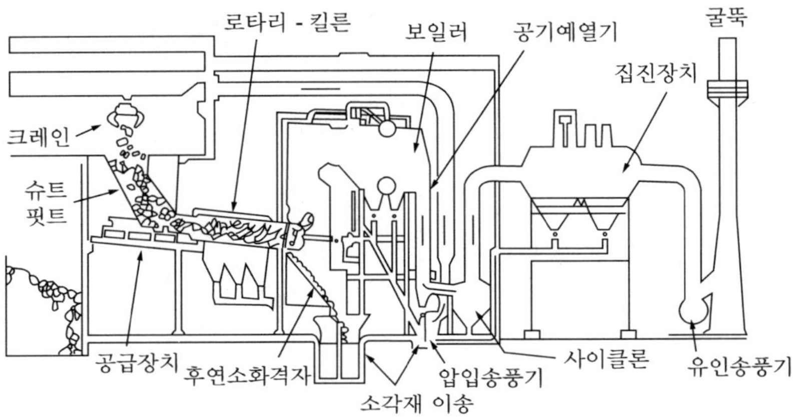

(a) 로타리 - 킬른식 소각설비의 흐름도

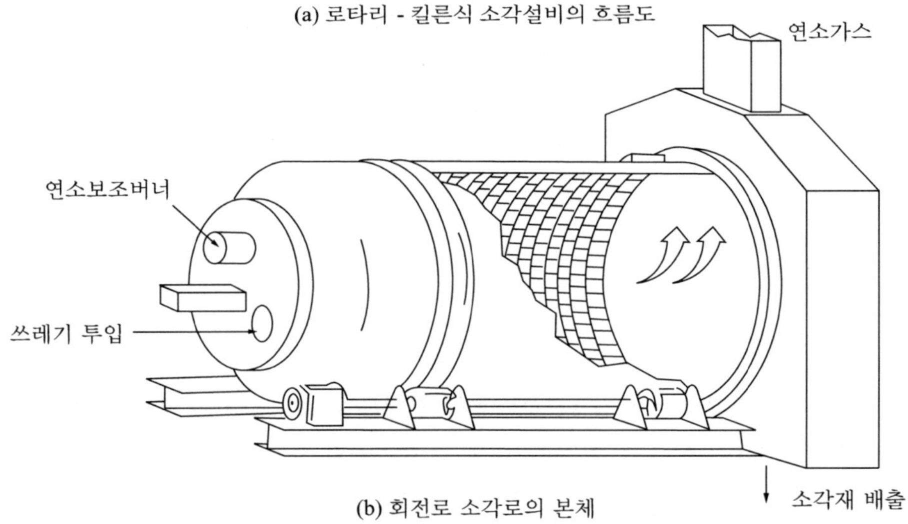

(b) 회전로 소각로의 본체

그림 6-17 • 로타리 - 킬른식 소각로

(b) **슬러지 소각재 처리**

수은, 카드뮴, 크롬, 망간, 납, 구리 등의 중금속을 함유한 슬러지는 소각 후 재를 그대로 매립 처분하면 유해중금속이 용출되어 토양 및 지하수 등이 오염될 수 있다. 이것을 방지하기 위하여 Cement, Asphalt 등의 고화제를 이용하여 재를 고형화처리 시켜야 할 필요가 있다.

고형화처리는 폐기물을 물리적으로 고립시키는 고형화(Solidification)와 화학적으로 안정된 물질로 전환시키는 안정화(Stabilization)의 의미를 지니고 있다.

고형화처리는 적용폭이 넓지만 일반적으로 무기성폐기물에 가장 적합하며, 고형화처리방법의 선택시 유의해야 할 사항은 폐기물과 처리방법의 양립성, 공정의 비용, 부피의 증가, 전처리방법 및 처분방법 등이 포함되어야 한다. 대표적인 고형화처리방법은 다음과 같다.

- 시멘트기초법(Cement-based Processes)
- 석회기초법(Lime-based Processes)
- 열가소성 플라스틱법(Thermoplastic Techniques)
- 유기중합체법(Organic Polymer Techniques)
- 피막형성법(Surface encapsulation Techniques)
- 자가시멘트화법(Self-Cementing Techniques)
- 유리화법(Glassification Techniques)

고형화처리방법으로 많이 이용되는 시멘트기초법은 시멘트입자가 물과 수화반응을 일으키면 중금속이온이 시멘트의 수화반응에 관여하여 화학적인 고정화를 일으키거나 수화반응에 의하여 생긴 고화체내의 공극에 갇히어 encapsulation에 의하여 주위환경과의 접촉이 차단되게 된다. 시멘트고화체는 투수계수가 낮아서 주위에서 침투하는 물과의 접촉면적을 줄여주고 취급이 용이하다.

효율적인 안정화나 고형화를 위해 시멘트고화체에 있어서의 수화반응에 영향을 주는 인자들을 고려하여야 하는데, 중금속에 영향을 주는 물리적인 성질로는 물/시멘트비, 슬러지/시멘트비, 양생기간, 공극의 크기, 투수계수, 압축강도, 기타 고화제로서의 첨가물질 등을 들 수 있다.

시멘트가 수화반응을 일으키면 체적이 증가하여 수화생성물이 입자사이의 공극을 채우게 되며, 이 때 수화정도와 물/시멘트 비에 따라서 공극률이 달라지게 되는데 물/시멘트 비가 증가함에 따라 공극률도 커진다. 공극률이 커지면 이것이 중금속 용출시에 통로역할을 하게 되어 용출량을 크게 한다. 또한 슬러지/시멘트비가 증가하면 수화를 일으킬 수 있는 물질이 줄어들기 때문에 강도가 저하되고 중금속용출량이 높아지게 된다.

고형화공정은 시멘트혼합물의 pH에 기인하여 대부분의 다가 양이온이 불용성의 수산화물이나 carbonate로 변화되기 때문에 특히 고농도의 독성중금속처리에 효과적이다. 또한 중금속이온은 시멘트의 크리스탈구조에 포함되게 된다.

① 고화제의 종류

무기고화제는 크게 시멘트고화제와 포졸란고화제의 2가지 기본적인 형태로 되어 있다. 포졸란은 그 자체가 시멘테이션은 일으키지 않으나 경우에 따라 시멘트성 물질을 발생시키는 석회와 반응할 수 있는 실리카와 알루미나를 포함한 물질이다.

가장 널리 이용되는 무기고화제로는 다음과 같은 것이 있다.

- 포트랜드시멘트
- 석회/플라이애쉬
- 킬른 더스트(석회와 시멘트)
- 포트랜드시멘트/플라이애쉬
- 포트랜드시멘트/석회
- 포트랜드시멘트/sodium silicate

② 유기고화제

유기고화제의 종류로서 다음과 같은 것이 있다.

- 열가소성 : 아스팔트, 폴리에틸렌, 폴리프로필렌
- 열경화성 : urea formaldehyde

유기고화제를 사용하는 경우 처리대상물질에 수분이 포함되어 있으면 에멀젼을 형성하기 위한 전처리가 필요하며 유기고화제는 생물학적 활동이나 자외선의 폭로에 의해 손상 받을 수 있다.

(5) 슬러지의 처분

슬러지처리공정에서 발생된 최종슬러지와 관로 등에서 제거된 토사, 침사지로부터 제거된 모래, 스크린찌꺼기 등은 땅에 묻는 위생매립법, 바다에 살포하는 해양투기 및 녹지나 토양에 살포하여 토양개량제 및 건설자재로서 이용하는 재활용방법이 있다. 최근에는 슬러지의 비료성과 토양의 물리적 특성을 개량하는 토양개량제로서 재활용하는 방법이 많이 요구되고 있으므로 본 절에서는 이 부분에 대해서 언급한다.

1) 퇴비화 발전과정

퇴비화 처리기술에 대한 역사는 명확하게 밝혀져 있지는 않으나 그 유래는 농경문화가 발달하였던 동양에서부터 발달되었을 것으로 추정되고 Murray는 중국, 한국, 일본 등지에서 4천만 년 전부터 인간의 분뇨를 이용하여 퇴비를 생산하여 사용하였다고 보고한 바 있다. 또한 한자의 「家畜」이라는 한자는(갓머리 : 家 + 돼지 돈 : 豚 = 집 家)(검을 현 : 玄 + 밭 전 : 田 = 가축 축 畜) 합성어로서 집안에 돼지를 키우면 밭이 검게 변한다고 하는 뜻으로 돼지의 분을 비료로서 이용하여 농경지에 활용하였던 것이 매우 오래전부터임을 알 수 있다.

이러한 동양의 퇴비화 이용기술은 1909년 미국 농무성의 F.H. King에 의하여 소개된 바 있으며, 1920년대에는 Albert Howard경이 인도에서 Indore process를 발전시켰고, Italy의 Beccari에 의하여 Verdier process에 선별과정을 가한 Beccari process가 개발되었다.

그러나 Indore와 Beccari process는 많은 비용과 노동력이 필요할 뿐 아니라 퇴비화 방법이 혐기성 공법이므로 유기물의 분해시간이 많이 걸리는 등의 단점이 있어 당시에는 크게 활용되지는 못하였다.

따라서 퇴비화 이용기술은 호기성 분해와 기계화 공법으로 발전된 1930년대에 들어서면서 본격적으로 개발되었다. 이때 개발된 공법으로서는 네덜란드의 VAM(Vuilafvoer Maatsc-happij), 덴마크의 Danno process, 미국의 Frazer process 등이 있다.

최근에 접어들면서 퇴비화 이용 기술은 폐기물처리의 경우 매립지확보의 어려움, 소각처리비용 증대와 대기오염문제 등을 유발시키는 문제가 있는 반면에 퇴비화 기술은 자연에서 생산된 유기물질을 다시 토양으로 환원시키는 생태학적 원리를 이용하므로 자원 재활용에 의한 폐기물처리 효과뿐만 아니라 토양을 비옥하게 하여 생태계를 보전하는 효과를 동시에 달성할 수 있기 때문에 각 나라에서는 퇴비화처리를 이용하여 폐·하수처리장 슬러지, 가축 분뇨, 도시생활쓰레기와 같은 유기성 폐기물을 퇴비화하는 처리장을 건설하고 운영하는 데 많은 관심을 기울이고 있다.

2) 슬러지의 퇴비화 과정

퇴비화는 분해가능한 유기물이 미생물에 의하여 분해 및 안정화되는 공정이다. 유기물은 혐기성이나 호기성 조건하에서 분해된다. 혐기성 분해는 유기물이 알코올이나 저분자 유기산으로 전환되는 1단계 반응과 CH_4, CO_2, NH_3 등의 2단계 반응으로 구별된다. 이와 같은 혐기성 분해 원리를 이용한 퇴비화 공정은 반응과정에서 장시간이 소요되고 악취물질(H_2S, NH_3, Gas)이 생성되는 등의 여러 가지 문제가 발생하므로 현재에는 잘 이용되지 않고 있다.

반면에 호기성 분해는 알코올이나 유기산 등의 중간 분해물을 생성하지 않고 바로 안정화된 물질로 분해하기 때문에 반응시간도 단축할 수 있을 뿐만 아니라 악취물질도 발생하지 않는다. 이러한 이유로 대부분 퇴비화 처리장은 호기성 분해 원리를 이용한 퇴비화 공법이 이용되고 있다. 그러나 호기성 퇴비화 공정은 산소를 공급하는 별도의 시설이 필요할 뿐 아니라 수분함량이 70～80%로 수분 함량이 높으면 공기의 공급을 방해하므로 나무껍질, 볏짚, 왕겨 및 톱밥 등과 같은 팽화제(Bulking Agent)를 주입하여 함수율이나 통기성을 개선할 필요가 있다.

유기물의 호기성 및 혐기성 분해과정은 다음과 같다.

호기성 분해과정 :

$$\text{유기물} + O_2 \xrightarrow{\text{호기성 미생물}} \text{안정된 물질} + CO_2 + H_2O + NO_3^- + SO_4^{2-} + \text{열}$$

혐기성 분해과정 :

$$\text{유기물} \xrightarrow{\text{산 형성 미생물}} \text{알코올} + \text{유기산}$$

$$\xrightarrow{\text{메탄 형성 미생물}} \text{안정된 물질} + CH_4 + CO_2 + H_2S + NH_3$$

일반적으로 유기성 폐기물은 호기성 미생물에 의해 비교적 안정된 물질과 CO_2, H_2O 등으로 분해되고 분해과정 중에 열이 발생하게 된다. 이 열에 의해 온도가 상승하게 되며 분해가 촉진된다. 퇴비화에 관여하는 미생물은 하수나 폐수처리 시와 마찬가지로 매우 다양하며, 그 중에서도 세균(bacteria), 진균류(fungi), 효모류(yeast), 방선균류(actinomycetes) 등이 주종을 이루고 있다.

퇴비화는 유기물의 호기성 분해가 주된 과정으로 여러 종류의 많은 중온성(mesophilic)·고온성(thermophilic) 미생물들이 관여한다. 이들에 의한 분해과정은 크게 3부분으로 나누어지는데, 첫 번째는 유기물 중에 있는 분해가 쉬운 물질들, 즉 당류, 아미노산 등이 빨리 흡수이용되는 1~2일간으로 퇴비더미의 온도가 오르기 시작하는 단계이다. 두 번째는 고온성 분해과정으로 주로 유기성 폐기물 중의 cellulose, pectin 등의 분해가 이루어지며, 보통 수주간 계속된다. 세 번째는 숙성(curing or stabilization) 단계로 온도가 떨어지고 분해속도가 느려지면 다시 중온성 미생물들이 정착한다. 이러한 과정은 폐기물의 종류와 퇴비화 과정 중의 환경조건에 따라 그 기간이 달라질 수는 있지만 3단계로 이루어지는 것이 일반적이다. 어떤 사람은 마지막 단계를 다시 냉각(cooling)단계와 숙성(maturation)단계로 나누는 경우도 있다.

3) 슬러지의 퇴비화 영향인자

퇴비화 과정은 미생물에 의한 유기물 분해과정이므로 여러 가지 폐기물에 존재하는 다양한 미생물의 생장과 분해활동을 가장 좋게 할 수 있는 환경조건, 즉 온도, 공기, pH, 수분 및 영양물질이 적합한 상태일 때 퇴비화가 효율적으로 운영될 수 있다.

(a) 온도

퇴비화가 진행되면 발효열에 의하여 온도의 변화가 일어나는데 이것은 미생물 활동에 의해 발생되는 CO_2량과 함께 분해정도를 알 수 있는 지표로 사용된다.

또한 온도의 높고 낮음에 따라 미생물의 다양성과 활동에 현저한 차이가 있으며, 퇴비화 과정 중에 60℃ 이상의 고온에서 퇴비화의 효율을 높일 수 있는가 또는 미생물을 사멸시켜 효율을 떨어뜨리는가에 대해서는 논란이 되어왔다. 그러나 최근의 연구결과에 의하면 온도가 60℃를 넘지 않도록 조절하는 것이 퇴비화의 효율성을 높일 수 있는 것으로 알려져 있으며 65℃ 이상의 고온에서는 미생물 활동이 악화되어 반응이 지연되는 결과를 초래하며 반응속도를 최대로 하기 위해서는 인위적으로 온도를 제어할 필요가 있다고 밝혀지고 있다.

(b) 공기

퇴비화 과정은 주로 유기물의 호기성 산화분해로 산소의 존재가 필수적이며, 이 결과 탄수화물이 CO_2, 물, 미생물세포, 열 그리고 분해 뒤의 부식질로 전환된다. 공기가 충분히 공급되지 않는 경우에는 혐기상태가 되어 혐기성 생물작용이 일어나 CO_2 외에 CH_4, H_2, 유기산 등이 형성되고 퇴비화 중에 악취가 발생된다.

퇴비화 과정에서 공급되는 공기는 몇 가지의 기능을 가지고 있는데, 첫째, 미생물이 호기성 대사를 할 수 있도록 하고 둘째, 온도를 조절하며 셋째, 수분과 CO_2 그리고 다른 gas들을 제거하는 역할을 한다. 과다하게 많은 공기를 공급하면 수분의 제거와 퇴비온도의 하강으로(겨울철의 경우) 퇴비화가 늦어질 수도 있다.

퇴비화 과정 중 연속적으로 공급되는 공기의 산소함량이 어느 정도 되어야 하는지에 대해서는 실험적 결과가 거의 없으나 De Bertoldi 등에 의하면 18% 이하로 떨어져서는 안 된다고 하였다.

여러 가지 종류의 폐기물은 그 물리적 성상에 따라 공기가 드나들 수 있는 공간(free air space) 부피가 다른데, 이 공간의 크기와 연관되어 퇴비화 효율에 관한 보고는 별로 없으나 대략 퇴비부피의 30～36%가 퇴비화에 적합한 것으로 제안되었다. 폐기물의 종류에 따라서는 공간부피를 늘리기 위해서 몇 가지 bulking agent를 첨가하기도 하며 이것은 다른 요인, 즉 탄질률, pH 등의 조절효과도 있다.

(c) pH

퇴비화를 위한 폐기물의 적합한 pH 범위는 폐기물 발생장소에 따라 약간씩 차이가 있겠지만 대략 미생물의 생장이 활발한 pH 6.5～8.5로 알려져 있다.

(d) 수분

퇴비 중의 수분함량은 처리될 폐기물의 종류나 공간부피, 공기공급량, 온도변화 등의 물리적 환경요인에 따라 다른데, 수분함량은 미생물의 활동에 결정적 영향을 미치는 환경요인이다. 퇴비화도중 수분함량 변화는 퇴비내의 조건에 따라 증가하기도 하고 감소하기도 한다.

퇴비화 진행 중에 퇴비더미를 과도하게 뒤집거나 공기함량을 많게 하면 수분감소로 인하여 미생물의 활동이 저하되어 퇴비화 효율이 떨어진다. 여러 연구결과에 의하면 퇴비화에 적당한 수분함량은 50～60%이며, 40% 이하가 되면 분해율이 감소하고 60% 이상이 되어도 공기확산이 잘 되지 않아 혐기성 미생물에 의해 악취가 발생되거나 퇴비화 효율이 떨어진다고 하였다.

그러나 반응기(vessel system)의 경우 구조에 따라 최적 수분함량이 달라질 수 있는데, 슬러지의 경우 50~60%의 수분함유 상태에서는 물리적으로 압착이 되어 공기유통과 미생물 활동이 급격히 감소한다. 그러므로 폐기물의 종류와 퇴비화 system에 따라 적합한 초기 수분함량과 퇴비화 진행 중의 수분변화를 잘 조절하여야 한다.

(e) **탄소/질소비(C/N ratio)**

유기성 폐기물의 C/N비는 미생물의 분해대상인 기질(유기물)의 특성으로 효과적인 퇴비화를 진행시키기 위한 가장 직접적인 중요 인자이다. 일반적으로 퇴비화에 적합한 폐기물의 초기 C/N비는 26~35로서 C/N비가 35보다 높으면 질소부족현상이 나타나기 시작하여 미생물의 증식이 억제되고 따라서 퇴비화 속도가 늦어진다. 또한 탄소가 많은 경우에도 이것으로 인해 생긴 유기산 등이 퇴비의 pH를 낮추고 미생물의 생장과 활동도 억제한다. 반대로 C/N비가 너무 낮으면 질소가 암모니아로 변하여 pH를 증가시키고, 이것으로 인하여 암모니아 가스가 발생되어 퇴비화과정 중 좋지 않은 냄새가 생기게 된다.

대부분 폐기물의 C/N비는 퇴비화에 적합한 범위 내에 속하나 종이류가 섞이거나 나무 등이 있을 경우는 cellulose에 의해 C/N비가 아주 높아진다. 이러한 경우에는 초기의 퇴비화 진행이 극히 느려지기 때문에 적절한 질소원을 첨가하여 C/N비를 조절해야 한다.

또 도시하수 슬러지의 경우 C/N비가 낮기 때문에 역시 C/N비가 높은 폐기물과 섞어 적당한 범위로 조절하면 퇴비화 효율을 높일 수 있다.

4) 슬러지 퇴비의 품질

슬러지를 퇴비화 하여 생산된 물질은 토양과 녹지에 살포하여 이용할 경우 인간과 식물의 생육에 지장을 주지 않기 위하여 위생적으로 안전해야 하고 냄새가 나지 않아야 하며 취급이 용이하여야 한다.

(a) **퇴비의 지표**

지금까지는 C/N비가 숙성도(degree of maturation)의 지표로 많이 이용되어 왔지만 완숙된 퇴비의 C/N비 범위가 5~20 정도까지 큰 차이가 있어서 절대적인 지표로 사용하기에는 곤란하다. 가장 확실한 판정방법은 퇴비를 살포한 식물의 재배방법과 퇴비 숙성도와의 관계를 구하는 것이 바람직하다.

(b) **퇴비의 안전성**

퇴비를 토양에 살포하여 이용하기 위하여서는 병원균과 중금속, 그리고 유해물질에 대해서 안전해야 한다. 또한 미국에서는 퇴비화물질을 토지에 살포하는 경우 토양의 양이온 치환능력에 따라 퇴비화물질의 중금속량을 규제하고 있다.

슬러지 퇴비화는 슬러지내의 분해가능한 유기물을 호기성 미생물에 의해 분해하여 비교적 안정한 부식물로 전환시키는 공정으로서 분해과정 중에 열이 발생되어 분해도 촉진되며 병원성 미생물은 퇴비화 과정에서 사멸되지만 퇴비화물질 내에 살아있을 가능성도 높다.

각각의 병원체를 정량하는 것은 고도의 전문지식과 기술이 필요하며 그 정량에 적합한 표준 방법이 없기 때문에 비교적 용이하게 측정할 수 있는 분변성대장균수를 지표로 이용하고 있으나, 이것을 퇴비화 기간 중에 정량하는 것은 곤란한 것으로 알려져 있다. 따라서 일반적으로 병원성 미생물에 대해서는 온도 상승과 퇴비화 기간으로 병원성 미생물의 불활성화를 판정한다.

참고문헌

1. 환경부, 환경연감 1994.
2. 松本利通 : 분뇨처리시설의 기능관리. 산업용수조사회 1975.
3. Hanish, B. and Aspects of Mechanical and Biological Treatment Municipal Wastewater, Delft University of Technology(1980).
4. METCALF & EDDY, Wastewater Engineering : Treatment, Disposal, Reuse McGraw-hill(1979)
5. 건설부발행, 「하수도시설기준」(1980).
6. 일본하수도협회발행, 「하수설계지침해설」(1984).
7. Carmen, P.C., "A Study of the Mechanism of Filtration, Part Ⅰ~Ⅲ", J. Soc. Chem. Ind., vols. 52,53(1933,1934).
8. Coackely, P. and Jones, B.R.S. "Vacuum , Sludge Filtradtion", Sew. and Ind. Wastes, vol. 28 (1956).
9. McCarty, P.L., Anaerobic Process. Presented at Birmingham Short Course on Design As-pects of Biological Treatment, IAWPR, Birmingham, UK(1974).
10. Sawyer, C.N. and Roy, H.K. "A laboratary Evaluation of high-rate sludge digestion", Sewage and Industrial Waste, vol. 27(1955) p.1356.
11. Eckenfelder, W.W. Jr., "Mechanisms of Sludge Digestion", Theory and Practice of Bio-logical Wastewater Treatment, edited by Kriton, C. and Eckenfelder, W.W. Jr., Sijthoff & Noorrdhoff (1980).
12. 신구철, 김수생 번역, 「하수도·폐수처리 핸드북」, 산업공해연구소(1982) p.200.
13. Jesse R. conner, chemical Fixation and Solidification of Hazardous wastes VAN NOSTRAND REINHOLD, 110.
14. Finstein. M. S. and M.L.Morris. "Microbiology of municipal solid waste composting." Adv. Appl. Microbiol. 19, 1975 p.113~151.
15. Fogarty,A.M. and O.H. Tuovinen. "Microbiological degradation of pesticides in Yard Waste Composting." Microb. Rev, 55.(2).1991.p225~233.
16. EPA·Process Design Manual for sludg Treament and disposal. U.S. EPA 625/1-74-006.
17. Metcalf & Eddy, Inc. : Wastewater Engineering : Treatment and Reuse, McGraw-Hill, New York, 2004.
18. 하수도시설기준, 한국상하수도협회, 2011.

Chapter 7

폐수의 고도처리

7.1 고도처리의 개요

하·폐수의 고도처리란, 활성슬러지법을 주로 한 종래의 2차 처리로 얻을 수 있는 것보다도 고도의 정화된 처리수를 얻기 위해 필요한 처리법 전체를 의미하는 용어로 사용되고 있다. 종래에는 2차 처리 후에 주로 부가되는 모든 물리화학적 처리프로세스를 3차 처리로 총칭하였으나 2차 처리인 생물학적 처리프로세스의 개선 뿐 만 아니라 고도의 처리수를 얻는 기술이 일반화되고 있어, 종래의 3차 처리법에 이들 2차 처리 개선법을 부가해 새로운 고도처리라고 하는 범주가 탄생되었다. 즉, 고도처리는 내용에 따라 다음의 3가지로 분류될 수 있다.

① 2차 처리시설 운전방법을 변경하거나 처리시설을 개량해서 2차 처리수질 향상을 도모하는 처리
② 2차 처리시설 후단에 새로운 처리시설을 부가하여 2차 처리수질 향상을 도모하는 처리
③ 새로운 처리법으로 종래의 2차 처리수질 이상의 처리수를 얻을 수 있는 처리

1. 고도처리의 목적

하·폐수처리에 고도처리가 필요한 경우는

(1) BOD, COD 등의 수질항목으로 대표되는 수질환경기준의 유지, 달성을 위해 처리의 고도화가 요구되는 경우
(2) 하수가 호수나 내만 등 폐쇄성 수역에 방류되어 부영양화가 문제가 되는 경우
(3) 하수처리수 재이용이 필요한 경우

따라서 고도처리의 목적은 다음의 세 가지로 분류할 수 있다.

(1) 하천 등의 수질환경기준의 유지 달성
(2) 댐호, 내만 등의 부영양화의 방지
(3) 하수처리수의 재이용

2. 고도처리 대상물질

고도처리 대상물질은 크게 다음과 같다.

(1) 조류의 영양염류(주로 인과 질소물질)
(2) 난분해성 유기물질(ABS형 경성세제, 유기염소계의 농약, 일부 탄화수소, 잠재성 발암물질 등)

(3) 용존무기물질(Ca^{2+}, Mg^{2+}, Na^{+}, K^{+}, Cl^{-}, SO_4^{2-}, HCO_3^{-}, HPO_4^{2-} 등)

(4) 독성물질(중금속, 비소, 사이안 등)

(5) 기타물질(병원균, 방사성물질 등)

이들 물질이 수역에 방류될 때의 영향과 문제될 수 있는 농도는 <표 7-1>과 같다.

표 7-1 ◦ 문제될 수 있는 폐수처리수 방류수의 일부 구성물질과 영향

방류수의 구성물질	수역에 방류될 때의 영향	문제될 수 있는 농도
무기질 암모니아	• 염소요구량을 증가시킴 • 물고기에 독성 • 용존산소를 감소시킴 • 폐쇄수역에서 조류와 수생식물의 번식을 촉진함	모든 농도 일정하지 않음 모든 농도
질산	• 폐쇄성 수역에서 조류와 수생식물의 번식을 촉진함 • 유아에게 Methemoglobinemia(일명 Blue-baby병) 유발 • 결실기 벼농사에 지장을 줌	모든 농도 10 10
인산	• 폐쇄수역에서 조류와 수생식물의 번식을 촉진함 • 화학적 응집 반응을 방해함 • 석회와 탄산나트륨에 의한 경도제거를 방해함	0.015 0.2～0.4 0.3
무기질 이온	• 찝찔한 맛을 나타냄(염소이온) • 염분도를 높임(모든 용존무기물질) • 경도를 높임(칼슘, 마그네슘 등) • 농업생산과 공업공정을 방해함 • 높은 농도일 때 삼투압력을 나타냄 • 전반적으로 수자원의 가치저하	음용수수질기준 참조
수은 및 중금속	• 사람의 건강과 관련됨	환경기준 참조
유기물질		
DDT	• 물고기와 수생물에 독성	0.001
THM(Trihalomethane)	• 발암물질	0.1
페놀	• 냄새와 맛을 나타냄	0.005
석유화합물	• 냄새와 맛을 나타냄	0.005～0.1
계면활성제(ABS)	• 거품을 나타내고 화학적 응집반응을 방해	0.05

3. 고도처리에 사용되는 공정

고도처리에 사용되는 단위 공정은 물리적, 화학적, 생물학적 기술로 다양한데 이들은

(1) 처리대상폐수

(2) 제거대상물질

(3) 목표로 하는 최종 방류수의 수질 등을 검토한 후 선택하여 사용한다.

이중에서 물리·화학적 기술은 상당수가 용수처리에서 사용되는 기술로 폐수처리에서는 주로 생물학적 방법을 택하고 있다.

고도처리는 높은 시설투자비와 높은 운전 유지비 그리고 또한 높은 운전기술을 요하므로, 단위조작 등을 선택할 때에는 경제성과 가용한 운전기술의 수준을 신중하게 고려해야 한다. <표 7-2>에 고도처리 대상물질 및 그에 따라 적용될 수 있는 기술을 나타내었다. <그림 7-1>은 화학적 응집방법으로 인물질을 제거하고, 재래식 질산화 및 탈질산화 방법으로 질소물질을 제거하고, 고속여과법과 활성탄 흡착법으로 잔류 고형물과 기타 물질을 제거하는 고도처리를 포함한 전체 폐수처리공정과 고속 혐기성 소화법을 주축으로 하는 슬러지 처리공정을 나타낸 것이다.

표 7-2 ◦ 고도처리 대상물질 및 제거에 사용되는 공정

단위 조작과 공정	처리대상이 되는 폐수	제거대상물질 또는 용도	발생되는 폐액 또는 슬러지
물리적 조작 :			
탈기법	(3)	암모니아성 질소	없음
규조토 여과	(3)	SS	슬러지
마이크로스트레이너	(2)	SS	슬러지
증류	질산화된 (3)+여과	용질	폐액
전기투석	(3)+여과+활성탄 흡착	용질	폐액
부상법	(1), (3)	SS	슬러지
기상분리법	(3)	암모니아성 질소	없음
토지적용	(1), (3)	암모니아성 질소, 인, 질산화, 탈질산화	없음
역삼투	(3)+여과	용질	폐액
동결	(3)+여과	용질	폐액
여과	(3)	SS	폐액, 슬러지
화학적 공정 :			
불연속점염소처리	(3)+여과	암모니아성 질소	폐액
활성탄 흡착	(1), (3)	난분해성유기물질, 중금속, 염소	폐액
화학적 응결	(1), (2)	인, 중금속, 콜로이드	슬러지
이온교환	(3)+여과	암모니아, 질산	폐액
화학적 산화	(3)	난분해성유기물질	없음
생물학적 공정 :			
질산화	(1), (2)	암모니아성 질소의 산화	없음
질산화+탈질산화	(1)	전체질소	슬러지
생물학적 혐기호기법	(1), (2)	인	슬러지
조류의 동화작용	(2)	암모니아	조류
세균의 동화작용	(1)	암모니아	슬러지

주) (1) 1차 처리유출수, (2) 2차 처리유출수, (3) 2차 처리+추가 처리유출수

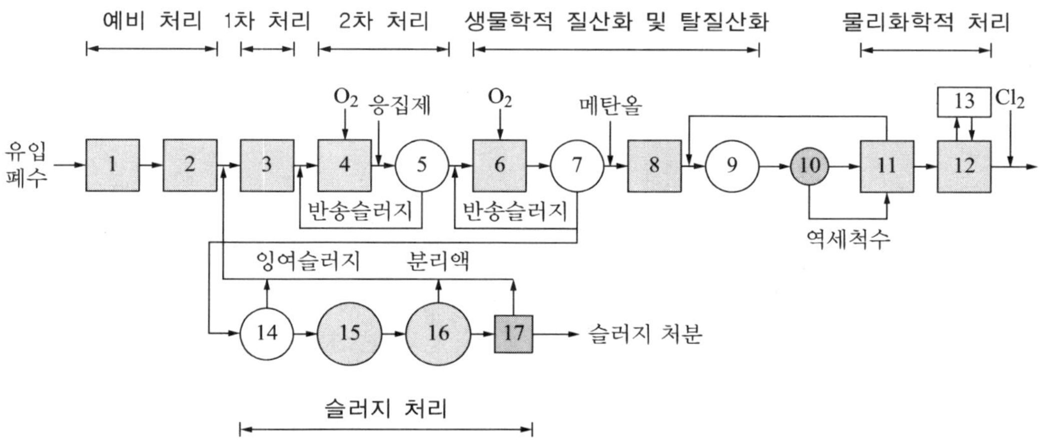

1. 스크린	2. 침사지	3. 1차 침전지	4. 폭기조	5. 2차 침전
6. 질산화조	7. 침전조	8. 탈질산화조	9. 침전지	10. 저류조
11. 여과조	12. 활성탄 흡착탑	13. 활성탄 재생	14. 농축조	15. 1단계 소화조
16. 2단계 소화조	17. 탈수기계			

그림 7-1 ◦ 3단계 생물학적 처리와 물리·화학적 처리를 포함한 폐수처리공정과 슬러지처리공정

7.2 물리·화학적 방법에 의한 질소·인 제거

1. 물리·화학적 방법에 의한 질소물질의 제거

폐수로부터 질소물질을 제거하는 주요 물리·화학적 방법에는 ① 암모니아 탈기법, ② 불연속점 염소처리법, ③ 이온교환법 등이 있다.

(1) 암모니아 탈기법

암모니아는 수중에서 암모니아이온(NH_4^+)과 기체인 암모니아분자(NH_3)의 형태로 존재하는데 그 비율은 주로 물의 pH에 따라 달라진다. 즉, 수온이 25℃일 경우, pH 7에서는 대부분이 NH_4^+이고, pH 9.25에서는 양자의 분포도가 같으며, pH 11에서는 NH_3의 형태로 존재한다. 따라서 암모니아를 물로부터 탈기하려면 물의 pH를 11 이상으로 높여준 후에 대기와 접촉시켜 주어야 한다.

물의 pH 상승을 위한 화학약품의 투여와 그 후의 폭기과정에서 인이 응결되고 제거된다는 것, 탈기된 유출수는 pH값이 높으므로 이산화탄소호흡기 등의 방법으로 pH를 다시 낮추어야 한다는 점을 유의하기 바란다.

(2) 불연속점 염소처리법

충분한 양의 염소를 투여할 경우, 수중의 암모니아는 아래의 반응식에서 보는 바와 같이 질소가스로 전환된다.

$$2NH_3 + 3HOCl \rightarrow N_2\uparrow + 3HCl + 3H_2O \tag{7.1}$$

화학양론에 따르면 위 반응에서 1mg NH_3-N을 산화시키는데 7.6mg Cl_2가 소요된다. 그러나 방해물질 등이 있으므로 실제에서는 1mg 암모니아에 대하여 10mg 정도의 염소가 소요된다. 한편 이때 나타나는 산성을 중화하기 위하여 염기성물질을 추가로 투여하게 되는데, 25mg/L의 암모니아를 제거하려면 250mg/L의 Cl_2 투여량에 대하여 약 260mg/L의 $Ca(OH)_2$ 또는 380mg/L의 Na_2CO_3가 소요된다. 그리고 잔존염소는 활성탄 흡착 등의 방법으로 제거될 수 있다.

불연속점 접촉반응은 매우 신속하다. 즉, 20℃와 중성은 조건에서 약 5분간에 90%의 반응이 끝난다. 따라서 큰 반응조가 필요하지 않다. 그러나 소요되는 약품비는 높은 편이다. 그리고 투여되는 염소와 석회가 유출수의 염도를 증가시킨다. 250mg/L의 Cl_2 투여량에 대하여 약 260mg/L의 $Ca(OH)_2$를 투여할 때, 400mg/L의 염도와 300mg $CaCO_3$/L의 경도가 추가된다.

따라서 이 방법은 유출수의 염도 등이 문제되지 않을 때, 또는 낮은 농도의 암모니아를 제거할 때에 적합하다.

(3) 이온교환법

이온교환법의 이론은 아래와 같은 평형식에 의하여 설명될 수 있다.

$$\text{이온교환} : RH + Na^+ \rightleftarrows RNa + H^+ \tag{7.2}$$

$$\text{재　생} : RNa + HCl \rightleftarrows RH + NaCl \tag{7.3}$$

위의 반응은 양이온교환용 합성수지에 의한 나트륨이온의 교환과 염산에 의한 수지의 재생을 나타낸 것이다. R은 합성수지를 뜻한다. 위 이온교환의 효율은 액체상에 있는 이온과 고체상에 있는 이온의 평형에 좌우된다. 즉, 나트륨을 액상으로부터 제거할 때의 평형식은

$$\frac{[H]X_{RNa}}{[Na]X_{RH}} = K_{H\rightarrow Na} \tag{7.4}$$

여기서, $K_{H\rightarrow Na}$: 선택계수

[ ] : 액체상에서의 농도

X_{RNa} : 이온교환수지 내의 나트륨의 몰비율

X_{RH} : 이온교환수지 내의 수소의 몰비율

이온교환수지의 선택계수는 이온의 특성과 원자가 수지의 종류와 포화정도, 수중의 이온농도 등에 따라서 다르다.

위의 이론은 암모니아의 제거에도 해당되는데 NH_4^+이온을 그것에 대하여 특히 친화성이 있는 이온교환수지를 사용하여 제거할 수 있다. 자연불석인 Cinoptilolite는 Ca^{2+}, Mg^{2+}, Na^+ 등에 비하여 NH_4^+와 더 선택적으로 결합하는 특성이 있으므로 NH_4^+ 제거에 이용된다.

2. 화학적 방법에 의한 인의 제거

화학적 방법에 의한 인 제거는 방류수 중의 인농도가 문제되기 시작한 1960년대부터 선진국에서 실용되어온 방법이며 거의 유일하게 보급되어온 비생물학적 방법이다.

이 방법에서는 폐수 중의 인산을 ① 알미늄염, ② 철염, ③ 석회 등에 의하여 난용성물질로 응결시켜서 침전제거한다. 이들 화학약품은 응집제이기도 하므로 정인산뿐만 아니라 고형물 등에 함유된 다른 형태의 인도 상당량을 제거하며, 폐수 중 인물질을 90% 이상 확실하게 제거할 수 있다.

(1) 인산의 화학적 응결에 관한 양론

1) 알미늄염에 의한 응결

알미늄염으로 인산을 응결할 때 생성되는 물질은 $AlPO_4$이며, 1mg P에 대하여 0.87mg Al^{3+}이 소요된다. 상용으로 두 종의 알미늄염이 있는데 하나는 백반 $Al_2(SO_4)_3 \cdot 16H_2O$이고 또 하나는 알루미늄산나트륨 $NaAlO_2$이다. Al함량은 전자가 약 9%이고, 후자는 농축액으로 공급될 때 약 22%이다. 따라서 1mg P에 대하여 전자는 (0.87/0.09) = 9.7mg, 후자는 (0.87/0.22) = 4.0mg의 투여량이 각각 화학양론적으로 필요하다. 이들 알미늄에 의한 인산의 응결은 아래식과 같다.

$$Al_2(SO_4)_3 + 2H_2PO_4^- + 4HCO_3^- \rightleftarrows AlPO_4\downarrow + 3SO_4^{2-} + 4H_2CO_3 \quad (7.5)$$

$$NaAlO_2 + H_2PO_4^- + 2HCO_3^- \rightleftarrows AlPO_4\downarrow + Na^+ + 2CO_3^{2-} + 2H_2O \quad (7.6)$$

전자의 반응에서는 알칼리도와 pH가 저하되고 황산이온이 해리되며, 후자의 반응에서는 알칼리도와 pH가 높아지고 나트륨이온이 해리된다.

2) 철염에 의한 응결

Fe^{2+} 또는 Fe^{3+}를 응결제로 사용할 때 생성되는 물질은 $FePO_4$이다. 처음에 $Fe_2(PO_4)_3$가 생성될 수도 있지만 용존산소 등에 의하여 산화되므로 결국은 $FePO_4$가 된다. 양론상으로 볼 때 1mg P에 대하여 1.8mg의 Fe^{2+} 또는 Fe^{3+}가 필요하다. 상용으로 공급되는 철염에는 ① 철함량 20%의 녹반 $FeSO_4 \cdot 7H_2O$ ② 철함량 25%의 황산 제2철 $Fe(SO_4)_3 \cdot 2H_2O$ ③ 철함량 20.6%의 염화

제2철 $FeCl_3 \cdot 6H_2O$ 등이다. 따라서 1mg P에 대하여 각각 9.0, 7.0, 8.7mg의 투여량이 화학양론적으로 필요하다. 이들 철염에 의한 인산의 응결식은 아래와 같다.

$$4FeSO_4 + O_2 + 4H_2PO_4^- + 4HCO_3^- \rightleftarrows 4FePO_4 \downarrow + 4SO_4^{2-} + 2H_2O + 4H_2CO_3 \quad (7.7)$$

$$Fe_2(SO_4)_3 + 2H_2PO_4^- + 4HCO_3^- \rightleftarrows 2FePO_4 \downarrow + 3SO_4^{2-} + 4H_2CO_3 \quad (7.8)$$

$$FeCl_3 + H_2PO_4^- + 2HCO_3^- \rightleftarrows FePO_4 \downarrow + 3Cl^- + 2H_2CO_3 \quad (7.9)$$

위의 각 반응에서는 알칼리도와 pH가 저하되고, 황산이온과 염소이온이 해리된다.

인산응결에 필요한 알루미늄과 철염의 양은 실제로는 화학양론적으로 계산된 양보다 더 많이 소요된다. 그 원인은 인산 외에, $Al(OH)_3$, $Fe(OH)_3$ 등도 생성되고, 투여된 응결제의 일부분이 콜로이드와 미생물 등을 응집하기도 하며, 방해작용도 있기 때문이다. <그림 7-2>를 보면 90% 이상의 인산을 제거하기 위하여 상당한 과량의 응결제가 투여되고 있다. 경험에 의하면, 화학양론적 계산보다 2~3배의 투여량이 소요된다. 고로 정확한 투여량은 실험에 의하여 결정되어야 한다.

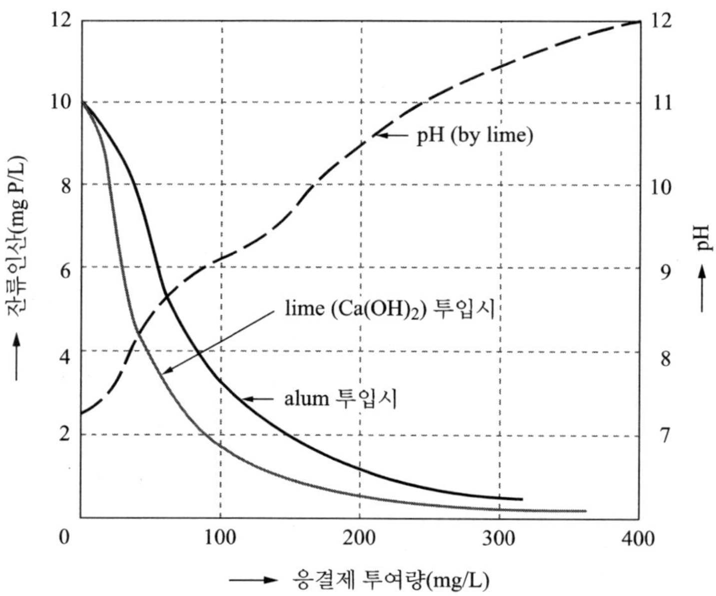

그림 7-2 • 응결제 투여량과 잔류인산

3) 석회에 의한 응결

석회에 의한 응결은 좀 다르다. 석회소요량은 수중의 CO_2, NH_4^+, HCO_3^- 등을 중화시킨 후 $CaCO_3$가 충분하게 응결되어 $Ca(PO_4)_3OH$ 응결을 위한 핵이 될 수 있을 정도까지 pH를 상승시키는 데에 필요한 양이다. 1mg P의 인산에 대하여 화학양론상으로 2.15mg Ca^{2+} 또는 5.38mg

$CaCO_3$가 필요하지만 실제로는 훨씬 더 많은 투여량이 필요하다.

석회를 투여할 때 생기는 반응은 아래와 같다.

$$Ca(OH)_2 + CO_2 \rightleftarrows CaCO_3\downarrow + H_2O \quad (7.10)$$

$$Ca(OH)_2 + 2NH_4^+ \rightleftarrows Ca^{2+} + 2NH_3\uparrow + 2H_2O \quad (7.11)$$

$$Ca(OH)_2 + 2HCO_3^- \rightleftarrows CaCO_3\downarrow + CO_3^{2-} + 2H_2O \quad (7.12)$$

$$Ca(OH)_2 + 2H_2PO_4^- \rightleftarrows 2HPO_4^{2-} + Ca^{2+} + 2H_2O \quad (7.13)$$

위 반응물질의 농도가 가정폐수에서 아래와 같다고 볼 때 :

$$CO_2 = 5\times10^{-4}M$$

$$NH_4^+ = 2\times10^{-3}M$$

$$HCO_3^- = 4\times10^{-3}M$$

$$H_2PO_4^- = 2\times10^{-4}M$$

이러한 물질들을 중화시키고 pH를 10.5까지 상승시키는데 소요되는 석회량은 3.8×10^{-3}M 또는 약 280mg/L $Ca(OH)_2$ 또는 215mg/L CaO이다. 그러나 실제로는 기타의 방해반응과 pH를 더 상승시켜야 할 필요성 등 때문에 300～400mg/L의 공업용 CaO가 소요된다.

(2) 인 제거를 위한 응결제의 적용

일반적인 생물학적 폐수처리공정에서 인 제거를 위한 응결제는 <그림 7-3>에서 보듯이 세 군데 중의 한 곳에서 투여된다.

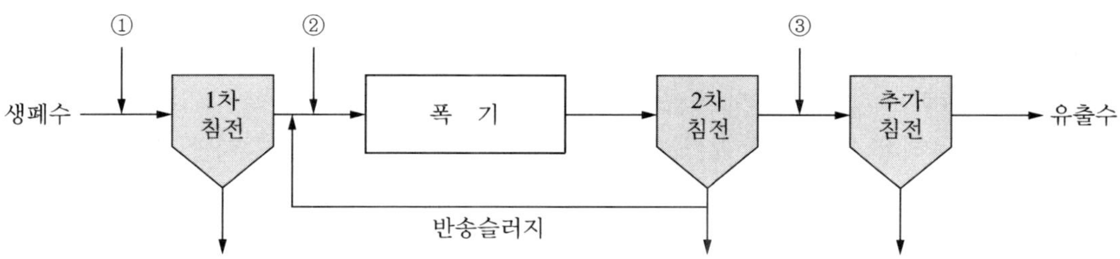

그림 7-3 ◦ 활성슬러지프로세스에서 탈인을 위한 화학약품 투여점

1) 1차 침전지에 대한 적용

1차 침전지에 유입되는 생폐수에는 철염이나 알미늄 외에 석회가 투여된다. 도시하수의 경우 그 투여량은 150～200mg/L, 200～300mg/L, 150～300mg/L 정도이고, 인 제거율은 60～80%

이다.

이들 약품의 응집효과 때문에 SS의 80%, BOD의 50～60%가 1차 침전에서 함께 제거되면, SS의 침강성도 향상된다. 생산되는 슬러지는 무게가 정상량의 2배 정도로 높지만, 농축되어 있으므로 부피는 정상량과 비슷하다. 또 혐기성 소화조에서 정상적으로 처리되며 이때 인이 해리되지 않는다.

철염이나 알미늄염을 투여할 때에는 폐수의 알칼리도와 pH가 저하되는 경향이 있는데 그럴 때에는 염기성 물질의 투여가 필요하다. 또 고분자 전해물질을 응집보조제로 사용하기도 한다. 석회를 투여할 때에는 폐수의 pH를 10～11로 높인다. 이때 응결되는 $CaCO_3$가 응집효과도 나타내므로 유출수의 수질은 철이나 알미늄을 투여할 때와 같다. 그러나 간혹 투여된 석회가 직접 $CaCO_3$형태로 응결되고 $Ca_5(PO_4)_3OH$의 형성이 늦어지는 어려움을 겪을 때도 있다.

석회투여 때문에 pH가 높아진 유출수는 폭기조로 옮겨진 후 그곳에서 미생물의 대사결과로 생성된 CO_2에 의하여 중화된다. 그러나 이 중화가 잘 안될 때에는 별도의 이산화탄소 접촉 등 방법으로 폐수를 중화해야 한다.

2) 생물학적 처리와의 병행

알미늄염이나 철염을 폭기조 유입구, 폭기조 표면, 때로는 살수여상의 살수관을 통하여 넣을 수 있다. 석회는 폐수의 pH를 높이고 미생물의 대사를 저해하므로 사용되지 않는다. 응결제 투여량은 2차 침전지 다음에 투여하는 경우와 비슷하며, 인 제거율도 0.5～1.5mg P/L의 잔류농도만을 남길 수 있을 정도로 높다. 생물학적 처리과정의 후기에 응결제를 넣을수록 인 제거율이 높아지는데, 그것은 인물질이 보다 더 가수분해된 형태로 존재하기 때문이다. 그러나 혼합과 플록 형성을 위한 최소한의 시간여유는 주어야 한다.

응결제의 투여는 현탁물질을 응집시키기도 하므로, 2차 침전지의 고형물 침강률을 증가시킨다. 이 때 생기는 슬러지는 혐기성 소화조에서 정상적으로 처리되며 인도 해리되지 않는다. 그러나 생산되는 슬러지의 무게와 부피는 2배 정도로 증가된다.

이 방법의 장점은 기존처리장에서 큰 시설투자비 없이 인 제거를 병행할 수 있다는 것과 2차 침전지의 고핵분리를 쉽게 하며, 보다 맑은 유출수를 만들 수 있다는 것 등이다. 단점은 슬러지 생산량을 증가시키는 것과 유출수의 염도를 높이는 것 등이다.

3) 2차 침전지 다음의 적용

2차 침전지 유출수에는 처음 인물질의 2/3 이상이 인산의 형태로 존재하므로 직접적인 인산의 응결이 쉽게 이루어진다. 이 때 생기는 슬러지는 주로 무기질 성분이다. 부차적인 응집반응 때문에 고도로 청징한 유출수를 만들 수 있으며 그러한 물은 여과, 흡착 등의 후속처리에 적합하다.

석회를 응결제로 사용하는 경우, 유출수의 pH는 매우 높으므로 탈기법에 의한 NH_3 제거에 적합하다. 응결을 위한 혼합, 침전 등의 단위조작은 용수처리의 경우와 같다. 또 응결물은 플록 형성이 잘 안되므로 흔히 고분자 전해물질이 응집보조제로서 이용된다.

이 방법의 장점은 아래와 같다.

① 고도의 인 제거, 잔류인은 0.1mg P/L 미만,

② 안정된 슬러지, 응결제의 회수도 가능하다.

③ 고도로 청징한 유출수

④ 석회를 사용할 때 유출수 중의 NH_3를 탈기법에 의하여 제거할 수 있다.

이 방법의 단점은 시설투자비가 별도로 소요되는 것이다.

7.3 생물학적 방법에 의한 질소·인 제거

일반적으로 생물학적인 질소, 인 제거 방법은 다음과 같이 크게 3가지로 고려될 수 있다. ① 인 제거 없는 질소 제거, ② 질소 제거 없는 인 제거, ③ 질소와 인을 동시 제거이다. 생물학적 질소와 인 제거 원리는 각각 독립적이며, 처리공정에서 이를 어떻게 적절히 응용하느냐가 중요하다.

1. 생물학적 방법에 의한 질소물질의 제거

(1) 질소물질의 분포형태

생활하수의 질소물질농도는 유기성 질소, 암모니아성 질소, 아질산성 질소 그리고 질산성 질소 등으로 분류될 수 있으며, 주로 분뇨의 질소물질 함유량과 분뇨의 하수도 배출률, 우수배제 방식(합류식 또는 분류식), 생활용수량 등에 따라서 달라진다. 하수도에 유입되는 생활폐수는 대부분의 질소가 요소와 단백질에 결합되어 있지만 관거를 흐르는 사이에 쉽게 분해되어 처리장에 유달될 때에는 대부분의 질소물질이 암모니아의 형태로 존재하게 된다.

수중에 용해된 암모니아는 유리된 암모니아분자(NH_3)와 이온화된 암모늄이온(NH_4^+)의 상태로 존재하는데, 그 분포비율은 pH에 따라서 크게 다르다. 그런데 수중에서는 99% 정도가 이온화된 상태로 존재하므로 수중의 암모니아는 NH_4^+ 또는 NH_4^+–N로 표시된다.

그리고 합류식 하수도의 경우에는 그러한 분해가 더 진행된 질소물질이 포함될 수 있다. <표 7-3>은 미국의 생활하수에 포함된 질소물질의 처리에 따른 분포형태를 나타낸 것이다.

표 7-3 • 생활폐수에 포함된 질소물질의 처리에 따른 분포형태

폐수의 처리별 구분	총 질소 (mg N/L)	단백질 질소 (mg N/L)	비단백질 유기질소 (mg N/L)	기타 유기질질소 (mg N/L)	요소 질소 (mg N/L)	암모니아 질소 (mg N/L)
배출 직후의 생폐수		5～10	2～5	-	20～25	1～5
처리장에 유달된 생폐수	30～40	4～8	-	2～8	-	25～30
1차 침전지 유출수		1～3	-	3～6	-	25～30

처리장의 1차 침전지에 체류하는 동안에도 그러한 분해는 진행된다. 그러나 질산화반응은 폭기조에 유입한 후 시작되는데 그 진행률은 온도와 체류시간에 따라 다르다. 질산화반응은 온도의 영향을 크게 받으므로 열대나 아열대지방에서는 질산화반응을 무시한 호기성 프로세스란 사실상 불가능하다. 그러나 여름철이 짧은 온대지방에서는 질산화반응을 탄소물질 제거와는 분리하여 계획한다.

호기성 프로세스에서는 일부 또는 상당부분의 암모니아가 산화되어 질산물질로 전환되지만, 반면에 미생물의 세포합성에 이용되기도 한다. 2차 처리의 호기성 프로세스에서는 세포가 합성될 때 평균적으로 6 : 1의 탄소 : 질소비율로, 결합형태의 질소물질이 사용된다. 따라서 75mg/L의 유기질탄소가 유입되고, 그 중에서 40mg/L가 이화작용에 사용되고, 20mg/L가 동화작용에 사용되고, 10mg/L가 생물학적 플록에 응집되고, 5mg/L가 유출된다고 가정할 때 그러한 프로세스에서 세포합성으로 제거되는 질소물질은 3～4mg/L이다.

한편 잉여세포물질이 소화될 때 질소물질의 1/2～2/3가 암모니아 질소의 형태로 상징수에 용출되는데 그것이 1차 처리나 3차 처리프로세스에 반송될 경우 제거되지 않고 어떠한 형태로든지 결국은 유출된다. 그러한 반송이 없더라도 2차 처리 유출수에는 25～30mg/L의 질소물질이 포함되는데 그중에서 3～5mg/L는 유기질질소이고 나머지는 암모니아성 질소와 질산성 질소일 것으로 추정된다. 이러한 질소물질은 생물학적 고도처리의 대상이 된다.

(2) 생물학적 질산화공정

1) 질산화반응

질소물질은 2차 처리된 처리장의 방류수에 대부분 암모니아 형태로 잔류하는데 자연수역에 방류될 경우 악영향을 미칠 수 있기 때문에 악영향을 줄이기 위하여 또는 질소물질을 생물학적으로 제거하기 위한 전단계로서 암모니아를 계획적으로 산화하게 되는데 이것이 질산화공정이다. 암모니아는 자연계에서 화학무기영양계(독립영양계)의 세균에 의해 아래와 같이 산화된다.

$$2NH_4^+ + 3O_2 \xrightarrow{Nitrosomonas} 2NO_2^- + 4H^+ + 2H_2O$$

$$2NO_2^- + O_2 \xrightarrow{Nitrbactor} 2NO_3^-$$

$$2NH_4^+ + 4O_2 \rightarrow 2NO_3^- + 4H^+ + 2H_2O \tag{7.14}$$

암모니아의 완전산화에 필요한 산소는 4.57g O_2/g N이고 아질산염 생성에 3.43g O_2/g NO_2 그리고 아질산의 산화에 1.14g O_2/g NO_2가 필요하다. 합성을 고려했을 때 요구되는 산소량은 4.57g O_2/g N보다 적다. 산화에 부가적으로 산소는 세포내로 이산화탄소와 질소의 고정으로부터 얻을 수 있다.

위의 산화반응을 수행하기 위해 요구되는 알칼리도는 다음과 같은 식을 통해 추정할 수 있다.

$$NH_4^+ + 2HCO_3^- + 2O_2 \rightarrow NO_3^- + 2CO_2 + 3H_2O \tag{7.15}$$

위 식에서 단위 g 암모니아성질소의 전환에 7.14g의 알칼리도(as $CaCO_3$)가 필요하다[2×(50g $CaCO_3$/eq)/14].

*Nitrosomonas*와 *Nitrobactor* 중에서 전자의 증식속도가 후자보다 훨씬 낮으므로 전체 질산화 반응의 속도를 제한하는 것은 *Nitrosomonas* 반응이다. 위의 반응은 에너지 획득을 위한 이화작용이고, 세포합성을 위한 동화작용은 아래와 같다.

$$4CO_2 + HCO_3^- + NH_4^+ + H_2O \rightarrow C_5H_7O_2N + 5O_2 \tag{7.16}$$

독립영양계세균은 탄소를 용존된 이산화탄소로부터 얻는데 이는 자연으로부터 충분히 공급되므로 공정설계에서 고려되지 않는다. 그러나 용존암모니아가 세포합성에 이용되는 것은 고려를 요한다. 전체 물질대사식은 다음과 같다.

$$22NH_4^+ + 37O_2 + 4CO_2 + HCO_3^- \rightarrow C_5H_7O_2N + 21NO_3^- + 20H_2O + 42H^+ \tag{7.17}$$

암모니아의 산화반응은 용존산소의 공급을 필요로 하며 pH 저하를 동반한다.

2) 질산화반응 속도론

질산화공정에서는 용존암모니아의 농도를 그 자체의 농도보다는 Kjeldahl질소(TKN)의 농도로 나타낸다. TKN에는 탄수화물에 결합된 암모니아(요소를 포함하는 유기질 질소)와 NH_3 및 NH_4^+가 포함되며, NO_2^-와 NO_3^-는 포함되지 않는다.

질산화공정에서는 일반적으로 세포 내에 합성된 것을 제외한 유입 TKN의 전량이 산화되는 것으로 가정한다. 그리고 Monod의 세포비증식속도식을 통한 생물학적 공정의 수학적 표현이 적용된다.

충분한 용존산소가 있다는 가정아래 질산화에 관여하는 비성장률은 다음과 같다.

$$\mu_N = \left(\frac{\mu_{Nm} \cdot N}{K_N + N}\right) - k_{dn} \tag{7.18}$$

여기서, μ_N : 질산화미생물의 비성장률, g new cell/g cell · day

μ_{Nm} : 질산화미생물의 최대 비성장률, g new cell/g cell · day

N : 질소농도, g/m^3

K_N : 반속도상수, μ_N이 $0.5\mu_{Nm}$일 때의 기질농도, g/m^3

k_{dn} : 질산화미생물의 내생분해계수, g VSS/g VSS · day

질산화미생물의 성장률은 아래 식과 같다.

$$\frac{dX_N}{dt} = \mu_N \cdot X_N = \left(\frac{\mu_{Nm} \cdot N}{K_N + N}\right) \cdot X_N - k_{dn} \cdot X_N \tag{7.19}$$

여기서, X_N : 질산화미생물의 농도, g/m^3

넓은 범위의 최대 비성장률이 온도의 영향을 받는 것으로 보고되었다. Downing 등은 질산화미생물의 k_{dn}은 무시할 만하다고 가정하고 Y_N, μ_{Nm}, K_N, $k_{dn}(k_{Nm})$ 등의 값을 <그림 7-4>와 같이 제안하였다.

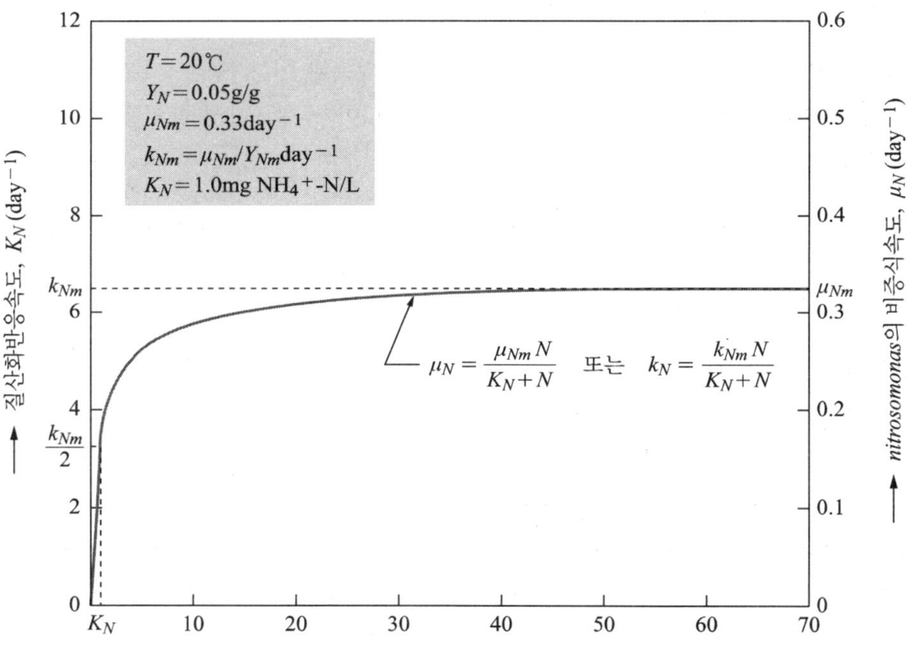

그림 7-4 • Monod의 질산화반응속도

질산화미생물의 μ_{Nm}값은 종속영양미생물의 값보다 훨씬 작아서 질산화 활성슬러지 시스템에서는 훨씬 긴 슬러지일령(SRT, θ_x)이 요구된다. <그림 7-5>는 $\mu_{Nm}=0.33\text{day}^{-1}$, $K_N=1.0\text{mg } NH_4^+\text{-N/L}$ 등을 가정하고 유입암모니아 농도와 슬러지일령과의 관계를 나타낸 것이다. 슬러지일령이 감소함에 따라 질소농도는 유입수의 농도에 접근하게 되는데 θ_x의 감소가 지나치면 질산화세균은 손실되고 암모니아는 산화되지 않는다. 이 그림에서 질산화미생물이 유실될 수 있는 한계슬러지일령(한계세포체류시간)은 20℃에서 약 3.5일이다.

전형적인 슬러지일령의 값은 10℃에서 10～20일, 20℃에서 4～7일 정도이다. 28℃ 이상에서는 암모니아 및 아질산염 산화를 모두 고려해야만 한다. 높은 온도에서 NH_4^+-N과 NO_2^--N의 상대적인 산화율이 변화되는데, NO_2^--N는 낮은 θ_x에서 축적될 것이다.

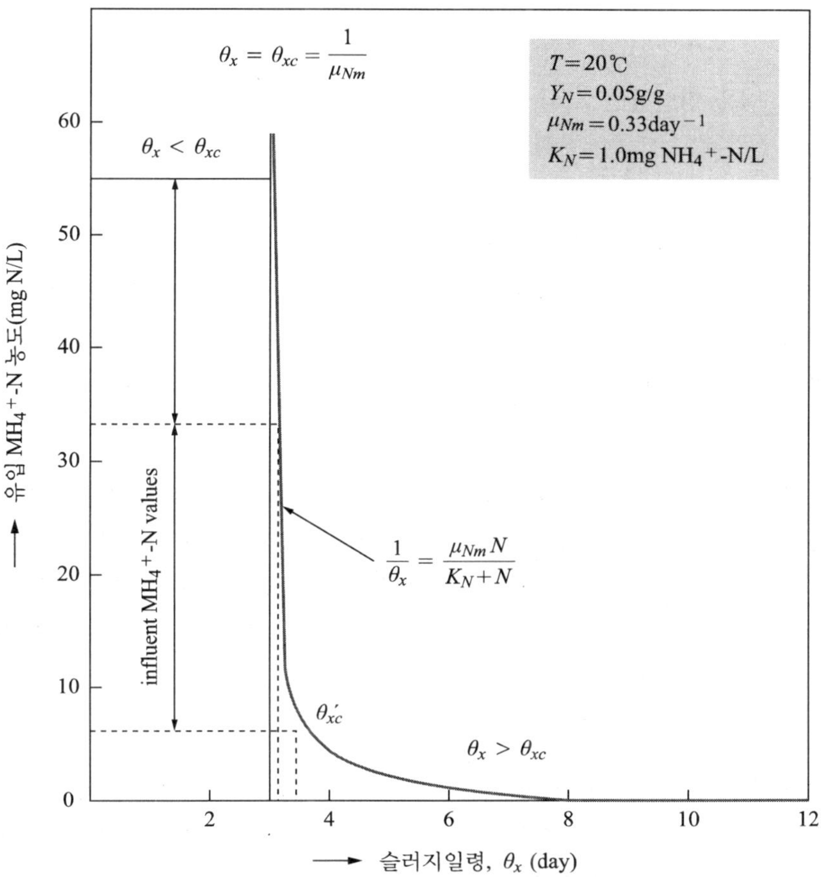

그림 7-5 • 유입 암모니아농도와 슬러지일령과의 관계

3) 질산화반응의 영향인자

질산화는 온도, pH, 독성, 중금속 그리고 이온화되지 않은 암모니아와 같은 다수의 환경인자에 의해 영향을 받는다.

(a) 온도

수온은 질산화미생물의 비증식속도의 최대치 $\mu_{\max}$에 큰 영향을 미친다. 20℃에서 μ_{Nm}값은 0.25에서 0.77g VSS/g VSS까지 변하는 것으로 보고된바 있다.

$$\mu_{Nm,\,T} = \mu_{Nm,\,20} \cdot \theta^{(T-20)} = 0.33(1.123)^{T-20} \tag{7.20}$$

여기서, $\mu_{Nm,\,T}$: T℃에서의 μ_{Nm}, day^{-1}

$\mu_{Nm,\,20}$: 20℃에서의 μ_{Nm}, day^{-1}

θ : 온도계수

$\theta_{xc} = 1/\mu_{Nm}$ 임을 감안하면

$$\theta_{xc,\,T} = 3.0(1.123)^{20-T}$$

여기서, $\theta_{xc,\,T}$: T℃에서의 한계일령, day

위의 식에 의하면 수온이 6℃ 하강할 때마다 θ_{xc}는 2배로 증가된다. 위 반응식은 온도범위가 5～25℃이고 pH 범위가 7.2～8.0이고 유독물질 농도가 무시할만한 도시하수에 해당한다. 실제로 질산화반응은 5℃ 이하에서는 정지되며, 최적온도범위는 28～32℃이다.

(b) pH

질산화는 pH에 민감하고 질산화율은 6.8 이하의 pH에서 상당히 감소한다. 5.8～6.0 근처의 pH에서 질산화율은 pH 7.0에서 질산화율의 10～20% 정도이다. 최적의 질산화율은 pH 7.0～8.0 범위에서 일어난다. 낮은 알칼리도를 갖는 폐수에 대해서는 적정 pH를 유지하기 위하여 알칼리도를 하수처리장에 첨가한다. 첨가해야 하는 알칼리도 양은 초기 알칼리 농도와 산화될 NH_4^+-N의 양에 따라 정해진다.

(c) 독성물질

질산화미생물은 호기성 종속영양 미생물이 영향을 받는 농도보다 훨씬 낮은 농도의 광범위한 유기 및 무기화합물에 대하여 민감하다. 또한 일부의 독성은 질산화미생물을 죽이기도 한다. 독성이 있는 화합물에는 유기용매 화학물질, 아민, 단백질, 탄닌, 페놀화합물, 알코올, 사이안화물, 에테르, 카바메이트 그리고 벤젠이 포함된다. 그러나 물질별 억제력과 그 복합적 영향은 잘 알려져 있지 않다.

(d) 용존산소

질산화율은 활성슬러지의 DO농도에 영향을 받는다. DO의 영향을 설명하기 위하여 비성장률에 대한 표현식 (7.18)을 다음과 같이 수정할 수 있다.

$$\mu_N = \left(\frac{\mu_{Nm} \cdot N}{K_N + N}\right)\left(\frac{DO}{K_O + DO}\right) - k_{dn} \tag{7.21}$$

여기서, DO : 용존산소, g/m^3

K_O : DO의 반포화계수, g/m^3

질산화반응에 대한 용존산소농도의 영향은 탄소계유기물질의 산화와 암모니아의 산화가 한 반응조에서 진행되는 단단계 공정과 암모니아산화만 둘째 반응에서 별도로 진행되는 2단계 공정으로 구분한다.

단단계 공정의 경우 미생물 플록 내 독립영양계 세균이 대체로 5% 미만이고 압도적으로 많은 종속영양계 미생물의 보다 높은 대사활동 때문에 용존산소에 대한 접근이 뒤지게 된다. 따라서 용존산소농도가 종속영양계 미생물의 수요를 초과하고 더 높아짐에 따라 독립영양계미생물도 점차 높아지게 된다. 따라서 단단계 공정에서 질산화반응이 억제되지 않는 용존산소의 한계농도는 대체로 2mg O_2/L이다.

한편 2단계 공정에서는 미생물 플록의 구성세포가 주로 독립영양계미생물이고 위와 같은 영향이 없으므로 질산화반응이 억제되지 않는 용존산소 한계농도는 대체로 1mg O_2/L 미만이다.

(e) 중금속

중금속 또한 질산화박테리아와 관련있는데 니켈 0.25mg/L, 크롬 0.25mg/L, 구리 0.1mg/L에서 암모니아 산화가 완전히 저해되었다.

(f) 비이온화 암모니아

질산화는 이온화 되지 않은 암모니아(NH_3) 혹은 자유암모니아, 그리고 비이온화된 아질산(HNO_2)에 의해 억제된다. 억제효과는 총 질소 종들의 농도, 온도, pH에 달려있다.

4) 질산화공정

질산화공정은 ① 단단계 질산화공정, ② 2단계 질산화공정, ③ 생물막공정으로 분류된다.

단단계 질산화공정은 탄소계 유기물질, 즉 BOD제거와 질산화반응을 한 조에서 동시에 수행시키는 공정이다. 따라서 반응조의 수리학적 체류시간도 BOD제거만을 목표로 할 때 보다 길어지고, F/M비도 적어진다. 일반적으로 활성슬러지 중의 독립영양계미생물의 비율은 유입기질의 BOD_5/TKN 비율과 밀접한 관계가 있다. BOD_5/TKN이 5 이상일 경우에는 단단계 질산화공정을 적용하는 것이 타당하고, 3 이하일 경우에는 별도로 2단계 공정을 적용하는 것이 타당하다고 한다.

2단계 질산화공정은 탄소계 유기물질(BOD)의 제거와 암모니아의 산화를 각각 별도의 앞뒤 반응조에서 수행시키는 공정이다. 이 공정의 첫 단계에서는 BOD제거만을 수행시키고 질산화반응이 진행되지 않도록 하기 위해 슬러지일령을 질산화반응에 필요한 한계슬러지일령만으로 제한한다. 둘째 단계에서는 활성슬러지공정설계를 위한 반응속도식이 그대로 적용된다. 다만 질산화미생물은 독립영양계이므로 탄소원이 BOD가 아닌 용존 CO_2이고 에너지원은 암모니아인데 이를 산화하기 위하여 용존산소가 필요하다. 또한 대체로 첫 번째와 두 번째 반응조의 합계용적은 단단계 공정의 반응조 용적보다 적게 소요된다.

(3) 생물학적 탈질산화공정

1) 탈질산화반응

생물학적 산화·환원에서는 많은 화학유기영양계(종속영양계)의 미생물이 질산(NO_3^-)과 아질산(NO_2^-)을 최종적인 전자수용체로 이용할 수 있다. 이들 미생물은 *Pseudomonas*, *Micrococcus*, *Archromobactor*, *Bacillus* 등의 속에 속하며, 무산소미생물이다. 무산소미생물이란 유리된 자유산소(O_2)나 타 원소와 결합된 산소(NO_2^- 등)를 최종적인 전자수용체로 이용하는 미생물을 뜻하며 무산소상태란 자유산소는 없고 결합된 산소만이 용존되어 있는 상태를 뜻한다. 이들 미생물이 이화작용에서 유기물질의 전자를 수용하는 반응식은 아래와 같다.

$$e^- + \frac{1}{4}O_2 + H^+ \rightarrow \frac{1}{2}H_2O \tag{7.22}$$

$$e^- + \frac{1}{5}NO_3 + \frac{6}{5}H^+ \rightarrow \frac{1}{10}N_2 + \frac{3}{5}H_2O \tag{7.23}$$

$$e^- + \frac{1}{3}NO_2 + \frac{4}{3}H^+ \rightarrow \frac{1}{6}N_2 + \frac{2}{3}H_2O \tag{7.24}$$

탈질산화미생물은 종속영양계이므로 에너지원인 전자공여체로서 그리고 세포물질합성을 위한 탄소원으로서 용존 유기물질을 필요로 한다. 유기물질은 다음의 세 가지 형태로 공급될 수 있다.

① 외부로부터의 첨가물질(메탄올 등)

② 유입생폐수 중의 유기물질

③ 세포가 사멸하면서 분해된 유기물질

첫째의 유기물질은 화학식이 알려진 단일유기물이므로 화학양론적 계산에 의해 소요량을 결정할 수 있지만 둘째, 셋째 유기물질의 경우에는 그렇지 못하다. 그러므로 첫째의 메탄올을 탄소원으로 사용하는 경우의 이화작용과 동화작용은 화학양론식은 각각 아래와 같이 표현된다.

$$\text{이화작용} : 6NO_3^- + 5CH_3OH \rightarrow 5CO_2 + 3N_2 + 7H_2O + 6OH^- \quad (7.25)$$

$$\text{동화작용} : 3NO_3^- + 14CH_3OH + CO_2 + 3H^+ \rightarrow 3C_5H_7O_2N + H_2O \quad (7.26)$$

실제의 경우 동화작용에 사용되는 메탄올의 양은 이화작용에 사용되는 양의 25～30% 정도라고 하며 전체적인 물질대사 식은 아래와 같다.

$$NO_3^- + 1.08CH_3OH + H^+ \rightarrow 0.065C_5H_7O_2N + 0.47N_2 + 0.76CO_2 + 2.44H_2O \quad (7.27)$$

메탄올을 탄소원으로 하는 경우 그 소요 농도는 위 식으로부터 계산할 수 있다.

또한 아질산과 용존산소가 탄소를 산화하는 것까지 감안할 때, 탈질산화반응에 소요되는 메탄올의 농도는 아래와 같다.

$$C_m = 2.47N_{DO} + 1.53N_{DI} + 0.87DO \quad (7.28)$$

여기서, C_m : 소요되는 메탄올농도, mg/L

N_{DO} : 유입되는 질산농도, mg/L

N_{DI} : 유입되는 아질산농도, mg/L

DO : 유입되는 산소농도, mg/L

탈질산화반응은 <그림 7-6>에 나타낸 바와 같이 폐수처리공정내에서 전 탈질공정과 후 탈질공정으로 적용된다.

2) 질산화반응 속도론

무산소상태에서 체류시간에 따른 탈질산화관계를 나타낸 <그림 7-7>에서 보듯이 탈질산화반응은 0차 반응으로 간주된다. 즉, 무산소조내에 일정농도의 탈질산화미생물이 있을 때 질산농도는 경과기간에 따라 일정한 속도로 감소된다.

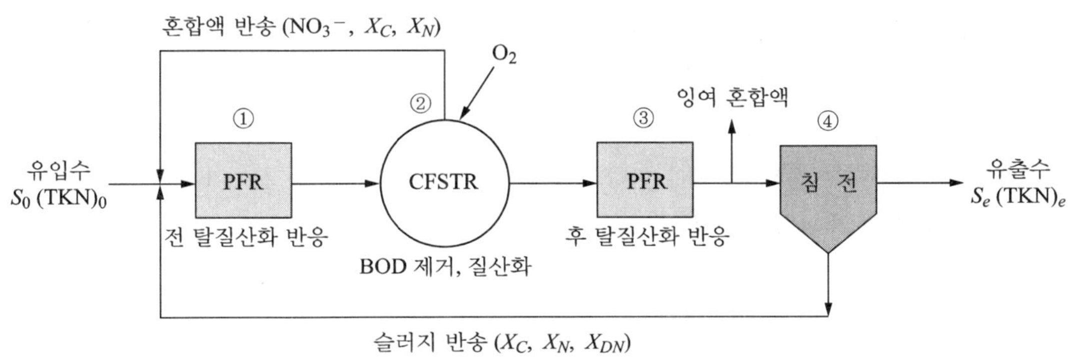

그림 7-6 ∘ 전 탈질산화반응과 후 탈질산화반응을 포함하는 폐수처리공정

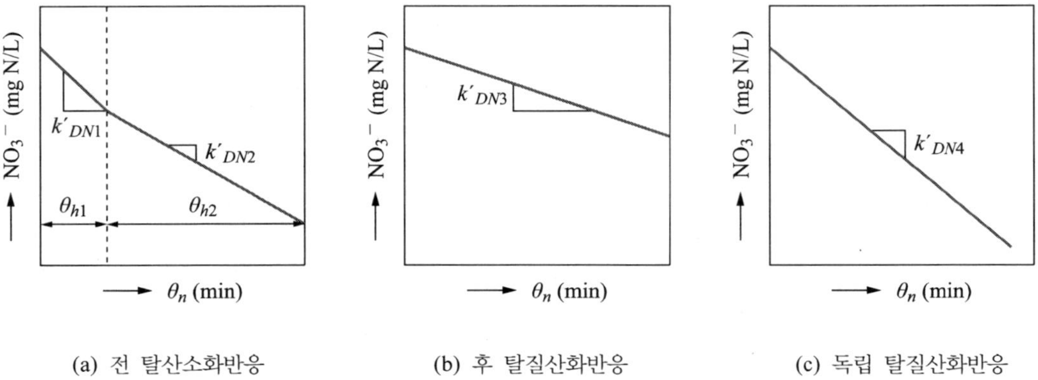

그림 7-7 • 무산소상태의 PFR에서 체류시간과 탈질산화율과의 관계

$$\frac{dNO_3^-}{dt} = -(X_{DN})(k_{DN}) = -k'_{DN} \tag{7.29}$$

여기서, X_{DN} : 탈질산화미생물농도, mg VSS/L

k_{DN} : 질산제거속도상수, mg NO_3–N/mg VSS · day

k'_{DN} : 질산농도제거속도상수, mg NO_3–N/L · day

그런데 k'_{DN}값은 유입 유기물질 또는 첨가된 유기물질의 특성에 따라 달라진다.

① k'_{DN1} : <그림 7-6>의 전 탈질산화반응조에서는 유입되는 생폐수와 반송되는 질산이 무산소상태의 PFR에서 질산화미생물에 의해 함께 대사되는데, 생폐수 중에는 분해가 쉬운 유기물과 난분해성 유기물질이 있다. 따라서 초기체류시간에는 쉽게 분해되는 유기물을 분해하여 k'_{DN}이 크게 나타나지만 후자는 그렇지 못하므로 k'_{DN}값이 적다($k'_{DN1} > k'_{DN2}$)(그림 7-7).

② k'_{DN2} : 전 탈질산화반응조의 후기체류시간의 k'_{DN}값

③ k'_{DN3} : 후 탈질산화반응조에 유입되는 탄소원은 대체로 세포가 사멸하고 자기분해된 것으로 난분해성 유기물질이므로 k'_{DN}이 적게 나타난다($k'_{DN2} \geq k'_{DN3}$).

④ k'_{DN4} : <그림 7-1>의 제 8조와 같은 독립 탈질산화반응조에서는 거의 질산만 유입되므로 탄소원을 외부에서 첨가해주어야 한다. 그러한 탄소원은 메탄올 등 분해가 쉬운 유기물질이므로 k'_{DN}값이 비교적 크다($k'_{DN4} \geq k'_{DN1}$).

van Haandel 등에 의하면 <그림 7-6>과 같은 단일 활성슬러지조를 중심으로 하는 탈질산화 공정에서는 도시하수의 경우 10～25일의 슬러지일령 범위에서 각 k_{DN}의 값은 주로 온도의 영향만을 받는다고 한다.

한편 Dawson과 Murphy 등에 의하면 메탄올을 첨가하는 독립 탈질산화반응에서의 비기질제거속도 값은 아래와 같다.

$$U = 0.07(1.06)^{T-20} \tag{7.30}$$

여기서, U : 비기질제거속도상수 ≃ 질산제거속도상수(k_{DN4}), mg NO_3–N/mg VSS · day

T : 반응온도, ℃

위의 식은 5～30℃의 수온에 적용된다. 그리고 3℃ 정도의 수온에서는 탈질산화반응이 정지되는 것으로 지적되고 있다.

탈질산화공정을 위한 pH 범위는 6.5～7.5이고, 최적 pH는 대체로 7.0 전후인 것으로 알려져 있다. 탈질산화반응은 무산소 조건을 필요로 하므로 유리된 자유산소(O_2)가 용존되지 않아야 한다.

3) 탈질산화공정

탈질산화공정은 ① 독립탈질산화공정, ② 기타의 현탁증식탈질산과공정, ③ 생물막공정, ④ 후속처리로 분류된다.

독립탈질산화공정은 유입기질의 대부분이 질산이고 탄소원으로 메탄올 등 분해가능한 유기물이 첨가되는 독립탈질산화반응조이다. 기타 현탁증식탈질산화공정은 <그림 7-6>의 공정을 포함하여 ① 탄소계 기질 제거, ② 질산화, ③ 탈질산화 등을 상호 관련시켜 간추리는 공정의 일부로 설계된다. 탈질산화공정에서 이용되는 생물막공법은 ① 회전생물접촉판, ② 침지여상, ③ 유동층생물막반응조, ④ 상향류슬러지블랭킷 등이다. 탈질산화공정으로부터 유출된 처리수에는 환원된 N_2가스와 탄소계유기물질의 잔류량이 포함되어있다. 따라서 N_2가스를 탈기시키고 잔류유기물을 산화시키기 위하여 대개 유출수를 재폭기하고 필요에 따라 다시 침전조를 설치한다.

(4) 생물학적 질산화 - 탈질산화 결합공정

1) 재래식 3단계 공정

<그림 7-8>에서 보듯이 ① 탄소계 기질(BOD)의 제거와 ② 암모니아성 질소의 산화(질산화 또는 NOD), ③ 탈질산화반응(질소환원)을 순서적으로 독립하여 수행시키는 공정으로 각 반응이 독립적으로 수행되므로 운전이 비교적 쉽고 안정된 처리효율을 얻을 수 있는 장점이 있다. 그러나 조의 수가 많고 탈질산화반응에 소요되는 메탄올을 첨가하는데 조작 및 경제적 측면의 단점이 있다.

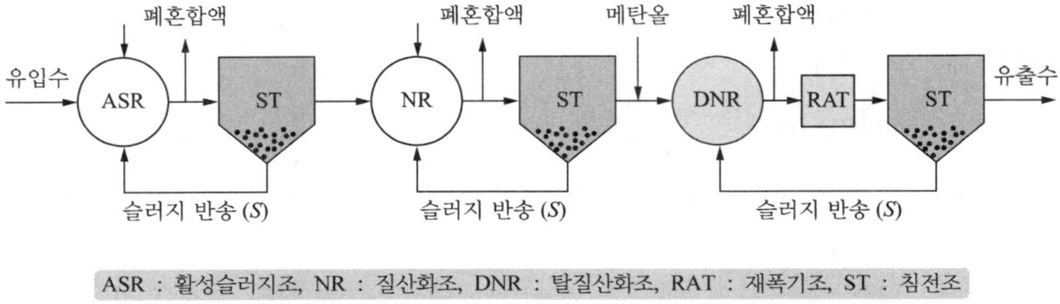

그림 7-8 • 재래식 3단계 탄소 제거, 질산화 및 탈질산화 공정

2) 단일 질산화/탈질산화 혼합공정

탄소 제거, 질산화, 탈질산화를 수행하는 각 미생물의 대사조건 중에서 공통적인 특성을 최대한으로 취합하여 최적화를 시도한 공정이다. 따라서 한조의 슬러지내 세 가지의 미생물이 대사상태는 다르더라도 공존할 수 있다.

이 공정은 다음의 세 가지 가정에 기초한다.

① 질산화미생물은 호기성 상태에서만 증식할 수 있다.
② 질산화미생물의 일부는 호기성 및 무산소의 양조건에서 사멸하지만 그 차이는 무시할 만하다.
③ 질산화속도상수의 값은 공정 내에 무산소구역이 있음에도 불구하고 영향을 받지 않는다.

또한 이 공정의 장점은 다음과 같다.

① 질산화와 유기물제거에 소요되는 공기량을 감소시키고
② 탈질화에 필요한 별도의 유기탄소원 공급이 필요없으며
③ 3단계의 질산화/탈질화 공정에 필요한 중간 침전지와 슬러지 반송시설이 필요없다는 점이다.

<그림 7-9>에 대표적인 질산화 - 탈질산화 결합공정을 나타내었다. Ludzack-Ettinger 수정 공정(Modified Ludzack-Ettinger, MLE)은 유입폐수의 BOD를 탈질산화반응의 탄소원으로 하고 Wuhrmann 공정은 사멸된 세포물질을 그리고 4-stage Bardenpho 공정은 생폐수의 BOD와 사멸된 세포물질을 탄소원으로 하고 있다. 공정의 운전조건과 기질제거효율 등도 각각 다양하다. 그러나 이들 공정은 앞의 재래식 3단계 공정의 단점을 보완하고 공통적인 생물학적 대사특성을 최대한 이용하는 방향으로 개발되고 있다. 그 외에도 산화구 공정, 폭기기에 타이머를 연결하여 호기 - 무산소단계를 주기적으로 운영하는 간헐폭기공정 등이 적용될 수 있다.

van Haandel 등은 질산화/탈질산화 혼합공정을 설계할 때 중요한 고려사항으로 ① 질산화미생물의 비증식속도 최대치(μ_{Nm}), ② 유입기질의 TKN/BOD, ③ 폐수의 최고 및 최저온도, ④ 쉽게 분해가능한 기질의 비율 등이 중요하다고 주장하고 있다.

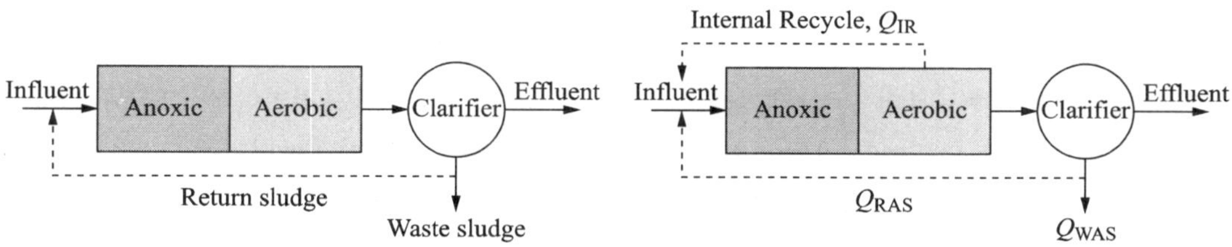

(a) Ludzack-Ettiner 및 Ludzack-Ettiner 수정 공정

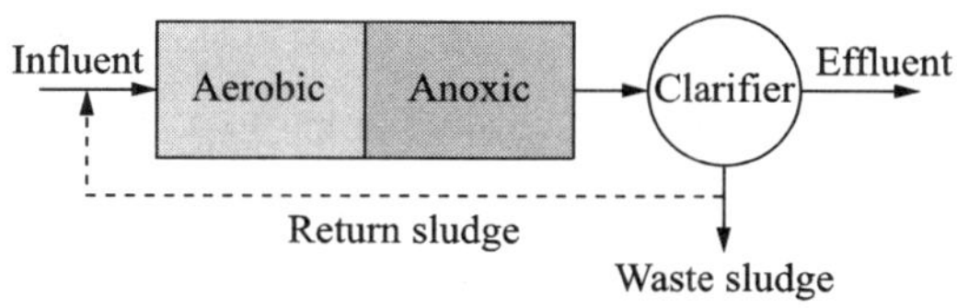

(b) Wuhrmann 공정

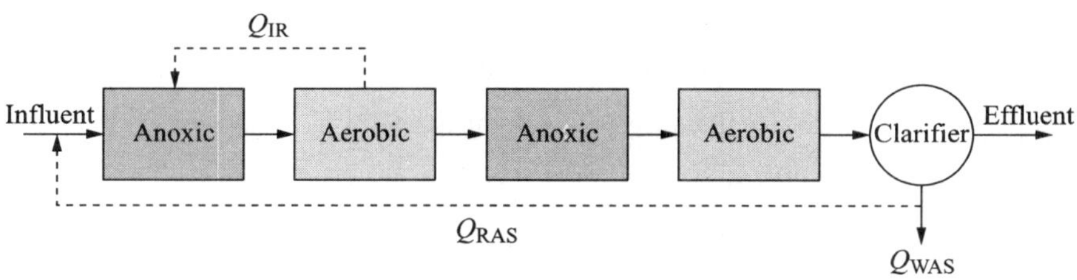

(c) 4-stage Bardenpho 공정

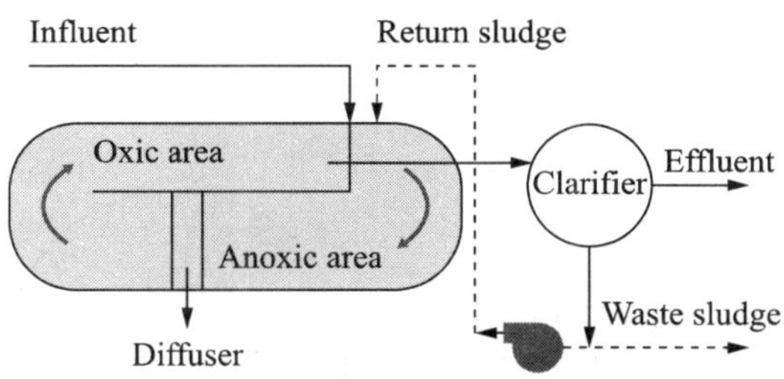

(d) 산화구 공정

그림 7-9 • 단일 질산화/탈질산화 혼합공정

2. 생물학적 방법에 의한 인의 제거

폐수처리장 방류수로부터 인을 제거하는 전통적인 방법은 화학적 응결법이다. 그러나 1980년을 전후한 시기부터 생물학적 방법이 적용되고 있다. 이 방법은 화학적 방법만큼 조작이 간단하지도 낳고 인의 제거효율도 떨어지지만 ① 생물학적 방법의 특유한 장점이 있고 ② 탄소계 기질과 질소 및 인을 모두 제거할 수 있는 일괄적 생물학적 공정을 완성케 한다.

(1) 인 제거 원리

활성슬러지에 의해 폐수를 처리할 때 활성슬러지를 혐기성 조건과 호기성 조건에 교대로 노출시킴으로써, 보통 활성슬러지보다 인 함유율이 훨씬 더 높은 활성슬러지를 생성시킬 수 있다.

인 제거와 가장 깊게 관련된 미생물로서 Acinetobactor로서 그람음성이고 1～1.5μm 길이의 통통한 간상체이고 쌍, 사르 또는 포도송이의 형태로 증식한다. Acinetobactor 외에도 Bacillus, Aeromonas, Psedomonas 등을 포함한 여러 속의 미생물들이 보고되고 있다. <그림 7-10>에 나타낸 바와 같이 혐기공정에서 세포내 저장되어 있던 무기인(Poly-P)으로부터 정인산(Ortho-P)이 방출된다. 무기인은 정인산인의 선형결합으로 결합의 고리가 에너지원이 된다. 무기인의 가수분해에 의해 PO_4^{3-}가 유리되어 액 중에 방출된다. 이때 에너지로 세포외의 유기물을 세포내로 이동시키는데 흡수된 유기물은 PHB(Poly-β-Hydroxy Buthylate)로 저장된 후 호기상태가 되면 세포내 저장되었던 PHB를 분해시켜 ATP를 합성하고 이 에너지로 세포내 인을 흡수하여 무기인으로 저장한다. 이때 용액내로부터 과량의 정인산을 섭취하여 무기인을 합성하는 현상을 인의 과잉섭취(luxury uptake)라 한다. 인의 생물학적 제거란 결국 호기상태에서 과잉섭취된 미생물을 폐슬러지의 형태로 배출시킴으로써 이루어질 수 있다. 일반 활성슬러지의 인 함유량이 대체로 1.5～2.0%(P/MLSS)인 것에 비하여 이 같은 반응을 통한 인 함유량은 6% 정도까지 증가되는 것으로 보고된바 있다.

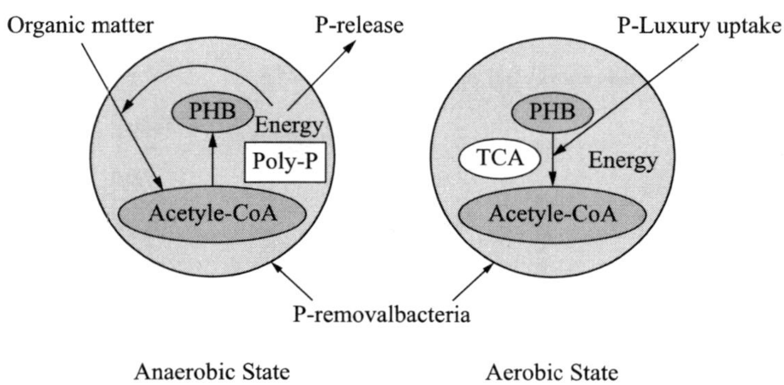

그림 7-10 • 인 제거를 위한 인 제거 미생물의 기본적인 기작

<그림 7-11>에 반응조내에서 용존 BOD와 인의 거동을 나타내었다.

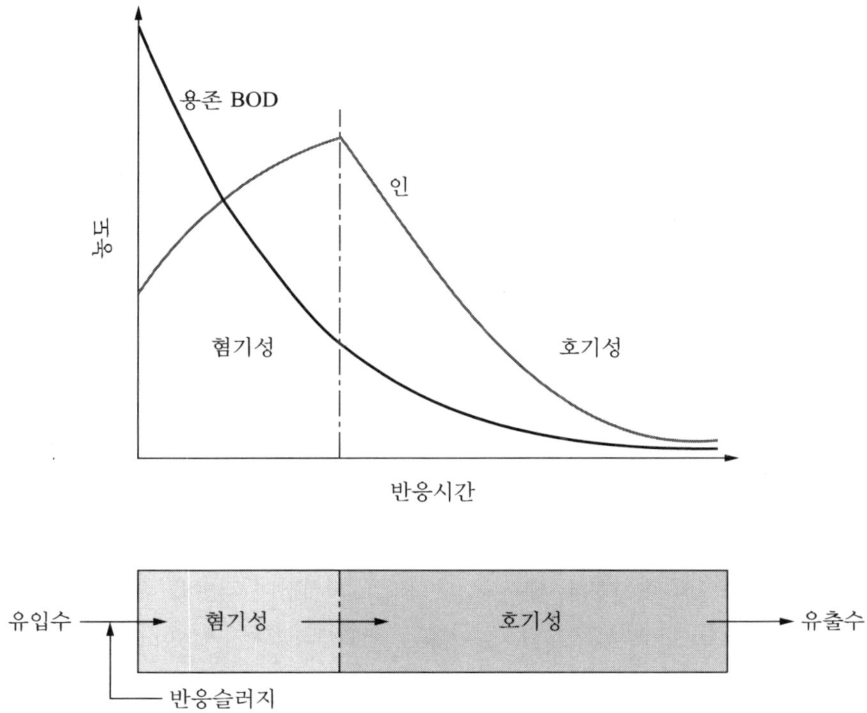

그림 7-11 ◦ 혐기-호기 반응조내 용존 BOD와 인의 거동

(2) 반응조건

생물학적 인 제거를 위한 인의 축적과 방출을 위한 조건을 문헌으로부터 간추리면 아래와 같다.

1) 혐기조건과 호기조건

혐기조건은 Poly-P 축적 미생물의 활발한 인산방출과 증식, 그리고 그 후 호기성조에서 Poly-P 과잉축적을 일으키기 위해 중요하다. 혐기성조에는 전자수용체인 자유산소(O_2)와 질산(NO_3) 등의 결합산소가 없는 것이 바람직한데 NO_x의 허용한계농도로서는 1～5mg/L가 거론되고 있다. 혐기성 수준을 나타내는 척도로서 산화환원전위(ORP)가 사용되는데 ORP값이 양(+)일 때는 인의 방출이 없고 음(−)일 때에는 그 절대치가 클수록 방출량이 많아진다. 이와 관련하여 대체로 −200～−300mV의 ORP값이 사용되고 있다. 그런데 합류식 하수도의 경우 강우 직후에는 혐기성조에서 DO와 NO_x 등이 유입되고, ORP값이 양의 수치를 나타내어 인산제거효율이 떨어지는 사례가 보고되고 있다. NO_x의 영향에 관해서는 혐기성조에 NO_x가 유입될 경우 전자수용체로 이용할 수 있는 탈질산화미생물이 우세하게 번식하기 때문이라는 설이 지배적이다.

호기성 조건은 Poly-P 축적 미생물의 인산과잉축적과 호기성조 및 그 뒤의 침전조에서 인산방출이 일어날 수 있는 혐기성 상태를 방지하기 위하여 중요하다. 이와 관련하여 호기성조에 1～3mg/L 이상의 용존산소를 유지해야 한다는 주장이 있고, 2차 침전지의 슬러지 체류시간을 짧게 하고 슬러지블랭킷의 깊이를 0.6m 이하로 억제하라는 권고도 있다.

2) 혐기성조 체류시간과 호기성조 체류시간

생물학적 인 제거 반응에서 기본적으로 중요한 것은 ① 인산과잉축적 미생물의 양과 ② 반응조 체류시간이다. 이중 둘째 조건은 혐기성조에서 인산방출과 호기성조에서의 인산과잉축적을 원만하게 수행시키기 위하여 두 반응조의 체류시간을 균형있게 배정하는 것이 중요하다.

문헌에 의하면 혐기성조 체류시간이 0.5～1.0시간과 호기성조 체류시간 1.8～2.5시간을 권고하고 있다. 이 경우는 호기성조에서 암모니아의 질산화를 억제하고 있는데, 만약 호기성조의 체류시간을 길게 하고 암모니아를 질산으로 산화시키는 경우에는 별도의 무산소반응조를 공정에 추가하여 탈질산화를 수행하고 질산의 혐기성조 유입을 억제해야 한다. 이와 관련하여 질소물질 제거에 추가하여 인 제거도 목표로 하는 Bardenpho 공정의 경우 혐기성조 체류시간 1.0～2.0시간과 호기성 체류시간 3～8시간이 권고되고 있다. 일본의 경우 실험실규모로부터 실규모에 이르는 30건의 사례조사에서 혐기성조 체류시간은 1.0～2.0시간이 과반을 점하고, 호기성조 체류시간은 인만을 제거하는 경우 2～4시간, 질산화도 수행하는 경우 4～6시간이 보고되고 있다.

3) F/M비

반응조 내의 MLSS농도는 폭기의 제한을 받는 일반 활성슬러지의 경우와 같이 대체로 2,000～4,000mg/L가 보고되고 있다.

혐기성조에 대한 탄소계 기질의 부하량은 ① 조내에 DO와 NO_x가 있는 경우 우선 그것을 제거하고 ② 인산과잉축적 미생물이 인산을 최대로 방출할 수 있도록 하고, ③ 정상적인 미생물증식에 필요한 유입인량에 대응하는 탄소량을 공급하기에 충분하여야 한다. 첫째의 경우는 조의 혐기성 조건을 확립시키기 위한 것인데 첫째와 둘째의 목적을 달성하기 위해서는 가능한 한 쉽게 분해가능한 이분해성 기질을 공급하여야 한다. 그것과 관련하여 조 내에 적정수준의 발효 미생물이 있고 그것이 아세트산 등 쉽게 세포 내로 운반될 수 있는 이분해성 물질을 생성하도록 하는 것이 중요하다. 탄소계 기질 비율에 관하여 문헌에서는 0.15～0.75kg BOD/kg MLSS·day(0.08～0.4kg BOD/kg MLSS·day)이 보고되고 있다. 그러나 일본의 경우는 대체로 그보다 낮은 0.1～0.3kg BOD/kg MLSS·day이 보고되고 있다.

4) 1차 침출수의 P/BOD 비

혐기성조에서 인산이 최대한으로 방출되도록 하기 위한 파라미터로 P/BOD 비율이 사용되는데 일반적인 한계비율은 0.1 이하로 0.1보다 높아지면 혐기성조의 인산방출량이 차츰 적어지는 것으로 보고되고 있다. 이와 관련하여 도시하수의 경우 혐기성조에서 가용한 이분해성 기질이 25mg COD/L 이상이어야 한다는 주장도 있다.

5) 기타

생물학적 인 제거 공정에서 슬러지일령(SRT 또는 θ_x) 또한 중요한 인자가 된다.

(3) 생물학적 인 제거 공정

도시하수처리장에서 1차 침전지를 거체 폐수내의 인은 대부분 ortho-P이다. 일반 활성슬러지 프로세스의 경우 대사활동을 통해 섭취되는 인은 건조중량 비율로 슬러지의 1.5～2.0%이며, 잉여슬러지와 함께 제거되는 인의 양은 유입되는 것의 10～30%이다. 생물학적 인 제거 공정에서는 잉여슬러지내 인 함유율을 6%까지 끌어올려 유입되는 인의 대부분이 제거되도록 시도한다.

혐기성과 호기성을 교대로 유지하며 생물학적 인 제거에 이용되고 있는 공정으로는 ① AO 공정, ② Phostrip 공정이 있다.

1) AO 공정

인 과잉축적 미생물의 대사 특성을 이용하는 생물학적 인 제거 공정의 원형으로 일종의 고속 활성슬러지법이다(그림 7-12(a)). 다른 생물학적 인 제거 공정보다 BOD제거량당 인 제거량(ΔP/ΔBOD)이 크고 잉여슬러지량도 많다. 일반적으로 혐기성과 호기성 단계가 동일크기이며, 반송슬러지는 유입수 끝부분으로 반송되어 유입수와 혼합 , 혐기성 상태에서 미생물에 의한 유기물 흡수가 일어나면서 인이 용존성염으로 용출된다. 이때 일부의 유기물질이 제거되기도 한다. 질산화 방지를 위해 SRT를 낮게 운전하며 질산화 없이 생물학적 인 제거를 위한 효과적인 SRT값은 20℃에서 2～3일, 10℃에서 4～5일 범위이다.

2) Phostrip 공정

이 공정은 2가지 방법으로 인이 제거되는데 탈인조의 상징액으로부터 화학적으로 분리하고 슬러지속의 인은 잉여슬러지 배출을 통해 제거가능하다. 생물학적 공정에 화학적 공정을 결합한 것으로 유입수의 유기물 부하에 큰 영향을 받지 않고 유출수 중의 인의 농도를 1mg/L 이하로 유지가능하다. 이 방법은 혐기성조에 보내는 슬러지량을 조절할 수 있기 때문에 넓은 범위의 유입수 인 농도에 대처할 수 있다. 그러나 공정은 복잡하고 화학약품과 수세수의 소요 때문에 처리비용이 높다.

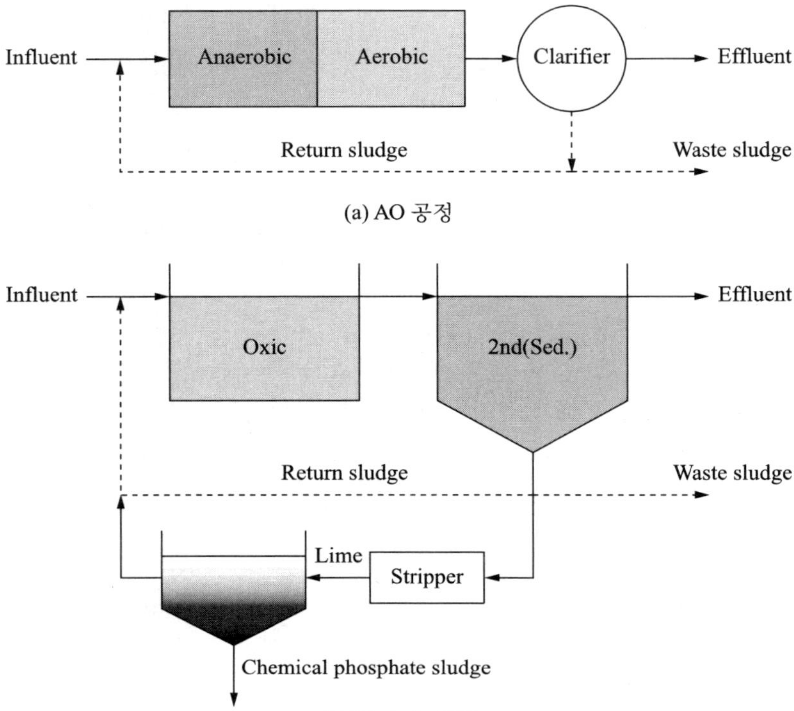

(a) AO 공정

(b) Phostrip 공정

그림 7-12 ∘ 생물학적 인 제거 공정

3. 생물학적 방법에 질소와 인 동시 제거 공정

탄소계 기질과 질소, 인 등 영양물질을 일관된 생물학적 공정에 의하여 폐수로부터 제거하고자 하는 것이 최근의 추세이다. 따라서 지금까지 설명한 생물학적 질소 및 인 제거 방법을 결합하여 이미 거론된 영향인자를 종합적으로 반영하고 공정을 최적화할 필요가 있다. 이러한 결합공정을 위한 영향인자들을 다음과 같다.

- 유출수의 특징
  - COD 농도
  - TKN/COD 비율
  - 질산화미생물의 20℃에서의 비증식속도 최대치
  - 고온 및 최저온도
  - P/COD 농도비율
- 슬러지의 침강특성
  - 슬러지의 침강성이 좋으려면, 무산소조의 체류시간이 1시간 이내라야 한다.

- 유출수 조건
  - 특히 질소와 인의 농도조건이 중요하다.

또한 아래의 항목들을 만족시키는 설계가 이루어져야 한다.

- 충분한 질산화
  세포합성에 소요되는 것 외의 모든 암모니아는 산화해야한다.
- 충분한 탈질산화
  공정 내에서 충분한 탈질산화가 이루어지지 않으면 혐기조에서 인과잉축적 미생물의 인산 방출이 억제된다.
  충분한 탈질반응을 위해서는 충분한 유기질 탄소가 필요하다.
- 충분한 유기질 탄소의 유입
  이는 혐기조의 혐기성 조건을 충족하기 위한 필요조건이다.
  그리고 혐기성조의 발효 미생물은 그것을 대사하여 휘발성지방산, 특히 아세트산 등의 저급 지방산을 생성하여 인산과잉축적 미생물의 대사활동을 돕는다.
- 잉여슬러지를 호기성조에서 인출할 것
  인과잉축적 미생물의 인산방출을 방지하기 위해 중요한 요소이다.

(1) A^2O(Anaerobic/Anoxic/Aerobic) 공정

AO 공정을 개량하여 무산소 공간을 추가하여 질산화된 혼합액을 반송하고 질산의 환원을 추가적으로 시도하는 공정이다. 폐슬러지내 높은 인 함량을 나타내며 AO 공정에 비해 탈질산화율이 우수하며 약품을 사용하지 않아 경제적이며 슬러지 발생량이 줄어들고 슬러지처리비용이 저감된다. 그러나 최적 운전조건의 설정이 어려우며 추운 기후에 처리효율이 저하되는 단점이 있다.

(2) 5-stage Bardenpho 공정

원래 질소물질제거를 위해 개발된 4단계 Bardenpho 공정에 인 제거를 겸하도록 혐기조를 추가하여 반송슬러지가 유입수와 함께 혐기조에 유입되어 발효반응이 일어나면 인이 방출되는 공정이다. 1차 무산소조는 후속 호기조로부터 혼합액이 내부반송되고 유입수 중 용존성 유기물을 탄소원으로 질산성 질소가 질소가스로 환원되는 탈질반응이 일어난다. 이때 질산성 질소의 약 70%가 제거되는 것으로 보고되어 있다. 2차 무산소조는 호기성 단계에서 생산된 잔류 질산성 질소를 전자수용체로 내생유기탄소를 전자공여체로 탈질을 수행한다. 마지막 호기조에서는 잔류 질소가스를 제거하고 침전지의 인 용출을 최소화하기 위해 사용된다.

슬러지 생산을 최소화하며 인 함량 증대가 가능하다는 장점을 갖고 추가적인 내부순환펌프가 필요하다. 또한 앞서 언급된 A^2O 공정에 비해 큰 반응조와 높은 BOD/TP가 요구된다. 특히 반송슬러지내 잔존 질산염이 혐기조에 유입되어 탄소원을 먼저 사용하면서 탈질산화하여 인 방출이 저하되고 결과적으로 인의 제거효율이 저하될 수 있다.

(3) UCT(University of Cape Town)와 MUCT(Modified UCT) 공정

A^2O와 5-stage Bardenpho 공정의 문제점 해결을 위해 Cape Town 대학의 Ekama 등이 1984년에 제안하였다. UCT 공정은 다음 두 가지 점을 제외하고 A^2O와 유사하다. ① 혐기성조에 질산성 질소가 유입되는 것을 방지하기 위하여 혐기성조 대신 무산소조로 반송된다. ② 혼합액의 내부순환은 무산소조에서 혐기성조로 이루어진다. MUCT 공정은 혐기조에 질산성 질소 유입을 최소화하기 위하여 무산소조를 둘로 나누었다. 따라서 반송슬러지에 함유된 질산성 질소에 의한 인 제거 효율 저해요인이 감소되었으며 앞의 Bardenpho 공정에 비해 반응조 크기가 현저하게 줄었다. 그러나 추가적인 내부순환 펌프비용이 추가되며 슬러지의 침전성 및 농축성이 저하되는 단점이 있다. 무엇보다 TKN/COD 비율이 0.08mg N/mg COD 이상인 경우에도 인의 제거가 가능한 것으로 보고되었으며 처리할 수 있는 폐수의 TKN/COD 상한치는 0.14mg N/mg COD인데, 폐수의 TKN/COD 비율이 이 값에 도달할 경우 반송슬러지 중의 질산성 질소의 농도가 최대허용치에 접근하므로 반송을 중지해야 한다. TKN/COD 비율이 그 값을 초과할 경우 무산소조에 유입되는 질산성 질소의 농도는 조의 환원능력을 초과하고 그것이 혐기성조에 유입되므로 인 방출이 억제된다. 그러나 1차 침전된 도시하수의 TKN/COD은 대개 0.14 미만으로 알려져 있다.

(4) VIP(Virginia Initiative Plant) 공정

미국 버지니아주에서 특화된 공정으로 A^2O와 UCT 공정과 유사하나 재순환방법의 차이가 있다. 호기성조에서 질산화된 혼합액은 반송슬러지와 함께 무산소조 입구로 순환된다. 유입수내 일부 유기물은 혐기성조에서 혐기분해되어 전체공정의 산소 요구량을 감소시킨다.

이외에도 연속회분식 공정(SBR), 상분리산화구 공정(PID, Phased Isolation Ditch) 등이 있으며 국내외에서 각종 변법들이 개발되고 있다.

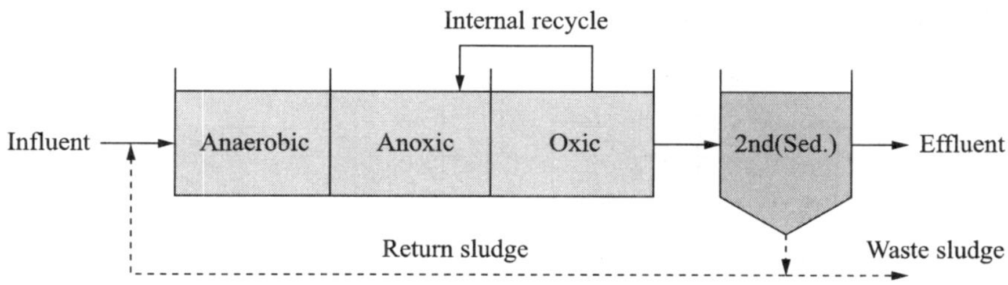

(a) A^2O 공정

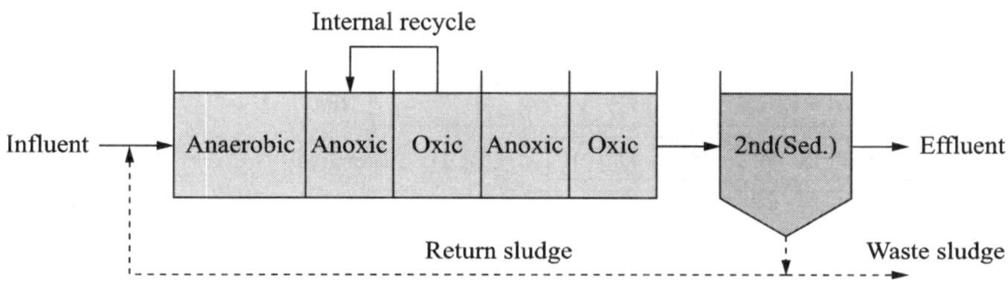

(b) 5-stage Bardenpho 공정

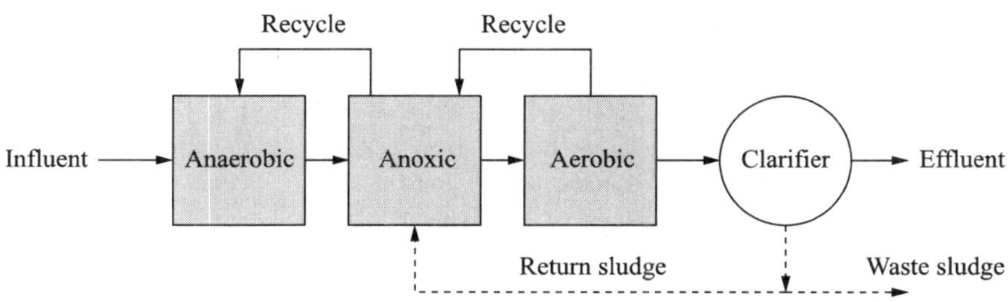

(c) UCT 공정

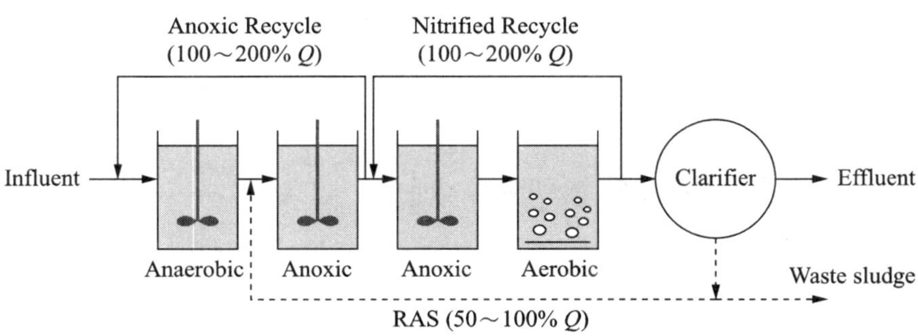

(d) MUCT 공정

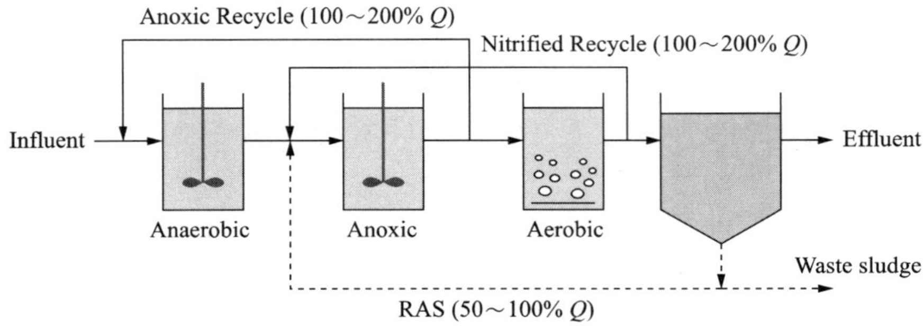

(e) VIP 공정

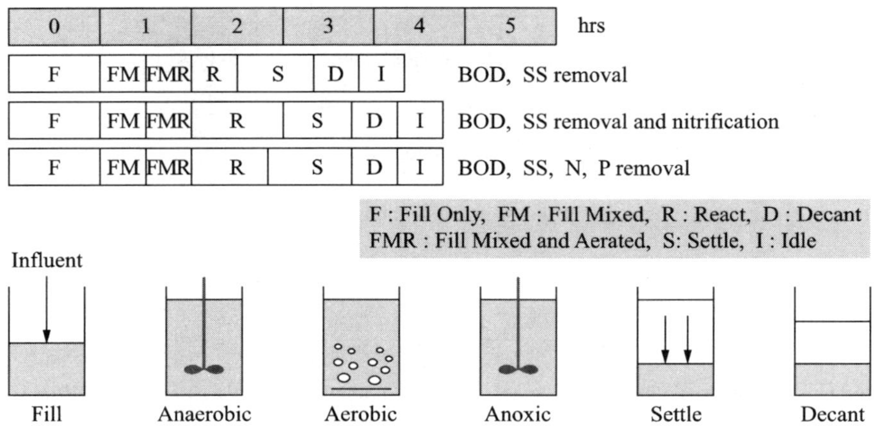

(f) 연속회분식 공정(SBR)

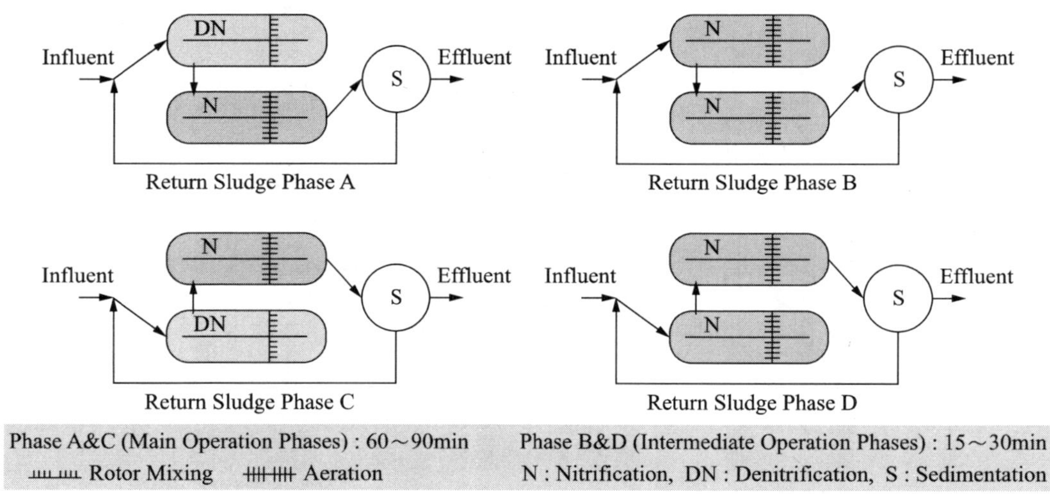

(g) 상분리산화구 공정(PID, Phased Isolation Ditch)

그림 7-13 • 생물학적 질소, 인 동시 제거 공정

참고문헌

1. Aspects of Water Pollution Control, WHO, Geneva(1961).
2. 환경청 발행, 「한강유역환경보전종합대책사업, 수질부문보고서」, 제2권 (1983) p.8～123.
3. Morris, J.C., Modern Chemical Methods, Delft University of Technology, Netherlands(1980).
4. McCarty, P.L., "Biological PRocesses for Nitrogen Removal : Theory and Application", Proceedings Twelfth Sanitary Engineering Cinference, Uni-versity of Illinois(1970).
5. Downing, A.L., et al., "Nitrification in Activated Sludge Process", J. Proc. Inst. Sew. Purif., Vol. 64 : 2(1964).
6. METACALF & EDDY, Wastewater Engineering : Treatment, Disposal, Reuse, McGraw-Hill (1979).
7. Adams, C.E., Jr. and Eckenfelder, W.W., Jr., Process Design Techniques for Industrial Waste Treatment, Enviro Press(1974).
8. Ranalho, R.S., Introduction to Wastewzater Treatment Processes, Academic Press(1983).
9. Hultman, B., "Biological Nitrogen Reduction Studies as a General Mirobiological Engineering Process", Environmental Engineering, edited by Linder G., et al., D. Reidel Pub. Co. Holland (1973).
10. Benfield, L.D. and Randall, C.W., Biological Design Process for Wastewater Treatment, Prentice-Hall(1980).
11. US Environmental Protection Agency, Process Design Manual for Phosphorus Removal(1976).
12. US Environmental Protection Agency, Process Design Manual for Nitrogen Control(1975).
13. Higgins, I.J. and Burns, R.G., The Chemistry and Microbiology of Pollution, Academic Press (1975).
14. van Haandel A.C., et al., "The Activated Sludge Process-3 : Single Sludge Denitrification", Water Research, vol. 15(1981) p.1135.
15. McCarty, P.L., "Thermodynamics of biological synthesis and growth", Second International Conference on Water Pollution Research, Pergamon Press(1964) p.169.
16. Chong, J.P. & Morris J.E., "Studies on the Utilization of nitrate by micrococcus denitrificans", J. Gen. Microbiol. vol. 29(1962) p.301.
17. McCarty, P.L., et al., "Biological Denitrification of Wastewaters by Addition of Organic Materials", Proceedings of 24th Purdue Industrial Waste Conference, Purdue University(1969).
18. Metcalf & Eddy, Inc. : Wastewater Engineering : Treatment and Reuse, McGraw-Hill, New York, 2004.
19. van Haandel, A.C., et al., "Optimization of Nitrogen Removal in the Single Sludge Activated Sludge Process", Water Sci. Tech., vol. 14(1982) p.443.
20. Dowson, R.N. and Murphy, K.L., "Factors affecting biological denitrification of wastewater", Advances in Water Pollution Research, edited by Jenkins, S.H., Pergamon Press(1973) P.671.
21. Brown and Caldwell Consulting Engineers, Process Design Manual for Nitrogen Control, USEPA Technology Transfer Series(1975).
22. Barth, E.F., project officer, Summary Report : Workshop on Biological Phosphorus Removal in Municipal Wastewater Treatment, US Environmental Protection Agency(1982).
23. Nicholls, H.A. and Osborn, D.W., "Bacterial Prestress : Prerequisite for Biological Removal of Phosphorus", Water Pollution Control Fed., vol. 51(1979) p.5573.
24. Buchan, L., "The Location and Nature od Accumulated Phosphorus in Seven Sludge from Activated Sludge Palnts which Exhibited Enhanced Phosphorus Removal", Water SA, vol. 7 (1981) p.1.
25. Fuhs, G.W. and Chen, M., "Microbial Basis of Phosphate Removal in the Activated Sludge Process for the Treatment of Wastewater", Microb. Ecol., vol. 2(1975) p.119.
26. Barnard, J.L., "Biological nutrient removal without the addition of Chemicals", Water Research, vol. 9(1975) P.4853.
27. Hascoet, M.C., et al., "Biochemical aspects of Enhanced biological phosphorus removal from wastewater", Enhanced phosphorus removal from wastewater, Water Science and Rechnology, Pergamon Press(1985) P.23.

28. Sell, R.L., "Low temperature biological phosphorus remival", The 54th Annual WPCF Conference(1981).
29. Brodish, K.E.U. and Joyner, S.J., "The role of microorganisms other than Acinetobactor in biological Phosphate Removal in Biological Treatment sludge processes, South Africa(1982).
30. Harold, F.M., "Inorganic polyhosphates in biology : structure metabolism and function", Bacteriol. Review, vol. 30(1966) p.772.
31. Hong, S.N., et al., "A biological wastewater treatment for nutrient removal." The 54th Annual WPCF Conference(1981).
32. Marais, G.v.R., et al., "Review : Observations supporting phosphate removal by biological excess uptake", Water Sci. Tech., vol. 15(1983) p.15.
33. Gaydy, A. and Gaudy, E., Microbiology for Environmental Scientists and Engineers, McGraw-Hill(1980) pp.466～471.
34. Mino. T., et al., "Behaviour of intracellular polyphosphate in the biological phosphate removal process", Enhanced biological phosphorus removal from wastewater, Water Science and Technology, Pergamon Press(1985) p.11.
35. Best, A.G., "The AO process –Biological treatment with nutrient removal", Water Pollution Control Fed., vol. 55(1983) p.494.
36. Hong, S., et al., "Biological Phosphorus and nitrogen removal via the AO process : Recent experience in the United States and United Kingdom", Water Sci. Thech., vol. 16(1984) pp.151～172.
37. 淸水俊昭, 野池達也, 「生物學的 窒素·燐除去에 關한 檢討」, 『日本土木學會衛生工學硏究論文集』, 제21권(1985) pp.145～152.
38. 宗宮功外, 『日本下水道協會 第22回 下水道硏究發表會』 (1985).
39. 松尾吉高外, 「嫌氣好氣法의 基礎的 硏究-嫌氣反應特性의 檢討」 『日本下水道協會誌』 vol. 21(1984) p.113.
40. 律野 洋, 『生物學的 燐除去法의 基礎的 操作因子』, 京都大學工學部(1985).
41. Malnou, D., et al., "Biological phosphorus removal : study of the maim parameters", Water Sci. Tech., vol. 16(1984) P.173～185.
42. Ekama, G.A., et al., "Consideration in the process design of nutrient removal activated sludge process", Water Sci. Tech., vol. 15(1983) pp.283～318.
43. Wnetzel, M.C., et al., "Kinetics of biological phosphorus remival", Water Sci. Tech., vol. 17(1985) pp.57～71.
44. Water Pollution Control Fed., MOP FD-7, Nutrient Control(1983).
45. Barnard, J.L., et al., "Design strategies for nurtrient removal plant." Water Sci. Tech., vol. 17(1985) pp.232～242.
46. Weber, W.J., Jr. and Morris, J.C., "Adsorption in heterogeneous aquueous system", J. Ame. Water Works Assoc. vol. 56(1964).
47. Metcalf & Eddy, Inc. : Wastewater Engineering : Treatment and Reuse, McGraw-Hill, New York, 2004.

Chapter 8

부 록

1 참고 자료

(1) 단위 환산표

① 길이

(mm)	(cm)	(m)	(km)	(in)	(ft)	(yd)	(mile)	(尺)
1	0.1	0.001	-	0.039370	0.00328	0.001093	-	0.0033
10	1	0.01	0.00001	0.39370	0.032808	0.010936	-	0.033
1000	100	1	0.001	39.370	3.2808	1.09361	0.00062137	3.3
-	100000	1000	1	39370	3280.8	1093.6	0.62137	3300
25.40	2.5400	0.02540	0.0000254	1	0.08333	0.027778	0.04157828	0.083820
304.80	30.480	0.30480	0.00030480	12	1	0.33333	1.8939	1.00584
914.402	91.4402	0.914402	0.00091440	36	3	1	0.00056818	3.0175
-	160935	1609.35	1.60935	63360	5280	1760	1	5310.7
303.03	30.303	0.30303	0.000303	11.930	0.99419	0.33139	0.000188	1
1818.18	181.818	1.81818	0.001818	71.582	5.9652	1.9883	0.001129	6

② 면적

(m^2)	(a)	(km^2)	(in^2)	(ft^2)	(yd^2)	(ac)	($mile^2$)	(坪)
1	0.01	0.000001	1550.1	10.7639	1.1959	0.02471	0.038610	0.3025
100	1	0.0001	15501	1076.4	119.6	0.024710	0.0438610	30.25
1000000	10000	1	-	10764000	1196000	247.1044	0.3861006	302500
0.00064516	0.000006	-	1	0.0069444	0.3771605	-	1000000	0.0000195
0.092903	0.00092903	-	144	1	0.11111	0.022957	0.035870	0.028102
0.83613	0.0083613	-	1296	9	1	0.020661	0.032283	0.25292
4046.849	40.46849	0.0040468	627264	43560	4840	1	0.015625	1224.2
2589998	25899.98	2.589998	-	27878400	3097600	640	1	78344
3.3058	0.033058	0.000003	5123,967	35.584	3.9538	0.000816	0.000001	1

③ 체적

(m^3)	(L)	(in^3)	(ft^3)	(yd^2)	(US gal)	(British gal)
1	1000	61023	35.3147	1.30785	264.172	219.969
0.0010000	1	61.025	0.0353147	0.001308	0.264172	0.219969
0.016387	0.016387	1	0.0357870	0.021433	0.0043290	0.003605
0.0283168	28.3168	1728	1	0.037034	7.48053	6.22883
0.76456	764.56	46656	27	1	202.0	168.17
0.0037854	3.78541	231.00	0.133681	0.004951	1	0.832674
0.0045461	4.54609	277.420	0.160543	0.005946	1.20095	1
0.000568	0.56826	34.6775	0.020068	0.000743	0.15012	0.125
0.180391	180.391	11004.1	6.37045	0.23594	47.6543	39.6805

④ 무게

(g)	(kg)	(metric ton)	(US ton)	(British ton)	(lb)	(grain)	(貫)	(斤)
1	0.001	0.000001	-	-	0.0022046	15.432	0.000267	0.001667
1000	1	0.001	0.098421	0.0011023	2.2046	15432.4	0.266666	1.667
1000000	1000	1	0.984207	1.10231	2204.6	-	266.666	1666.7
-	907.185	0.907185	1	0.892857	2000	-	241.916	1511.97
-	1016.05	1.01605	1.1200	1	2240	-	270.947	1693.4
28.3495	0.02835	0.0283495	0.03125	0.027902	0.062369	437.5	0.007559	0.047249
453.692	0.453592	0.045359243	0.00005	0.044643	1	7000	0.120958	0.755987
0.064799	0.000065	-	-	-	0.014286	1	0.000017	0.000108
3750	3.75	0.00375	0.004134	0.0006078	8.26733	57871	1	6.25
600	0.6	0.0006	0.00066	0.00059	1.32277	9259.3	0.16	1

⑤ 밀도와 농도

(g/cm^3)	(kg/m^3)	(lb/in^3)	(lb/ft^3)	(lb/US gal)	(lb/British gal)
1	1000	0.36127	62.427	8.3454	10.022
0.001	1	0.036127	0.062427	0.083454	0.01002
27.6799	27679.9	1	1728	231.00	277.39
0.0160185	16.0185	0.057871	1	0.133681	0.160544
0.119826	119.826	0.004329	7.48049	1	1.200095
0.099776	99.776	0.003605	6.2288	0.83267	1
0.017118	0.017118	0.06184	0.0010687	0.0001429	0.0001716
0.014254	0.014254	0.05150	0.088986	0.0001189	0.0001429

⑥ 압력

(bar)	(kg/m^2)	(lb/in^2)	(atm)	수은주(0℃)		수 주(15℃)	
				(m)	(in)	(m)	(in)
1	1.01972	14.5038	0.986923	0.750062	29.5300	10.2064	401.825
0.980665	1	14.2233	0.967841	0.735559	28.9590	10.0090	394.056
0.068948	0.070307	1	0.0680460	0.0517149	2.03602	0.700704	27.705
1.01325	1.03323	14.6959	1	0.760	29.9213	10.3416	407.149
1.33322	1.35951	19.3368	1.31579	1	39.3701	13.6074	535.723
0.033864	0.0345316	0.491154	0.0334211	0.02540	1	0.345627	13.6074
0.097978	0.09991	1.42105	0.096697	0.0734896	2.89329	1	39.3701
0.002489	0.0025377	0.03609	0.002456	0.0018666	0.0734895	0.0254	1

$1\ kg/cm^2 = 1000\ kg/m^2$, $1\ lb/in^2 = 144\ lb/ft^2$

⑦ 속도

(m/sec)	(m/min)	(m/hr)	(km/hr)	(ft/sec)	(ft/min)	(mile/hr)
1	60	3600	3.6	3.2808	196.850	2.23693
0.016667	1	60	0.06	0.054681	3.2808	0.037282
0.2778	0.01667	1	0.001	0.09114	0.05468	0.06214
0.2778	16.667	1000	1	0.91134	54.6807	0.62137
0.30480	18.288	1097.28	1.09728	1	60	0.68182
0.005080	0.30480	18.287	0.018287	0.016667	1	0.011364
0.44704	26.8224	1609.34	1.60934	1.46667	88	1

⑧ 유량

(L/sec)	(m^3/hr)	(m^3/sec)	(US gal/min)	(British gal/min)	(ft^3/hr)	(ft^3/sec)
1	3.6	0.001	15.8503	13.1985	127.133	0.035315
0.27778	1	0.027778	4.4029	3.6663	35.315	0.09810
1000	3600	1	15850.3	13198.5	127133	35.3147
0.06309	0.2271	0.06309	1	0.8325	8.0208	0.02228
0.075766	0.27276	0.075775	1.2009	1	9.6323	0.02676
0.07866	0.02832	0.07866	0.11247	0.1038	1	0.02778
28.3153	101.941	0.02832	448.831	373.741	3600	1
0.0501	0.18039	0.0501	0.7942	0.66134	6.3705	0.00177

⑨ 동력

kW(10^3J/sec)	(kg · m/sec)	(ft · lb/sec)	(metric HP)	(British HP)	(kg · cal/sec)	(BTU/sec)
1	101.971	737.562	1.35962	1.34102	0.238846	0.947831
0.0980665	1	7.23301	0.013333	0.013151	0.023423	0.092951
0.013558	0.13826	1	0.018434	0.018182	0.032383	0.012851
0.73550	75	542.476	1	0.986320	0.175671	0.697129
0.74570	76.0403	550	1.01387	1	0.178108	0.706798
4.1868	426.935	3088.02	5.69246	5.61459	1	3.96838
1.05504	107.584	778.157	1.43446	1.41483	0.251992	1

(2) 국제원자량표

	기호	원자번호	원자량		기호	원자번호	원자량
Actinium	Ac	89	…	Indium	In	49	114.82
Aluminum	Al	13	26.98	Iodine	I	53	126.91
Americium	Am	95	…	Iridium	Ir	77	192.2
Antimony	Sb	51	121.76	Iron	Fe	2	55.85
Argon	Ar	18	39.944	Krypton	Kr	36	83.80
Arsenic	As	33	74.91	Lanthanum	La	57	138.92
Astatine	At	85	…	Lead	Pb	82	207.21
Barium	Ba	56	137.36	Lithium	Li	3	6.940
Berkelium	Bk	97	…	Lutetium	Lu	71	174.99
Beryllium	Be	4	9.103	Magnesium	Mg	12	24.32
Bismuth	Bi	83	209.00	Manganese	Mn	25	54.94
Boron	B	5	10.82	Mendelevium	Md	101	…
Bromine	Br	35	79.916	Mercury	Hg	80	200.61
Cadmium	Cd	48	112.41	Molybdenum	Mo	42	95.55
Calcium	Ca	20	40.08	Neodymium	Nd	60	144.27
Californium	Cf	98	…	Neon	Ne	10	20.183
Carbon	C	6	12.011	Neptunium	Np	93	…
Cerium	Ce	58	140.13	Nickel	Ni	28	58.71
Cesium	Cs	55	132.91	Niobium	Nb	41	92.91
Chlorine	Cl	17	35.457	Nitrogen	N	7	14.008
Chromium	Cr	24	52.01	Nobelium	No	102	…
Cobalt	Co	27	58.94	Osmium	Os	76	190.2
Copper	Cu	29	63.54	Oxygen	O	8	16
Curium	Cm	96	…	Palladium	Pd	46	106.4
Dysprosium	Dy	66	162.51	Phosphorus	P	15	30.975
Einsteinium	Es	99	…	Platinum	Pt	78	195.09
Erbium	Er	68	167.27	Plutonium	Pu	94	…
Europium	Eu	63	152.0	Polonium	Po	84	…
Fermium	Fm	100	…	Potassium	K	19	39.100
Fluorine	F	9	19.00	Praseodymium	Pr	59	140.92
Francium	Fr	87	…	Promethium	Pm	61	…
Gadolinium	Gd	64	157.26	Protactinium	Pa	91	…
Gallium	Ga	31	69.72	Radium	Ra	88	…
Germanium	Ge	32	72.60	Radon	Rn	86	…
Gold	Au	79	197.0	Rhenium	Re	75	186.22
Hafnium	Hf	72	178.50	Rhodium	Rh	45	102.91
Helium	He	2	4.003	Rubidium	Rb	37	85.48
Holmium	Ho	67	164.94	Ruthenium	Ru	44	101.1
Hydrogen	H	1	1.0080	Samarium	Sm	62	150.35

	기호	원자번호	원자량		기호	원자번호	원자량
Scandium	Sc	21	44.96	Thorium	Th	90	232.05
Selenium	Se	34	78.96	Thulium	Tm	69	168.94
Silicon	Si	14	28.09	Tin	Sn	50	118.70
Silver	Ag	47	107.880	Titanium	Ti	22	47.90
Sodium	Na	11	22.991	Tungsten	W	74	183.86
Strontium	Sr	38	87.63	Uranium	U	92	238.07
Sulfur	S	16	32.066	Vanadium	V	23	50.95
Tantalum	Ta	73	180.95	Xenon	Xe	54	121.30
Technetium	Tc	43	…	Ytterbium	Yb	70	173.04
Tellurium	Te	52	127.61	Yttrium	Y	39	88.92
Terbium	Tb	65	158.93	Zinc	Zn	30	65.38
Thallium	Tl	81	204.39	Zirconium	Zr	40	91.22

(3) 물의 물리적 성질

온도 (℃)	비중 γ (kN/m^3)	밀도 ρ (kg/m^3)	탄성계수[1] $E/10^6$ (kN/m^2)	점성계수 $\mu \times 10^3$ (N·s/m^2)	동점성계수 $\nu \times 10^6$ (N·s/m^2)	표면장력[2] σ (N/m)	증기압력 p_v (kN/m)	증기압력 P_v (mmHg)
0	9.805	999.8	1.98	1.781	1.785	0.0765	0.61	4.58
5	9.807	1000.0	2.05	1.518	1.519	0.0749	0.87	6.54
10	9.804	999.7	2.10	1.307	1.306	0.0742	1.23	9.21
15	9.798	999.1	2.15	1.139	1.139	0.0735	1.70	12.79
20	9.798	998.2	2.17	1.002	1.003	0.0728	2.34	17.54
25	9.777	997.0	2.22	0.890	0.893	0.0720	3.17	23.76
30	9.764	995.7	2.25	0.798	0.800	0.0712	4.24	31.82
40	9.730	992.2	2.28	0.653	0.658	0.0696	7.38	55.32
50	9.689	988.0	2.29	0.547	0.553	0.0679	12.33	92.51
60	9.642	983.2	2.28	0.466	0.474	0.0662	19.92	149.38
70	9.589	977.8	2.25	0.404	0.413	0.0644	31.16	233.7
80	9.530	971.8	2.20	0.354	0.364	0.0626	47.34	355.1
90	9.466	965.3	2.14	0.315	0.326	0.0608	70.10	525.76
100	9.399	958.4	2.07	0.282	0.294	0.0589	101.33	760.00

1) 대기 1기압에서의 탄성계수
2) 공기와 접촉했을 때의 표면장력

(4) 수중의 기체분배계수 k_D

기체 종류	분자량 (g/mol)	0℃, 101.3kPa 에서의 밀도 (kg/m³)	분배계수 k_D				끓는점 (℃)
			0℃	10℃	20℃	30℃	
Hydrogen, H_2	2.016	0.08988	0.0214	0.0203	0.0195	0.0189	−253
Methane, CH_4	16.014	0.7168	0.0556	0.433	0.0335	0.0306	−162
Nitrogen, N_2	28.01	1.251	0.0230	0.0192	0.0166	0.0151	−196
Oxygen, O_2	32.00	1.429	0.0493	0.0398	0.0337	0.0296	−183
Ammonia, NH_3	17.03	0.771	1.300	0.943	0.763	⋯	−33.4
Hydrogen sulfide, H_2S	34.08	1.539	4.960	3.65	2.87	⋯	−61.8
Carbon dioxide, CO_2	44.01	1.977	1.710	1.23	0.942	0.738	−78.5
Ozone, O_3	48.00	2.144	0.641	0.539	0.395	0.295	−112
Air	⋯	1.2928	0.0288	0.0234	0.0200	0.0179	⋯

(5) 101.3kPa의 압력하에, 포화수증기를 갖는 대기에 노출되었을 때의 산소의 수중용해도

온도 (℃)	염 도 (g/m³)					염도 100g/m³당 차이
	0	5,000	10,000	15,000	20,000	
	용존산소 (g/m³)					
0	14.6	13.8	13.0	12.1	11.3	0.017
1	14.2	13.4	12.6	11.8	11.0	0.016
2	13.8	13.1	12.3	11.5	10.8	0.015
3	13.5	12.7	12.0	11.2	10.5	0.015
4	13.1	12.4	11.7	11.0	10.3	0.014
5	12.8	12.1	11.4	10.7	10.0	0.014
6	12.5	11.8	11.1	10.5	9.8	0.014
7	12.2	11.5	10.9	10.2	9.6	0.013
8	11.9	11.2	10.6	10.0	9.4	0.013
9	11.6	11.0	10.4	9.8	9.2	0.012
10	11.3	10.7	10.1	9.6	9.0	0.012
11	11.1	10.5	9.9	9.4	8.8	0.011
12	10.8	10.3	9.7	9.2	8.6	0.011
13	10.6	10.1	9.5	9.0	8.5	0.011
14	10.4	9.9	9.3	8.8	8.3	0.010
15	10.2	9.7	9.1	8.6	8.1	0.010
16	10.0	9.5	9.0	8.5	8.0	0.010
17	9.7	9.3	8.8	8.3	7.8	0.010
18	9.5	9.1	8.6	8.2	7.7	0.009
19	9.4	8.9	8.5	8.0	7.6	0.009
20	9.2	8.7	8.3	7.9	7.4	0.009
21	9.0	8.6	8.1	7.7	7.3	0.009
22	8.8	8.4	8.0	7.6	7.1	0.008
23	8.7	8.3	7.9	7.4	7.0	0.008
24	8.5	8.1	7.7	7.3	6.9	0.008
25	8.4	8.0	7.6	7.2	6.7	0.008

(6) 기체의 수중확산계수 D

기체 종류	온도별 확산계수 $D(10^{-9}m^2/sec)$		
	10℃	20℃	30℃
N_2	1.27	1.64	2.20
O_2	1.39	1.80	2.42
CH_4	1.16	1.50	2.02
CO_2	1.30	1.68	2.26
H_2S	1.09	1.41	1.90
H_2	3.98	5.13	6.90

(7) 수중계수 $\sqrt{D_{10}/D_T}$

t(℃)	0.0	0.1	0.2	0.3	0.4	0.5	0.6	0.7	0.8	0.9
5	1.0977	1.0957	1.0936	1.0916	1.0896	1.0875	1.0855	1.0835	1.0815	1.0795
6	1.0774	1.0754	1.0734	1.0714	1.0694	1.0674	1.0655	1.0635	1.0615	1.0595
7	1.0575	1.0556	1.0536	1.0516	1.0497	1.0477	1.0458	1.0438	1.0419	1.0399
8	1.0380	1.0361	1.0341	1.0322	1.0303	1.0284	1.0265	1.0245	1.0226	1.0207
9	1.0188	1.0169	1.0150	1.0131	1.0113	1.0075	1.0075	1.0556	1.0037	1.0019
10	1.0000	0.9981	0.9963	0.9944	0.9926	0.9889	0.9889	0.9870	0.9852	0.9834
11	0.9815	0.9797	0.9779	0.9760	0.9742	0.9706	0.9706	0.9688	0.9670	0.9652
12	0.9634	0.9616	0.9598	0.9580	0.9562	0.9527	0.9527	0.9509	0.9491	0.9474
13	0.9456	0.9438	0.9421	0.9403	0.9386	0.9351	0.9351	0.9333	0.9316	0.9299
14	0.9281	0.9264	0.9247	0.9229	0.9212	0.9178	0.9178	0.9161	0.9144	0.9127
15	0.9110	0.9093	0.9076	0.9059	0.9042	0.9008	0.9008	0.8992	0.8975	0.8958
16	0.8941	0.8925	0.8908	0.8892	0.8875	0.8842	0.8842	0.8825	0.8809	0.8793
17	0.8776	0.8760	0.8744	0.8727	0.8711	0.8679	0.8679	0.8662	0.8646	0.8630
18	0.8614	0.8598	0.8582	0.8566	0.8550	0.8518	0.8518	0.8502	0.8487	0.8471
19	0.8455	0.8439	0.8423	0.8408	0.8392	0.8361	0.8361	0.8345	0.8330	0.8314
20	0.8299	0.8283	0.8268	0.8252	0.8237	0.820	0.8206	0.8191	0.8176	0.8161
21	0.8145	0.8130	0.8115	0.8100	0.8085	0.8055	0.8055	0.8040	0.8025	0.8010
22	0.7995	0.7980	0.7965	0.7950	0.7936	0.7906	0.7906	0.7891	0.7877	0.7862
23	0.7847	0.7833	0.7818	0.7803	0.7789	0.7760	0.7760	0.7745	0.7731	0.7717
24	0.7702	0.7688	0.7674	0.7659	0.7645	0.6717	0.7617	0.7602	0.7588	0.7574

2 용어 해설

ㄱ

- 가정폐수(domestic wastewater) : 가정 또는 유사한 시설물로부터 배출되는 폐수로서, 부엌, 변소, 욕실, 세탁 및 청소 등에서 버려진 폐기물이 액상으로 용수에 추가된 것이다. 대부분이 유기물질이며, 생활폐수라고도 한다.
- 계면(interface) : 기체상과 액체상 사이의 경계면.
- 공정도(flow-sheet) : 어떤 폐수처리목적을 달성하기 위하여 단위조작과 단위프로세스를 결합한 것을 폐수처리공정이라고 하며, 공정을 도시한 것을 공정도라고 한다.
- 과영양계미생물(phototroph) : 이화작용에 있어서, 에너지를 광으로부터 얻는 미생물
- 기질(substrate) : 미생물의 먹이가 되는 영양물질, 폐수처리에서 제거대상이 되는 기질은 일반적으로 BOD로 불리는 탄소계의 유기질이다.
- 기체이전(gas transfer) : 어떤 기체가 기체상과 액체상 사이의 경계면을 통과하여, 한 상으로부터 다른 상으로 이동하는 물리적 현상. 기체이동이라고도 불리운다.
- 기포(bubble) : 액체상에 분포하는 작은 기체 방울.
- 길항작용(antagonism) : 혼합배양에서 한 미생물이 타미생물의 증식을 억제하는 상호작용.

ㄴ

- 내호흡(endogenous respiration) : 기질이 고갈될 때, 미생물이 세포내에 저장된 물질을 에너지원으로 사용하면서 존속하는 것을 뜻한다. 그러나 광의적으로는 그것과 자기분해(사멸)를 포함한 세포질량의 감쇄를 뜻하기도 한다.

ㄷ

- 다중하이드록시 β부티르산(poly-β-hydroxybuty-rate, 약칭 PHB) : 세포 속에 저장되는 일종의 저장물질, 아세트산 등의 저급지방산으로부터 생성된다.
- 단위조작(unit operation) : 한 가지의 독특한 물리적 작용 또는 변화를 수행하기 위하여 사용되는 장치.
- 단위프로세스(unit process) : 한 가지의 독특한 화학적 또는 생화학적 반응이나 변화를 수행하기 위하여 사용되는 장치.
- 대기(atmosphere) : 대기권의 공기조성은 위치, 표고, 기상, 오염도 등에 따라서 다르다. 우리가 숨쉬는 공기는 표준상태에서 N_2 78.084%, O_2 20.948%, Ar 0.934%, CO_2 0.032%, 기타 기체 0.002% 등으로 조정되어 있으며, 압력은 101.3 kPa이고, 밀도는 1.2928kg/m^{3}이다.
- 독립영양계 미생물(autotroph) : CO_2를 유일한 탄소원으로 사용하는 미생물.
- 동화작용(anabolism, assimilation) : 새로운 세포물질을 합성하기 위하여 세포에 의하여 수행되는 화학반응.

ㄹ

- 레이놀즈수(Reynols number) : 유속과 직경과 밀도를 곱하고 점성계수로 나눈 무차원의 값 ($\nu d\rho/\mu$)으로서, 유체의 난류도를 나타내는 파라미터로 쓰인다.

ㅁ

- 매체(media) : 이종미생물집단이 서식할 수 있는 표면을 갖춘 물체, 폐수처리에서 사용되는 매체는 무해하고 변질되지 않는 돌, 슬랙, 세라믹제품, 플라스틱제품 등이다. 여재라고도 한다.
- 무산소(anoxic) : 이화작용에서 결합산소(NO_3^- 등)를 전자수용체로 이용하는 화학반응을 뜻한다.

- 무산소 조건(anoxic condition) : 자유산소(O_2)는 없고, 결합산소(NO_x)만이 있는 조건, 대개의 무산소세균은 호기성 조건에서는 O_2를, 그리고 무산소 조건에서는 NO_x를 전자수용체로 이용한다.
- 물질대사(metabolism) : 세포내에서 일어나는 화학반응의 총칭으로서 이화작용과 동화작용을 합한 것이다.
- 밀도류(density current) : 침전지 등에서 액체의 밀도 차이 때문에 일어나는 흐름. 밀도차이는 온도, 염도 등의 차이에서 생기며, 밀도류는 침전효율을 감소시킨다.

ㅂ

- 반응조(reactor) : 그 속에서 화학반응을 진행시킬 뿐 아니라 그 반응을 제어할 수 있도록 만들어진 조.
- 병류(cocurrent flow) : 두 흐름이 같은 방향으로 이동하는 유형.
- 부착증식 프로세스(attached growth process) : 미생물 집단이 매체표면에 부착하여 막을 이루면서 기질을 대사하고, 증식하는 프로세스. 생물막 프로세스라고도 한다.
- 비표면적(specific surface area) : 모양을 갖고 있는 것의 표면적을 그 부피로 나눈 값(A/V)으로서 차원은 길이의 역수(L^{-1})이다.
- 비표면적(specific area) : 생물막반응조에서 언급되는 매체의 비표면적은 일반적으로 매체의 총 표면적을 반응조용적으로 나눈 값이다. (A/V, 차원은 L^2L^{-3})

ㅅ

- 산업폐수(industrial wastewater) : 산업시설로부터 배출되는 폐수로서, 생산공정에서 누출되었거나, 버려진 폐기물이 액상으로 용수에 추가된 것이다.
- 산화(oxidation) : 원래는 순물질이 산소와 화합하는 것을 뜻하지만, 일반적으로는 전자를 빼앗기는 변화 또는 그것에 수분되는 화학반응을 가리킨다.
- 상승작용(synergism) : 둘 이상의 영향인자가 동시에 영향력을 발휘할 때, 독립적으로 발휘할 때보다도 전체적으로 더 큰 영향력을 행사하는 것.
- 생물막(Biofilm) : 매체의 표면을 덮고, 얇은 막을 이루면서 서식하고 있는 이종미생물집단.
- 생물분해가스(biogas) : 기질이 미생물의 이화작용으로 분해되어 생성된 가스, 혐기성 반응에서 생성되는 생물분해가스는 주로 메탄과 이산화탄소의 혼합체이다.
- 세포간질(extracellular matrix) : 세포와 세포 사이를 메우고 있는 생화학물질.
- 소화(digestion) : 분뇨나 슬러지의 소화에서 보듯이, 높은 농도의 유기질고형물과 고분자 유기물질을 생화학적으로 분해하여 안정된 저분자물질로 전환하는 프로세스.
- 속도기울기(velocity gradient) : 반응조내 유체입자의 속도분포상태를 단위길이당 속도(dv/dl)로 나타낸 것으로서 차원은 시간의 역수(T^{-1})이다. 흔히 반응조 내의 교반상태를 나타내는 파라미터로 쓰인다.
- 속도제한단계, 율속단계(rate-limiting step) : 2단계 이상의 반응에서 전체반응속도를 제한하는 가장 반응속도가 낮은 단계.
- 수포(droplet) : 기체상에 분포하는 작은 물방울.
- 슬러지(sludge) : 처리수로부터 분리된 찌꺼기이며, 폐수처리공정에서 제거된 고형물과 첨가된 약품, 생성된 물질 등이 물에 포함되어 있다. 부피감소와 안정화, 위생 등을 위하여 더 처리된 후 분해된다. 해감 또는 오니라고도 한다.
- 슬러지일령(sludge ago) : 활성슬러지가 반응조 내에 체류하는 기간. 세포체류시간(cell residence time) 또는 고형물체류시간(solids retention time)이라고도 한다.
- 슬러지블랭킷(sludge blanket) : 제거 대상인 현탁상태의 입자군이나 고형물군이 조밀하게 수경대를 이루고 있는 상태.

ㅇ

- 아세토아세트산(acetoacetate) : PHB합성전의 중간물질.
- 안정화(stabilization) : 어떠한 물질이 화학적으로 더 변화하지 않는 상태가 되도록 하는 것으로서, 일반적으로 고분자 물질을 저분자로 전환하거나, 유기물질을 분해하여 무기물질로 만드는 과정을 뜻한다.
- F/M비(food-microbe ratio) : 반응조 내의 단위미생물질량 단위시간당 기질부하율. 슬러지일령과 함께, 생물학적 프로세스의 기질제거효율을 결정하는 중요한 파라미터이며, 단위는 kg BOD_5/kg MLSS · day이다.
- 역류(counter-current flow) : 두 흐름이 서로 반대방향으로 이동하는 유형.
- 연속류시스템(continuous flow system) : 피반응물질을 반응조에 연속적으로 유입시키는 프로세스. 이 경우 일반적으로 유입량과 유출량은 같다.
- 오염(pollution) : 생태계의 물질순환이 국부적으로 침체되거나, 환경의 물리적 구성이 변화되는 현상을 가리킨다.
- 이화작용(catabolism, dissimilation) : 에너지와 세포합성에 필요한 전구물질을 얻기 위하여, 세포에 의하여 수행되는 화학반응.
- 인의 과잉섭취(luxury uptake of phosphorus) : 세포합성에 있어서, 인 외의 필수영양물질을 결핍시킬 때, 그리고 에너지를 충분히 공급할 때, 인이 세포 내에 과잉으로 섭취되는 현상. 이 방법에 의한 인 제거는 1970년을 전후하여 주목을 끌었지만, 반응성이 없는 등 이유 때문에 실용화되지 못했다.
- 임호프조(Imhoff tank) : 독일의 Karl Imhoff에 의하여 고안된 2층 조. 윗 층은 1차 침전지의 기능을, 그리고 아래층은 혐기성 소화조의 기능을 수행한다.

ㅈ

- 정상상태(steady state) : 화학반응이 진행되고 있는 반응조 내에서, 반응물질의 변화속도가 영일 때, 그 반응계는 정상상태에 있다고 한다.
- 조건성(facultative) : 자유산소 O_2가 있을 때에도, 또 없을 때에도 물질대사를 할 수 있는 능력을 뜻한다. 통성, 임의성이라고도 한다.
- 종속영향계미생물(heterotroph) : 환원된 탄소, 또는 유기물질을 탄소원으로 사용하는 미생물, 과반수의 미생물은 이 계에 속한다.
- 직교류(cross-flow) : 한 흐름에 대하여, 또 하나의 흐름이 직각방향으로 이동하는 유형.

ㅊ

- 층흐름(laminar flow) : 유체가 같은 방향으로 평행으로 흐르는 현상. 이때의 레이놀즈수는 흔히 2,000 이하이다. 난류일 때의 레이놀즈수는 4,000 이상이다.
- 침전(sedimentation) : 액상에 현탁하고 있는 입자군이 침강(settling)하여 바닥에 닿는 현상의 총칭.

ㅋ

- 키나아제(kinase) : 인산화효소라고도 한다. 원래는 활성화효소의 뜻이었지만, 그것이 바뀌어서 ATP를 인산공여체로 하는 인산기전이 효소의 총칭으로서 사용되고 있다.

ㅌ

- 탈기(desorption) : 어떤 기체분자가 계면을 통과하여 액체상으로부터 기체상으로 이동하는 물리적 현상. 단위조작 등을 사용하여 인공적으로 탈기시키는 것을 stripping이라고 한다.

ㅍ

- 폐수(wastewater) : 사용된 용수로서 처리대상이 되는 것을 총칭한다. 가정폐수와 산업폐수가 포함된다.
- 폭기(aeration) : 공기와 물이 접촉할 때, 기체분자들이 상 사이의 경계면을 통과하여, 한 상으로

부터 다른 상으로 이동하는 물리적 현상.

- 플록(floc) : 생명이 있거나 없는, 콜로이드 이하 크기의 미세한 물질들이 서로 엉켜서 형성된 응집체, 플록이 형성되면 고체로 있을 때보다 커지고 무거워진다. 현탁증식법에서는 미생물군이 스스로 플록을 형성하는 것이 필수조건이다.

ㅎ

- 하수(sewage) : 도시 등 지역사회로부터 배출되는 폐수로서, 대부분이 생활폐수이며, 산업폐수와 빗물이 혼합될 수도 있다. 도시폐수라고도 한다.
- 현탁증식프로세스(suspended growth process) : 미생물군이 반응조 내에서 현탁상태의 플록을 이루면서 기질을 대사하고, 증식하는 프로세스.
- 혐기성(anaerobic) : 이화작용에서 산소외의 무기물질을 전자수용체로 이용하는 화학반응을 뜻한다.
- 혐기성 소화(anaerobic digestion) : 높은 농도의 유기질고형물과 고분자유기물질이 혐기성 조건하에서 미생물에 의하여 기체, 액체, 무기물질 등 보다 안정된 저분자물질로 전환되는 프로세스.
- 혐기성 조건(anaerobic condition) : 생물학적 질소 및 인 제거프로세스에서의 혐기성 조건은, 자유산소(O_2)와 결합산소(NO_x)가 전혀 없는 절대 혐기성 조건을 뜻한다.
- 호기(adsorption) : 어떤 기체분자가 계면을 통과하여 기체상으로부터 액체상으로 이동하는 물리적 현상.
- 호기성(aerobic) : 이화작용에서 자유산소 O_2를 전자수용체로 이용하는 화학반응을 뜻한다.
- 화학반응(chemical reaction) : 한 종류 또는 두 종류 이상의 물질이 그 자신, 혹은 상호간에 있어서, 원자의 조환을 시행하여 본래와 상이한 다른 종류의 물질을 생성하는 변화.
- 화학영양계미생물(environment) : 이화작용에 있어서, 에너지를 화학적 산화환원으로부터 얻는 미생물.
- 환경(environment) : 환경보전법의 정의에 따르면, 「환경이라 함은 자연의 상태인 자연환경과, 사람의 일상생활과 밀접한 관계가 있는 재산의 보호 및 동식물의 생육에 필요한 생활환경」을 말한다. 법에서 요구하는 폐수처리는 생활환경을 보호하는 수준의 것이다.
- 환원(reduction) : 원래는 산화된 물질을 본래의 물질로 되돌리는 것을 뜻하지만, 일반적으로 전자를 첨가하는 변화 또는 그것에 수반되는 화학반응을 가리킨다.
- 활성슬러지(activated sludge) : 반응력이 있는 슬러지. 호기성 현탁증식프로세스에서 활성슬러지란, 플록을 형성하는, 그리고 호기성 및 조건성 세균을 주로 하는 미생물 세포의 응집체이다.
- 회분식 시스템(batch system) : 피반응물질을 반응조에 연속적으로 유입시키지 않고, 목표로 하는 반응이 끝난 후 다시 유입시키는 프로세스. 회분식 생물학적 처리의 경우, 기질농도가 점차로 감소하고 반응생성물이 쌓이는 환경에서 미생물이 증식한다.
- 효소(enzyme) : 단백질로 구성된 생체(세포)내 촉매로서 생체내에서 일어나는 여러 화학반응에 관여한다. 세포는 이것을 체내외로 분배하여 복잡한 기질을 대사 가능한 단순한 형태로 분해한다.

3 한·영 용어 표기

ㄱ

가수분해 : hydrolysis
가압여과 : pressure filtration
가압여과(입착여과) : filter press
가인산대사물질 : phosphonylated metabolite
간상균 : bacillus
간섭침강 : hindered settling
간헐적 : intermittant
갈락토오스 : galactose
갑각류(甲殼類) : crustacean
개수로 : open channel
경계조건 : boundary condition
계급간격(계급구간) : class interval
고도처리 : advanced treatment
고속폭기 : high-rate aeration
고액분리 : liquid solid separation
고온성 : thermophilic
고유반응 : intrinsic reaction
공생 : symbiosis
공칭(公稱) : nominal
과장 : fructose
과립(알) : granule
과망간산칼륨 : potassium permanganate
과잉섭취 : luxury uptake
광수확색소 : light-harvesting pigment
광인산화반응 : photophosphorylation
광합성 반응센터 : photosynthetic reaction center
구균(球菌) : coccus
구멍 : orifice
구성효소 : constitutive enzyme
구아니딘 : guanidine
구조단위 : building block
규산나트륨 : sodium silicate
규정농도 : normalith(N)
규조류 : diatoms
균류 : fungi
그래브시료 : grab sample
그램당량 : gram equivalent
그램분자량 : gram molecular weight
극성 : polarity
글루탐산 : glutamic aced
글리세롤 : glycerol
글리세르알데하이드인산 : glyceraldehyde phosphate
끝점 : endpoint
기름 : oil
기질사용속도 : rate of substrate utilization
기질수준인산화반응 : substrate level phosphorylation
길항작용(拮抗作用) : antagonism

ㄴ

나선균 : spirillium
난분해성 유기물질 : regractory organics
내호흡 : endogenous respiration
녹반 : copperas $FeSO_4 \cdot 7H_2O$
녹엽소(클로로필) : chlorophyll
녹조류 : green algae
농도 : concentration
농축 : thickening
누가(累加) : cumulation
니코틴아마이드아데닌 다이뉴클레오타이드(NAD) : nicotinamide adenine dinucleotide
니코틴아마이드아데닌 다이뉴클레오타이드 인산(NADP) : nicotinamide adenine dinucleotide phosphate

ㄷ

다단식 소각로 : multiple hearth incinerator

다당류 : polysaccharide
다중인산염 : polyphosphate(Poly-P)
단계식 폭기 : step aeration
단계식 부하 : step loading
단당류 : monosaccharide
단로흐름 : short-circuiting
단백질 : protein
대사물질 : monomer
도달시간(유달시간) : metabolite
독립침강 : discrete settling
돌연변이 : mutation
돌연변이유인제 : mutagenic chemicals
돌연변이체 : mutants
돌파 : breakthrough
동수반경 : hydraulic radius
동형락트산 : homolactic acid
되먹임 : feedback
등류 : uniform flow
디옥시리보핵산(DNA) : deoxyribonucleic acid

ㄹ

라디칼 : radical
락트산 : lactic acid
리그닌 : lignin
리보핵산(RNA) : ribonucleic acid
리파아제 : lipase

ㅁ

막분리 : membrane separation
만노오스 : mannose
만유기체상수 : universal gas constant
매체 : media
맥아당 : maltose
먹이연쇄 : food chain
메르캅탄 : mercaptan
메트헤모글로빈혈증 : methemoglobinemia
메틸오렌지 : methyl orange
몰농도(M) : molarity
무산소프로세스 : anoxic process
물통길(플룸) : flume

ㅂ

박리 : sloughing
반섬유소(헤미셀룰로오스) : hemicellulose
반응물 : reactant
반응생성물 : reaction product
반응속도 : reaction rate
반응속도론(동역학) : kinetics
반응차원 : reaction order
반추동물 : ruminant
발레르산 : valeric acid
발효 : fermentation
방향족 화합물 : aromatic compound
배양 : culture
배양 : incubation
배지 : media
백금촉매연소실 : platinum-catalyzed combustion chamber
백만분율(ppm) : parts per million
백반($Al_2(SO_4)_3 \cdot 16H_2O$) : alum
백분위수 : percentile
벤젠고리 : benzoic acid
벤조산 : benzoic acid
벤튜리미터 : venturi meter
변동계수 : coefficient of variation
변성 : denaturation
병렬 : parallel
병원균 : pathpgen
보(洑) : weir
보효소 : coenzyme
복합체(착화합물) : complex
볼루틴 : volutin
부사 : scum
부상 : floating
부생세균(부생생물) : saprophyte
부영양화 : eutrophication
부착증식 : attached growth
부티르산 : butyric acid

분무건조 : spray dryer
분산 : dispersion
분산수 : dispersion number
분쇄기(파쇄기) : comminutor
분자간힘 : intermolecular force
불연속점염소처리 : breakpoint chlorination
불화물(플루오드화물) : fluorides
브리지 : bridge
비기질제거속도 : specific substrate removal rate
비누화반응 : saponification
비루스 : virus
비산소소비속도 : specific oxygen utilization rate
비연속배양 : batch culture
비열 : specific heat
비저항계수 : coefficient of specific resistance
비증식속도 : specific growth rate

ㅅ

사멸기(감쇄기) : death phase
산 : acid
산도 : acidity
산소생성광합성 : oxygenic photosynthesis
산화구 : oxidation ditch
산화환원전위(ORP) : oxidation reduction potential
살균(멸균) : disingection
살수여상 : trickling filter
살충제(농약) : pesticide
삼투압력 : osmotic pressure
상수 : constant
상징수 : supernatant
상향류 혐기성 슬러지블랭킷(UASB) : upflow anaerobic sludge blanket
색소 : pigment
생물검정(생물학적 분석) : bioassay
생물막 : biofilm
생물분해불가능한 : nonbiodegradable
생물학적 응집 : biocoagulation
생물학적 플록 : biofloc
생산계수(수율) : yield coefficient
생성물질 : product
생슬러지 : raw sludge
생장지배요소 : growth factor
생태계 : ecosystem
생폐수 : raw wastewater
생화학적 산소요구량(BOD) : biochemical oxygen demand
설탕(수크로오스) : sucrose
설폰염 : sulfonate
섬모충류 : ciliates
섬유소 : cellulose
섭취 : uptake
세균 : backteria
세균증식저지 : bacteriostatic
세대시간 : generation time
세라믹 : ceramic
세포증식 : cell growth
소류의 유속 : scour velocity
소르비톨 : sorbitol
속 : genus
속도기울기 : velocity gradient
수리종단면 : hydraulic profile
수면(적)부하율 : surface loading rate
수세(水洗) : elutriation
수소화반응 : hydrogenation
수정폭기 : modified aeration
수직기류(드래프트) : draft
수평벨트여과기 : horizontal belt filter
순수배양 : pure culture
순화(순응) : acclimation
순환성 광인산화반응 : cyclic photophosphorylation
숨은열(잠열) : latent heat
스퀄렌 : squalene
스크린 : screen
스테롤 : sterol
스톱워치 : stop watch
스트레스조건(스트레스상태) : stress condition
스프로킷 : sprocket

슬랙 : slag
슬러지(슬러지액) : slurry
슬러지밀도지표(SDI) : sludge density index
슬러지용적지표(SVI) : sludge volime index
슬러지의 조정 : sludge conditioning
슬러지의 팽화 : sludge bulking
슬러지의 혼화 : sludge blending
습식산화 : wet-air oxidation
시료(시험수, 표본) : sample
시안화물 : cyanides
시행착오 : trial and error
식종(접종) : seeding
싸이오유레아 : thiourea
싸이오황산 : thiosulfate

ㅇ

아데노신 2중 인산(ADP) : adenocine diphosphate
아데노신 3중 인산(ATP) : adenocine triphosphate
아라비노오제 : arabinose
아미노산 : amino acid
아미드 : amide
아민 : amine
아밀로오스 : amylose
아밀로펙틴 : amylopectin
아세트산 : acetic acid
아세트산나트륨 : sodium acetate
아세트산섬유소막 : cellulose acetate membrane
아세틸보효소A : acetyl coenzyme A
아지트화물 : azides
아질산 : nitrite
아황산염 : sulfite
알도오스 : aldose
알루미늄산나트륨($NaAlO_2$) : sodium aluminate
알칼리도 : alkalinity
알코올 : alcohol
알킬기 : alkyl group
암모니아 탈기 : ammonia stripping
압축 : compression
양성지 : proton
억제물질 : repressor
에멀션(유제) : emulsion
에스테르 : ester
여과 : filtration
역삼투 : reverse osmosis
역영향(역효과) : adverse effect
역청탄 : bituminous coal
역혼합 : back mix
연못 : lagoon
연못 : pond
연못화 : ponding
연속배양기 : chemostat
연속류교반반응조(CFSTR) : continuous-flow stirred-tank reactor
열분해 : pyrolusis
염기 : base
영차반응 : zero order reaction
예비처리 : preliminary treatment
오르토인산염 : orthophosphate
왁스 : wax
완충(완충제) : buffer
외호흡 : exogenous respiration
요소 : urea
용량 : capacity
용액 : bulk solution
용액 : solution
용존산소(DO) : dissolved oxygen
용질 : solute
용해도곱(용해도적) : solubility product
용해성 지표 : solubility index(SI)
운반기체 : carrier gas
원생동물 : protozoa
원생생물 : protista
원자간 거리 : interatomic distance
원핵생물 : procaryote
위수 : order
유당 : lactose
유동층 : fluidized bed
유발물질 : inducer

유발효소 : inducible enzyme
UCT 프로세스 : university of cape town process
유입수 : influent
유전자형 : genotype
유지에너지 : maintenance energy
유출계수 : run-off coefficient
유출수 : effluent
유효계수 : effectiveness factor
윤충 : rotifer
응결 : precipitation
응집 : coagulation
이당류 : disaccharides
E.D회로 : Entner-Doudoroff pathway
이론적 산소요구량(ThOD) :
theoritical oxygen demand
이론적 유기질탄소량(ThOC) :
theoritical organic carbon
이분열 : binary fission
E.M회로 : Embden-Meyerhof pathway
이혼교환 : ion exchange
미종미생물집단 : heterogenous population
이차반응 : second order reaction
이차처리 : secondary treatment
인구당량 : population equivalent
인산(인산염) : phosphate
인산나트륨 : sodium phosphate
인산아세틸 : acetyl phosphate
인슐린 : insulin
일차반응 : first order reaction
일차처리 : primary treatment

ㅈ

자기분해 : autolysis
자기식 유량계 : magnetic flow meter
자일로스 : xylose
장시간 폭기 : extended aeration
재출액 : bleed-back
재활용 : reclamation
저온성 : psychrophilic
적정 : titration
전구물질 : precursor
전기투석 : electrodialysis
전분(녹말) : starch
전자공여제 : electron donor
전자수용체 : electron acceptor
전자운반연쇄계 : electron transport chain
절대혐거성 : obligate anaerobic
점감식 폭기 : tapered aeration
접촉안정 : contact stabilization
정상류 : steady flow
제1철이온 : ferrous ion
제한기질 : limiting substrate
조(槽) : tank
조류(藻類) : algae
종 : species
중온성 : mesophilic
중크롬산칼륨 : potassium dichromate
중합체 : polymer
중화 : neutralization
증강제 : builder
증식억제물질 : growth inhibitor
증식정지기 : stationary phase
지 : basin
지방 : fat
지방산 : fatty acid
지쇄(枝鎖) : branched chain
지수증식기 : exponential growth phase
지질 : lipid
지체기 : lag phase
직렬 : serise
직쇄 : straight chain
진공연과(감압여과) : vacuum filtration
진핵생물 : eucaryote
질량이전(질량천이) : mass transfer
질량작용 : mass action
질량평형 : mass balance
질산 : nitrate
질산화 : nitrification

질산화를 위한 산소요구량(NOD) : nitrogenous oxygen demand
질소고정 : nitrogen fixation

ㅊ

차집거 : interceptor
처분 : disposal
척도효과 : scale effect
첨두부하 : peak load
체인스크레이퍼 : chain scraper
체침강(면침강) : zone settling
초과축적 : overplus accumulation
촉매작용 : catalysis
총 산소요구량(TOD) : total oxygen demand
총 생물학적 산소요구량(TBOD) : total biological oxygen demand
총 유기질탄소량(TOC) : total organic carbon
최소제곱법 : least squares method
최종BOD(BOD_L) : ultimate BOD
최확수 : most probable number
추적자 : tracer
축적 : accumulation
축합인산염 : condensed phosphate
침강 : settling
침전 : sedimentation
침지여상 : submerged filter

ㅋ

카로테노이드 : carotenoid
카르바메이트 : carbamate
카르복시기 : carboxyl group
캡슐 : capsule
케토오스 : ketose
크레브스회로 : krebs cycle
크레아티닌 : creatinine
크레프트 펄프 : kraft pulp
크롬산염 : chromates

ㅌ

탄산수소산염(HCO_3^-) : bicarbonate
탄산염(CO_3^-) : carbonate
탄수화물 : carbohydrate
탈리 : detachment
탈수 : dewatering
탈수소화반응 : dehydrogenation
탈수시간 : dry time
탈아미노기반응 : deamination
탈질산화 : denitrification
톨루엔 : toluene
통계모수 : statistical parameter
퇴비화 : composting
특이성 : specificness
TCA 회로 : tricarboxylic acid cycle

ㅍ

파라미터 : parameter
파일럿시험(예비시험) : pilot test
페놀 : phenol
페놀프탈레인 : phenolphthalein
펜토오스 : pentose
펩티드연결 : peptide link
폐조 : closed vessel
포 : cyst
포도당 : glucose
포름산 : formic acid
포자(내생홀씨) : spore
폭기식 연못 : serated lagoon
폭발열량계 : bomb-calorimeter
폴리스틸렌 : polystyrene
폴리에틸렌 : polyethylene
표면활성제 : surface active agent
표시표(라벨) : label
표준편차 : standard deviation
표현형 : phenotype
프로피온산 : propionic acid
프로필렌 : propylene
플래시소각(불꽃소각) : flash combustion

플러그흐름(압출류) : plug flow
플러그흐름반응조(PFR) : plug flow reactor
플럭스 : flux
플록침강 : flocculent settling
피로인산 : pyrophosphate
피루브산 : pyruvic acid
피리딘 : pyridine
피리딘뉴클레오타이드 : pyridine nucleotide
피스톤흐름 : piston flow
피치 : pitch
피토우관 : pitot tube
피흡착물질 : adsorbate

ㅎ

하이드록시산 : hydroxy acid
한계(유효)두께 : critical(effective) depth
합리적 방법 : rational method
해리(분리) : dissociation
헤모글로빈 : hemoglobin
헤테로고리 : heterocyclic
헥소오스 : hexose
현열(감열) : sensible heat
현탁고형물(SS) : suspended solids
현탁증식 : suspended growth
혐기성 소화 : anaerobic digestion
혐기성 침지여상 : anaerobic filter
혐기성 프로세스 : anaerobic process
혐기호기프로세스 : anaerobic-aerobic process
호기성 소화 : aerobic digestion
호기성 프로세스 : aerobic process
호퍼 : hopper
호흡 : respiration
혼합배양 : mixed culture
혼합시료 : composite sample
혼합액 휘발성현탁고형물(MLVSS) : mixed liquor volatile suspended solids
화학무기영양계 미생물 : chemolithotroph
화학양론(화학량적 관계) : stoichiometry
화학유기영양계 미생물 : chemoorganotroph
화학적 산소요구량(COD) : chemical oxygen demand
확률모눈종이 : probability paper
확산 : diffusion
활성슬러지 : activate sludge
활성탄 흡착 : activated carbon adsorption
황화물 : sulfide
황화수소 : hydrogen sulfide
회분식 반응조 : batch reactor
회석 : dilution
회전생물접촉판(회전생물원판) : rotating biological contactor
회전원통가마 : rotary kiln
효모 : yeast
효소 : enzyme
후생동물 : metazoa
휘발성고형물(VSS) : volatile suspended solids
휘발성산 : volatile acid
흡착시간 : form time
흡착제 : adsorbent
희석계수 : dilution factor

찾아보기

폐수처리공학	정가 29,000원

발 행 2024년 9월 10일 초판 12쇄

저 자 김동민 · 김선희 · 박철휘 · 배윤선 · 신현곤
이병인 · 이상혁 · 이영신 · 최훈근 · 홍성철

발행인 정우용

발행처 도서출판 동화기술

경기도 파주시 광인사길 201(문발동, 파주출판도시)

Tel (031)955-4211~6 donghwapub@nate.com

Fax (031)955-4217 www.donghwapub.co.kr

(등록) 1977년 12월 19일/9-16호

Printed in Korea

ISBN 978-89-425-1790-9